全国高等职业院校"互联网+"土建类规划教材

江苏高校品牌专业建设工程·建筑工程技术专业

钢结构与施工

（第 2 版）

主　审　　张苏俊
主　编　　张　军　李　晨　韩　梅
副主编　　束必清　王远建　符　想

南京大学出版社

编 委 会

主　任：袁洪志（常州工程职业技术学院）

副主任：陈年和（江苏建筑职业技术学院）
　　　　汤金华（南通职业大学）
　　　　张苏俊（扬州工业职业技术学院）

委　员：（按姓氏笔画为序）
　　　　马庆华（连云港职业技术学院）
　　　　玉小冰（湖南工程职业技术学院）
　　　　刘如兵（泰州职业技术学院）
　　　　刘　霁（湖南城建职业技术学院）
　　　　汤　进（江苏商贸职业学院）
　　　　李晟文（九州职业技术学院）
　　　　杨建华（江苏城乡建设职业学院）
　　　　何隆权（江西工业贸易职业技术学院）
　　　　徐永红（常州工程职业技术学院）
　　　　常爱萍（湖南交通职业技术学院）

前 言

本书主要为配合高职类建筑工程专业的学生学习钢结构设计计算与施工而编著,根据《钢结构设计规范》(GB 50017—2003)和《钢结构工程施工质量验收规范》(GB 50205—2001)和新颁布的有关规范、多年教学体会和工程实践经验编写,共有10个基本学习情境:钢结构的认识、钢结构材料的选择、钢结构连接设计、钢结构构件设计、钢结构识图、钢结构拆图、钢结构加工制作、钢结构安装、钢结构的涂装工程、钢结构施工质量检验。

最近几十年,我国钢铁工业得到了迅猛发展,钢产量连续多年超过亿吨,钢材的品种、质量亦有了极大提高,基本满足了我国钢结构事业发展的需要;同时钢材与其他材料相比具有无可比拟的优越性,为此国家技术政策开始向积极合理推广应用钢结构方面倾斜。同时,随着钢材价格的大幅下降,钢结构的应用必然有较大的发展趋势和空间。

为了使学生能对钢结构工程有较系统的了解,本书在结合钢结构工程实践的基础上,以规范为根本,吸收已有教学成果、新知识、新技能,除了钢结构设计的基本原理外,重点编写了钢结构施工与验收部分内容。选题特点主要是结合专业知识和案例,采用一定的任务教学法,从基本原理入手,重点让学生掌握钢结构识图及施工、验收等方面的知识,能知道钢结构的施工要点及国家现行规范对其的施工要求;不仅让学生看懂图纸,更让学生知道所看的图纸如何施工、如何验收。这正适应了国家高职高专的课程改革要求,便于高职高专学生将钢结构施工的一系列知识融会贯通地掌握。

本书为江苏省示范校重点建设专业、江苏省重点建设专业群建设内容,主要供高职高专建筑工程技术专业学生使用,也可作为高教自考、电大函授、专业培训和工程建设和管理人员的学习参考书。

本书由扬州工业职业技术学院张苏俊担任主审;扬州工业职业技术学院张军、李晨和河南建筑职业技术学院韩梅担任主编;扬州工业职业技术学院束必清、王远建和符想担任副主编。本书参考和引用了已公开发表、出版的有关文献和资料,为此谨对所有文献的作者和曾关心、支持本书的同志们深表谢意。

限于编者水平有限,时间仓促,书中难免存在缺点和不妥之处,敬请广大读者批评指正!

编 者
2017 年 6 月

目 录

学习情景 1　钢结构的认识 ··· 1
　1.1　钢结构的发展史 ·· 1
　1.2　钢结构的特点及应用范围 ·· 2
　1.3　钢结构的应用前景 ··· 6
　习题与思考题 ·· 7

学习情景 2　钢结构材料的选择 ·· 8
　2.1　钢材的分类 ·· 8
　2.2　钢材的性能 ·· 10
　2.3　钢材的选择 ·· 19
　习题与思考题 ·· 20

学习情景 3　钢结构连接设计 ··· 22
　3.1　钢结构连接的种类 ··· 22
　3.2　焊缝连接的设计 ·· 23
　3.3　角焊缝连接 ·· 28
　3.4　普通螺栓连接的设计 ·· 39
　3.5　高强螺栓连接的设计 ·· 52
　习题与思考题 ·· 60

学习情景 4　钢结构构件设计 ··· 65
　4.1　钢结构构件的基本构造要求 ··· 65
　4.2　轴心受力构件的设计 ·· 65
　4.3　受弯构件的设计 ·· 89
　4.4　偏心受力构件的设计 ·· 109
　习题与思考题 ·· 118

学习情景 5　钢结构识图 ··· 124
　5.1　看图的一般方法和步骤 ··· 124
　5.2　钢结构的符号 ··· 126

5.3　螺栓的表示 ………………………………………………………………………………… 131
5.4　焊缝的表示 ………………………………………………………………………………… 132
5.5　钢结构施工图的常用图例 ………………………………………………………………… 139
5.6　节点详图的识读 …………………………………………………………………………… 143
5.7　门式刚架的识图 …………………………………………………………………………… 150
习题与思考题 ……………………………………………………………………………………… 169

学习情景 6　钢结构拆图 ………………………………………………………………………… 170

6.1　门刚拆图工具的安装 ……………………………………………………………………… 170
6.2　参数输入类型 ……………………………………………………………………………… 174
6.3　模块参数介绍 ……………………………………………………………………………… 177

学习情景 7　钢结构加工制作 …………………………………………………………………… 233

7.1　钢结构加工制作前的准备工作 …………………………………………………………… 233
7.2　钢结构加工制作的工序 …………………………………………………………………… 241
7.3　成品检验、管理和包装 …………………………………………………………………… 262
习题与思考题 ……………………………………………………………………………………… 266

学习情景 8　钢结构安装 ………………………………………………………………………… 267

8.1　钢结构安装前的准备工作 ………………………………………………………………… 267
8.2　单层钢结构的安装 ………………………………………………………………………… 270
8.3　多高层钢框架结构的安装 ………………………………………………………………… 275
8.4　钢网架结构的安装 ………………………………………………………………………… 278
8.5　围护结构的安装 …………………………………………………………………………… 282
习题与思考题 ……………………………………………………………………………………… 300

学习情景 9　钢结构的涂装工程 ………………………………………………………………… 301

9.1　钢结构防腐涂料的涂装 …………………………………………………………………… 301
9.2　钢结构防火涂料的涂装 …………………………………………………………………… 310
习题与思考题 ……………………………………………………………………………………… 322

学习情景 10　钢结构施工质量检验 …………………………………………………………… 323

10.1　概述 ………………………………………………………………………………………… 323
10.2　钢结构工程施工质量验收程序和组织 …………………………………………………… 323
10.3　钢结构工程施工质量验收的划分 ………………………………………………………… 324
10.4　检验批及分项工程的验收 ………………………………………………………………… 325
10.5　钢结构焊接工程验收 ……………………………………………………………………… 327
10.6　紧固件连接工程 …………………………………………………………………………… 329
10.7　钢结构验收资料 …………………………………………………………………………… 331

  习题与思考题…………………………………………………………………… 331
附录……………………………………………………………………………… 332
  附录 1 钢结构设计软件(YJCAD)的使用简介 ……………………… 332
  附录 2 钢材和连接的强度设计值 …………………………………… 335
  附录 3 受弯构件的挠度容许值 …………………………………………… 339
  附录 4 轴心受压构件的截面类型 ………………………………………… 340
  附录 5 轴心受压构件的稳定系数 ………………………………………… 342
  附录 6 各种截面的回转半径近似取值 …………………………………… 346
  附录 7 梁的整体稳定系数 ………………………………………………… 348
  附录 8 疲劳计算的构件和连接分类 ……………………………………… 352
  附录 9 常用型钢规格及截面特性 ………………………………………… 355
参考文献 ………………………………………………………………………… 367

学习情景 1
钢结构的认识

1.1 钢结构的发展史

钢(steel)是铁碳合金。人类采用钢结构的历史和炼铁、炼钢技术的发展是密不可分的。早在公元前 2000 年左右,在人类古代文明的发祥地之一的美索布达米亚平原(位于现代伊拉克境内的幼发拉底河和底格里斯河之间)就出现了早期的炼铁术。

我国也是较早发明炼铁技术的国家之一。在河南辉县等地出土的大批战国时代(公元前 475～前 221 年)的铁制生产工具说明,早在战国时期,我国的炼铁技术早已盛行。公元 65 年(汉明帝时代),我国已成功地锻铁(wrought iron)为环,相扣成链,建成了世界上最早的铁链悬桥——兰津桥。此后,为了跨越深谷,便利交通,又陆续建造了数十座铁链桥。其中跨度最大的为 1705 年(清康熙四十四年)建成的四川大渡河泸定桥,桥宽 2.8 m,跨度 100 m,由 9 根桥面铁链和 4 根桥栏铁链构成,两端系于直径 20 cm、长 4 m 的生铁铸成的锚桩上。该桥比美洲 1801 年才建造的跨度 23 m 的铁索桥早近百年,比号称世界最早的英格兰跨度 30 m 铸铁(cast iron)拱桥也早 74 年。

除铁链悬桥外,我国古代还建有许多铁建筑物,如公元 694 年(周武氏十一年)我国在洛阳建成的"天枢",高 35 m,直径 4 m,顶有直径为 11.3 m 的"腾云承露盘",底部有直径约 16.7 m 用来保持天枢稳定的"铁山",这样的结构相当符合力学原理。又如公元 1061 年(宋代)我国在湖北荆州玉泉寺建成的 13 层铁塔,目前依然存在。所有这些都表明,我们中华民族对铁结构的应用,曾经居于世界领先地位。

欧美等国家中最早将铁作为建筑材料的应属英国,但直到 1840 年以前,还只采用铸铁来建造拱桥。1840 年以后,随着铆钉(rivets)连接和锻铁技术的发展,铸铁结构才逐渐被锻铁结构取代。1846 年～1850 年,在英国威尔士修建的布里塔尼亚桥(Brittania Bridge)是这方面的典型代表。该桥共有 4 跨,跨长分别为 70 m、140 m、140 m、70 m,每跨均为箱型梁式桥,由锻铁型板和角铁经铆钉连接而成。随着 1855 年英国人发明贝氏转炉炼钢法和 1865 年法国人发明平炉炼钢法,以及 1870 年成功轧制出工字钢,工业化大批量生产钢材(steel products)的能力逐渐形成,强度高且韧性好的钢材才开始在建筑领域逐渐取代锻铁材料,自 1890 年以后更是成为了金属结构的主要材料。20 世纪初焊接(welding)技术的出现,以及 1934 年高强度螺栓(high-strength bolts)连接的出现,极大地促进了钢结构的发展。除西欧、北美之外,钢结构在苏联和日本等国家也获得了广泛的应用,逐渐发展成为全世界所接受的重要结构体系。

由于我国长期处于封建主义统治之下,生产力的发展受到束缚,1840 年鸦片战争以后,更是沦为了半封建半殖民地国家,经济凋敝,工业落后,古代在铁结构方面的技术优势早已丧失殆尽。我国在1907年才建成了汉阳钢铁厂,年产钢只有0.85万吨。日本帝国主义侵略中国期间,曾在东北的鞍山、本溪建设了几个钢铁企业,疯狂掠夺我国的宝贵资源。1943年是我国历史上钢铁产量最高的一年,生产生铁180万吨,钢90万吨,绝大部分都是在东北生产的。这些钢铁很少用于建设,大部分被日本帝国主义用于反动的侵略战争。

新中国成立以后,随着经济建设的发展,钢结构曾起过重要作用,如第一个五年计划期间,我国建设了一大批钢结构厂房、桥梁。但由于受到钢产量的制约,在其后的很长一段时间内,钢结构被限制使用在其他结构不能代替的重大工程项目中。这在一定程度上影响了钢结构的发展。

自1978年我国实行改革开放政策以来,经济建设获得了飞速的发展,钢产量也逐年增加。自1996年超过1亿吨以来,我国钢产量一直位列世界钢产量之首,2003年更创纪录地达到了2.2亿吨,这逐步改变着钢材供不应求的局面。我国的钢结构技术政策,也从限制使用改为积极合理地推广应用。近年来,随着市场经济的不断完善,钢结构制作和安装企业像雨后春笋般在全国各地涌现,外国著名钢结构厂商也纷纷打入中国市场。在多年工程实践和科学研究的基础之上,我国新的《钢结构设计规范》(GB50017)和《冷弯薄壁型钢结构技术规范》(GB50018)也已发布实施。所有这些都为钢结构在我国的快速发展创造了条件。

中国的钢结构产业在最近几年得到了长足的发展,钢结构企业数量也不断增多,规模不断增大。钢结构市场也随着改革开放经济社会的发展和民众文化知识的普遍提高而日益剧增。现在钢结构市场成为了当今中国市场上份额最大、经济效益最好的市场之一。许多大企业纷纷开始意识到并且对钢结构企业进行一定的投资。

近10年的钢结构工程发展之快、范围之广都是空前的,我国也已称得上世界钢结构大国。传统的空间结构如网架、网壳等继续得到大力推广,新型空间结构开始得到广泛的应用,如张弦梁、张弦桁架、弦支穹顶等。上海浦东机场、哈尔滨会展中心、上海会展中心、广东会展中心等都采用超过100米的张弦桁架,这在世界上也极为少见。当时广东白云机场和三个落叶状的广东体育馆都是采用了当时先进的空间结构。特别是几个运动会、博览会场馆更加大采用空间结构的力度,如:2008年北京奥运会新建的37个场馆,2009年山东济南全运会场馆,2010年上海世博会及广州亚运会场馆,2011年深圳大运会场馆。值得注意的是,2008年奥运会北京新建的12个场馆都显示了我国在钢结构方面高超的技术水平。

1.2 钢结构的特点及应用范围

在土木建筑工程中,除钢结构外,还有钢筋混凝土结构、砖石结构、木结构等。做工程规划时,要根据各类结构的特点,结合工程的具体情况来确定选用结构的类型,以便使工程设计经济合理。与其他结构相比,钢结构有如下特点:

(1) 强度高、自重小

钢材的容重虽然比钢筋混凝土、砖石及木材大,但因其强度更高,因此在承载力相同的条件下,钢结构的自重比其他结构要小。如使用H型钢制作的钢结构与混凝土结构比较,自重可减轻20%~30%。另一方面,由于结构自重小,钢结构就可以承担更多的外加荷载,或具有更大的跨度;自重小也便于运输和吊装,例如,交通不便、取材困难的边远山区修建公路或输电工程时,常常考虑运输方便而选用钢桥或钢制输电线塔架。

(2) 塑性、韧性好

钢材破坏前要经受很大的塑性变形,能吸收和消耗很大的能量。因此,一般情况下不会因偶然局部超载而突然发生脆性破坏,对动力荷载的适应性强,抗震性能好。国内外大量的调查表明,地震后,各类结构中钢结构所受的损害最小。

(3) 材质均匀,工作可靠性高

钢材在冶炼和轧制过程中,质量受到严格的检验控制,因而材质比较均匀,质量比较稳定。钢材各向同性,弹性工作范围大,因此它的实际工作情况与一般结构力学计算中采用的材料为匀质各向同性体的假定较为符合,工作可靠性高。

(4) 适于机械化加工,工业化生产程度高

组成钢结构的各个部件一般是在专业化的金属结构加工厂制造,然后运至现场,用焊接或螺栓进行拼接和吊装,加工精细,生产效率高,因此,钢结构是工业化生产程度最高的一种结构。同时,钢结构也是施工现场工程量最小的一种结构,因而施工周期也最短。此外,钢结构工程主要是干作业,能改善施工环境,有利于文明施工。

(5) 采用钢结构可大大减少砂、石、灰的用量,减轻对不可再生资源的破坏

钢结构拆除后可回炉再生循环利用,有的还可以搬迁复用,可大大减少灰色建筑垃圾。因此,采用钢结构有利于保护环境、节约资源,被认为是环保产品。

(6) 能制成不渗漏的密闭结构

(7) 耐热性能好,但耐火性能差

钢材在常温至 200℃ 以内性能变化不大,但超过 200℃,钢材的强度及弹性模量将随温度升高而大大降低,到 600℃ 时就完全失去承载能力。另外,钢材导热性很好,局部受热(如发生火灾)也会迅速引起整个结构升温,危及结构安全。一般认为,当钢结构表面长期受高温辐射达 150℃ 以上,或短时间内可能受到火焰作用,或可能受到炽热熔化金属喷溅,以及可能遭受火灾袭击时,就应采取有效的防护措施,如用耐火材料做成隔热层等。

(8) 易锈蚀

这是钢材的最大弱点。据有关资料估算,有 10%~12% 的钢材损耗属于锈蚀损耗。低合金钢的抗锈能力比低碳钢好,其锈蚀速度比低碳钢慢。耐候钢(见第 2 章)抗锈最好,其抗锈能力高出一般钢材 2~4 倍。

钢材锈蚀严重时会影响结构的使用寿命,因此钢结构必须采取防锈措施,彻底除锈并涂以油漆和镀锌等。此外,还应注意使结构经常处于清洁和干燥的环境中,保持通风良好,及时排除侵蚀性气体和湿气;选用的结构构件截面的形式及构造方式应有利于防锈;尽量避免出现难以检查、清洗和油漆之处,以及能积留湿气和大量灰尘的死角和凹槽,闭口截面应沿全长和端部焊接封闭;平时应加强维护,及时进行清灰、清污工作,视涂装情况,每隔数年应重新油漆一次;必要时可采用耐候钢,如桥梁等露天结构。

综合上述特点,与混凝土结构相比,钢结构是环保型、可再次利用的,也是易于产业化的结构,同时还有较好的综合经济指标。例如,因自重小,其地基基础费用相对较省;因构件截面相对较小,可增加有效使用面积;与混凝土结构相比,采用热轧 H 型钢的钢结构有效使用面积可增加 4%~6%;因施工快、工期短,可节省贷款利息并提前发挥使用效益;工程资料表明,1 t 钢结构可减少 7 t 混凝土用量,这样又可以节约能源。

随着我国国民经济的不断发展和科学技术的进步,钢结构在我国的应用范围也在不断扩大。目前钢结构应用范围大致如下(图 1-1~图 1-6):

(1) 大跨结构

结构跨度越大,自重在荷载中所占的比例就越大,减轻结构的自重会带来明显的经济效益。钢材强度高结构重量轻的优势正好适合于大跨结构,因此钢结构在大跨空间结构和大跨桥梁结构中得到了广泛的应用。所采用的结构形式有空间桁架、网架、网壳、悬索(包括斜拉体系)、张弦梁、实腹或格构式拱架和框架等。

图 1-1　上海八万人体育场

图 1-2　润扬长江大桥

(2) 工业厂房

吊车起重量较大或者其工作较繁重的车间的主要承重骨架多采用钢结构。另外,有强烈辐射热的车间,也经常采用钢结构。结构形式多为由钢屋架和阶形柱组成的门式刚架或排架,也有采用网架做屋盖的结构形式。

近年来，随着压型钢板等轻型屋面材料的采用，轻钢结构工业厂房得到了迅速的发展。其结构形式主要为实腹式变截面门式刚架。

（3）受动力荷载影响的结构

由于钢材具有良好的韧性，设有较大锻锤或产生动力作用的其他设备的厂房，即使屋架跨度不大，也往往由钢材制成。对于抗震能力要求高的结构，采用钢结构也是比较适宜的。

（4）多层和高层建筑

由于钢结构的综合效益指标优良，近年来其在多、高层民用建筑中也得到了广泛的应用。其结构形式主要有多层框架、框架-支撑结构、框筒、悬挂、巨型框架等。

图1-3　金茂大厦和环球金融中心　　　　图1-4　哈利法塔

（5）高耸结构

高耸结构包括塔架和桅杆结构，如高压输电线路的塔架、广播、通信和电视发射用的塔架和桅杆、火箭（卫星）发射塔架等。

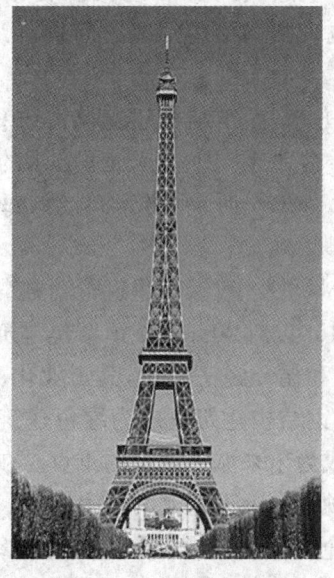

图1-5　埃菲尔铁塔　　　　图1-6　东方明珠电视塔

(6) 可拆卸的结构

钢结构不仅重量轻,还可以用螺栓或其他便于拆装的手段来连接,因此非常适用于需要搬迁的结构,如建筑工地、油田和需野外作业的生产和生活用房的骨架等。钢筋混凝土结构施工用的模板和支架,以及建筑施工用的脚手架等也大量采用钢材制作。

(7) 容器和其他构筑物

冶金、石油、化工企业中大量采用钢板做成的容器结构,包括油罐、煤气罐、高炉、热风炉等。此外,经常使用的还有皮带通廊栈桥、管道支架、锅炉支架、海上采油平台等其他钢构筑物。

(8) 轻型钢结构

钢结构重量轻不仅对大跨结构有利,对屋面活荷载特别轻的小跨结构也有优越性。因为当屋面活荷载特别轻时,小跨结构的自重也成为一个重要因素。冷弯薄壁型钢屋架在一定条件下的用钢量可比钢筋混凝土屋架的用钢量还少。轻钢结构的结构形式有实腹变截面门式刚架、冷弯薄壁型钢结构(包括金属拱形波纹屋盖)以及钢管结构等。

(9) 钢和混凝土的组合结构

钢构件和板件受压时必须满足稳定性要求,往往不能充分发挥它的强度高的作用,而混凝土则最宜于受压,不适于受拉,将钢材和混凝土并用,使两种材料都充分发挥它的长处,是一种很合理的结构。近年来这种结构在我国获得了长足的发展,广泛应用于高层建筑(如深圳的赛格广场)、大跨桥梁、工业厂房和地铁站台柱等,主要构件形式有钢与混凝土组合梁和钢管混凝土柱等。

1.3 钢结构的应用前景

根据前瞻产业研究院发布的《2014—2018年中国钢结构行业市场需求预测与投资战略规划分析报告》分析:2012年,我国钢结构年产量达到约3 500万吨,占钢产量的比重仅为5%左右。这一数据与发达国家相差甚远,也表明钢结构发展的前景、市场空间和潜力巨大。

2012年,全国房屋建筑施工面积达到57亿平方米,而钢结构建筑仅占约6%。未来我国房屋建筑中的钢结构建筑用量至少可以达到20%。按照100公斤/平方米的平均用钢量(其中多高层钢结构住宅用钢量为50公斤/平方米~80公斤/平方米)计算,每年仅房屋建筑钢结构用钢量就可达到1亿吨。

随着国家发展和改革委员会、住房和城乡建设部印发了《绿色建筑行动方案的通知》,要求"十二五"期间新建绿色建筑10亿平方米;到2015年末,20%的城镇新建建筑达到绿色建筑标准要求。钢结构住宅符合绿色环保、节能减排和循环经济政策,其工业化、标准化的钢结构住宅产品具有广阔和无限的市场空间。因此,钢结构建筑正成为绿色建筑的发展方向之一。国家对环保的日益重视,绿色、节能建筑将成为未来城市建设的重点。在城镇化建设的推动下,绿色钢结构建筑的市场规模将非常大,预计有上万亿元的巨大市场。政府和钢铁企业都应对钢结构产业给予更多的重视。对钢铁企业而言,转变观念、进军钢结构产业,不失为实现转型发展的一条新路。

习题与思考题

一、选择题

1. 关于钢结构的特点叙述错误的是（　　）。
   A. 建筑钢材的塑性和韧性好　　　　B. 钢材的耐腐蚀性很差
   C. 钢材具有良好的耐热性和防火性　　D. 钢结构更适合于建造高层和大跨结构
2. 钢结构更适合于建造大跨结构，这是由于（　　）。
   A. 钢材具有良好的耐热性
   B. 钢材具有良好的焊接性
   C. 钢结构自重轻而承载力高
   D. 钢结构的实际受力性能和力学计算结果最符合

二、思考讨论题

1. 目前我国钢结构主要应用在哪些方面？钢结构与其他结构相比有哪些优点？
2. 钢结构的主要缺陷有哪两个？
3. 通过收集查阅钢结构应用和发展方面的资料，谈谈你对钢结构应用和发展的看法。

学习情景 2 钢结构材料的选择

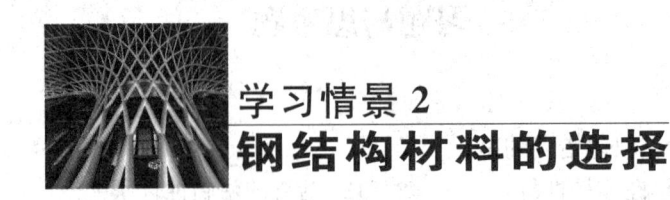

2.1 钢材的分类

钢材品种很多,各自的性能、产品规格及用途都不相同。用于建筑的钢材,在性能方面要求具有较高的强度、较好的塑性和韧性,以及良好的加工性能。对于焊接结构还要求可焊性良好。在低温下工作的结构,要求钢材在低温下也能保持较好的韧性。在易受大气影响的露天环境下或在有害介质侵蚀的环境下工作的结构,要求钢材具有较好的抗锈能力。

我国现行《钢结构设计规范》(GB 50017—2003)(以下简称《规范》)推荐采用 Q235、Q345、Q390 及 Q420 号钢材作为建筑结构使用钢材。其中 Q235 号钢材属于碳素结构钢中的低碳钢($C<0.25\%$);而 Q345、Q390 及 Q420 都属于低合金高强度结构钢,这类钢材是在冶炼碳素结构钢时加入少量合金元素,而含碳量与低碳钢相近。由于增加了少量的合金元素,材料的强度、冲击韧性、耐腐性能均有所提高,而塑性降低却不多,因此性能优越。

各类钢种供应的钢材规格分为型材、板材、管材及金属制品四个大类,其中钢结构用得最多的是型材和板材,以及冷加工成型的冷轧薄钢板和冷弯薄壁型钢等。为了减少制作工作量和降低造价,钢结构的设计和制作者应对钢材的规格有较全面的了解。

2.1.1 钢板

钢板有厚钢板、薄钢板、扁钢(或带钢)之分。厚钢板常用做大型梁、柱等实腹式构件的翼缘和腹板,以及节点板等;薄钢板主要用来制造冷弯薄壁型钢;扁钢可用做焊接组合梁、柱的翼缘板、各种连接板、加劲肋等,钢板截面的表示方法为在符号"—"后加"宽度×厚度",如—200×20 等。钢板的供应规格如下:

厚钢板:厚度 4.5~60 mm,宽度 600~3 000 mm,长度 4~12 m。
薄钢板:厚度 0.35~4 mm,宽度 500~1 500 mm,长度 0.5~4 m。
扁　钢:厚度 4~60 mm,宽度 12~200 mm,长度 3~9 m。

2.1.2 热轧型钢

常用的有角钢、工字钢、槽钢等,如图 2-1(a)~(f)所示。

角钢分为等边(也叫等肢)的和不等边(也叫不等肢)的两种,主要用来制作桁架等格构式结构的杆件和支撑等连接杆件。角钢型号的表示方法为在符号"L"后加"长边宽×短边宽×厚度"(对不等边角钢,如 L125×80×8),或加"边长×厚度"(对等边角钢,如 L125×

8)。目前我国生产的角钢最大边长为 200 mm,角钢的供应长度一般为 4~19 m。

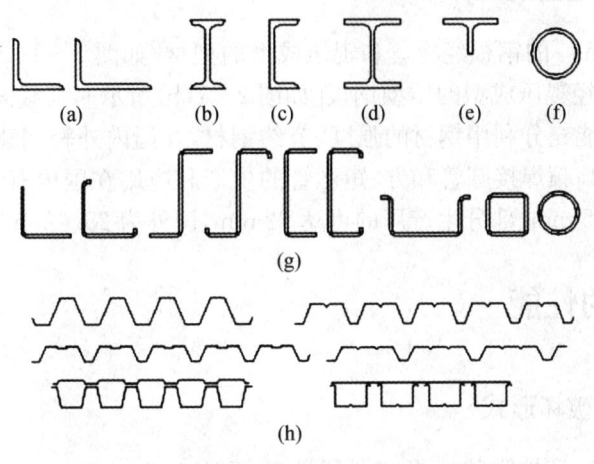

(a) 角钢　(b) 工字钢　(c) 槽钢　(d) H 型钢　(e) T 字钢
(f) 钢管　(g) 冷弯薄壁型钢　(h) 压型钢板

图 2-1　热轧型钢及冷弯薄壁型钢

工字钢有普通工字钢、轻型工字钢和 H 型钢三种。普通工字钢和轻型工字钢的两个主轴方向的惯性矩相差较大,不宜单独用作受压构件,而宜用作腹板平面内受弯的构件,或由工字钢和其他型钢组成的组合构件或格构式构件。宽翼缘 H 型钢平面内外的回转半径较接近,可单独用作受压构件。

普通工字钢的型号用符号"I"后加截面高度的厘米数来表示,20 号以上的工字钢,又按腹板的厚度不同,分为 a、b 或 a、b、c 等类别,例如 I20a 表示高度为 200 mm,腹板厚度为 a 类的工字钢。轻型工字钢的翼缘要比普通工字钢的翼缘宽而薄,回转半径较大。普通工字钢的型号为 10~63 号,轻型工字钢为 10~70 号,供应长度均为 5~19 m。

H 型钢与普通工字钢相比,其翼缘板的内外表面平行,便于与其他构件连接。H 型钢的基本类型可分为宽翼缘(HW)、中翼缘(HM)及窄翼缘(HN)三类。还可剖分成 T 型钢供应,代号分别为 TW、TM、TN。H 型钢和相应的 T 型钢的型号分别为代号后加"高度 H×宽度 B×腹板厚度 t_1×翼缘厚度 t_2",例如 HW400×400×13×21 和 TW200×400×13×21 等。宽翼缘和中翼缘 H 型钢可用于钢柱等受压构件,窄翼缘 H 型钢则适用于钢梁等受弯构件。目前国内生产的最大型号 H 型钢为 HN700×300×13×24,供货长度可与生产厂家协商,长度大于 24 m 的 H 型钢不成捆交货。

槽钢有普通槽钢和轻型槽钢二种。槽钢适于作檩条等双向受弯的构件,也可用其组成组合或格构式构件。槽钢的型号与工字钢相似,例如[32a 指截面高度 320 mm 的腹板较薄的槽钢。目前国内生产的最大型号为[40c,供货长度为 5~19 m。

钢管有无缝钢管和焊接钢管两种。由于其回转半径较大,常用作桁架、网架、网壳等平面和空间格构式结构的杆件;在钢管混凝土柱中也有广泛的应用。型号可用代号"D"后加"外径 d×壁厚 t"表示,如 D180×8 等。国产热轧无缝钢管的最大外径可达 630 mm,供货长度为 3~12 m。焊接钢管的外径可以做得更大,一般由施工单位卷制。

2.1.3 冷弯薄壁型钢

采用 1.5～6 mm 厚的钢板经冷弯和辊压成型的型材[如图 2-1(g)所示],和采用 0.4～1.6 mm 的薄钢板经辊压成型的压型钢板[如图 2-1(h)所示],其截面形式和尺寸均可按受力特点合理设计,能充分利用钢材的强度、节约钢材,在国内外轻钢建筑结构中被广泛地应用。近年来,冷弯高频焊接圆管和方、矩形管的生产和应用在国内有了很大的进展,冷弯型钢的壁厚已达 12.5 mm(部分生产厂的可达 22 mm,国外为 25.4 mm)。

2.2 钢材的性能

2.2.1 钢材的破坏形式

钢材有两种完全不同的破坏形式:塑性破坏(ductile fracture)和脆性破坏(brittle fracture)。钢结构所用的钢材在正常使用条件下,虽然有较高的塑性和韧性,但在某些条件下,仍然存在发生脆性破坏的可能性。

塑性破坏的主要特征是破坏前具有较大的塑性变形,常在钢材表面出现明显的相互垂直交错的锈迹剥落线。只有当构件中的应力达到抗拉强度后才会发生破坏,破坏后的断口呈纤维状,色泽发暗。由于塑性破坏前总有较大的塑性变形发生,且变形持续时间较长,容易被发现和抢修加固,因此不致发生严重后果。钢材塑性破坏前的较大塑性变形能力,可以实现构件和结构中的内力重分布,钢结构的塑性设计就是建立在这种足够的塑性变形能力上。

脆性破坏的主要特征是破坏前塑性变形很小或根本没有塑性变形而突然迅速断裂。破坏后的断口平直,呈有光泽的晶粒状或有人字纹。由于破坏前没有任何预兆,脆性破坏速度又极快,无法察觉和补救,而且一旦发生常引发整个结构的破坏,后果非常严重,因此在钢结构的设计、施工和使用过程中,要特别注意防止这种破坏的发生。

《规范》所推荐的几种建筑钢材均有较好的塑性和韧性。在正常情况下,它们都不会发生脆性破坏。因此,我国规范对钢结构构件的可靠性计算一般根据延性破坏来取值。

但是,钢材究竟会发生何种形式的破坏,不仅与钢材的品种有关,还与钢材所建结构的工作环境、结构构件形式等多种因素有关。常常有这样的情况,即原来塑性很好的钢材,当工作环境改变,如应力集中严重、在低温下受冲击荷载作用等,就可能导致钢材性能转脆,发生脆性破坏。历史上曾有过多起焊接桥梁、船舶、吊车梁及贮罐等,由于气温骤降、受冲击荷载、有严重应力集中或钢材及焊缝品质不合格等原因,导致脆性破坏的事故。我国 1989 年曾发生过一起直径 20 m 的焊接钢制贮罐,在交工验收后使用不久即突然破坏的事故。事故发生过程不足 10 秒,无任何先兆,呈明显的脆性断裂特征。当时气温为 -11.9 ℃,罐内装载低于设计容量,罐体压力远低于钢材屈服点。调查判定其为低应力下低温脆性断裂事故。进一步调查发现,大量贮罐焊缝存在未焊透现象,部分钢材含碳量、含硫量较高,降低了钢材的塑性及可焊性,其常温冲击韧性值比规定值低,这些是导致低温断裂的原因。鉴于这些教训,对钢材发生脆性破坏的危险性应有充分的认识,应注意研究钢材的机械性能及钢材性能转脆的条件。在钢结构的设计、制造及安装过程中,采取适当的措施,防止发生脆性破坏。

2.2.2 钢材的主要机械性能

1. 强度和塑性

钢材的强度和塑性一般由常温静载下单向拉伸试验曲线表示。该试验是将钢材的标准试件放在拉伸试验机上,在常温下按规定的加荷速度逐渐施加拉力荷载,使试件逐渐伸长,直至拉断破坏,然后根据加载过程中所测得的数据画出其应力-应变曲线(即 σ-ε 曲线)。图 2-2 是低碳钢在常温静载下的 σ-ε 单向拉伸曲线。图中纵坐标为应力(按试件变形前的截面积计算),横坐标为试件的应变 ε($\varepsilon=\Delta L/L$,L 为试件原有标距段长度,对于标准试件,L 取为试件直径的 5 倍,ΔL 为标距段的伸长量)。从这条曲线中可以看出钢材在单向受拉过程中有下列阶段:

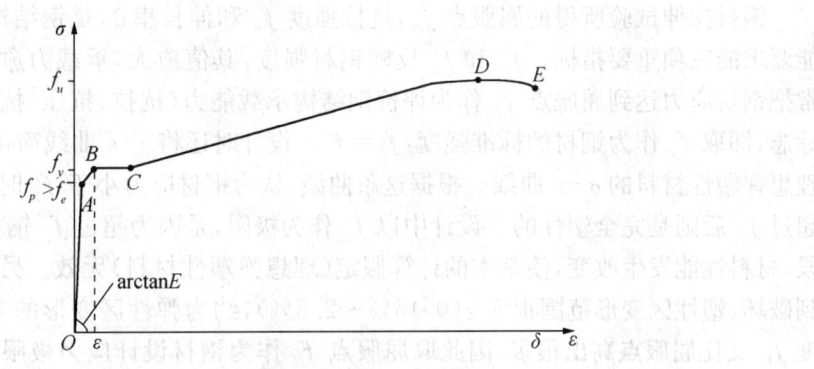

图 2-2 低碳钢拉伸曲线示意图

(1) 弹性阶段(曲线的 OA 段)

应力很小,不超过 A 点。这时如果试件卸荷,σ-ε 曲线将沿着原来的曲线下降,至应力为 0 时,应变也为 0,即没有残余的永久变形。这时钢材处于弹性工作阶段,A 点的应力称为钢材的弹性极限所对应的应力,所发生的变形(应变)称为弹性变形(应变)。实际上弹性阶段 OA 由一直线段及一曲线段组成,直线段从 O 开始到接近 A 点处终止,然后是一极短的曲线段到 A 点终止。直线段的应变随着应力增加成比例地增长,即应力-应变关系符合胡克定律,直线的斜率 $E=d_\sigma/d_\varepsilon$,称为钢材的弹性模量。直线段终点处的应力称为钢材的比例极限 f_p,由于 f_p 与 f_e 十分接近,一般认为两者相同。《规范》取各类建筑钢材的弹性模量 $E=2.06\times10^5$ N/mm²。

(2) 弹塑性阶段(曲线的 AB 段)

在这一阶段应力与应变不再保持直线变化而呈曲线关系。弹性模量亦由 A 点处 $E=2.06\times10^5$ N/mm² 逐渐下降,至 B 点趋于 0。B 点应力称为钢材屈服点(或称屈服应力、屈服强度)f_y。这时如果卸荷,σ-ε 曲线将从卸荷点开始沿着与 OA 平行的方向下降,至应力为 0 时,应变仍保持一定数值,称为塑性应变或残余应变。在这一阶段,试件既包括弹性变形(应变),也包括塑性变形(应变),因此 AB 段称为弹塑性阶段。其中弹性交形在卸荷后可以恢复,塑性变形在卸荷后仍旧保留,故塑性变形又称为永久变形。

(3) 屈服阶段(曲线的 BC 段)

低碳钢在应力达到屈服点 f_y 后,压力不再增加,应变却可以继续增加。应变由 B 点开始屈服时 $\varepsilon_y\approx0.15\%$,增加到屈服终了时,$\varepsilon$ 达到 2.5% 左右。这一阶段曲线保持水平,故又称为屈服台阶,在这一阶段钢材处于完全的塑性状态。对于材料厚度(直径)不大于 16 mm 的 Q235 号钢,$f_y \approx 235 \text{ N/mm}^2$。

(4) 应变硬化阶段(曲线的 CD 段)

钢材在屈服阶段经过很大的塑性变形,达到 C 点以后又恢复继续承载的能力,$\sigma\text{-}\varepsilon$ 曲线又开始上升,直到应力达到 D 点的最大值,即抗拉强度 f_u。这一阶段(CD 段)称为应变硬化阶段。对于 Q235 号钢,f_u 为 375~460 N/mm²。

(5) 颈缩阶段(曲线的 DE 段)

试件应力达到抗拉强度 f_u 时,试件中部截面变细,形成颈缩现象。随后 $\sigma\text{-}\varepsilon$ 曲线下降,直到试件拉断(E 点)。曲线的 DE 段称为颈缩阶段。试件拉断后的残余应变称为伸长率 δ。对于材料厚度(直径)不大于 16 mm 的 Q235 号钢,$\delta > 26\%$。

钢材拉伸试验所得的屈服点 f_y,抗拉强度 f_u 和伸长率 δ,是钢结构设计对钢材机械性能要求的三项重要指标。f_y 和 f_u 反映钢材强度,其值愈大,承载力愈高。钢结构设计中,常把钢材应力达到屈服点 f_y 作为评价钢结构承载能力(抗拉、抗压、抗弯强度)极限状态的标志,即取 f_y 作为钢材的标准强度:$f_k = f_y$。设计时还将 $\sigma\text{-}\varepsilon$ 曲线简化为如图 2-3 所示的理想弹塑性材料的 $\sigma\text{-}\varepsilon$ 曲线。根据这条曲线,认为钢材应力小于 f_y 时是完全弹性的,应力超过 f_y 后则是完全塑性的。设计中以 f_y 作为极限,是因为超过 f_y 钢材就进入应变硬化阶段,材料性能发生改变,使基本的计算假定(理想弹塑性材料)无效。另外,钢材从开始屈服到破坏,塑性区变形范围很大 $\varepsilon(0.15\%\sim2.5\%)$,约为弹性区变形的 200 倍。同时抗拉强度 f_U 又比屈服点高出很多,因此取屈服点 f_y 作为钢材设计应力极限,可以使钢结构有相当大的强度安全储备。

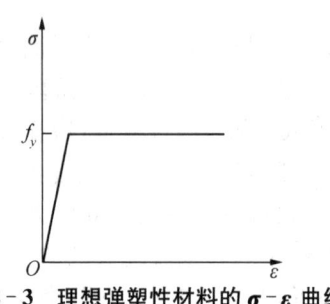

图 2-3 理想弹塑性材料的 $\sigma\text{-}\varepsilon$ 曲线　　图 2-4 钢材的条件屈服点

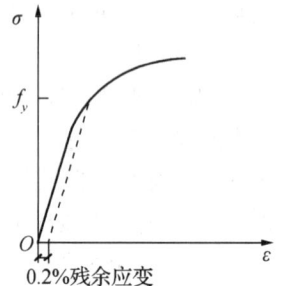

钢材的伸长率 δ 是反映钢材塑性(或延性)的指标之一,其值愈大,钢材破坏吸收的应变能愈多,塑性愈好。建筑用钢材不仅要求强度高,还要求塑性好,能够调整局部高应力,提高结构抗脆断的能力。

反映钢材塑性(或延性)的另一个指标是截面收缩率 ψ,其值为试件发生颈缩拉断后,断口处横截面积(即颈缩处最小横截面积)A_1 与原横截面积 A_0 的缩减百分比,即

$$\psi = \frac{A_0 - A_1}{A_0} \times 100\%$$

截面收缩率标志着钢材颈缩区在三向拉应力状态下的最大塑性交形能力。ψ 值大,钢材塑性愈好。对于抗层状撕裂的 Z 向钢,要求 ψ 值不得过低。

建筑中有时也使用强度很高的钢材,例如用于制造高强度螺栓的经过热处理的钢材。

这类钢材没有明显的屈服台阶，伸长率δ也相对较小。对于这类钢材，取卸荷后残余应变为ε＝0.2％时所对应的应力作为屈服点，这种屈服点又称为条件屈服点，它和有明显屈服点的钢材一样均用 f_y 表示（图2-4），并统称为屈服强度。

2. 冷弯性能

冷弯试验又称为弯曲试验，它是将钢材按原有厚度（直径）做成标准试件，放在如图2-5所示的冷弯试验机上，用具有一定弯心直径 d 的冲头，在常温下对标准试件中部施加荷载，使之弯曲达180°，然后检查试件表面，如果不出现裂纹和起层，则认为试件材料冷弯试验合格。冲头的弯心直径 d 根据试件厚度 a 和钢种确定：一般厚度愈大，d 也愈大；同时钢种不同，d 也有区别。

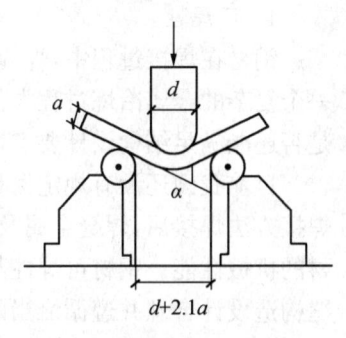

3. 韧性

韧性是指钢材抵抗冲击或振动荷载的能力，其衡量指标称为冲击韧性值。

图2-5 冷弯试验示意图

前述钢材的屈服点 f_y、抗拉强度 f_u、伸长率δ是在常温静载下试验得到的，因此只能反映钢材在常温静载下的性能。实际的钢结构常常会承受冲击或振动荷载，如厂房中的吊车梁、桥梁结构等。为保证结构承受动力荷载安全，就要求钢材的韧性好、冲击韧性值高。

冲击韧性值是由冲击试验求得的，即用带有V形缺口的标准试件，在冲击试验机上通过动摆施加冲击荷载，使之断裂（图2-6），由此测出试件受冲击荷载发生断裂所吸收的冲击功，即为材料的冲击韧性值，用 A_{KV} 表示，单位为J。A_{KV} 值愈高表明材料破坏时吸收的能量愈多，因而抵抗脆性破坏的能力愈强，韧性愈好。因此它是衡量钢材强度、塑性及材质的一项综合指标。

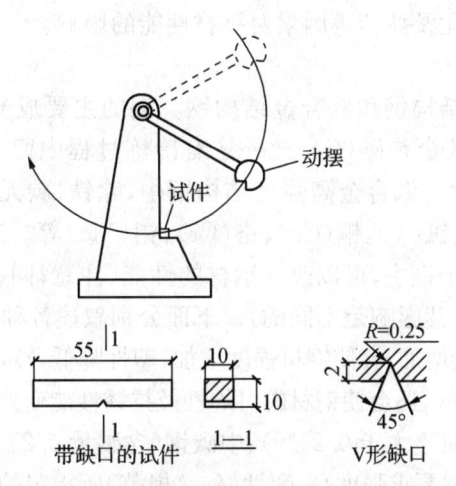

图2-6 冲击韧性试验示意图（单位：mm）

冲击试验采用V形缺口试件是考虑到钢材的脆性断裂常常发生在裂纹和缺口等应力集中处或三向拉应力场处，试件的V形缺口根部比较尖锐，与实际缺陷情况相近，因此能更好地反映钢材的实际性能。

冲击韧性值的大小与钢材的轧制方向有关。顺着轧制方向（纵向），由于钢材经受辗压次数多,内部结晶构造细密,性能好。故沿纵向切取的试件冲击韧性值较高,横向切取的则较低。冲击韧性值的大小还与试验温度有关,试验温度愈低,其值愈低。对于Q235钢,根据钢材质量等级不同,有的不要求保证A_{KV}值,有的则要求在+20℃或0℃或-20℃时,纵向A_{KV}值大于27 J。

4. 可焊性

钢材在焊接过程中,焊缝及其附近的金属要经历升温、熔化、冷却及凝固的过程。这与一个复杂的金属冶炼过程类似。经历这样一个过程后,焊缝区金属机械性能是否发生变化,是否还能满足结构设计要求,是钢材可焊性研究的课题。

目前我国还没有规定衡量钢材可焊性的指标。一般来说,可焊性良好的钢材用普通的焊接方法焊接后,焊缝金属及其附近热影响区的金属不产生裂纹,并且其机械性能不低于母材的机械性能。钢材可焊性与钢材品种、焊缝构造及所采用的焊接工艺规程有关。只要焊缝构造设计合理并遵循恰当的焊接工艺规程,我国钢结构设计规范所推荐的几种建筑钢材(当含碳量不超过0.2%时)均有良好的可焊性。对于其他钢材,必要时可进行焊接工艺试验来确定其可焊性。

钢结构设计中,除上述各种机械性能需要了解之外,还有下列四种数据也会常常用到:

(1) 钢材的质量密度:$\rho = 7\,850 \text{ kg/m}^3 = 76.98 \text{ kN/m}^3$。

(2) 钢材的泊松比:$\nu = 0.3$。

(3) 钢材的温度线膨胀系数:$\alpha = 1.2 \times 10^{-5}/℃$。

(4) 钢材的剪变模量:$G = 7.9 \times 10^4 \text{ N/mm}^2$。

2.2.3 影响钢材机械性能的主要因素

影响钢材性能的因素很多,本节讨论化学成分、钢材制造过程、钢材硬化、复杂应力和应力集中、残余应力、温度变化及疲劳等因素对钢材性能的影响。

1. 化学成分的影响

钢结构主要采用碳素结构钢和低合金结构钢。钢的主要成分是铁(Fe)。碳素结构钢中纯铁含量占99%以上,其余是碳(C),此外还有冶炼过程中留下来的杂质,如硅(Si)、锰(Mn)、硫(S)、磷(P)等元素。低合金高强度结构钢中,除铁、碳元素之外,冶炼时还特意加入少量合金元素,如锰、硅、钒(V)、铜(Cu)、铬(Cr)、钼(Mo)等。这些合金元素通过冶炼工艺以一定的结晶形态存在于钢中,可以改善钢材的性能(注意,同一种元素以合金的形式和以杂质的形式存在于钢中,其影响是不同的)。下面分别叙述各种元素对钢材性能的影响。

(1) 碳:钢材中含碳量增加,会使钢材强度增加,塑性降低,冷弯性能及冲击韧性(尤其是低温下的冲击韧性)也会降低,还会使钢材的可焊性及抗锈性能变差。碳素结构钢按含碳量多少分为三类:低碳钢(含碳量不大于0.25%)、中碳钢(含碳量0.25%~0.60%)、高碳钢(含碳量不低于0.6%)。建筑钢材要求强度高、塑性好。《规范》所指定的碳素结构钢Q235,其含碳量为0.12%~0.22%,属低碳钢,其强度、塑性适中,有明显的屈服台阶(图2-2)。

(2) 锰:在碳素钢中,锰作为一种脱氧剂加入,因此它常以杂质的形式留在钢中。我国的低合金高强度结构钢中,锰常作为一种合金元素加入,是仅次于碳的一种重要的合金元素。当锰的含量不多时,它能提高钢材强度,但又不会过多降低塑性和冲击韧性。此外,锰能与硫生成硫化锰,从而消除硫的不利影响;锰还可以改善钢材冷脆的倾向。

(3) 硅：硅也是作为一种脱氧剂加入碳素钢中的。硅作为一种合金元素可以提高钢的强度，同时对钢的塑性、冷弯性能、冲击韧性及可焊性没有显著的不利影响。

(4) 钒：钒作为一种合金元素加入钢中，可以提高钢的强度，增加钢材的抗锈性能，同时又不会显著降低钢的塑性。

(5) 硫和磷：它们是冶炼过程中留在钢中的杂质，是有害元素。

硫能使钢的塑性及冲击韧性降低，并使钢材在高温时出现裂纹，称为"热脆"现象。这对钢材热加工不利。磷能使钢材在低温下冲击韧性降低很多，称为"冷脆"现象。这对低温下工作的结构不利。硫和磷一般作为杂质，其含量均应严格控制。

氧(O)和氮(N)以及氢(H)是冶炼过程中留在钢中的杂质，它们均是有害元素，含量高时可分别使钢热脆或冷脆。

2. 冶炼、浇注、轧制过程及热处理的影响

建筑用的轧制钢材，是将炼钢炉炼出的钢液注入盛钢桶中，再由盛钢桶送入浇筑车间，浇注成钢锭。一般钢锭冷却至常温处放置，需要时再将钢锭加热切割，送入轧钢机中反复碾压轧制成各种型号的钢材（钢板、型钢等）。

钢材在冶炼、轧制过程中常常出现的缺陷有偏析、夹层、裂纹等。偏析是指金属结晶后化学成分分布不均匀。夹层是由于钢锭内有气泡，有时气泡内还有非金属夹渣，当轧制温度及压力不够时，不能使气泡压合，气泡被压扁延伸，形成了夹层。此外，因冶炼过程中残留的气泡、非金属夹渣，或因钢锭冷却收缩，或因轧制工艺不当，还可能导致钢材内部形成细小的裂纹。偏析、夹层、裂纹等缺陷都会使钢材性能变差。

建筑所用的钢材一般由平炉和氧气转炉炼成。目前用这两种方法冶炼的钢材，其质量相当，但氧气转炉钢成本较低。

钢液从出炉到浇注的过程中，会析出氧气等并生成氧化铁，造成钢材内部夹渣等缺陷。为保证钢材质量，需要在钢液中加入脱氧剂进行脱氧。根据脱氧程度不同，钢材分为沸腾钢、半镇静钢、镇静钢及特殊镇静钢。

沸腾钢用"F"表示，是以脱氧能力较弱的锰作为脱氧剂，因而脱氧不够充分，在浇注过程中，有大量气体逸出，钢液表面剧烈沸腾，故称为沸腾钢。沸腾钢注锭时冷却快，钢液中的气体（氧、氮、氢等）来不及逸出，在钢中形成气泡。沸腾钢结晶构造粗细不匀、偏析严重，常有夹层，因而塑性、韧性及可焊性相对较差。

镇静钢用"Z"表示（可省略不写），所用脱氧剂除锰之外，还用脱氧能力较强的硅，因而脱氧充分，在脱氧过程中产生很多热量，使钢液冷却缓慢，气体容易逸出，浇注时没有沸腾现象，钢锭模内钢液表面平静，故称为镇静钢。镇静钢结晶构造细密，杂质气泡少，偏析程度低，因而塑性、冲击韧性及可焊性比沸腾钢好，同时冷脆及时效敏感性也低。

半镇静钢用"b"表示，介于沸腾钢及镇静钢之间。

特殊镇静钢用"TZ"表示（可省略不写），是在用锰和硅脱氧之后，再加铝或钛进行补充脱氧，其性能得到明显改善，尤其是可焊性显著提高。

轧制钢材时，在轧机压力作用下，钢材的结晶粒会变得更加细密均匀，钢材内部的气泡、裂缝可以得到压合。因此，轧制钢材的性能比铸钢优越。轧制次数多的钢材比轧制次数少的性能改善程度要好些，一般薄钢材的强度及冲击韧性优于厚的钢材。此外，钢材性能与轧制方向也有关，一般钢材顺轧制方向的强度和冲击韧性比横方向的要好。

对于某些特殊用途的钢材,在轧制后还常经过热处理进行调质,以改善钢材性能。常见的热处理方式有淬火、正火、回火、退火等。用做高强度螺栓的合金钢,如20MnTiB(20锰钛硼)就要进行热处理调质(淬火后高温回火),使其强度提高,同时又保持良好的塑性和韧性。

3. 钢材的冷作硬化与时效硬化

如图2-7(a)所示为低碳钢试件单向拉伸的σ-ε曲线。如前所述,当拉伸应力从0增加,超过弹性阶段OA,进入弹塑性阶段AB内的某一点1时,这时如果卸荷,曲线不会沿着原来的曲线返回至O点,而是从1点开始沿着与OA平行的方向直线下降至应力为0时的2点,产生残余应变E_P(0-2段)。如果再加荷,曲线将沿从2到1的方向上升至1点。这意味着经历一次加载后,钢材的弹性极限(或比例极限)由原来的A点升至1点,弹性范围加大了。如果再继续加荷到3点又卸荷,曲线将从3点沿着与OA平行的方向降至应力为O时的4点。若再加荷,曲线由4点升至3点,弹性范围更大。若继续加荷至拉断破坏,曲线沿着原来的实线,拉断后直线下降至应力为O的5点。这就是说,经历几次重复加载后,钢材的塑性变形范围由原来的"0-5"段缩小至"4-5"段。σ-ε曲线的这种变化说明钢材受荷超过弹性范围以后,若重复地卸载、加载,将使钢材弹性极限提高,塑性降低。这种现象称为应变硬化或冷作硬化。

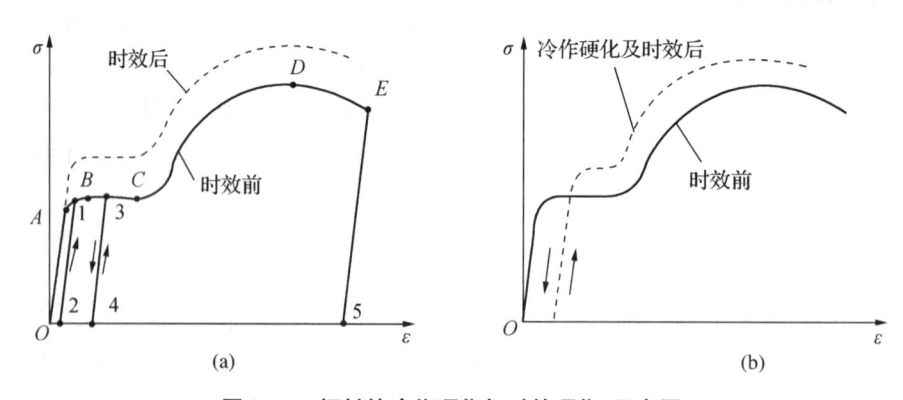

图2-7 钢材的冷作硬化与时效硬化(示意图)

轧制钢材放置一段时间后,其机械性能也会发生变化。钢材的σ-ε曲线会由图2-7(a)中的实线变成虚线所示的曲线。比较实线和虚线,可以看出钢材放置一段时间后,强度提高,塑性降低。这种现象称为时效硬化。如果钢材经过冷加工产生过塑性变形,时效过程会加快[图2-7(b)]。如果冷加工后又将钢材加热(例如加热到100℃左右),其时效过程就更加迅速。这种处理称为人工时效。在钢筋混凝土结构中,常常利用这种性能对钢筋进行冷拉、冷拔等工艺,然后再作人工时效处理,以提高钢筋的承载力。对于冷弯薄壁型钢,考虑到它在经受冷弯加工成型过程中,由于受冷作硬化和时效硬化的影响,其屈服点比原来有较大的提高,其抗拉强度也略有提高,延伸率降低。科技人员经过一系列的理论和试验研究,并借鉴国外成功的经验,认为在设计中可以考虑利用冷弯效应引起的强度提高,以充分发挥冷弯薄壁型钢的承载力,因此在现行的冷弯薄壁型钢技术规范中,列入了考虑冷弯效应引起设计强度提高的条款。

但是,在一般的由热轧型钢和钢板组成的钢结构中,不利用冷作硬化来提高钢材强度。对于直接承受动荷载的结构,还要求采取措施消除冷加工后钢材硬化的影响,防止钢材性能变脆。例如,经过剪切机剪断的钢板,为消除剪切边缘冷作硬化的影响,常常用火焰烧烤使之"退火",或者将剪切边缘部分钢材用刨、削的方法将其除去(刨边)。

4. 复杂应力和应力集中的影响

钢材受同号复杂应力作用时,强度提高,塑性降低,性能变脆。钢材受异号复杂应力作用时,强度降低,塑性增加。

现在讨论应力集中对钢材性能的影响。实际钢结构中的构件常因构造而有孔洞、缺口、凹槽,或采用变厚度、变宽度的截面,这类构件就会有应力集中现象。如图 2-8 所示为带有孔洞的轴向受力构件,孔洞处的截面应力不再是均匀分布,而是在孔口边缘处有局部的应力高峰,其余部分则应力较低,这种现象称为应力集中。应力高峰值及应力分布不均匀的程度与杆件截面变化急剧的程度有关。如槽孔尖端处[图 2-8(b)]就比圆孔[图 2-8(a)]的应力集中程度大得多。同时,应力集中处不仅有纵向应力 σ_x,还有横向应力 σ_y,常常形成同号应力场,有时还会有三向的同号应力场。这种同号应力场导致钢材塑性降低,脆性增加,使结构发生脆性破坏的危险性增大。

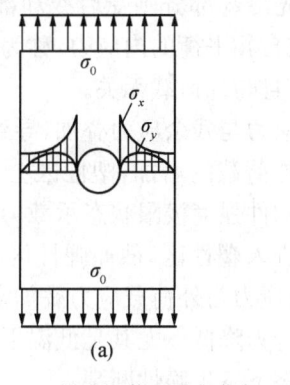

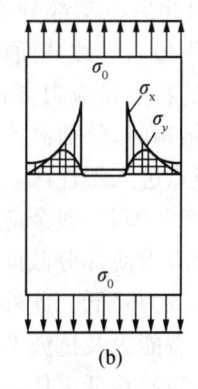

σ_x—沿孔洞截面纵向应力 σ_y—沿孔洞截面横向应力

图 2-8 构件孔洞处的应力集中现象

在静荷载作用下,应力集中可以因材料本身具有塑性(即 σ-ε 曲线上的屈服台阶)得到缓和。例如图 2-9 中的杆件,当荷载增加,孔口边缘应力高峰首先达到屈服点 f_y 时,如荷载继续增加,边缘达到 f_y 处的应变可继续增加,但应力保持 f_y。截面其他地方应力及应变仍旧继续增加。这样,截面上的应力随荷载增加逐渐趋向均匀,直到全截面的应力都达到 f_y,不会影响截面的极限承载能力。因此,塑性良好的钢材可以缓和应力集中。

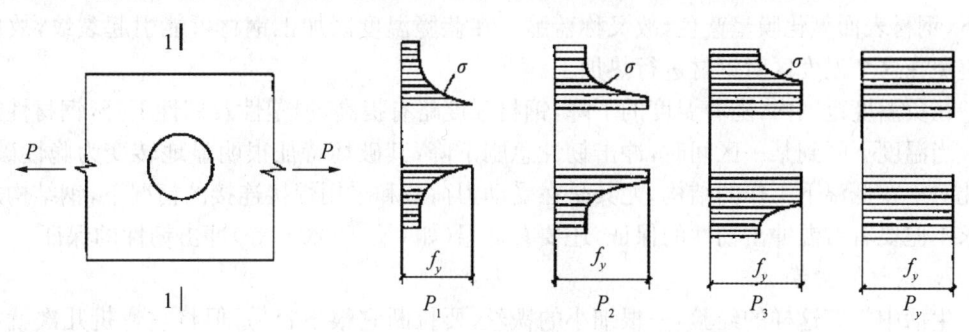

1—1断面纵向应力分布($P_1<P_2<P_3<P_y$)

图 2-9 应力集中缓和的过程

常温下受静荷载的结构只要符合设计和施工规范要求,计算时可不考虑应力集中的影响。但是对于受动荷载的结构,尤其是低温下受动荷载的结构,应力集中引起钢材变脆的倾向更为显著,常常是导致钢结构脆性破坏的原因。对于这类结构,设计时应注意构件形状合理,避免构件截面急剧变化以减小应力集中程度,从构造措施方面防止钢材脆性破坏。

注:前面讲述冲击韧性试验的试件带有V形缺口,就是为了使试件受荷载时产生应力集中,由此测得的冲击韧性值就能反映材料对应力集中的敏感性,因而能够更全面地反映材料的综合品质。

5. 残余应力的影响

型钢及钢板热轧成材后,一般放置堆场自然冷却,冷却过程中截面各部分散热速度不同,导致冷却不均匀。例如,钢板截面两端接触空气表面积大,散热快,先冷却,而截面中央部分则因接触空气表面积小,散热慢,后冷却。同样,工字钢边缘端部及腹板中央部分一般冷却较快,腹板与翼缘相交部分则冷却较慢。先冷却的部分恢复弹性较早,它将阻止后冷却部分自由收缩,从而引起后冷却部分受拉,先冷却部分则受后冷却部分收缩的牵制引起受压。这种作用和反作用最后导致截面内形成自相平衡的内应力,称为热残余应力。

钢材中残余应力的特点是应力自相平衡且与外荷载无关。

当外荷载作用于结构时,外荷载产生的应力与残余应力叠加,导致截面某些部分应力增加,可能提前达到屈服点进入塑性区。随着外荷载的增加,塑性区会逐渐扩展,直到全截面进入塑性达到极限状态。因此,残余应力对构件强度极限状态承载力没有影响,计算中不予考虑。但是,由于残余应力使部分截面提前进入塑性区,截面弹性区减小,因而刚度也随之减小,导致构件稳定承载力降低。此外,残余应力与外荷载应力叠加常常产生二向或三向应力,特使钢材抗冲击断裂能力及抗疲劳破坏能力降低。尤其是低温下受冲击荷载的结构,由于残余应力的存在,更容易在低工作应力状态下发生脆性断裂。

对钢材进行"退火"热处理,在一定程度上可以消除一些残余应力。

6. 温度的影响

温度升高时,钢材的强度(f_u、f_y)及弹性模量(E)降低,但在200℃以内,钢材性能变化不大,因此,钢材的耐热性较好。但超过200℃,尤其是在430℃~540℃,f_u及f_y急剧下降,到600℃时强度很低已不能继续承载,所以钢结构是一种不耐火的结构。对于受高温作用的钢结构,钢结构规范对其隔热、防火措施有具体的规定。

此外,钢材在250℃附近时强度有一定的提高,但塑性降低,性能转脆。由于在这个温度下,钢材表面氧化膜呈蓝色,故又称蓝脆。在蓝脆温度区加工钢材可能引起裂纹,故应尽量避免在这个温度区对钢材进行热加工。

在负温度范围内,随着温度的下降,钢材强度略有提高,但塑性及韧性下降,钢材性能变脆。当温度下降到某一区间时,冲击韧性急剧下降,其破坏特征很明显地转变为脆性破坏。因此对于在低温下工作的结构,尤其是在受动力荷载和采用焊接连接的情况下,钢结构规范要求不但要有常温冲击韧性的保证,还要有低温(如0℃、-20℃等)冲击韧性的保证。

7. 钢材的疲劳

生活中常有这样的经验,一根细小的铁丝,要拉断它很不容易,但将它弯折几次就容易折断了;又如机械设备中高速运转的轴,由于轴内截面上应力不断交替变化,承载能力就较静荷载时低得多,常常在低于屈服点时就断了。这些实例说明,钢材承受重复变化的荷载作用时,材料强度降低,破坏提早。这种现象称为疲劳破坏。

疲劳破坏的特点是强度降低,材料转为脆性,破坏突然发生。

钢结构规范规定,对于承受动力荷载作用的构件(如吊车梁、吊车桁架、工作平台等)及其连接,当应力变化的循环次数超过 5×10^4 次时,就需要进行疲劳计算,以保证不发生疲劳破坏。

钢材发生疲劳破坏一般认为是由于钢材内部有微观细小的裂纹,在连续反复变化的荷载作用下,裂纹端部产生应力集中,其中同号的应力场使钢材性能变脆,交变的应力使裂纹逐渐扩展,这种累积的损伤后导致其突然地脆性断裂。因此钢材发生疲劳对应力集中也最为敏感。对于受动荷载作用的构件,设计时应注意避免截面突变,让截面变化尽可能平缓过渡,目的是减缓应力集中的影响。

一般情况下,钢材静力强度不同,其疲劳破坏情况没有显著差别。因此,对于受动荷载的结构不一定要采用强度等级高的钢材,但宜采用质量等级高的钢材,使其有足够的冲击韧性,以防止疲劳破坏。

2.3 钢材的选择

建筑钢材的选择是指根据规范要求确定钢材牌号及其质量等级。选择的目的是保证安全可靠、经济合理。选择钢材时应考虑下述原则。

2.3.1 结构的重要性

对重型工业建筑结构、大跨度结构、高层民用建筑结构等重要结构,应考虑选用质量好的钢材。根据统一标准的规定,结构安全等级有一级(重要的)、二级(一般的)和三级(次要的),安全等级不同,所选钢材的质量也应不同。同时,构件造成破坏对结构整体的影响也应考虑。当构件破坏导致整个结构不能正常使用时,则后果十分严重;如果构件破坏只造成局部损害而不致危及整个结构正常使用,则后果就不那么严重。两者对材质的要求也应有所区别。

2.3.2 荷载情况

直接承受动荷载的结构和强烈地震区的结构,应选用综合性能好的钢材;一般承受静荷载的结构则可选用质量等级稍低的钢材,以降低造价。

2.3.3 连接方法

钢结构的连接方法有焊接和非焊接两种。对于焊接结构,为保证焊缝质量,要求可焊性较好的钢材。

2.3.4 结构所处的温度和工作环境

在低温下工作的结构,尤其是焊接结构,应选用有良好抗低温脆断性能的镇静钢。在露天或在有害介质环境中工作的结构,应考虑结构要有较好的防腐性能,必要时应采用耐候钢。

对于具体的钢结构工程,选用哪一种钢材应根据上述原则结合工程实际情况及钢材供货情况进行综合考虑。同时对于所选的钢材,还应按规范要求及视工程具体情况,提出保证各项指标合格的要求:如承重结构的钢材应具有抗拉强度、伸长率、屈服强度和硫磷含量的合格保证;对焊接结构尚应具有碳含量的合格保证;焊接承重结构以及重要的非焊接承重结构的钢材还应具有冷弯试验的合格保证;对于需要疲劳验算的结构,还应根据结构的工作温度及所用钢材的品种保证不同温度下的冲击韧性合格。

一般来说,保证的条件愈高,保证的项目愈多,钢材的价格愈高。因此,所提要求应务必经济合理。

习题与思考题

一、选择题

1. 钢材牌号 Q235 中的 235 反映的是( )。
   A. 设计强度   B. 抗拉强度
   C. 屈服强度   D. 含碳量
2. 在以下各级别钢材中,屈服强度最低的是( )。
   A. Q235   B. Q345   C. Q390   D. Q420
3. 在以下各级钢材中,冲击韧性保证温度最低的是( )。
   A. Q345B   B. Q345C   C. Q345D   D. Q345E
4. 以下同种牌号四种厚度的钢板中,钢材设计强度最高的为( )。
   A. 12 mm   B. 24 mm   C. 30 mm   D. 50 mm
5. 钢材具有良好的焊接性能是指( )。
   A. 焊接后对焊缝附近的母材性能没有任何影响
   B. 焊缝经修整后在外观上几乎和母材一致
   C. 在焊接过程中和焊接后,能保持焊接部分不开裂的完整性性质
   D. 焊接完成后不会产生残余应力
6. 按设计规范直接受动荷载作用的构件,钢材应保证的指标为( )。
   A. f_u、f_y、E、冷弯 180° 和 A_{KV} B. δ_5、f_y、E、冷弯 180° 和 A_{KV}
   C. f_u、δ_5、E、冷弯 180° 和 A_{KV} D. f_u、δ_5、f_y、冷弯 180° 和 A_{KV}
7. 伸长率是衡量钢材哪项力学性能的指标?( )
   A. 抗层状撕裂能力   B. 弹性变形能力
   C. 抵抗冲击荷载能力   D. 塑性变形能力
8. 焊接承重结构的钢材应具有( )。
   A. 抗拉强度、伸长率、屈服强度和硫磷含量的合格保证
   B. 抗拉强度、伸长率、屈服强度和碳硫磷含量的合格保证
   C. 抗拉强度、伸长率、屈服强度,碳硫磷含量和冷弯试验的合格保证
   D. 抗拉强度、伸长率、屈服强度,碳硫磷含量、冷弯试验和冲击韧性的合格保证
9. H450×450×12×20 是表达:( )。
   A. 高度 H×腹板厚度 t_1×翼缘厚度 t_2×宽度 B

B. 腹板厚度 t_1 × 宽度 B × 高度 H × 翼缘厚度 t_2
C. 宽度 B × 高度 H × 腹板厚度 t_1 × 翼缘厚度 t_2
D. 高度 H × 宽度 B × 腹板厚度 t_1 × 翼缘厚度 t_2

二、名词解释
1. 钢材的韧性
2. 时效硬化
3. 冷作硬化
4. 应力集中
5. 镇静钢
6. 蓝脆现象

三、填空题
1. 钢材在当温度下降到负温的某一区间时,其冲击韧性急剧下降,破坏特征明显地由_____破坏转变为_____破坏,这种现象称为_____。
2. 钢材的三项主要力学性能指标分别为：_____、_____和_____。
3. 对钢材性能有利的化学元素有：_____、_____、_____和_____。
4. 对钢材性能不利的化学元素有：_____、_____、_____和_____。
5. 低碳钢的应力-应变曲线的五个阶段分别为：_____、_____、_____、_____和_____。
6. 钢材按脱氧程度的不同可以分为：_____、_____、_____和_____。

四、思考讨论题
1. 碳(C)、硅(Si)、锰(Mn)、钒(V)对钢材的机械性能的影响分别是什么？
2. 硫(S)、磷(P)、氧(O)、氮(N)对钢材的机械性能的影响分别是什么？
3. 钢结构对钢材的机械性能有哪些要求？这些要求用哪些指标来衡量？
4. 钢结构中常用的钢材有哪几种？钢材牌号的表示方法是什么？
5. 钢材选用应考虑哪些因素？怎样选择才能保证经济合理？
6. 集中应力对钢材的机械性能有哪些影响？为什么？
7. 钢结构调质常用的热处理方式有哪些？
8. 试查阅相关资料,写出常见钢板、热轧型钢、焊接组合型钢、冷弯薄壁型钢有哪些？分别如何表示？

学习情景 3 钢结构连接设计

3.1 钢结构连接的种类

钢结构是将钢板和型钢按需要裁剪成各种零件,通过连接将它们组成基本的构件(梁、柱、拉杆、压杆等),然后再将这些基本构件通过连接组成需要的结构。这里,连接设计与基本构件设计一样,在整个钢结构设计中占有重要地位。同时,整个钢结构的制造和安装过程中,连接部分所占的工程量最大。因此,钢结构的连接设计必须安全可靠,选型要合理,既要做到传力明确,又要构造简单,节约钢材,施工方便。

钢结构的连接方法可分为焊接连接、铆钉连接、螺栓连接和轻型钢结构用的紧固件连接等(图 3-1)。

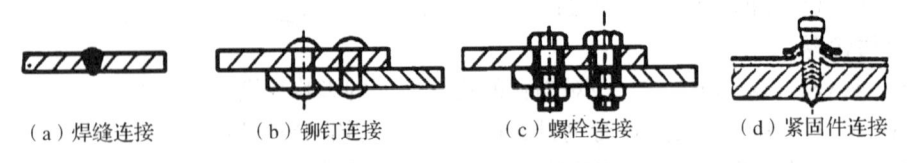

(a)焊缝连接　　(b)铆钉连接　　(c)螺栓连接　　(d)紧固件连接

图 3-1　钢结构的连接方法

焊接是通过电弧产生高温,将构件连接边缘及焊条金属熔化,冷却后凝成一体,形成牢固连接。焊接的优点是:焊件直接相连,构造简单,不削弱截面,连接刚度大,密闭性好,操作方便,在一定条件下可采取自动化操作。焊接的缺点是:焊缝金属在焊接过程中,要经历一次高温熔化而后冷却凝固的过程,使焊缝及周围热影响区的金属结晶构造及机械性能发生变化,部分焊缝金属性能变脆。同时在升温及冷却过程中,温度分布不均匀还会导致焊接结构内产生残余应力和残余变形,使结构承载力和使用性能降低。

铆钉连接是利用铆钉将两个或两个以上的元件(一般为板材或型材)连接在一起的一种不可拆卸的静连接,简称铆接。目前铆接逐渐被高强螺栓所取代。

螺栓连接有普通螺栓连接和高强度螺栓连接两种。普通螺栓通常采用 Q235 钢材制成,安装时由人工用普通扳手拧紧螺栓。高强度螺栓用高强度钢材经热处理制成,安装时用特制的扳手拧紧螺栓。拧紧时螺栓杆被迫伸长,栓杆受拉,其拉力称为预拉力。由此产生的反作用力使连接钢板压紧,导致板件之间产生摩阻力,可阻止板件相对滑移。特制的扳手有相应的预拉力指示计,施工时必须保证螺栓预拉力达到规定的数值。

普通螺栓分 A、B、C 三级,其中 A 和 B 级为精制螺栓,在钢结构中较少采用;C 级为粗制螺栓,在钢结构中采用较多。粗制螺栓由圆钢压制而成,为安装方便,其螺栓的孔径

比螺栓杆公称直径 d 大 1.5～3 mm。普通螺栓连接受剪时，连接板件之间产生滑动，直到螺栓杆件与板件孔壁接触，最后以螺栓杆被剪断或孔壁被挤压破坏时的荷载为极限承载力。

高强度螺栓连接受剪时，按其传力方式可分为摩擦型连接和承压型连接两种。摩擦型连接受剪时，以剪力达到板件接触面间最大摩擦力为极限状态，即保证在整个使用期间剪力不超过最大摩擦力为准则。这样，板件之间不会发生相对滑移变形，连接板件始终是整体弹性受力，因而连接刚性好，变形小，受力可靠，耐疲劳。承压型连接则允许接触面间摩擦力被克服，从而板件之间产生滑移，直至栓杆与孔壁接触，由栓杆受剪或孔壁受挤压传力直至破坏，此时受力性能与普通螺栓相同。摩擦型连接中螺栓的孔径比螺栓杆公称直径 d 大 1.5～2 mm，承压型连接中孔径比栓杆公称直径大 1～1.5 mm。

螺栓连接的优点是安装方便，可以拆卸，施工需要技术工人少；其缺点是连接构造复杂，连接件需要开孔，构件有削弱，安装需要拼装对孔，增加制造工作量，同时耗费钢材也较多。

普通螺栓连接与高强度螺栓连接的区别是：普通螺栓拧紧时，栓杆中的预拉力很小，且数值不加控制，普通螺栓大量用于工地安装连接，以及需要拆装的结构，如施工用的塔架和临时性结构；而高强度螺栓连接要求板件之间压紧产生摩阻力来阻止滑移，因此施工时要求栓杆预拉力达到规定的数值。和普通螺栓相比，高强度螺栓不仅承载力大，而且可靠性好，多用于重要的构件连接。受剪的高强度螺栓连接中，承压型连接设计承载力显然高于摩擦型连接，但其整体性和刚度相对较差，实际强度储备相对较小，一般多用于承受静力或间接动力荷载的连接。

3.2 焊缝连接的设计

3.2.1 对接焊缝连接

1. 对接焊缝连接的构造要求

对接焊缝的焊件常需做成坡口，故又叫坡口焊缝。坡口形式与焊件厚度有关，当焊件厚度很小（手工焊 $t \leqslant 6$ mm，埋弧焊 $t \leqslant 12$ mm）时，可用直边缝。对于一般厚度（手工焊 $t=6 \sim 16$ mm，埋弧焊 $t=12 \sim 20$ mm）的焊件可采用具有斜坡口的单边 V 形或 V 形焊缝。斜坡口和根部间隙共同组成一个焊条能够运转的施焊空间，使焊缝易于焊透；钝边 p（手工焊 0～3 mm，埋弧焊 2～6 mm）有托住熔化金属的作用。对于较厚的焊件（手工焊 $t>$ 16 mm，埋弧焊 $t>20$ mm），则采用 U 形、K 形和 X 形坡口（图 3-2）。对于 V 形缝和 U 形缝需对焊缝根部进行补焊。对接焊缝坡口形式的选用，应根据板厚和施工条件按现行标准《手工电弧焊焊接接头的基本形式与尺寸》和《埋弧焊焊接接头的基本形式与尺寸》的要求进行。

在对接焊缝的拼接处，当焊件的宽度不同或厚度相差 4 mm 以上时，应分别在宽度方向或厚度方向从一侧或两侧做成坡度不大于 1∶2.5 的斜角（图 3-3），以使截面过渡平缓，减小应力集中。

在焊缝的起灭弧处，常会出现弧坑等缺陷，这些缺陷对承载力影响极大，故焊接时一般应设置引弧板和引出板（图 3-4），焊后割除。对受静力荷载的结构设置引弧（出）板有困难

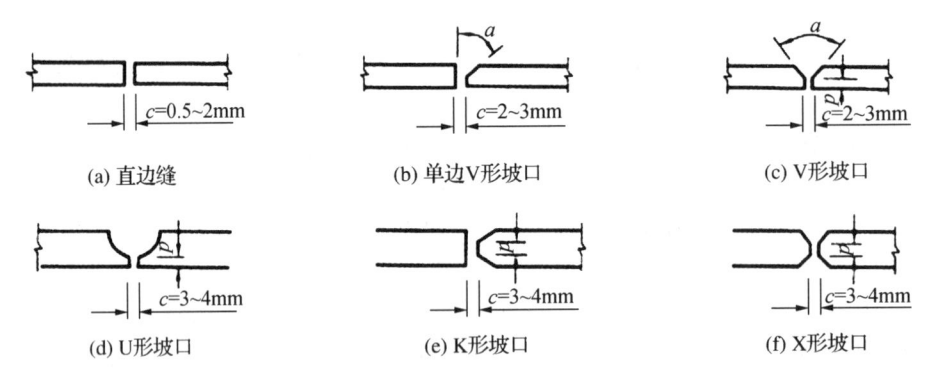

(a) 直边缝　　(b) 单边V形坡口　　(c) V形坡口

(d) U形坡口　　(e) K形坡口　　(f) X形坡口

图 3-2　对接焊缝的坡口形式

时,允许不设置引弧(出)板,此时,可令焊缝计算长度等于实际长度减 2t(此处 t 为较薄焊件厚度)。

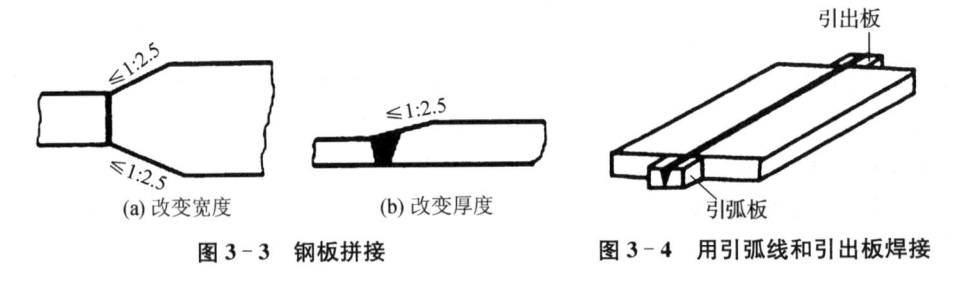

(a) 改变宽度　　(b) 改变厚度

图 3-3　钢板拼接　　图 3-4　用引弧线和引出板焊接

2. 对接焊缝连接的计算

对接焊缝的强度与所用钢材的牌号、焊条型号及焊缝质量的检验标准等因素有关。

如果焊缝中不存在任何缺陷,焊缝金属的强度是高于母材的。但由于焊接技术问题,焊缝中可能有气孔、夹渣、咬边、未焊透等缺陷。实验证明,焊接缺陷对受压、受剪的对接焊缝影响不大,故可认为受压、受剪的对接焊缝与母材强度相等,但受拉的对接焊缝对缺陷甚为敏感。当缺陷面积与焊件截面积之比超过 5% 时,对接焊缝的抗拉强度将明显下降。由于三级检验的焊缝允许存在的缺陷较多,故其抗拉强度为母材强度的 85%,而一、二级检验的焊缝的抗拉强度可认为与母材强度相等。

由于对接焊缝是焊件截面的组成部分,焊缝中的应力分布情况基本上与焊件原来的情况相同,故计算方法与构件的强度计算一样。

(1) 轴心受力对接焊缝的计算

如图 3-5 所示为对接焊缝受垂直于焊缝长度方向的轴心力(拉力或压力),其焊缝强度按下式计算:

$$\sigma = \frac{N}{l_w \cdot t} \leqslant f_t^w \text{ 或 } f_c^w \tag{3-1}$$

式中:N——轴心拉力或压力;

l_w——焊缝的计算长度,当采用引弧板时,取焊缝的实际长度;当未采用引弧板时,每条焊缝取实际长度减去 $2t$;

t——在对接接头中取连接件的较小厚度,T 形接头取腹板的厚度;

f_t^w、f_c^w——对接焊缝的抗拉、抗压强度设计值,按附录 2 采用。

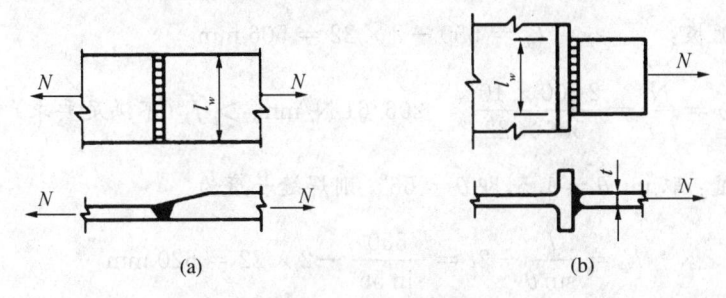

图 3-5 直对接焊缝

按施工及验收规范的规定,对接焊缝施焊时均应加引弧板,以避免焊缝两端的起落弧缺陷,这样,焊缝计算长度应取为实际长度。但在某些特殊情况下,如 T 形接头,当加引弧板较为困难而未加时,则计算每条焊缝长度应减去 $2t$。因此,在一般加引弧板施焊的情况下,所有受压、受剪的对接焊缝以及受拉的一、二级焊缝,均与母材等强,不用计算,只有受拉的三级焊缝才需要进行计算。

当直焊缝不能满足强度要求时,可采用斜对接焊缝。如图 3-6 所示的轴心受拉斜焊缝,可按下列公式计算:

$$\sigma = \frac{N\sin\theta}{l_w t} \leqslant f_t^w \tag{3-2}$$

$$\tau = \frac{N\cos\theta}{l_w t} \leqslant f_v^w \tag{3-3}$$

式中:l_w——焊缝的计算长度,加引弧板时,$l_w = b/\sin\theta$;不加引弧板时,$l_w = b/\sin\theta - 2t$。
f_v^w——对接焊缝的抗剪强度设计值。

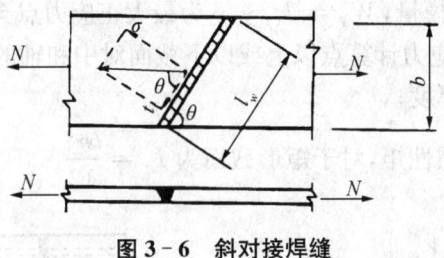

图 3-6 斜对接焊缝

当斜焊缝倾角 $\theta \leqslant 56.3°$,即 $\tan\theta \leqslant 1.5$ 时,可认为与母材等强,不用计算。

斜对接焊缝在 20 世纪 50 年代用得较多,由于消耗材料较多,施工也不方便,已逐渐被摒弃不用,而代之以直对接焊缝。直缝一般加引弧板施焊,若抗拉强度不满足要求,可采用二级检验标准,或将接头位置挪至内力较小处。

例题 3.1 试验算图 3-7 所示钢板的对接焊缝强度。已知 $l=550$ mm,$t=22$ mm,轴向力设计值为 $N=2\,300$ kN,钢材为 Q235B,手工焊,焊条为 E43 型,三级检验标准的焊缝,施焊时未加引弧板。θ 分别考虑为 90°(直焊缝)和 56°(斜焊缝)两种情形。

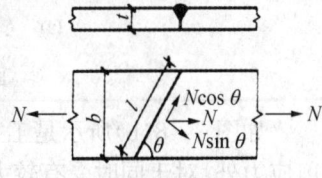

图 3-7 例题 3.1 图

查附录 2 得：焊缝抗拉强度设计值 $f_t^w = 175 \text{ N/mm}^2$。

不采用引弧板：$\qquad l_w = 550 - 2 \times 22 = 506 \text{ mm}$

$$\sigma = \frac{N}{l_w t} = \frac{2\,300 \times 10^3}{506 \times 22} = 206.61 \text{ N/mm}^2 > f_t^w (不满足要求)$$

改用斜焊缝：取 $\tan\theta = 1.5$，即 $\theta = 56°$，则焊缝长度为

$$l_w = \frac{l}{\sin\theta} - 2t = \frac{550}{\sin 56°} - 2 \times 22 = 620 \text{ mm}$$

$$\sigma = \frac{N\sin\theta}{l_w t} = 139.79 \text{ N/mm}^2 < f_t^w = 175 \text{ N/mm}^2$$

$$\tau = \frac{N\cos\theta}{l_w t} = 94.29 \text{ N/mm}^2 < f_v^w = 120 \text{ N/mm}^2$$

满足要求。

这就说明当 $\tan\theta \leqslant 1.5$ 时，焊缝强度能够保证，可不必验算。

(2) 承受弯矩和剪力联合作用的对接焊缝

如图 3-8(a)所示对接接头受弯矩和剪力的联合作用，由于焊缝截面是矩形，正应力与剪应力图形分别为三角形与抛物线形，其最大值应分别满足下列强度条件：

$$\sigma_{\max} = \frac{M}{W_x} \leqslant f_t^w \tag{3-4}$$

$$\tau_{\max} = \frac{VS_w}{I_x t_w} \leqslant f_v^w \tag{3-5}$$

式中：W_x——焊缝的截面模量，$W_x = I_x/y$，y 为最大正应力点至焊缝中和轴的距离；

S_w——焊缝截面的应力计算点以上或以下截面对中和轴的面积距；

t_w——钢板或腹板厚度；

I_x——焊缝截面的惯性矩，对于矩形截面为 $I_x = \frac{bh^3}{12}$。

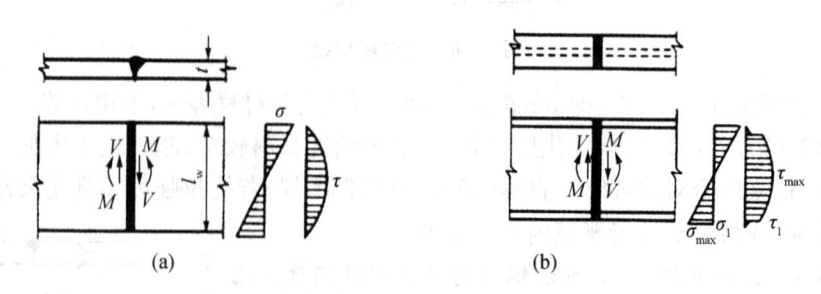

图 3-8 对接焊缝受弯矩和剪力联合作用

如图 3-8(b)所示是工字形截面梁的接头，采用对接焊缝，除应分别验算最大正应力和剪应力外，对于同时受有较大正应力和较大剪应力处，例如腹板与翼缘的交接点处，还应按下式验算折算应力：

$$\sqrt{\sigma_1^2 + 3\tau_1^2} \leqslant 1.1 f_t^w \tag{3-6}$$

式中：σ_1、τ_1——验算点处的焊缝正应力和剪应力。

系数 1.1 为考虑到最大折算应力只在局部出现，而将强度设计值适当提高的系数。

(3) 承受轴心力、弯矩和剪力联合作用的对接焊缝

当轴心力与弯矩、剪力联合作用时，轴心力和弯矩在焊缝中引起的正应力应进行叠加，剪应力仍按式(3-5)验算，折算应力仍按式(3-6)验算。

除考虑焊缝长度是否减少，焊缝强度是否折减外，对接焊缝的计算方法与母材的强度计算完全相同。

例题 3.2 某 8 m 跨度简支梁的截面和荷载(含梁自重在内的设计值)如图 3-9 所示。在距支座 2.4 m 处有翼缘和腹板的拼接连接，试设计其拼接的对接焊缝。已知钢材为 Q235，采用 E43 型焊条，手工焊，三级质量标准，施焊时采用引弧板。

解：(1) 距支座 2.4 m 处的内力计算

$$M = qab/2 = 150 \times 2.4 \times (8 - 2.4)/2 = 1\,008 \text{ kN} \cdot \text{m}$$
$$V = q(1/2 - a) = 150 \times (8/2 - 2.4) = 240 \text{ kN}$$

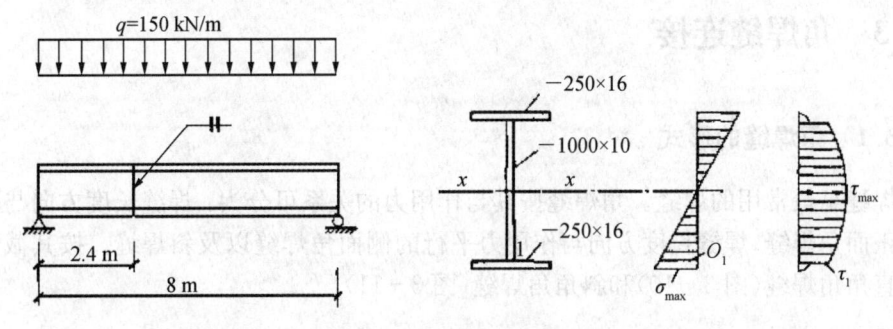

图 3-9 例题 3.2 图

(2) 焊缝计算截面的几何特征值计算

$$I_x = \frac{10 \times 1\,000^3}{12} + 2 \times \left(\frac{250 \times 16^3}{12} + 250 \times 16 \times 508^2\right) = 2\,898 \times 10^6 \text{ mm}^4$$

$$W_x = \frac{I_x}{y} = \frac{2\,898 \times 10^6}{516} = 5.616\,3 \times 10^6 \text{ mm}^3$$

$$S_1 = 250 \times 16 \times 508 = 2.032 \times 10^5 \text{ mm}^3$$

$$S_w = 250 \times 16 \times 508 + 500 \times 10 \times 250 = 3.282 \times 10^6 \text{ mm}^3$$

(3) 焊缝强度计算

由附录 2 查得：$f_t^w = 185 \text{ N/mm}^2$，$f_v^w = 125 \text{ N/mm}^2$

① 最大正应力：$\sigma_{\max} = \dfrac{M}{W_x} = \dfrac{1\,008 \times 10^6}{5.616\,3 \times 10^6} = 179.5 \text{ N/mm}^2 \leqslant f_t^w = 185 \text{ N/mm}^2$，满足要求。

② 最大剪应力：$\tau_{max} = \dfrac{VS_w}{I_x t_w} = \dfrac{240 \times 10^3 \times 3.282 \times 10^6}{2898 \times 10^6 \times 10} = 27.2 \text{ N/mm}^2 \leqslant f_v^w = 125 \text{ N/mm}^2$，满足要求。

③ 翼缘与腹板交接处折算应力

$$\sigma_1 = \dfrac{M}{I_x} y_1 = \dfrac{1008 \times 10^6}{2898 \times 10^6} \times 500 = 173.9 \text{ N/mm}^2$$

$$\tau_1 = \dfrac{VS_1}{I_x t_w} = \dfrac{240 \times 10^3 \times 2.032 \times 10^5}{2898 \times 10^6 \times 10} = 16.8 \text{ N/mm}^2$$

$$\sqrt{\sigma_1^2 + 3\tau_1^2} = \sqrt{173.9^2 + 3 \times 16.8^2} = 176.3 \text{ N/mm}^2 \leqslant 1.1 f_t^w = 1.1 \times 185 = 203.5 \text{ N/mm}^2$$

折算应力满足要求。

故由以上计算可知，采用直接拼接满足要求。

为使受力良好，实际设计中通常将三块板的拼接错开布置。

3.3 角焊缝连接

3.3.1 角焊缝的形式

角焊缝是最常用的焊缝。角焊缝按其与作用力的关系可分为：焊缝长度方向与作用力垂直的正面角焊缝；焊缝长度方向与作用力平行的侧面角焊缝以及斜焊缝。按其截面形式可分为直角角焊缝（图 3-10）和斜角角焊缝（图 3-11）。

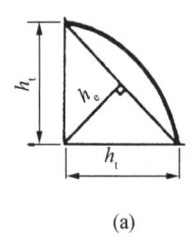

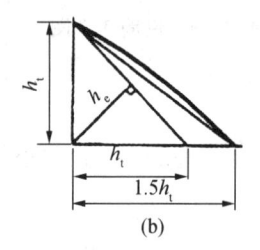

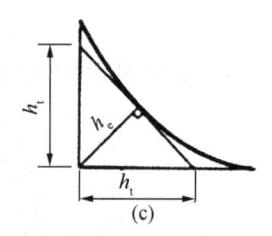

图 3-10 直角角焊缝截面

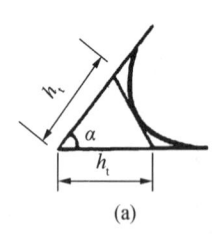

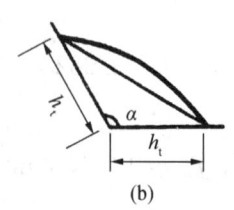

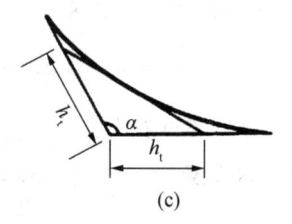

图 3-11 斜角角焊缝截面

直角角焊缝通常做成表面微凸的等腰直角三角形截面[图 3-10(a)]。在直接承受动力荷载的结构中,正面角焊缝的截面常采用如图 3-10(b)所示的面式,侧面角焊缝的截面则作成凹面式[图 3-10(c)]。图中的 h_f 为焊角尺寸。

两焊脚边的夹角 $\alpha>90°$ 或 $\alpha<90°$ 的焊缝称为斜角角焊缝(图 3-11)。斜角角焊缝常用于钢漏斗和钢管结构中。对于夹角 $\alpha>135°$ 或 $\alpha<60°$ 的斜角角焊缝,除钢管结构外,不宜用作受力焊缝。

3.3.2 角焊缝的构造要求

(1) 最小焊脚尺寸。如果板件厚度较大而焊缝焊脚尺寸过小,则施焊时焊缝冷却速度过快,可能产生淬硬组织,易使焊缝附近主体金属产生裂纹。因此,《规范》规定角焊缝的最小焊脚尺寸 $h_{f_{min}}$ 应满足下式要求[图 3-12(a)]:

$$h_{f_{min}} \geqslant 1.5\sqrt{t_{max}}$$

此处 t_{max} 为较厚焊件的厚度(mm)。自动焊的热量集中,因而熔深较大,故最小焊脚尺寸 t_{max} 可较上式减小 1 mm。T 形连接单面角焊缝可靠性较差,$h_{f_{min}}$ 应增加 1 mm。当焊件厚度等于或小于 4 mm 时,则 $h_{f_{min}}$ 应与焊件同厚。

(2) 最大焊脚尺寸。角焊缝的过 h_f 大,焊接时热量输入过大,焊缝收缩时将产生较大的焊接残余应力和残余变形,且热影响区扩大易产生脆裂,较薄焊件易烧穿。板件边缘的角焊缝与板件边缘等厚时,施焊时易产生咬边现象。因此,角焊缝的 $h_{f_{max}}$ 应符合下列规定[图 3-12(a)]:

$$h_{f_{max}} \leqslant 1.2 t_{min}$$

式中:t_{min} 为较薄焊件厚度。

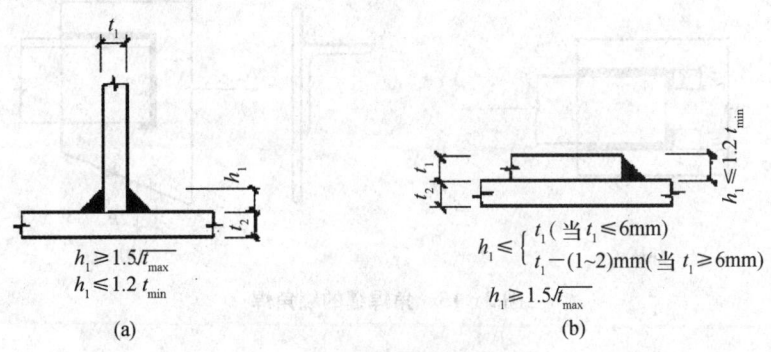

图 3-12 角焊缝的焊角尺寸

对板件边缘(厚度为 t_1)的角焊缝尚应符合下列要求[图 3-12(b)]:

① 当 $t_1 > 6$ mm 时,$h_{f_{max}} \leqslant t_1 - (1\sim2)$ mm;
② 当 $t_1 \leqslant 6$ mm 时,$h_{f_{max}} \leqslant t_1$。

(3) 最小计算长度。角焊缝的焊缝长度过短,焊件局部受热严重,且施焊时起落弧坑相距过近,再加上一些可能产生的缺陷使焊缝不够可靠。因此,规定角焊缝的最小计算长度 $l_w \geqslant 8h_f$,且不小于 40 mm。

(4) 侧面角焊缝的最大计算长度。侧缝沿长度方向的剪应力分布很不均匀,两端大而中间小,且随焊缝长度与其焊脚尺寸之比值的增大而更为严重。当焊缝过长时,其两端应力可能达到极限,而中间焊缝却未充分发挥承载力。因此,侧面角焊缝的最大计算长度取 $l_w \leqslant 60h_f$。

当侧缝的实际长度超过上述规定数值时,超过部分在计算中不予考虑;若内力沿侧缝全长分布时则不受此限,例如工字形截面或梁的翼缘与腹板的角焊缝连接等。

(5) 在搭接连接中,为减小因焊缝收缩产生过大的焊接残余应力及因偏心产生的附加弯矩,要求搭接长度 $l \geqslant 5t_{min}$,且不小于 25 mm(图 3-13)。

(6) 板件的端部仅用两侧缝连接时(图 3-14),为避免应力传递过于弯折而致使板件应力过于不均匀,应使焊缝长度 $l_w \geqslant b$;同时,为避免因焊缝收缩引起板件变形拱曲过大,应满足 $b \leqslant 16t$(当 $t > 12$ mm 时)或 200 mm(当 $t \leqslant 12$ mm 时)。若不满足此规定则应加焊端缝。

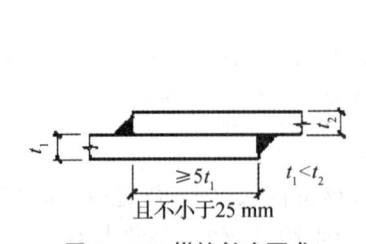

图 3-13 搭接长度要求

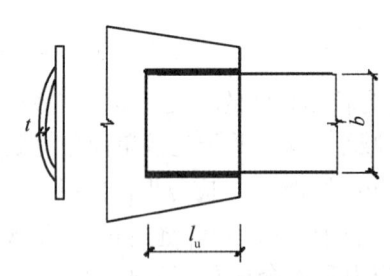

图 3-14 仅用两侧缝连接的构造要求

(7) 当角焊缝的端部在构件的转角处时,为避免起落弧缺陷发生在此应力集中较严重的转角处,宜作长度为 $2h_f$ 的绕角焊(图 3-15),转角处(包括围焊缝的转角处)必须连续施焊,以改善连接的受力。

(a)

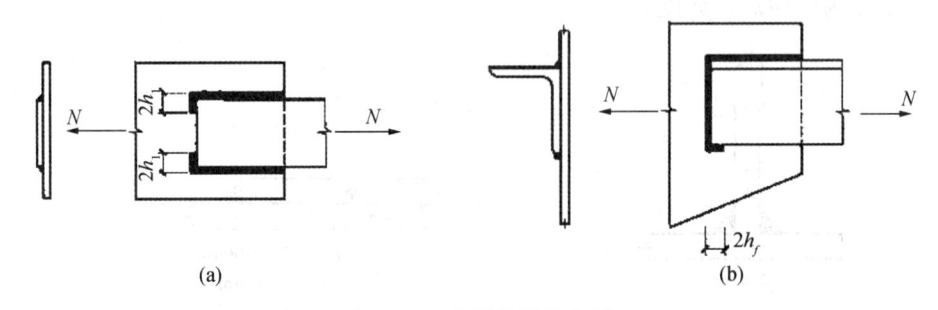

(b)

图 3-15 角焊缝的绕角焊

3.3.3 角焊缝的计算

1. 承受轴心力作用时角焊缝的计算

当作用力(拉力、压力、剪力)通过角焊缝群形心时,认为焊缝沿长度方向的应力均匀分布。由于作用力与焊缝长度方向间关系的不同,故在应用角焊缝的一般强度计算表达式时分别为:

(1) 侧面角焊缝或作用力平行于焊缝长度方向的角焊缝

$$\tau_f = \frac{N}{h_e \sum l_w} \leqslant f_f^w \tag{3-7}$$

式中：τ_f——按焊缝计算截面计算，平行于焊缝长度方向的剪应力；

f_f^w——角焊缝的强度设计值，按附录2采用；

h_e——角焊缝的有效焊脚尺寸，$h_e = 1/\sqrt{2}h_f = 0.7h_f$。

(2) 正面角焊缝或作用力与焊缝长度方向垂直的角焊缝

$$\sigma_f = \frac{N}{h_e \sum l_w} \leqslant \beta_f f_f^w \tag{3-8}$$

式中：σ_f——焊缝计算截面计算，垂直于焊缝长度方向的应力；

β_f——正面角焊缝的强度设计值提高系数，对承受静力或间接承受动力荷载的结构取 $\beta_f = 1.22$；对直接承受动力荷载的结构构件取 $\beta_f = 1.0$。

(3) 斜焊缝或作用力与焊缝长度方向斜交成 θ 的角焊缝

首先将外力分解到与焊缝平行和垂直的方向，分别算出各方向的应力，再按下式进行计算：

$$\sqrt{\left(\frac{N\sin\theta}{\beta_f h_e l_w}\right)^2 + \left(\frac{N\cos\theta}{h_e l_w}\right)^2} \leqslant f_f^w \tag{3-9}$$

对于承受静力荷载和间接承受动力荷载的情况，若将 $\beta_f = 1.22$ 和 $\cos^2 = 1 - \sin^2$ 代入式(3-9)中，整理后可得：

$$\frac{N}{h_e \sum l_w}\sqrt{1 - \frac{1}{3}\sin^2\theta} \leqslant f_f^w \tag{3-10}$$

取

$$\beta_{f_\theta} = \frac{1}{\sqrt{1 - \frac{1}{3}\sin^2\theta}} \tag{3-11}$$

则为

$$\frac{N}{h_e \sum l_w} \leqslant \beta_{f_\theta} f_f^w \tag{3-12}$$

式中：β_{f_θ}——斜向角焊缝强度设计值提高系数，对承受静力或间接承受动力荷载的结构，按式(3-12)计算；对直接承受动力荷载的结构取 $\beta_{f_\theta} = 1.0$；

θ——轴心力与焊缝长度方向的夹角。

(4) 周围焊缝

由侧面、正面和斜向各种角焊缝组成的周围焊缝，假设破坏时各部分角焊缝都同时达到各自的极限强度，则可按下式计算：

$$\frac{N}{\sum(\beta_{f\theta} h_e l_w)} \leqslant f_f^w \tag{3-13}$$

例题3.3 试设计如图3-16(a)所示一双盖板的对接接头。钢板截面为 250×14，盖板截面为 $2-200 \times 10$，承受轴心力设计值 700 kN（静力荷载），钢材为Q235，焊条E43型，手工焊。

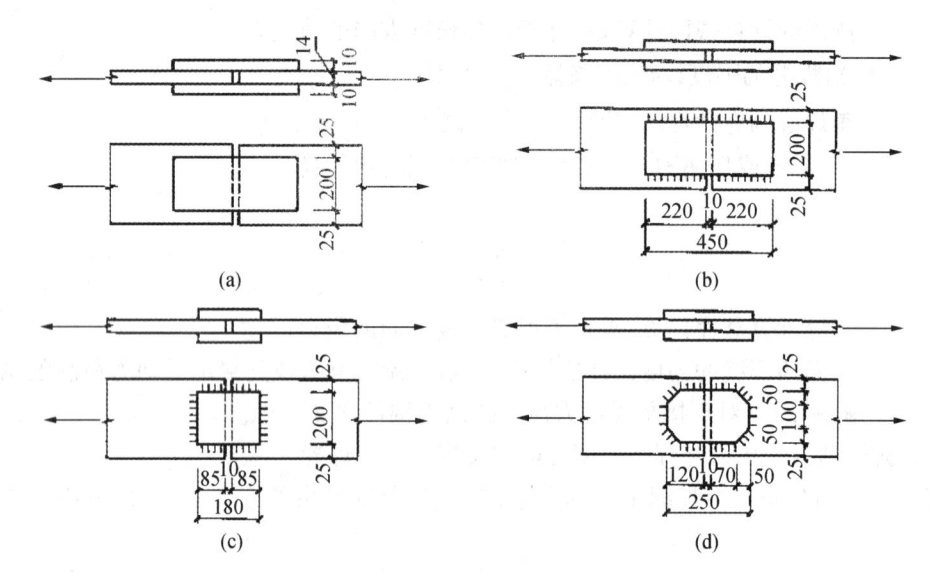

图 3-16 例题 3.3 图（单位：mm）

解：确定角焊缝的焊脚尺寸 h_f：

取 $h_f = 8 \text{ mm} \leqslant t - (1 \sim 2)\text{mm} = 10 - (1 \sim 2)\text{mm} = 8 \sim 9 \text{ mm}$

$\leqslant 1.2 t_{\min} = 1.2 \times 10 = 12 \text{ mm}$

$> h_{f_{\min}} = 1.5 \sqrt{t_{\max}} = 1.5 \times \sqrt{14} = 5.6 \text{ mm}$

由附录 2 查得角焊缝强度设计值 $f_f^w = 160 \text{ N/mm}^2$。

(1) 采用侧面角焊缝连接，如图 3-16(b) 所示。

因用双盖板，接头一例共有 4 条焊缝，每条焊缝所需的计算长度为：

$$l_w = \frac{N}{4 h_e f_f^w} = \frac{700 \times 10^3}{4 \times 0.7 \times 8 \times 160} = 195.3 \text{ mm}, \text{取 } l_w = 200 \text{ mm}$$

验算构造 $l_w = 200 \text{ mm} < 60 h_f = 60 \times 8 = 480 \text{ mm}$

$> 8 h_f = 8 \times 8 = 64 \text{ mm}$

$> b = 200 \text{ mm}$（仅有侧面角焊缝）

$l = 200 + 2 \times 8 = 216 \text{ mm} > 5 t_{\min} = 50 \text{ mm}$

$t = 10 \text{ mm} < 12 \text{ mm}$ 且 $b = 200 \text{ mm}$（仅有侧面角焊缝）

满足构造要求。

故盖板总长：$L = (200 + 2 \times 8) \times 2 + 10 = 442 \text{ mm}$，取 $L = 450 \text{ mm}$。

(2) 采用三面围焊，如图 3-16(c) 所示。

正面角焊缝所能承受的内力 N' 为：

$$N' = 2 \times 0.7 h_f l_w \beta_f f_f^w = 2 \times 0.7 \times 8 \times 200 \times 1.22 \times 160 = 437\,284 \text{ N}$$

接头一侧所需侧缝的计算长度为：

$$l_w' = \frac{N - N'}{4 h_e f_f^w} = \frac{700\,000 - 437\,284}{4 \times 0.7 \times 8 \times 160} = 73.3, \text{取 } 75 \text{ mm}$$

验算构造 $l_w = 75$ mm $< 60h_f = 60 \times 8 = 480$ mm

$$> 8h_f = 8 \times 8 = 64 \text{ mm}$$

$$l = 75 + 8 = 83 \text{ mm} > 5t_{\min} = 50 \text{ mm}$$

满足构造要求。

盖板总长：$L = (75+8) \times 2 + 10 = 176$ mm，取 180 mm。

(3) 采用菱形盖板，如图 3-16(d)。

为使传力较平顺和减小拼接盖板四角处焊缝的应力集中，可将拼接盖板做成菱形。连接焊缝由三部分组成：① 两条端缝 $l_{w1} = 100$ mm；② 四条侧缝 $l_{w2} = 70 - 8 = 62$ mm；③ 四条斜缝 $l_{w3} = \sqrt{50^2 + 50^2} = 71$ mm。其承载力分别为：

$$N_1 = \beta_f h_e \sum l_w f_f^w = 1.22 \times 0.7 \times 8 \times 2 \times 100 \times 160 = 218\,624 \text{ N}$$

$$N_2 = h_e \sum l_w f_f^w = 0.7 \times 8 \times 62 \times 4 \times 160 = 222\,208 \text{ N}$$

斜焊缝因 $\theta = 45°$，算得 $\beta_{f_\theta} = 1.1$，则

$$N_3 = h_e \sum l_w \beta_{f_\theta} f_f^w = 0.7 \times 8 \times 4 \times 71 \times 1.1 \times 160 = 279\,910 \text{ N}$$

连接盖板一侧共能承受的内力为：$N_1 + N_2 + N_3 = 720.7$ kN > 700 kN

所需拼接盖板总长：$L = (50+70) \times 2 + 10 = 250$ mm，比采用三面围焊的矩形盖板的长度有所增加，但改善了连接的工作性能。

2. 角钢连接的角焊缝计算

如图 3-17(a)所示为一钢屋架(桁架)的结构简图，这类桁架的杆件常采用双角钢组成的 T 形截面，桁架节点处设一块钢板作为节点板，各个双角钢杆件的端部用贴角焊缝焊在节点板上，使各杆所受轴力通过焊缝传到节点板上，形成一个平衡的汇交力系，如图 3-17(b)所示。由于双角钢 T 形截面的重心布置成与桁架的轴线重合，因此保证了各杆成为轴心受力杆件。角钢与节点板用角焊缝连接可采用三种形式：两个侧面焊缝、三面围焊和 L 形围焊。为避免偏心受力，布置在角钢肢背和角钢肢尖的焊缝重心，应与角钢杆件的重心也就是桁架的轴线重合。

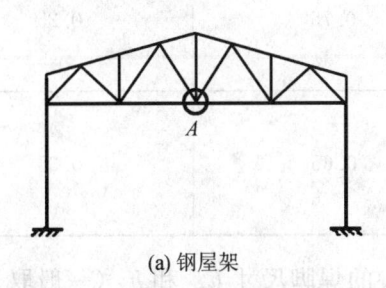

(a) 钢屋架　　(b) A节点详图

图 3-17　钢屋架节点示意图

(1) 用两侧面角焊缝连接，如图 3-18(a)所示

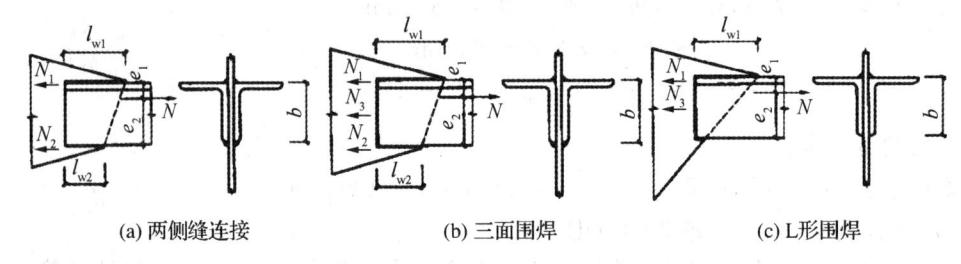

(a) 两侧缝连接　　　　　(b) 三面围焊　　　　　(c) L形围焊

图 3-18　角钢与钢板的角焊缝连接

由于角钢截面重心轴线到肢背和肢尖的距离不相等，靠近重心轴线的肢背焊缝承受较大的内力。设 N_1、N_2 分别为角钢肢背和肢尖焊缝承受的内力，由平衡条件 $\sum N = 0$ 可得：

$$N_1 = \frac{e_2}{e_1 + e_2} \times N = \frac{e_2}{b} \times N = K_1 N \tag{3-14}$$

$$N_2 = \frac{e_1}{e_1 + e_2} \times N = \frac{e_1}{b} \times N = K_2 N \tag{3-15}$$

式中：e_1、e_2——角钢与连接板贴合胶重心轴线到肢背与肢尖的距离；

　　　b——角钢与连接板连接的端部宽度；

　　　K_1、K_2——角钢肢背与肢尖焊缝的内力分配系数，实际设计时，可按表 3-1 近似值采用。

表 3-1　角钢侧面角焊缝内力分配系数

角钢类型	连接情况	分配系数	
		角钢肢背 K_1	角钢肢尖 K_2
等边		0.70	0.30
不等边（短肢相连）		0.75	0.25
不等边（长肢相连）		0.65	0.35

算得 N_1、N_2 后，根据构造要求确定肢背和肢尖的焊脚尺寸 h_{f_1} 和 h_{f_2}（一般取 $h_{f_1} = h_{f_2}$），然后分别计算角钢肢背和肢尖焊缝所需的计算长度：

$$\sum l_{w_1} = \frac{N_1}{0.7 h_{f_1} f_f^w} \tag{3-16}$$

$$\sum l_{w_2} = \frac{N_2}{0.7 h_{f_2} f_f^w} \tag{3-17}$$

算出 $\sum l_{w_1}$、$\sum l_{w_2}$ 后须对焊缝的长度是否满足构造要求进行验算,以下部分相同。

(2) 采用三面围焊,如图 3-18(b)所示

根据构造要求,首先选取端缝的焊脚尺寸 h_f,并计算其所能承受的内力(设截面为双角钢组成的 T 形截面)

$$N_3 = 2 \times 0.7 \times h_f b \beta_f f_f^w \tag{3-18}$$

由平衡条件可得:

$$N_1 = K_1 N - \frac{N_3}{2} \tag{3-19}$$

$$N_2 = K_2 N - \frac{N_3}{2} \tag{3-20}$$

同样,N_1、N_2 可由分别计算角钢肢背和肢尖的侧面角焊缝。

(3) 采用 L 形围焊,如图 3-18(c)所示

L 形围焊中由于角钢肢尖无焊缝,故可令式(3-20)中的 $N_2 = 0$,则可得

$$N_3 = 2K_2 N \tag{3-21}$$

$$N_1 = N - N_3 = (1 - 2K_2)N \tag{3-22}$$

求得 N_3 和 N_1 后,可分别计算出角钢正面角焊缝和肢背侧面角焊缝。

例题 3.4 如图 3-19 所示角钢与连接板的三面围焊连接中,轴心力设计值 $N = 800$ kN(静力荷载),角钢为 2L110×70×10(长肢相连),连接板厚度为 12 mm,钢材为 Q235,焊条为 E43 型,手工焊。试确定所需焊脚尺寸和焊缝长度。

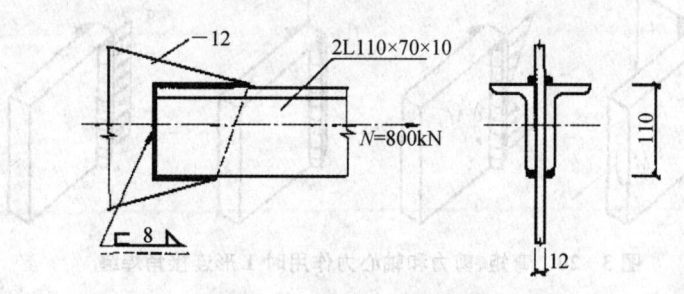

图 3-19 例题 3.4 图(单位 mm)

解:设角钢肢背、肢尖及端部焊脚尺寸相同,取

$$h_f = 8 \text{ mm} \leqslant t - (1 \sim 2)\text{mm} = 10 - (1 \sim 2)\text{mm}$$
$$= 8 \sim 9 \text{ mm} \leqslant 1.2 t_{\min} = 1.2 \times 10 = 12 \text{ mm} > h_{f\min}$$
$$= 1.5 \sqrt{t_{\max}} = 1.5 \times \sqrt{12} = 5.2 \text{ mm}$$

由附录 2 查得角焊缝强度设计值 $f_f^w = 160 \text{ N/mm}^2$

端焊缝缝承受的内力：$N_3 = 2 \times 0.7 \times h_f b \beta_f f_f^w = 2 \times 0.7 \times 8 \times 110 \times 1.22 \times 160 = 240$ kN

肢背和肢尖承受的内力分别为：

$$N_1 = K_1 N - \frac{N_3}{2} = 0.65 \times 800 - \frac{240}{2} = 400 \text{ kN}$$

$$N_2 = K_2 N - \frac{N_3}{2} = 0.35 \times 800 - \frac{240}{2} = 160 \text{ kN}$$

肢背和肢尖焊缝计算长度为：

$$l_{w1} = \frac{N_1}{2 \times 0.7 \times h_f f_f^w} = \frac{400 \times 10^3}{2 \times 0.7 \times 8 \times 160} = 223 \text{ mm}$$

$$l_{w2} = \frac{N_2}{2 \times 0.7 \times h_f f_f^w} = \frac{160 \times 10^3}{2 \times 0.7 \times 8 \times 160} = 89 \text{ mm}$$

验算构造

$$l_w < 60 h_f = 60 \times 8 = 480 \text{ mm}$$
$$> 8 h_f = 8 \times 8 = 64 \text{ mm}$$
$$l = l_w + h_f > 5 t_{min} = 50 \text{ mm}$$

故肢背和肢尖焊缝需要的实际长度为：

$$l_1 = 223 + 8 = 231 \text{ mm，取 } 235 \text{ mm}$$
$$l_2 = 89 + 8 = 97 \text{ mm，取 } 100 \text{ mm}$$

3. 在弯矩、剪力和轴心力共同作用下的 T 形连接角焊缝的计算

如图 3-20 所示为一同时承受轴心力 N、弯矩 M 和剪力 V 作用的 T 形连接。

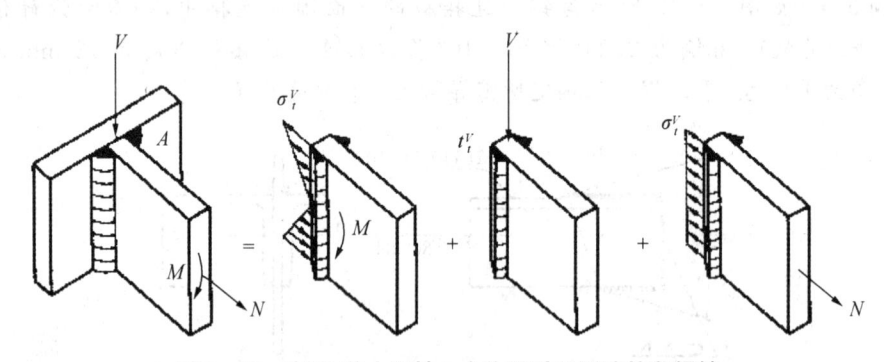

图 3-20 弯矩、剪力和轴心力作用时 T 形连接角焊缝

焊缝的 A 点为最危险点。

由轴心力 N 产生的垂直于焊缝长度方向的应力为

$$\sigma_f^N = \frac{N}{A_w} = \frac{N}{2 h_e l_w} \tag{3-23}$$

由剪力 V 产生的平行于焊缝长度方向的应力为

$$\tau_f^V = \frac{V}{A_w} = \frac{V}{2 h_e l_w} \tag{3-24}$$

由弯矩 M 引起的垂直于焊缝长度方向的应力为

$$\sigma_f^M = \frac{M}{W_w} = \frac{6M}{2h_e l_w^2} \tag{3-25}$$

将垂直于焊缝方向的应力 σ_f^n 和 σ_f^m 相加,考虑 σ_f 及 τ_f 的组合作用,焊缝的强度条件应为

$$\sqrt{\left(\frac{\sigma_f^N + \sigma_f^M}{\beta_f}\right)^2 + \tau_f^2} \leqslant f_f^w \tag{3-26}$$

式中:A_w——角焊缝的有效截面面积;
  W_w——角焊缝的有效截面模量。

例题 3.5 如图 3-21 所示角钢与钢柱用角焊缝连接,焊脚尺寸 $h_f = 10$ mm,钢材为 Q345,焊条为 E50 型,手工焊。试计算焊缝所能承受的最大静力荷载设计值 F。

解:将偏心力 F 向焊缝群形心简化,则焊缝同时承受弯矩 $M = Fe = 30F$ kN·mm 及剪力 $V = F$ kN,虽然角肢为不等肢,但仅两竖向直边有焊缝,故焊缝群中和轴仍位于两竖直焊缝的重心轴线,因此,应按最危险点 A 或点 B 确定焊脚尺寸。此外,因转角处有绕角焊 $2h_f$,故焊缝计算长度不考虑起落弧弧坑的影响,$l_w = 200$ mm。

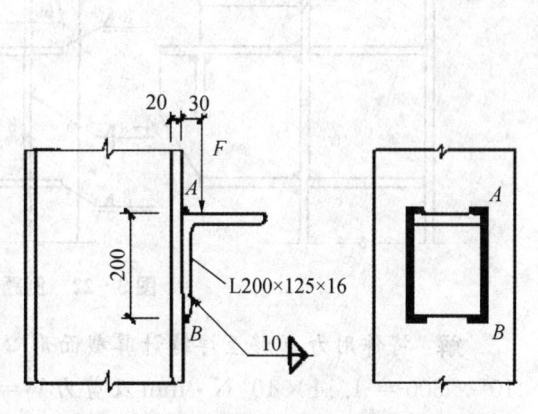

图 3-21 例题 3.5 图(单位 mm)

(1)验算侧面角焊缝长度的构造要求

$$l_w = 200 < 60h_f = 60 \times 10 = 600 \text{ mm}$$
$$> 8h_f = 8 \times 10 = 80 \text{ mm}$$
$$l = l_w + h_f > 5t_{\min} = 80 \text{ mm}$$

故侧面角焊缝长度满足要求。

(2)焊缝计算截面的几何参数

$$A_w = 2 \times 0.7 h_f l_w = 2 \times 0.7 \times 10 \times 200 = 2\,800 \text{ mm}^2$$
$$W_w = \frac{2 \times 0.7 h_f l_w^2}{6} = \frac{2 \times 0.7 \times 10 \times 200^2}{6} = 93\,333 \text{ mm}^3$$

(3)应力分量

$$\sigma_f^M = \frac{M}{W_w} = \frac{30F \times 10^3}{9\,333} = 0.321\,4\,F$$
$$\tau_f^V = \frac{V}{A_w} = \frac{F \times 10^3}{2\,800} = 0.357\,1\,F$$

(4)求 F

由附录 2 查得角焊缝强度设计值 $f_f^w = 200$ N/mm^2

$$\sqrt{(\sigma_f^M/\beta_f)^2+(\tau_f^v)^2}=\sqrt{\left(\frac{0.3214F}{1.22}\right)^2+(0.3571F)^2}\leqslant f_f^w=200$$

解得：$F\leqslant 450.7$ kN

因此，该连接所能承受的最大静力荷载设计值 F 为 450.7 kN。

例题 3.6 验算图 3-22 所示牛腿与柱的连接角焊缝。钢材为 Q235，焊条为 E43 型，手工焊，作用力设计值 $F=380$ kN（静力荷载）。

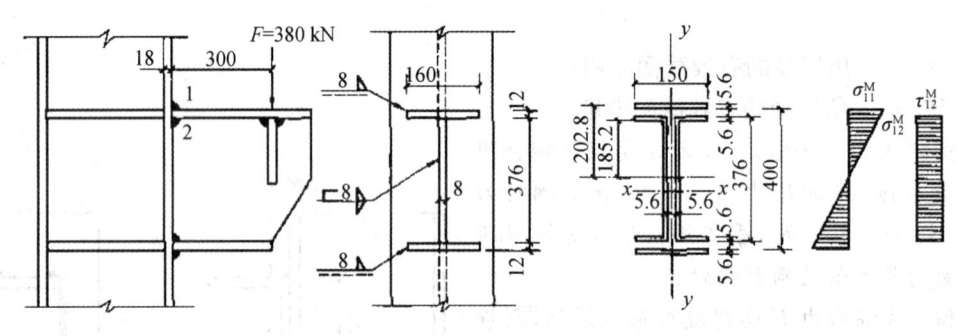

图 3-22 例题 3.5 图（单位 mm）

解：将作用力 F 移至焊缝计算截面形心轴线上，则焊缝同时承受弯矩 $M=Fe=380\times 10^3\times 300=1.14\times 10^8$ N·mm 及剪力 $V=F=380$ kN。因牛腿翼缘板的竖向刚度较低，一般不考虑其承受剪力，故全部剪力由腹板上的两条竖向焊缝承担，弯矩则由全部焊缝计算截面承担。

取 $h_f=8$ mm $<h_{f_{max}}=1.2\times t_{min}=1.2\times 8=9.6$ mm

$>h_{f_{min}}=1.5\sqrt{t_{max}}=1.5\times\sqrt{18}=6.4$ mm

(1) 验算侧面角焊缝长度的构造要求

$$l_w=400<60h_f=60\times 8=480\text{ mm}$$
$$>8h_f=8\times 8=64\text{ mm}$$
$$l=l_w+h_f>5t_{min}=40\text{ mm}$$

故侧面角焊缝长度满足要求。

(2) 焊缝有效截面的几何参数

两条腹板竖向焊缝的计算截面面积为：

$$A_w=2\times 0.7\times 8\times 376=4211.2\text{ mm}^2$$

整个焊缝计算截面对 x 轴的惯性矩和截面抵抗矩为：

$$I_w=2\times\frac{1}{12}\times 0.7\times 8\times 376^3+2\times 0.7\times 8\times(150-2\times 8)\times 202.8^2+4\times 0.7\times 8\times$$
$$(71-5.6-8)\times 185.2^2=1.64\times 10^8\text{ mm}^4$$
$$W_w=I_w/y=1.64\times 10^8/205.6=8.0\times 10^5\text{ mm}^3$$

(3) 焊缝强度验算

由附录 2 查得角焊缝强度设计值 $f_f^w = 160 \text{ N/mm}^2$

"1"点有由弯矩 M 产生的垂直于焊缝长度方向的应力 $\sigma_{f_1}^m$：

$$\sigma_{f_1}^M = \frac{M}{W_w} = \frac{1.14 \times 10^4}{8.0 \times 10^5} = 143 \text{ N/mm}^2 < \beta_f f_f^w = 1.22 \times 160 = 195.2 \text{ N/mm}^2$$

"2"点有由弯矩 M 和剪力 V 产生的应力 $\sigma_{f_2}^m$ 和 $\tau_{f_2}^v$：

$$\sigma_{f_2}^M = \sigma_{f_1}^M \times \frac{h_o}{h} = 143 \times \frac{188}{205.6} = 130.3 \text{ N/mm}^2$$

$$\tau_{f_2}^V = \frac{V}{A_w} = \frac{380 \times 10^3}{4\,211.2} = 90.2 \text{ N/mm}^2$$

$$\sqrt{\left(\frac{\sigma_{f_2}^M}{\beta_f}\right)^2 + (\tau_{f_2}^V)^2} = \sqrt{\left(\frac{130.3}{1.22}\right)^2 + 90.2^2} = 140 \text{ N/mm}^2 < f_f^w = 160 \text{ N/mm}^2$$

所以焊缝强度满足要求。

3.4 普通螺栓连接的设计

3.4.1 普通螺栓连接的构造要求

1. 螺栓的规格

钢结构采用的普通螺栓形式为六角头型，其代号用字母 M 和公称直径的毫米数表示。为制造方便，一般情况下，同一结构中应尽可能采用一种栓径和孔径的螺栓，需要时也可采用 2~3 种螺栓直径。

螺栓直径应根据整个结构及其主要连接的尺寸和受力情况选定，受力螺栓一般用≥M16，建筑工程中常用 M16、M20、M24 等。

钢结构施工图中螺栓、螺栓孔的表示方法应符合表 3-2 的规定。

表 3-2 螺栓、孔的表示方法

名 称	图 例	名 称	图 例
永久螺栓		圆形螺栓孔	
高强螺栓		长圆形螺栓孔	
安装螺栓		胀锚螺栓	

注：① 细"+"线表示定位线；② M 表示螺栓型号；③ ϕ 表示螺栓孔直径；④ d 表示膨胀螺栓的直径；
⑤ 采用引出线标注螺栓时，横线上标注螺栓规格，横线下标注螺栓孔直径。

2. 螺栓的排列

螺栓在构件上排列应简单、统一、整齐而紧凑,通常分为并列和错列两种形式(图3-23)。并列比较简单整齐,所用连接板尺寸小,但由于螺栓孔的存在,对构件截面削弱较大。错列可以减小螺栓孔对截面的削弱,但螺栓孔排列不如并列紧凑,连接板尺寸较大。

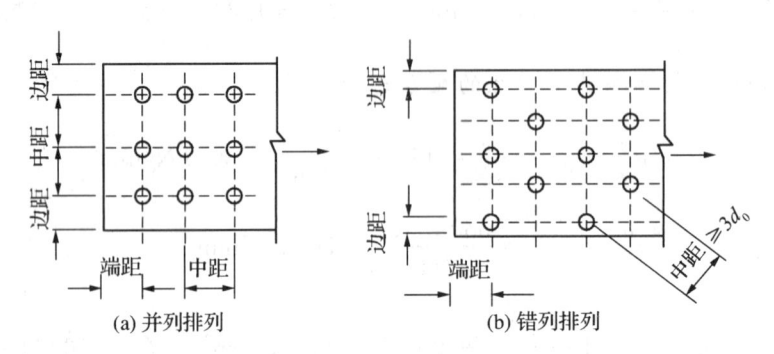

图 3-23 钢板上的螺栓(铆钉)排列

螺栓在构件上的排列应满足受力、构造和施工要求:

(1) 受力要求:在受力方向螺栓的端距过小时,钢材有剪断或撕裂的可能。各排螺栓中距和边距太小时,构件有沿折线或直线破坏的可能。对受压构件,当沿作用方向螺栓距过大时,被连板间易发生鼓曲和张口现象。

(2) 构造要求:螺栓的中矩及边距不宜过大,否则钢板间不能紧密贴合,潮气侵入缝隙使钢材锈蚀。

(3) 施工要求:要保证一定的空间,便于转动螺栓扳手拧紧螺帽。

根据上述要求,螺栓(或铆钉)的最大、最小容许距离应满足表3-3的要求。

表 3-3 螺栓或铆钉的最大、最小容许距离

名称	位置和方向			最大容许距离 (取两者的较小值)	最小容许距离
中心间距 (中距)	外排(垂直内力方向或顺内力方向)			$8d_0$ 或 $12t$	$3d_0$
	中间排	垂直内力方向		$16d_0$ 或 $24t$	
		顺内力方向	构件受压力	$12d_0$ 或 $18t$	
			构件受拉力	$16d_0$ 或 $24t$	
	沿对角线方向			—	
中心至构件 边缘距离	顺内力方向(端距)			$4d_0$ 或 $8t$	$2d_0$
	垂直内力 方向(边距)	剪切边或手工气割边			$1.5d_0$
		轧制边、自动气 割或锯割边	高强度螺栓		$1.2d_0$
			其他螺栓或铆钉		

注:① d_0 为螺栓或铆钉的孔径,t 为外层较薄板件的厚度。
② 钢板边缘与刚性构件(如角钢、槽钢等)相连的螺栓或铆钉的最大间距,可按中间排的数值采用。

3. 螺栓的其他构造要求

螺栓连接除了满足上述螺栓排列的容许距离外，根据不同情况尚应满足下列构造要求：

(1) 为了使连接可靠，每一杆件在节点上以及拼接接头的一端，永久性螺栓数不宜少于两个。但根据实践经验，对于组合构件的缀条，其端部连接可采用一个螺栓。

(2) 对直接承受动力荷载的普通螺栓连接应采用双螺帽或其他防止螺帽松动的有效措施。例如采用弹簧垫圈或将螺帽、螺杆焊死等方法。

(3) 由于C级螺栓与孔壁有较大间隙，只宜用于沿其杆轴方向受拉的连接。承受静力荷载结构的次要连接、可拆卸结构的连接和临时固定构件用的安装连接中，也可用C级螺栓受剪。但在重要的连接中，例如：制动梁或吊车梁上翼缘与柱的连接，由于传递制动梁的水平支承反力，同时受到反复动力荷载作用，不得采用C级螺栓。柱间支撑与柱的连接，以及在柱间支撑处吊车梁下翼缘的连接，因承受着反复的水平制动力和卡轨力，应优先采用高强度螺栓。

(4) 沿杆轴方向受拉的螺栓连接中的端板（法兰板），应适当加强其刚度（如加设加劲肋），以减少撬力对螺栓抗拉承载力的不利影响。

3.4.2 普通螺栓连接的受剪计算

普通螺栓连接按受力情况可分为三类：螺栓只承受剪力，螺栓只承受拉力，螺栓承受拉力和剪力的共同作用。下面先介绍螺栓受剪时的工作性能和计算方法。

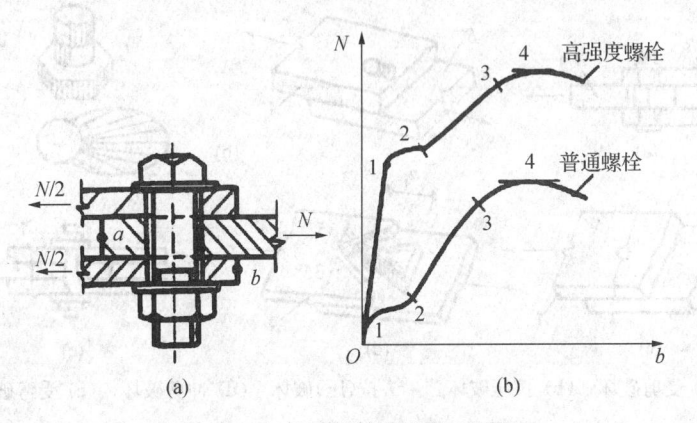

图 3-24 单个螺栓抗剪试验结果

1. 受剪连接的工作性能

抗剪连接是最常见的螺栓连接。如果以如图3-24(a)所示的螺栓连接试件作抗剪试验，可得出试件上a、b两点之间的相对位移δ与作用力N的关系曲线[图3-24(b)]。该曲线给出了试件由零载一直加载至连接破坏的全过程，经历了以下四个阶段：

(1) 摩擦传力的弹性阶段

在施加荷载之初，荷载较小，荷载靠构件间接触面的摩擦力传递，螺栓杆与孔壁之间的间隙保持不变，连接工作处于弹性阶段，在$N-\delta$图上呈现出0～1斜直线段。但由于板件间摩擦力的大小取决于拧紧螺帽时在螺杆中的初始拉力，一般说来，普通螺栓的初拉力很小，故此阶段很短。

(2) 滑移阶段

当荷载增大，连接中的剪力达到构件间摩擦力的最大值，板件间产生相对滑移，其最大滑移量为螺栓杆与孔壁之间的间隙,直至螺栓与孔壁接触,相应于 N-δ 曲线上的 1~2 水平段。

(3) 栓杆传力的弹性阶段

荷载继续增加,连接所承受的外力主要靠栓杆与孔壁接触传递。栓杆除主要受剪力外,还有弯矩和轴向拉力,而孔壁则受到挤压。由于栓杆的伸长受到螺帽的约束,增大了板件间的压紧力,使板件间的摩擦力也随之增大,所以 N-δ 曲线呈上升状态。达到"3"点时,曲线开始明显弯曲,表明螺栓或连接板达到弹性极限,此阶段结束。

(4) 弹塑性阶段

达到"3"点后,即使给荷载以很小的增量,连接的剪切变形迅速增大,直至连接破坏。"4"点(曲线的最高点)即为普通螺栓抗剪连接的极限承载力。

受剪螺栓连接达到极限承载力时,可能的破坏形式有:

① 当栓杆直径较小,板件较厚时,栓杆可能先被剪断[图 3-25(a)];

② 当栓杆直径较大,板件较薄时,板件可能先被挤坏[图 3-25(b)],板件的挤压是相对的,故也可把这种破坏叫做螺栓的承压破坏;

③ 板件可能因螺栓孔削弱太多而被拉断[图 3-25(c)];

④ 端距太小,端距范围内的板件有可能被栓杆冲剪破坏[图 3-25(d)];

⑤ 栓杆过长导致栓杆受弯破坏[图 3-25(e)]。

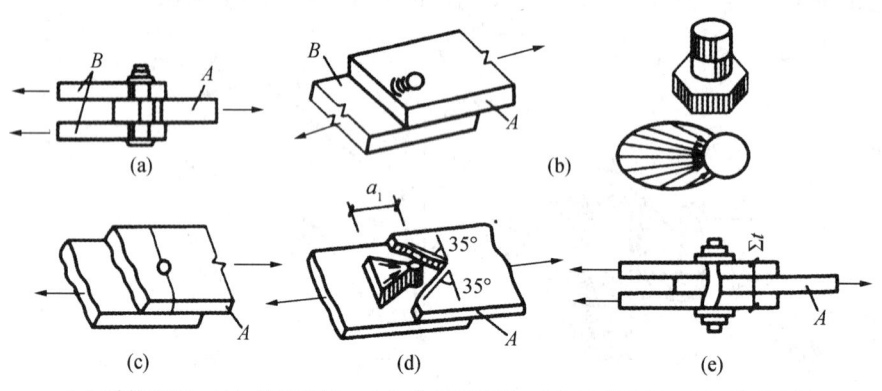

(a) 受剪破坏　(b) 挤压破坏　(c) 拉(压)破坏　(d) 冲剪破坏　(e) 受弯破坏

图 3-25　螺栓连接的破坏类型

为了防止上述五种破坏,对于冲剪破坏主要控制螺栓的端距不小于 $2d_0$;对于受弯破坏主要控制螺栓的夹紧长度不超过 4~6 倍螺栓直径;板件的拉(压)破坏主要是通过验算板件的有效净截面强度加以控制;受剪破坏和挤压破坏则需要按照式(3-27)和式(3-28)来进行计算加以控制。

2. 单个普通螺栓的受剪计算

普通螺栓的受剪承载力主要由栓杆受剪和孔壁承压两种破坏模式控制,因此应分别计算,取其较小值进行设计。计算时做了如下假定:① 栓杆受剪计算时,假定螺栓受剪面上的剪应力是均匀分布的;② 孔壁承压计算时,假定挤压力沿栓杆直径平面(实际上是相应于栓杆直径平面的孔壁部分)均匀分布。考虑一定的抗力分项系数后,得到普通螺栓受剪连接中,每个螺栓的受剪和承压承载力设计值如下:

受剪承载力设计值：

$$N_V^b = n_v \frac{\pi d^2}{4} f_v^b \tag{3-27}$$

承压承载力设计值：

$$N_C^b = d \sum t f_c^b \tag{3-28}$$

式中：n_v——螺栓受剪面数，单剪 $n_v = 1$，双剪 $n_v = 2$，四剪 $n_v = 4$ 等（图 3-26）；

$\sum t$——在同一受力方向的承压构件的较小总厚度；

d——螺栓杆直径；

f_v^b, f_c^b——螺栓的抗剪和承压强度设计值，按附录 2 采用（表中设计强度的规定与上述螺栓应力均匀分布假定相应）。

单剪：$n_v=1$　　双剪：$n_v=2$　　四剪：$n_v=3$

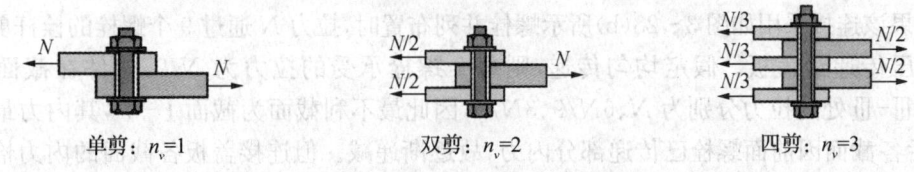

图 3-26　螺栓受剪面数量

单个受剪螺栓的承载力设计值应取 N_V^b 和 N_C^b 中的较小值，即

$$N_{\min}^b = \min(N_V^b 、N_C^b) \tag{3-29}$$

3. 普通螺栓群受剪连接的计算

（1）普通螺栓群轴心受剪

试验证明，螺栓群的受剪连接承受轴心力时，与侧焊缝的受力相似，在长度方向各螺栓受力是不均匀的（图 3-27），两端受力大，中间受力小。当连接长度 $l_1 \leqslant 15d_0$（d_0 为螺孔直径）时，由于连接工作进入弹塑性阶段后，内力发生重分布，螺栓群中各螺栓受力逐渐接近，故可认为轴心力 N 由每个螺栓平均分担，即螺栓数 n 为：

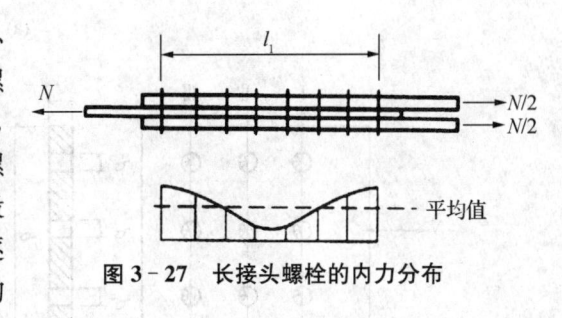

图 3-27　长接头螺栓的内力分布

$$n \geqslant \frac{N}{N_{\min}^b} \tag{3-30}$$

当 $l_1 > 15d_0$ 时，连接工作进入弹塑性阶段后，各螺杆所受内力仍不易均匀，端部螺栓首先达到极限强度而破坏，随后由外向里依次破坏。

根据试验，并参考国外的规定，我国规范规定：当 $l_1 > 15d_0$ 时，应将螺栓的承载力设计值乘以折减系数予以折减（超长调整）。

$$\eta = 1.1 - \frac{l_1}{150d_0} \geqslant 0.7 \tag{3-31}$$

则对长连接，所需抗剪螺栓数为：

$$n \geqslant \frac{N}{\eta N_{\min}^b} \qquad (3-32)$$

(2) 构件净截面强度验算

螺栓连接中,由于螺栓孔削弱了构件截面,因此需要验算构件开孔处的净截面强度。

$$\sigma = \frac{N}{A_n} \leqslant f \qquad (3-33)$$

式中:N——连接件或构件验算截面处的轴心力设计值;

A_n——连接件或构件在所验算截面上的净截面面积;

f——钢材的抗拉(或抗压)强度设计值,按附录2选用。

净截面强度验算截面应选择最不利截面,即内力最大或净截面面积较小的截面。

现以如图3-28(a)所示的钢板轴心受拉为例加以说明。

如果该连接采用如图3-28(b)所示螺栓并列布置时,拉力N通过9个螺栓的栓杆剪切和孔壁承压传递给盖板。假定均匀传递,则每个螺栓承受的拉力为$N/9$,构件在截面Ⅰ-Ⅰ、Ⅱ-Ⅱ、Ⅲ-Ⅲ处的拉力分别为N、$6N/9$、$3N/9$,因此最不利截面为截面Ⅰ-Ⅰ,其内力最大为N,之后各截面因前面螺栓已传递部分内力,故逐渐递减。但连接盖板各截面的内力恰好与被连接构件相反,截面Ⅲ-Ⅲ受力最大,因此还须按下面公式比较它和被连接构件截面Ⅰ-Ⅰ的净截面面积,以确定最不利截面,然后按式(3-33)进行验算。

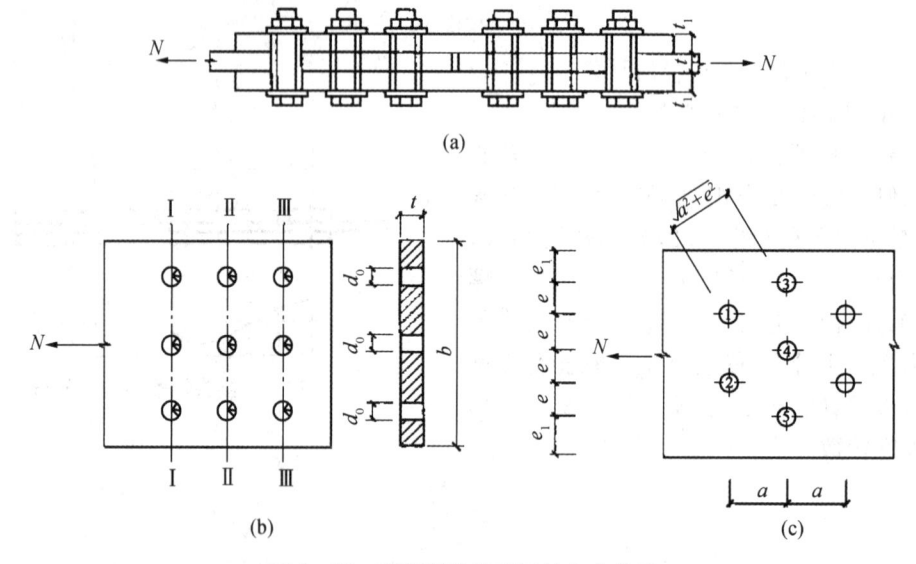

图3-28 受剪螺栓连接受轴心力作用

被连接构件截面Ⅰ-Ⅰ

$$A_n = (b - n_1 d_o) t \qquad (3-34)$$

连接盖板截面Ⅲ-Ⅲ

$$A_n = 2(b - n_3 d_o) t_1 \qquad (3-35)$$

式中:n_1、n_3——截面Ⅰ-Ⅰ和截面Ⅲ-Ⅲ上的螺栓孔数目;

t、t_1——被连接构件和连接盖板的厚度;

d_o——螺栓孔直径；

b——被连接构件和连接盖板的宽度。

如果该连接采用如图3-28(c)所示的螺栓错列布置时，净截面破坏有如下6种可能的破坏面：① 沿孔 1→2 的直线净截面；② 沿孔 3→4→5 的直线净截面；③ 沿孔 3→1→2 的3孔1折净截面；④ 沿孔 3→1→4→5 的4孔2折净截面；⑤ 沿 3→4→2 的3孔1折净截面；⑥ 沿孔 3→1→4→2→5 的5孔4折净截面。应同时计算出各种可能破坏面的净截面面积 A_n，并分析各种可能破坏面上所受力的大小，确定最不利截面，然后将净截面面积和相应验算截面处的轴心力设计值代入式(3-34)、(3-35)验算。

例题3.6 两个截面为—14×400 的钢板、采用双盖板和 C 级普通螺栓拼接，螺栓为 M20，钢材为 Q235。承受轴心拉力设计值 $N = 940$ kN，试设计此连接。

解：(1) 确定连接盖板截面

采用双盖板拼接，按照连接盖板与被连接构件等强的原则，选取盖板截面尺寸为—7×400，钢材亦采用 Q235。

(2) 确定所需螺栓数目和螺栓排列

由附录2查得 $f_v^b = 140$ N/mm², $f_c^b = 305$ N/mm²。

单个螺栓受剪承载力设计值：

$$N_V^b = n_v \frac{\pi d^2}{4} f_v^b = 2 \times \frac{\pi \times 20^2}{4} \times 140 = 87\,964 \text{ N}$$

单个螺栓承压承载力设计值：

$$N_c^b = d \sum t f_c^b = 20 \times 14 \times 305 = 85\,400 \text{ N}$$

则连接一侧所需螺栓数目为：

$$n = \frac{N}{N_{\min}^b} = \frac{940 \times 10^3}{85\,400} = 11.0，取 n = 12。$$

采用如图3-29所示的并列布置。连接盖板采用2块—400×7×490。其螺栓的中距、边距和端距均满足表3-3的构造要求。

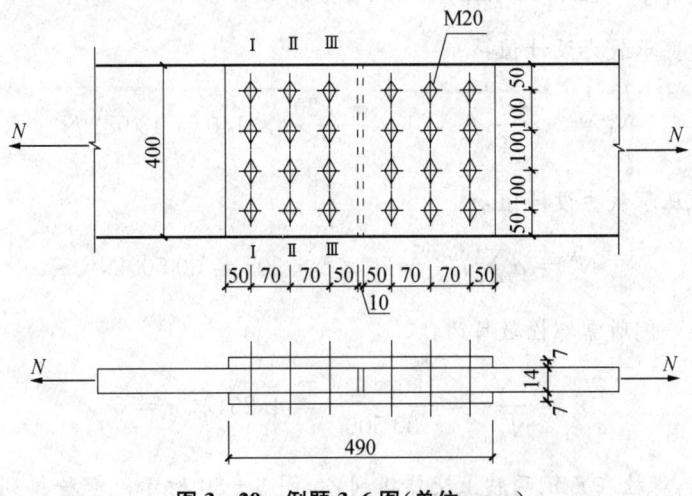

图3-29 例题3.6图（单位：mm）

(3) 验算

① 是否需要超长调整的判断(取螺栓孔 $d_0 = d + 2 = 22$ mm)

$$l_1 = 70 + 70 = 140 \leqslant 15d_0 = 330 \text{ mm}$$

故不需超长调整。

② 连接板件的净截面强度

由附录 2 查得 $f = 215$ N/mm²。

连接钢板在截面Ⅰ-Ⅰ受力最大为 N，连接盖板则是截面Ⅲ-Ⅲ受力最大为 N，但因两者钢材、截面均相同，故只验算连接钢板。

$$A_0 = (b - n_1 d_0)t = (400 - 4 \times 22) \times 14 = 4\,368 \text{ mm}^2$$

$$\sigma = \frac{N}{A_n} = \frac{940 \times 10^3}{4\,368} = 215.2 \text{ N/mm}^2 \approx f = 215 \text{ N/mm}^2$$

故连接板件的净截面强度满足要求。

由上述计算可知，采用如图 3-29 所示的螺栓连接，可以满足要求。

例题 3.7 如图 3-30 所示，试设计两角钢拼接的普通 C 级螺接连接，角钢截面为 L80×5，承受轴心拉力设计值 $N = 130$ kN，拼接角钢采用与构件相同截面。钢材为 Q235，螺栓为 M20。

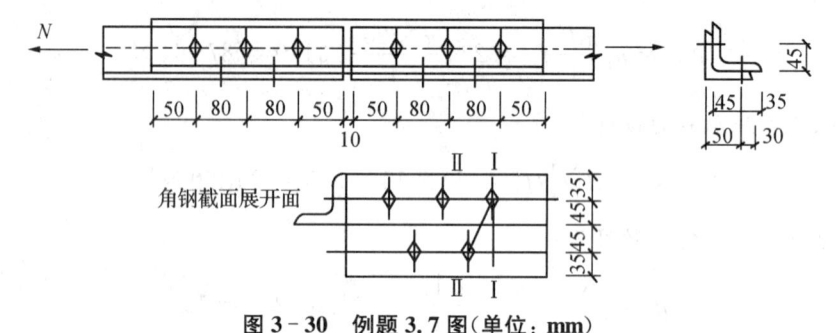

图 3-30 例题 3.7 图(单位：mm)

解：(1) 确定所需螺栓数目和螺栓布置

由附录 2 查得 $f_v^b = 140$ N/mm²，$f_c^b = 305$ N/mm²。

单个螺栓受剪承载力设计值：

$$N_V^b = n_v \frac{\pi d^2}{4} f_v^b = 1 \times \frac{\pi \times 20^2}{4} \times 140 = 43\,982 \text{ N}$$

单个螺栓承压承载力设计值：

$$N_c^b = d \sum t f_c^b = 20 \times 5 \times 305 = 30\,500 \text{ N}$$

则构件连接一侧所需螺栓数目为：

$$n = \frac{N}{N_{\min}^b} = \frac{130 \times 10^3}{30\,500} = 4.26, \text{取 } n = 5$$

为安排紧凑，螺栓在角钢两肢上交错排列，如图 3-30 所示。螺栓排列的中距、边距和端距均符合表3-3的构造要求。

（2）验算

① 判断是否需要超长调整（取螺栓孔 $d_0 = d + 2 = 22$ mm）

$$l_1 = 80 + 80 = 160 \leqslant 15d_0 = 330 \text{ mm}$$

故不需超长调整。

② 构件净截面强度验算

由附录2查得 $f = 215$ N/mm²。

由型钢表（附录9）查得角钢的毛截面面积 $A = 7.91$ cm²。

直线截面 I-I 净截面面积：

$$A_{OI} = A - n_1 d_0 t = 7.91 \times 10^2 - 1 \times 22 \times 5 = 681 \text{ mm}^2$$

齿状截面 I-I 净截面面积：

$$A_{OII} = [2e_1 + (n_2 - 1)\sqrt{e^2 + a^2} - n_2 d_o]t = [2 \times 35 + (2-1) \times \sqrt{40^2 + 90^2} - 2 \times 22] \times 5$$
$$= 622.4 \text{ mm}^2$$

$$\sigma = \frac{N}{A_{nmin}} = \frac{130 \times 10^3}{622.4} = 208.9 \text{ N/mm}^2 < f = 215 \text{ N/mm}^2$$

故构件的净截面强度满足要求。

由上述计算可知，采用图3-30所示的螺栓连接，可以满足要求。

3.4.3 普通螺栓连接的受拉计算

1. 受力性能和承载力

如图3-31(a)所示为螺栓T形连接。图中板件所受外力 N 通过受剪螺栓1传给角钢，角钢再通过受拉螺栓2传给翼缘。受拉螺栓的破坏形式是栓杆被拉断，拉断的部位通常在螺纹削弱的截面处。

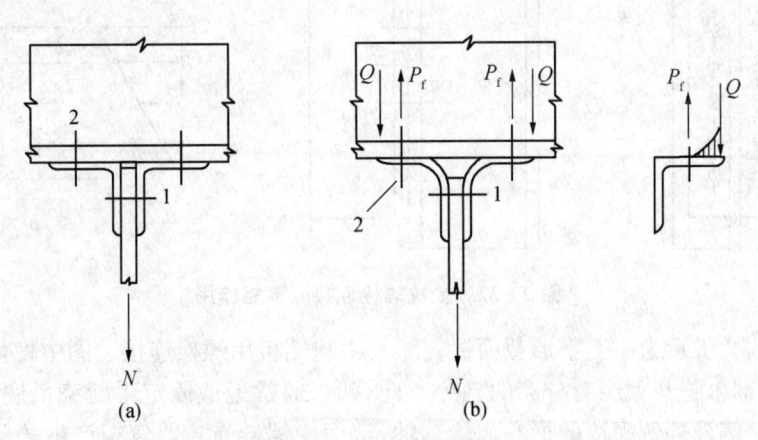

图3-31 受拉螺栓连接

与受拉螺栓相连的角钢如果刚度不大，总会有一定的弯曲变形，因此外力 N 使螺栓受拉的同时，也使角钢肢尖处由杠杆作用产生撬力 Q（压力），如图3-31(b)所示。这样，图中螺栓实际所受拉力不是 $N/2$,而是 $N/2+Q$。由于精确计算 Q 十分困难,设计时一般不计算 Q,而是将螺栓抗拉强度设计值 f_t^b 的取值降低,f_t^b 取螺栓钢材抗拉强度设计值的 0.8 倍(即 $f_t^b=0.8f$),以此来考虑 Q 的不利影响(具体见附录2)。

前已述及,受拉螺栓的最不利截面在螺纹削弱处。所以,计算时应根据螺纹削弱处的有效直径 d_e 或有效面积 A_e 来确定其承载力。故一个受拉螺栓的承载力设计值为

$$N_t^b = \frac{1}{4}\pi d_e^2 f_t^b = A_e f_t^b \qquad (3-36)$$

式中:d_e、A_e——螺栓螺纹处的有效直径和有效面积,按表3-4采用;

f_t^b——螺栓抗拉强度设计值,按附录2采用。

表 3-4 螺栓的有效截面面积

螺栓直径 d/mm	16	18	20	22	24	27	30
螺距 p/mm	2	2.5	2.5	2.5	3	3	3.5
螺栓有效直径 d_e/mm	14.1236	15.6545	17.6545	19.6545	21.1854	24.1854	26.7163
螺栓有效截面面积 A_e/mm²	156.7	192.5	244.8	303.4	352.5	459.4	560.6

2. 受拉螺栓连接的计算

(1) 受拉螺栓受轴心力作用的计算

当外力 N 通过螺栓群中心使螺栓受拉时,可以假定各个螺栓所受拉力相等,则所需螺栓数目为

$$n = \frac{N}{N_t^b} \qquad (3-37)$$

(2) 受拉螺栓受弯矩作用的计算

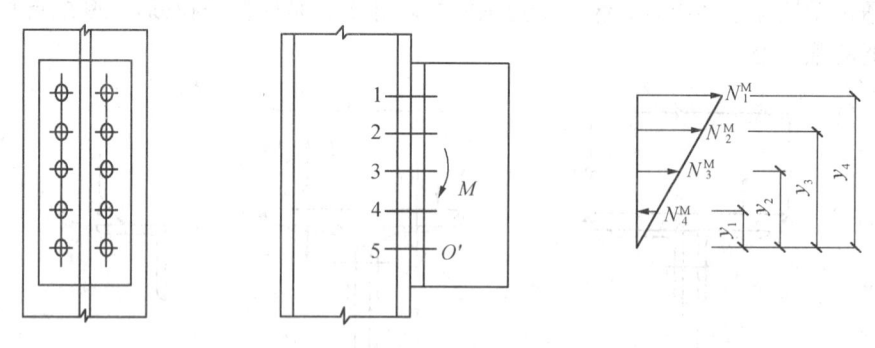

图 3-32 受拉螺栓连接受弯矩作用

如图 3-32 所示为一工字形截面柱翼缘与牛腿端板用螺栓连接。图中螺栓群在弯矩作用下,连接上部牛腿与翼缘有分离的趋势。计算时,通常近似假定牛腿绕最底排螺栓旋转,以弯矩指向一侧最外侧螺栓的形心为转动轴,从而使螺栓受拉。弯矩产生的压力则由弯矩指向一侧的部分牛腿端板通过挤压传递给柱身。各排螺栓所受拉力的大小与该排螺栓到转动轴线的距离 y 成正比。因此顶排螺栓(1号)所受拉力最大。设每列各排螺栓所受拉力分别

为 N_1^m、N_2^m、N_3^m、$\cdots$、N_n^m，转动轴 O 到每列各排螺栓的距离分别为 y_1、y_2、y_3、$\cdots$、y_n，并偏安全地忽略端板压力形成的力矩，认为外弯矩只与螺栓拉力产生弯矩平衡。这样，由平衡条件和基本假定得

$$\frac{M}{m} = N_1^m y_1 + N_2^m y_2 + N_3^m y_3 + \cdots + N_n^m y_n \tag{3-38}$$

$$\frac{N_1^m}{y_1} = \frac{N_2^m}{y_2} = \frac{N_3^m}{y_3} \cdots \frac{N_n^m}{y_n} \tag{3-39}$$

由式(3-39)求得 $N_i^m = N_1^m y_i / y_1$，代入式(3-38)再经整理后可得

$$N_1^M = \frac{M y_1}{m \sum y_i^2} \tag{3-40}$$

设计要求受力最大的最外排螺栓所受拉力 N_1^m 不超过单个螺栓抗拉承载力设计值，即

$$N_1^M = \frac{M y_1}{m \sum y_i^2} \leqslant N_t^b \tag{3-41}$$

式中：M——弯矩设计值；

y_1、y_i——最外排螺栓(1 号)和第 i 排螺栓到转动轴 O 的距离，转动轴通常取在弯矩指向一侧最外排螺栓形心处；

m——螺栓的纵向列数，如图 3-32 所示 $m=2$。

(3) 受拉螺栓受偏心拉力作用的计算

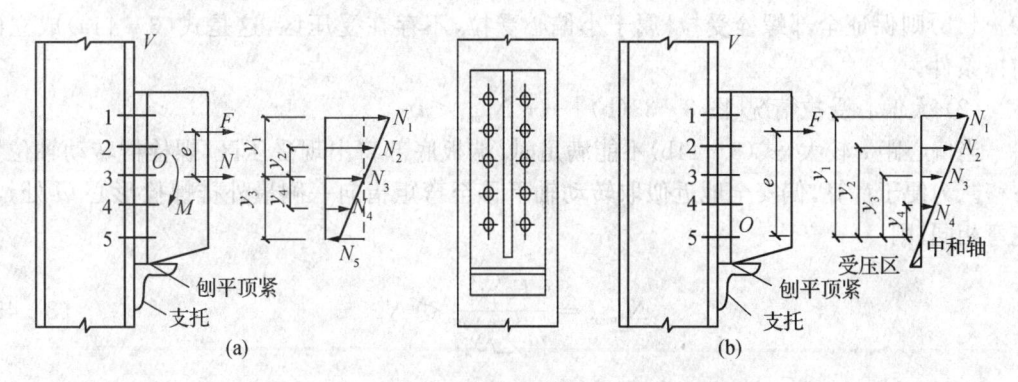

图 3-33 受拉螺栓连接受偏心作用

如图 3-33 所示为牛腿或梁端与柱的连接，端板刨平顶紧于支托。螺栓群受偏心拉力 F(图中所示的 $M=Fe$，$N=F$ 联合作用等效)以及剪力 V 作用。剪力 V 全部由焊接于柱上的支托承担，螺栓群只承受偏心拉力 F 的作用。这种情况应根据偏心距的大小分为下列两种情况计算：

① 小偏心受拉情况[图 3-33(a)]—— $N_{\min} \geqslant 0$

当偏心距 e 较小时，弯矩 $M=Fe$ 不大，连接以承受轴心拉力 N 为主。这时螺栓群中所有螺栓均受拉，计算 M 作用下螺栓的内力时，取螺栓群的转动轴在螺栓群中心位置 O 处。可得最顶排螺栓所受拉力为：

$$N_1^M = \frac{My_1}{M\sum y_i^2} = \frac{Fey_1}{m\sum y_i^2} \qquad (3-42)$$

在轴心拉力 $N = F$ 作用下,各螺栓均匀受拉,其拉力值为

$$N_1^N = \frac{N}{n} \qquad (3-43)$$

因此,螺栓群中螺栓所受最大拉力 N_{max}(弯矩背向一侧最外排螺栓)及最小拉力 N_{min}(弯矩指向一侧最外排螺栓)应符合下列条件

$$N_{max} = \frac{F}{n} + \frac{Fey_1}{m\sum y_i^2} \leqslant N_t^b \qquad (3-44a)$$

$$N_{min} = \frac{F}{n} - \frac{Fey_1}{m\sum y_i^2} \geqslant 0 \qquad (3-44b)$$

式中:F——偏心拉力设计值;

e——偏心拉力至螺栓群中心 O 的距离;

n——螺栓数,图 3-33(a)中 $n=10$;

y_1——最外排螺栓到螺栓群中心 O 的距离;

y_i——第 i 排螺栓到螺栓群中心 O 的距离;

m——螺栓的纵向列数,图 3-33(a)中 $m=2$。

式 3-44(a)表示最大受力螺栓的拉力不得超过单个螺栓的抗拉承载力设计值;式(3-44b)则保证全部螺栓受拉,属于小偏心受拉,不存在受压区,这是式(3-44a)成立的前提条件。

(2) 大偏心受拉情况[图 3-33(b)]—— $N_{min} < 0$

当偏心距 e 较大,式(3-44b)不能满足时,端板底部将出现受压区,螺栓群转动轴位置下移。为便于计算,偏安全地近似取转动轴下移至弯矩指向一侧最外排螺栓形心 O' 处,与纯弯相同,则

$$N_{1max} = \frac{Fe'y_1'}{m\sum y_i'^2} \leqslant N_t^b \qquad (3-45)$$

式中:F——偏心拉力设计值;

e'——偏心拉力 F 到转动轴的距离,转动轴通常取在弯矩指向一侧最外排螺栓形心 O' 处;

y_1'、y_i'——最外排、第 i 排螺栓到转动轴 O' 的距离;

m——螺栓的纵向列数,图 3-33(b)中 $m=2$。

例题 3.8 如图 3-34(a)所示屋架下弦端节点 A 的连接如图 3-34(b)所示。图中下弦、腹杆与节点板等在工厂焊成整体,在工地吊装就位于柱的支托处,然后用螺栓与柱连成整体。钢材为 Q235,C 级普通螺栓为 M22。试验算该连接的螺栓是否安全。

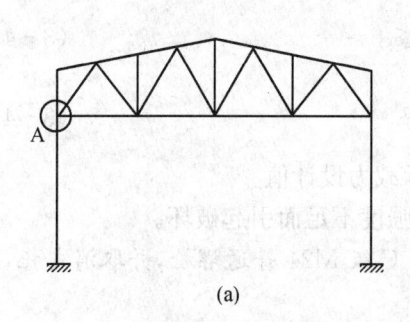

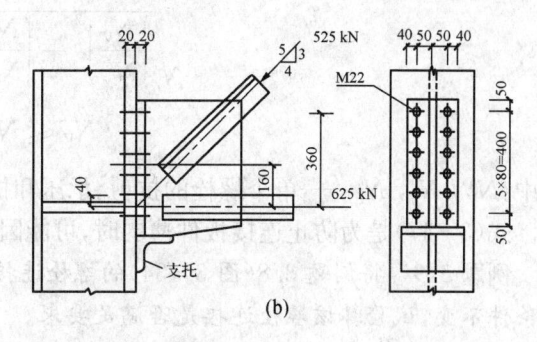

图 3-34 例题 3.8 图(单位：mm)

解：竖向剪力 $V = 525 \times \dfrac{3}{5} = 315 \text{ kN}$，全部由支托承担；水平偏心力 $N = 625 - 525 \times \dfrac{4}{5} = 205 \text{ kN}$，由螺栓群连接承受(最底排螺栓受力最大)。

(1) 单个螺栓的抗拉承载力设计值

由附录 2 查得 $f_t^b = 170 \text{ N/mm}^2$，由表 3-4 查得螺栓 $A_e = 303.4 \text{ mm}^2$。

(2) 螺栓强度验算

下弦杆轴线距螺栓群中心 $e = 160 \text{ mm}$

$$N_{\min} = \frac{N}{n} - \frac{My_1}{m\sum y_i^2} = \frac{205 \times 10^3}{12} = \frac{205 \times 10^3 \times 160 \times 200}{2 \times (40^2 + 120^2 + 200^2)} = -12\,203 \text{ N} < 0$$

由于 $N_{\min} < 0$ 表示端板上部有受压，属于大偏心情况。此时，螺栓群转动轴在最顶排螺栓形心处，最底排螺栓受力最大，其值为 $N_{\max}$。下弦杆轴线距顶排螺栓 $e = 360 \text{ mm}$。

$$N_{\max} = \frac{Ne'y_1'}{m\sum y_1'^2} = \frac{205 \times 10^3 \times 360 \times 400}{2 \times (80^2 + 160^2 + 240^2 + 320^2 + 400^2)} = 41\,932 \text{ KN} < N_t^b$$
$$= 51\,578 \text{ KN}$$

故该连接的螺栓满足要求，是安全的。

3. 同时受剪和受拉的螺栓连接

如例题 3.8 所示，对 C 级螺栓，由于其抗剪性能差，连接中一般不用它承受剪力，而是设置支承板(支托)承受全部剪力。但是，对承受静力荷载的次要连接，或临时安装连接中的 C 级螺栓，也可不设支托，此时，螺栓将同时承受剪力 $N_V \left(\text{每个螺栓均匀承担，所以 } N_V = \dfrac{V}{n}\right)$ 和偏心

图 3-35 螺栓受拉及受剪的相关方程曲线

拉力或弯矩引起沿螺栓杆轴方向的拉力 N(其计算方法与前述受拉螺栓示例相同)的共同作用。根据试验，这种螺栓的强度条件应满足圆曲线相关方程(图 3-35)。

螺栓受力应满足式(3-46)和式(3-47)。

$$\sqrt{\left(\frac{N_V}{N_V^b}\right)^2 + \left(\frac{N_t}{N_t^b}\right)^2} \leqslant 1 \qquad (3-46)$$

$$N_V \leqslant N_C^b \qquad (3-47)$$

式中：N_V^b，N_c^b，N_t^b——单个螺栓的抗剪、承压和抗拉承载力设计值。

式(3-47)是为防止连接板件薄弱时，可能因承压强度不足而引起破坏。

例题 3.9 将例题 3.8(图 3-34)的螺栓连接改用 C 级 M24 普通螺栓，并取消支托，其余条件不变，试验算该螺栓连接是否满足要求。

解：由例题 3.8 求得：竖向剪力 $V = 315 \text{ kN}$，由 12 个螺栓均匀分组；即 $N_V = \dfrac{315}{12} = 26.25 \text{ kN}$。

(1) 单个 M24 的承载力设计值

由附录 2 查得：$f_V^b = 140 \text{ N/mm}^2$，$f_t^b = 170 \text{ N/mm}^2$，$f_c^b = 305 \text{ N/mm}^2$，由表 3-4 查得 $A_e = 352.5 \text{ mm}^2$。

$$N_V^b = n_v \frac{\pi d^2}{4} f_V^b = 1 \times \frac{\pi \times 24^2}{4} \times 140 = 6\,335 \text{ N}$$

$$N_c^b = d \sum t f_c^b = 24 \times 20 \times 305 = 146\,400 \text{ N}$$

$$N_t^b = A_e f_t^b = 352.5 \times 170 = 59\,925 \text{ N}$$

(2) 螺栓强度验算

$$\sqrt{\left(\frac{N_V}{N_V^b}\right)^2 + \left(\frac{N_t}{N_t^b}\right)^2} = \sqrt{\left(\frac{26.25 \times 10^3}{6\,335}\right)^2 + \left(\frac{41.932 \times 10^3}{59\,925}\right)^2} = 0.81 < 1$$

$$N_V = 262\,500 < N_C^b = 146\,400 \text{ N}$$

故取消支托后改用 C 级 M24 普通螺栓，螺栓连接的强度能满足要求。

3.5 高强螺栓连接的设计

3.5.1 高强螺栓连接的构造要求

高强度螺栓有摩擦型和承压型两种。摩擦型高强度螺栓在抗剪连接设计时以剪力达到板件接触面间可能发生的最大摩擦力为极限状态。而承压型高强度螺栓在受剪时则允许摩擦力被克服并发生相对滑移，之后外力还可继续增加，并以栓杆抗剪或孔壁承压的最终破坏为极限状态。在受拉时，两者没有区别。

高强度螺栓的构造和排列要求，除栓杆与孔径的差值较小外，与普通螺栓相同。

1. 高强度螺栓的材料和性能等级

10.9 级的高强度螺栓可用 20MnTiB(20 锰钛硼)钢、40B(40 硼)钢和 35VB(35 钒硼)钢为材料；8.8 级的高强度螺栓材料则常用 45 号钢和 35 号钢。螺母常用 45 号钢、35 号钢和

15MnVB(15锰钒硼)钢。垫圈常用45号钢和35号钢。螺栓、螺母、垫圈制成品均应经过热处理,以达到规定的指标要求。

目前我国采用的高强度螺栓性能等级,按热处理后的强度分为10.9级和8.8级两种。其中整数部分(10和8)表示螺栓成品的抗拉强度应不低于1 000 N/mm² 和800 N/mm²;小数部分(0.9和0.8)则表示其屈强比 f_y/f_u 为0.9和0.8。

2. 高强度螺栓的预拉力

高强度螺栓的预拉力值应尽可能高些,但需保证螺栓在拧紧过程中不会屈服或断裂,所以控制预拉力是保证连接质量的一个关键性因素。预拉力值与螺栓的材料强度和有效截面等因素有关,《规范》规定按下式确定:

$$P = \frac{0.9 \times 0.9 \times 0.9 f_u A_e}{1.2} = 0.607\ 5 f_u A_e \quad (3-48)$$

式中:A_e——螺栓的有效截面面积;

f_u——螺栓材料经热处理后的最低抗拉强度,对于8.8级螺栓 $f_u = 830\ \text{N/mm}^2$,对于10.9级螺栓,$f_u = 1\ 040\ \text{N/mm}^2$。

式(3-48)中系数1.2是考虑拧紧时螺栓杆内部产生扭矩剪应力的不利影响。另外,式中3个0.9系数则分别考虑:① 螺栓材质的不定性;② 补偿螺栓紧固后有一定松弛引起预拉力损失;③ 式中未按 f_y 计算预拉力,而是按 f_u 计算,取值应适当降低。

按式(3-48)计算并经适当调整,即得《规范》规定的预拉力设计值 P(表3-5)。

表3-5 高强度螺栓的预拉力设计值 P(kN)

螺栓的性能等级	螺栓公称直径(mm)					
	M16	M20	M22	M24	M27	M30
8.8级	80	125	150	175	230	280
10.9级	100	155	190	225	290	355

3. 高强度螺栓的紧固方法

高强度螺栓的连接副(即一套螺栓)由一个螺栓、一个螺母和两个垫圈组成。我国现有大六角头型和扭剪型两种高强度螺栓。大六角头型和普通六角头粗制螺栓相同[图3-36(a)]。扭剪型的螺栓头与铆钉头相仿,但在它的螺纹端头设置了一个梅花卡头和一个能够控制紧固扭矩的环形槽沟,如图3-36(b)所示。

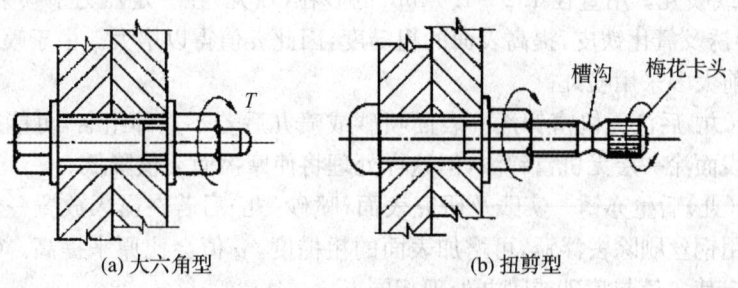

(a) 大六角型   (b) 扭剪型

图3-36 高强度螺栓

高强度螺栓的紧固方法有三种：大六角头型采用转角法和扭矩法，扭剪型采用扭掉螺栓尾部的梅花卡头法。下面分别叙述这些方法。

(1) 转角法。先用扳手将螺母拧到贴紧板面位置(初拧)并作标记线，再用长扳手将螺母转动1/3～3/4圈(终拧)。终拧角度与螺栓直径和连接件厚度等有关。此法实际上是通过螺栓的应变来控制预拉力，不需专用扳手，工具简单但不够精确。

(2) 扭矩法。先用普通扳手初拧(不小于终拧扭矩值的50%)，使连接件紧贴，然后用定扭矩测力扳手终拧。终拧扭矩值根据预先测定的扭矩和预拉力之间的关系确定，施拧时偏差不得超过±10%。

(3) 扭掉螺栓尾部的梅花卡头法。紧固螺栓时采用特制的电动扳手，这种扳手有内外两个套筒，外套筒卡住螺母，内套筒卡住梅花卡头(图3-37)。接通电源后，两个套筒按反方向转动，螺母逐步拧紧，梅花卡头的环形槽沟受到越来越大的剪力，当达到所需要的紧固力时，环形槽沟处被剪断，梅花卡头掉下，这时螺栓预拉力达到设计值，紧固完毕。

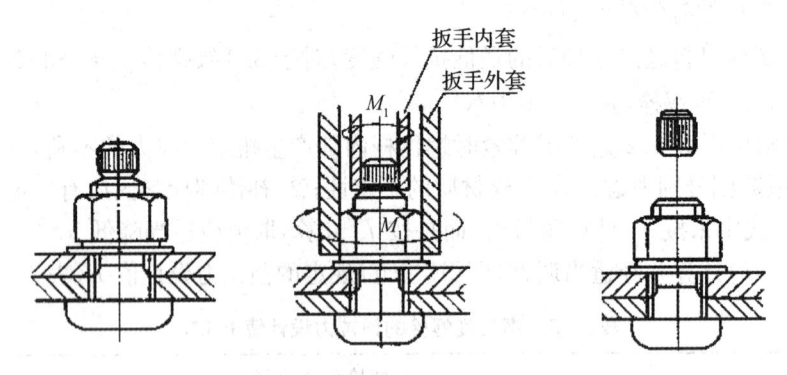

图3-37 扭剪型高强度螺栓连接副的安装过程

4. 摩擦面抗滑移系数

提高连接接触面抗滑移系数μ是提高高强度螺栓连接承载力的有效措施。μ值与钢材品种及钢材表面处理方法有关。一般干净的钢材轧制表面，若不经处理或只用钢丝刷除去浮锈，其μ值很低。若对轧制表面进行处理，提高其表面的平整度、清洁度及粗糙度，则μ值可以提高。为保证摩擦面的平整度，我国《钢结构工程施工质量验收规范》(GB 50205—2001)规定，连接接触面间隙大于1 mm时，要求进行处理以保证接触紧密。前面提到高强度螺栓连接必须用钻成孔，就是为了防止冲孔造成钢板下部表面不平整。为了增加摩擦面的清洁度及粗糙度，一般采用下列方法：

(1) 喷砂或喷丸。用直径1.2～1.4 mm的砂粒(铁丸)在一定压力下喷射至钢材表面，可除去表面浮锈及氧化铁皮，提高表面的粗糙度，因此μ值得以增大。由于喷丸处理的质量优于喷砂，目前大多采用喷丸。

(2) 喷砂(丸)后涂无机富锌漆。表面喷砂或喷丸后若不立即组装，可能会受污染或生锈，为此常在表面涂一层无机富锌漆，但这样处理将使摩擦面μ值降低。

(3) 喷砂(丸)后生赤锈。实践及研究表面，喷砂(丸)后若在露天放置一段时间后生出一层浮锈，再用钢丝刷除去浮锈，可增加表面的粗糙度，μ值会比原来提高。《规范》采用这种方法，但规定其μ值与喷砂或喷丸处理相同。

《规范》对接触面抗滑移系数μ值的规定如表3-6所示。

表 3-6　摩接面抗滑移系数 μ 值

在连接处构件接触面的处理方法	构件的钢号		
	Q235 钢	Q345 钢、Q390 钢	Q420 钢
喷砂(丸)	0.45	0.50	0.50
喷砂(丸)后涂无机富锌漆	0.35	0.40	0.40
喷砂(丸)后生赤锈	0.45	0.50	0.50
钢丝刷清除浮锈或未经处理的干净轧制表面	0.30	0.35	0.40

3.5.2 摩擦型高强螺栓连接的受剪计算

1. 受剪高强度摩擦型螺栓承载力计算

受剪高强度螺栓摩擦型连接中每个螺栓的承载力，与其预拉力 P、连接中的摩擦面抗滑移系数 μ 以及摩擦面数 n_f 有关。计入抗力分项数后，螺栓承载力设计值为

$$N_v^b = 0.9 n_f \mu P \tag{3-49}$$

式中：n_f——传力摩擦面数；

P——每个高强度螺栓的预拉力，按表 3-5 采用；

μ——摩擦面的抗滑移系数，按表 3-6 采用。

0.9——螺栓抗力系数分项系数 $\gamma_R = 1.111$ 的倒数值。

2. 受剪高强度螺栓摩擦型连接的计算

受剪高强度螺栓摩擦型连接的受力分析方法与受剪普通螺栓连接一样，所以受剪摩擦型高强度螺栓连接在受轴心力作用或受轴心力作用时的计算均可利用前述普通剪力螺栓连接的计算公式，只需将单个普通螺栓的承载力设计值 $N_{\min}^b$ 改为单个受剪摩擦型高强度螺栓的承载力设计值 N_V^b（式 3-49）即可。

摩擦型高强度螺栓连接中构件的净截面强度验算与普通螺栓连接有所区别，应特别注意。现加以论述如下：

由于摩擦型高强度螺栓是依靠被连接件接触面间的摩擦力传递剪力，假定每个螺栓所传递的内力相等，且接触面向的摩擦力均匀地分布于螺栓孔的四周（图 3-38），则每个螺栓所传递的内力在螺栓孔中心线的前面和后面各传递一半。这种通过螺栓孔中心线以前板件接触面间的摩擦力传递的现象称为"孔前传力"。如图 3-38 所示的最外列螺栓截面 I-I 已传递 $0.5 n_1 (N/n)$（n 和 n_1 分别为构件一端和截面 I-I 处的高强度螺栓数目），故该截面的内力为 $N' = N - 0.5 n_1 (N/n)$，故连接开孔截面 I-I 的净截面强度应按下式验算：

$$\sigma = \frac{N'}{A_n} = \left(1 - 0.5 \frac{n_1}{n}\right) \frac{N}{A_n} \leqslant f \tag{3-50}$$

由以上分析可知，最外列以后各列螺栓处构件的内力显著减小，只有在螺栓数目显著增多（净截面面积显著减少）的情况下，才有必要作补充验算。因此，通常只需验算最外列螺栓处有孔构件的净截面强度即可。

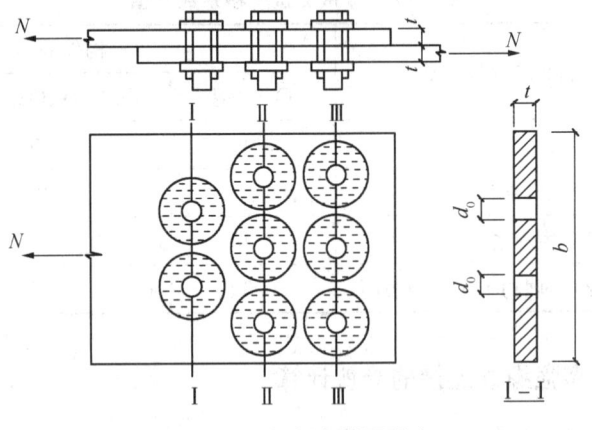

图 3-38 钢板净截面强度

此外,由于 $N' < N$,所以除对有孔截面进行验算外,还应对毛截面进行验算,即应验算,$\sigma = N/A \leqslant f$。

例题 3.10 如图 3-39 所示为一钢牛腿,承受荷载设计值 $V = 90 \text{ kN}$,其偏心距 $e = 300 \text{ mm}$,用高强度螺栓摩擦型连接于工字形柱的翼缘上。钢材为 Q345,螺栓为 10.9 级 M20,喷砂后生赤锈处理接触面。试验算螺栓的强度是否满足要求?

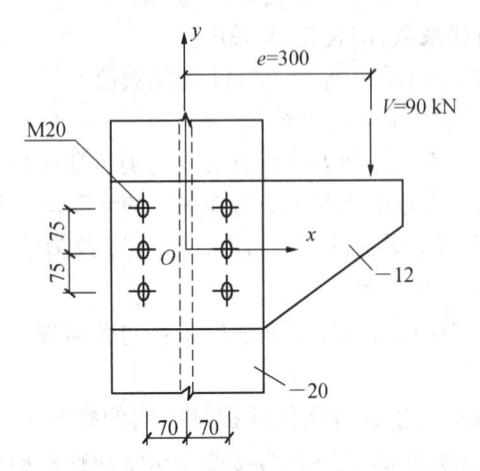

图 3-39 例题 3.10 图

解:单个螺栓的承载力

由表 3-5 查得 $P = 155 \text{ kN}$,由表 3-6 查得 $\mu = 0.50$。

$$N_v^b = 0.9 n_f \mu p = 0.9 \times 1 \times 50 \times 155 = 69.75 \text{ kN}$$

作用于螺栓群中心 O 的竖向剪力 V 和扭矩 T 分别为

$$V = 90 \text{ kN}$$
$$T = Ve = 90 \times 0.3 = 27 \text{ kN·m}$$

最不利螺栓在最外排,其受力为:

$$\sum x_i^2 + \sum y_i^2 = 6\times 7^2 + 4\times 7.5^2 = 519 \text{ cm}^2$$

$$N_{x1}^T = \frac{Ty_1}{\sum x_i^2 + \sum y_i^2} = \frac{27\times 10^3 \times 75}{519\times 10^2} = 39.02 \text{ kN}$$

$$N_{y1}^T = \frac{Tx_1}{\sum x_i^2 + \sum y_i^2} = \frac{27\times 10^3 \times 70}{519\times 10^2} = 36.42 \text{ kN}$$

$$N_{y1}^V = \frac{V}{n} = \frac{90}{6} = 15 \text{ kN}$$

$$N_1^{IV} = \sqrt{(N_{x1}^T)^2 + (N_{y1}^T + N_{y1}^N)^2} = \sqrt{(39.02)^2 + (36.42+15)^2}$$
$$= 64.55 \text{ kN} < N_V^b = 69.75 \text{ kN}$$

故螺栓的强度满足要求。

例题 3.11 如图 3-40 所示为一 300×16 轴心受拉钢板用双盖板和高强度螺栓摩擦型连接的拼接接头。已知钢材为 Q345，螺栓为 10.9 级 M20，接触面喷砂后涂无机富锌漆。试确定该拼接的最大承载力设计值 N。

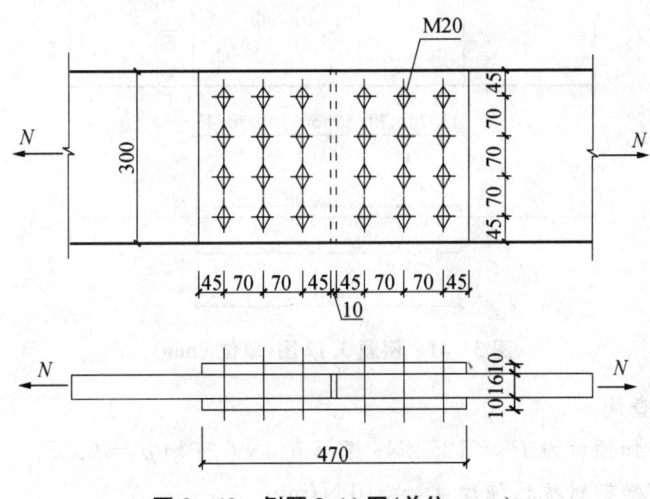

图 3-40 例题 3.11 图（单位：mm）

解：(1) 按螺栓连接强度确定 N

由表 3-5 查得 $P = 155$ kN，由表 3-6 查得 $\mu = 0.4$。

$$N_V^b = 0.9 n_f \mu P = 0.9\times 2 \times 0.4 \times 155 = 111.6 \text{ kN}$$

12 个螺栓连接的总承载力设计值为：

$$N = n N_V^b = 12 \times 111.6 = 1\,339 \text{ kN}$$

(2) 按钢板截面强度确定 N

构件厚度 $t=16$ mm 小于两盖板厚度之和 $2t_1 = 20$ mm，所以按构件钢板计算。

① 按毛截面强度

由附录 2 查得 $f = 310$ N/mm^2。

$$A = bt = 300 \times 16 = 4\,800 \text{ mm}^2$$

$$N = Af = 4\,800 \times 310 = 1\,512 \text{ kN}$$

② 按第一列螺栓处净截面强度

$$A_n = (b - n_1 d_0)t = (300 - 4 \times 22) \times 16 = 3\,392 \text{ mm}^2$$

$$N = \frac{A_n f}{1 - 0.5 n_1/n} = \frac{3\,392 \times 310}{1 - 0.5 \times 4/12} = 1\,262 \text{ kN}$$

因此，该拼接的承载力设计值为 $N = 1\,262$ kN，由钢板的净截面强度控制。

例题 3.12 如图 3-41 所示，构件—300×16 受轴心受拉 $N = 940$ kN，采用 M20、8.8 级摩擦型高强螺栓双盖板连接。已知盖板—300×8，钢材为 Q345，钢丝刷清除浮锈，试验算该连接是否满足要求。($\mu = 0.35, P = 125$ kN)

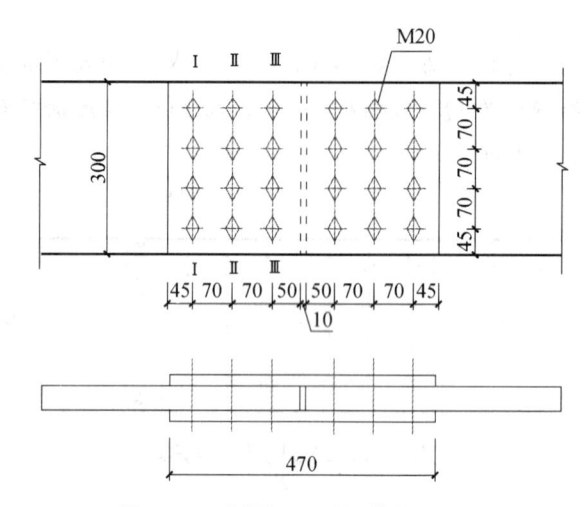

图 3-41 例题 3.12 图（单位：mm）

解：(1) 参数查询

根据表 3.5 可知预拉力 $P = 125$ kN；根据表 3-6 可知 $\mu = 0.35$。
根据附录 2 可知钢材抗拉强度 $f = 310 \text{ N/mm}^2$。

(2) 验算螺栓

$$N_V^b = 0.9 n_f \mu P = 0.9 \times 2 \times 0.35 \times 125 = 78.75 \text{ kN}$$

$$n N_V^b = 12 \times 78.75 = 945 \text{ kN} > 940 \text{ kN}(实际外力)$$

所以螺栓满足要求。

(3) 验算第一列螺栓处钢材

$$An = (b - n_1 d_0)t = (300 - 4 \times 22) \times 16 = 3\,392 \text{ mm}^2$$

$$\sigma = \left(1 - 0.5 \frac{n_1}{n}\right)\frac{N}{A_n} = \left(1 - 0.5 \frac{4}{12}\right) \times \frac{940 \times 10^3}{3\,392} = 230.9 \text{ N/mm}^2 < f = 310 \text{ N/mm}^2$$

所以钢材满足要求。

由以上计算可知该连接满足要求。

3.5.3 摩擦型高强螺栓连接的受拉计算

承受外力之前,高强度螺栓已有很高的预拉力 P,它与板层之间的压力平衡。当施加外力 N 使螺栓受拉时,螺栓略有伸长,使拉力增加 ΔP,而压紧的板件则有所放松,使压力减小,螺杆伸长与板的放松膨胀值相当。由于板在厚度方向刚度很大,膨胀很小,因而螺杆伸长也很小,其增加的拉力 ΔP 也很小。由试验分析得知,只要板层之间压力未完全消失,螺栓杆中的拉力只增加 5%~10%,所以高强度螺栓所承受的外拉力基本上只使板层间压力减小,而对螺栓杆的预拉力没有大的影响。直到外拉力大于螺栓杆的预拉力,板层完全松开后,螺栓受力才与外力相等。

为使板件间保留一定的压紧力,《规范》规定,一个受拉摩擦型高强度螺栓的承载力设计值 N_t^b 为

$$N_t^b = 0.8P \tag{3-51}$$

受拉高强度螺栓摩擦型连接受轴心力 N 作用时,与普通螺栓连接一样,假定每个螺栓均匀受力,则连接所需的螺栓数 n 为

$$n = \frac{N}{N_t^b} \tag{3-52}$$

受拉高强度螺栓摩擦型连接受弯矩 M 作用时,只要确保螺栓所受最大外拉力不超过 $N_t^b = 0.8P$,被连接件接触面将始终保持密切贴合。因此,可以认为螺栓群在弯矩 M 作用下始终绕螺栓群中心轴转动,即转动轴在螺栓群中心轴。最外排螺栓所受拉力最大,其值 N_1^M 可按下式计算:

$$N_1^M = \frac{My_1}{m\sum y_i^2} \leqslant N_t^b = 0.8P \tag{3-53}$$

式中:y_1——最外排螺栓至转动轴(螺栓群中心)的距离;

y_i——第 i 排螺栓至转动轴(螺栓群中心)的距离;

m——螺栓纵向列数。

受拉高强度螺栓摩擦型连接受偏心拉力作用时,如前所述,只要螺栓最大拉力不超过 $0.8P$,连接件接触面就能保证紧密结合。因此不论偏心力矩的大小,均可按受拉普通螺连接小偏心受拉情况计算,即按式(3-44a)计算,而不需按式(3-44b)进行大小偏心判断,但式中取 $N_t^b = 0.8P$。

习题与思考题

一、选择题

1. 对接焊缝采用引弧板的目的是（　　）。
   A. 消除焊缝端部的焊接缺陷　　　　B. 提高焊缝的设计强度
   C. 增加焊缝的变形能力　　　　　　D. 降低焊接的施工难度

2. 轴心受拉构件采用全焊透对接焊缝拼接，当焊缝质量等级为何级时，必须进行焊缝强度验算？（　　）
   A. 一级　　　　B. 二级　　　　C. 三级　　　　D. 一级和二级

3. 不需要验算对接斜焊缝强度的条件是斜焊缝的轴线与轴力 N 之间的夹角 θ 满足（　　）。
   A. $\theta \geqslant 70°$　　B. $\theta < 70°$　　C. $\tan\theta \leqslant 1.5$　　D. $\tan\theta > 1.5$

4. 焊接工字形截面钢梁的折算应力计算部位在梁截面（　　）。
   A. 受压翼缘的外边缘　　　　　　　B. 翼缘和腹板相交位置
   C. 中性轴位置　　　　　　　　　　D. 受拉翼缘的外边缘

5. 直角角焊缝的最小焊脚尺寸 $h_{f\min} = 1.5\sqrt{t_2}$，最大焊脚尺寸 $h_{f\max} = 1.2 t_1$，式中的 t_1 和 t_2 分别为（　　）。
   A. t_1 为腹板厚度，t_2 为翼缘厚度
   B. t_1 为翼缘厚度，t_2 为腹板厚度
   C. t_1 为较小的被连接板件的厚度，t_2 为较大的被连接板件的厚度
   D. t_1 为较大的被连接板件的厚度，t_2 为较小的被连接板件的厚度

6. 某侧面直角角焊缝 $h_f = 6$ mm，由计算得到该焊缝所需计算长度 50 mm，考虑起落弧缺陷，设计时该焊缝实际长度取为（　　）。
   A. 62 mm　　　　B. 40 mm　　　　C. 50 mm　　　　D. 70 mm

7. 对于普通螺栓连接，限制端距 $e \geqslant 2d_0$ 的目的是为了避免（　　）。
   A. 螺栓杆受剪破坏　　　　　　　　B. 螺栓杆受弯破坏
   C. 板件受挤压破坏　　　　　　　　D. 板件端部冲剪破坏

8. 采用摩擦型高强螺栓连接，其受力时的变形（　　）。
   A. 比普通螺栓连接大
   B. 比承压型高强螺栓连接大
   C. 比普通螺栓和承压型高强螺栓连接都小
   D. 与普通螺栓和承压型高强螺栓连接相同

9. 如图 3-42 所示高强螺栓群受弯后的旋转中心为（　　）。
   A. 1 点　　　　　　　　　　　　　B. 2 点
   C. 3 点　　　　　　　　　　　　　D. 4 点

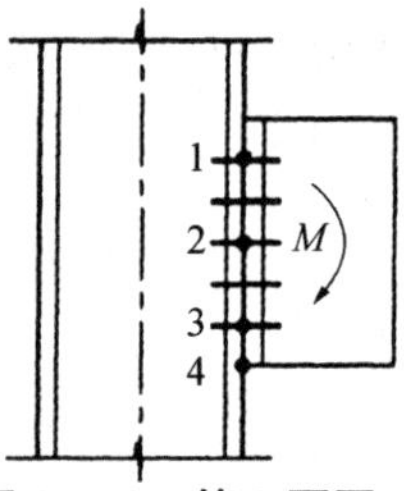

10. 摩擦型高强螺栓的承载能力是由（　　）控制的。
    A. 螺栓的抗剪强度　　　　　　　　B. 构件间摩擦力

图 3-42　第 9 题图

C. 构件的承载力　　　　　　　　D. 螺栓的抗拉强度
11. 在如图 3-43 所示的普通螺栓连接中,受力最大的螺栓所在的位置为(　　)。
    A.（a）　　　　　　　　　　　B.（b）
    C.（c）　　　　　　　　　　　D.（d）

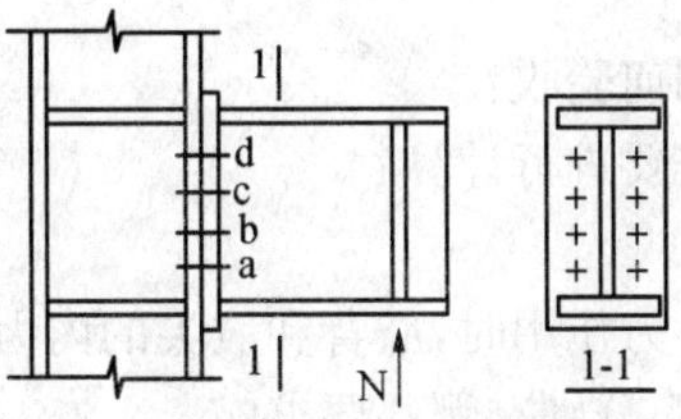

图 3-43　第 11 题图

12. 普通螺栓承压承载力设计值的计算公式为：$N_c^b = d \cdot \sum t f_c^b$,其中 d 和 $\sum t$ 的含义是(　　)。

    A. d 为螺栓孔直径,$\sum t$ 为同一受力方向承压构件厚度之和的较小值

    B. d 为螺栓直径,$\sum t$ 为同一受力方向承压构件厚度之和的较小值

    C. d 为螺栓孔直径,$\sum t$ 为同一受力方向承压构件厚度之和的较大值

    D. d 为螺栓直径,$\sum t$ 为同一受力方向承压构件厚度之和的较大值

13. 在承受动荷的下列连接构造中,不合理的是(　　)。

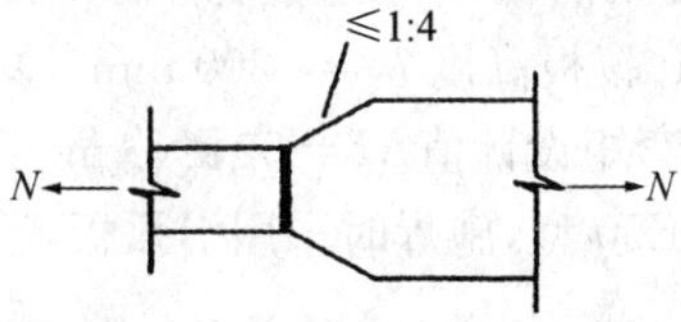

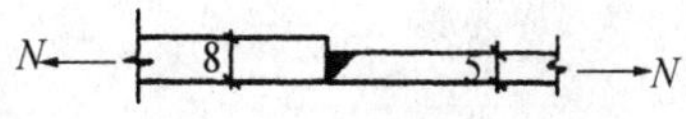

二、名词解释

1. 正面角焊缝。
2. 侧面角焊缝。
3. 摩擦型高强螺栓。
4. 承压型高强螺栓。

三、填空题

1. 钢结构的连接方法有_____、_____和_____。
2. 焊缝连接的形式按构件的相对位置分有_____、_____、_____和角接。
3. 在对接焊缝中,为了保证焊缝质量,通常按焊件厚度及施焊条件的不同,将焊口边缘加工成不同形式的坡口,坡口形式通常有_____、_____、_____、U 型、X 型等。
4. 焊接形式按施工位置分为：仰焊、立焊、横焊、俯焊,其中以_____施工位置最好,_____施工位置最差。
5. 螺栓连接可分为_____和_____两种。
6. 抗剪螺栓连接的破坏形式有_____、_____、_____、_____、_____。

7. 在普通螺栓连接中,抗剪螺栓连接是依靠螺栓的_____和_____来传递外力的;抗拉螺栓连接是由_____直接承受拉力来传递外力的。

四、思考讨论题

1. 手工焊条型号应根据什么选择?焊接 Q235B 钢和 Q345B 钢的一般结构须分别采用哪种型号焊条?
2. 焊缝的质量分几个等级?如何验收?
3. 对接焊缝在什么情况下才需要进行计算?
4. 角焊缝的尺寸有哪些要求?
5. 角钢连接角焊缝在受到轴心力作用时,肢背和肢尖的内力分配系数不同的原因是什么?
6. 螺栓的最小中距、边距和端距分别有哪些要求?
7. 普通螺栓受剪连接的破坏有哪几种形式?分别用什么方法来防止破坏?
8. 试比较普通螺栓连接和高强螺栓连接在偏心拉力作用下各种的转动轴位置有什么不同?
9. 试比较普通螺栓连接和高强螺栓连接的受力特点有什么不同?
10. 试比较两拼接对接钢板,采用双盖板连接,分别采用侧面角焊缝和螺栓连接,对盖板的要求有什么不同?

五、计算题

1. 设计一 -500×14 钢板的对接焊缝拼接。钢板承受轴心拉力,其中恒荷载和活荷载标准值引起的轴心拉力值分别为 700 kN 和 400 kN,相应的荷载分项系数为 1.2 和 1.4。已知钢材为 Q235,采用 E43 型焊条,手工电弧焊,三级质量标准,施焊时未用引弧板。
2. 验算如图 3-44 所示由三块钢板焊成的工字形截面梁的对接焊缝强度。已知工字形截面尺寸为:翼缘宽度 $b = 100$ mm,厚度 $t = 12$ mm;腹板高度 $h_0 = 200$ mm、厚度 $t_w = 8$ mm。截面上作用的轴心拉力设计值 $N = 240$ kN,弯矩设计值 $M = 50$ kN·m,剪力设计值 $V = 240$ kN。钢材为 Q345,采用手工焊,焊条为 E50 型,施焊时采用引弧板,三级质量标准。

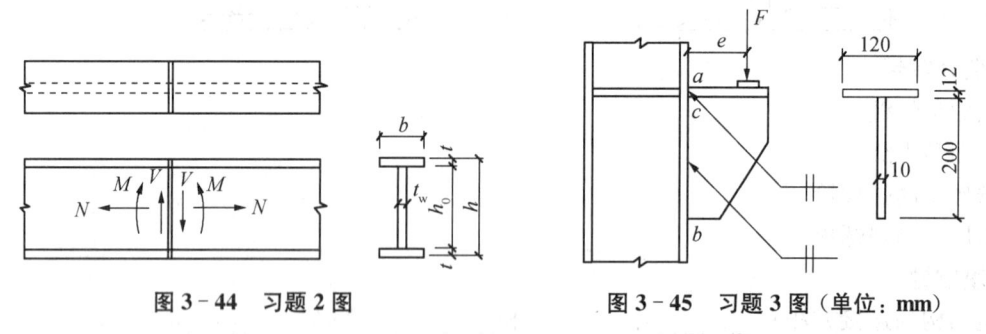

图 3-44 习题 2 图

图 3-45 习题 3 图(单位:mm)

3. 验算如图 3-45 所示柱与牛腿连接的对接焊缝。已知 T 形牛腿的截面尺寸为:翼缘宽度 $b = 120$ mm,厚度 $t = 12$ mm;腹板高度 $h_0 = 200$ mm,厚度 $t_w = 10$ mm。距焊缝 $e = 150$ mm 处作用有一竖向力 $F = 180$ kN(设计值),钢材为 Q390,采用 E55 型焊条,手工焊,三级质量标准,施焊时不用引弧板。
4. 设计一双盖板的钢板对接接头(图 3-46)。已知钢板截面为 -300×14,承受轴心拉力设计值 $N = 800$ kN(静力荷载)。钢材为 Q235,焊条用 E43 型,手工焊。

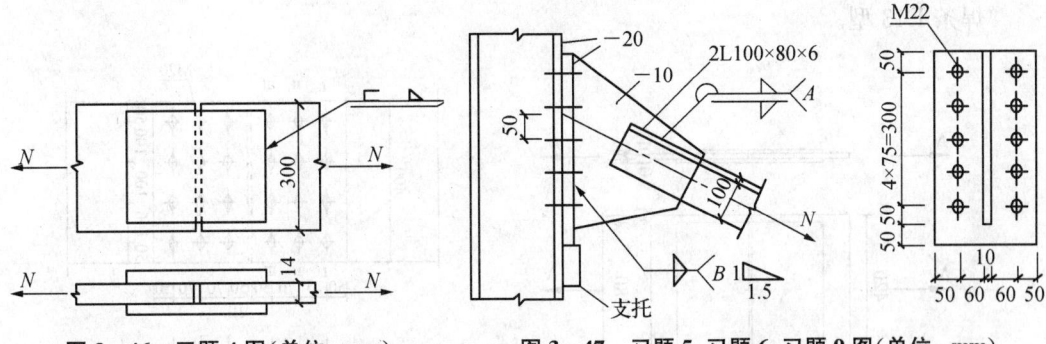

图 3-46 习题 4 图(单位：mm)　　图 3-47 习题 5、习题 6、习题 9 图(单位：mm)

5. 设计如图 3-47 所示连接中的双角钢(长肢相连)与节点板间的角焊缝"A"。轴心拉力设计值 $N = 420$ kN(静力荷载)。钢材为 Q235，焊条为 E43 型，手工焊。

6. 试计算习题 5 连接中节点板与端板间的角焊缝"B"所需的焊脚尺寸 h_f。

7. 将习题 3 连接改用焊脚尺寸 $h_f = 10$ mm 的角焊缝连接，试验算角焊缝的强度。

8. 截面为 -340×12 的钢板构件的拼接采用双盖板普通螺栓连接，盖板厚度为 8 mm，钢材为 Q235，螺栓为 C 级 M20，构件承受轴心拉力设计值 $N = 600$ kN。试设计该拼接接头的普通螺栓连接。

9. 试计算习题 5 连接中端板与柱连接的 C 级普通螺栓的强度。螺栓为 M22，钢材为 Q235。

10. 试验算如图 3-48 所示钢板拼接接头的 C 级普通螺栓强度。钢材为 Q235，承受弯矩设计恒 $M = 30$ kN·m，剪力设计值 $V = 250$ kN，螺栓为 M20。

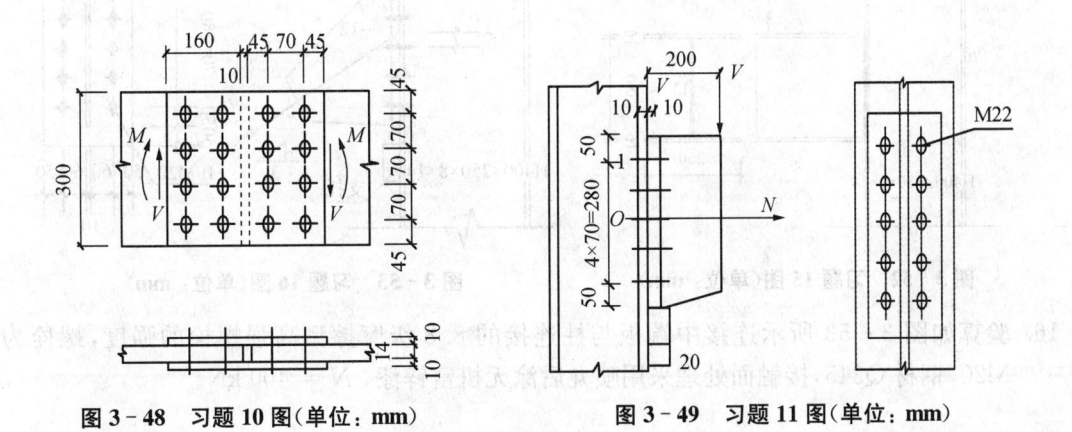

图 3-48 习题 10 图(单位：mm)　　图 3-49 习题 11 图(单位：mm)

11. 如图 3-49 所示牛腿，用 C 级普通蛹拴连接于钢往上，牛腿下设有支托以承受剪力。螺栓为 M22，钢材为 Q235，承受荷载设计值 $N = 150$ kN，$V = 100$ KN。试验算螺栓的强度。

12. 试设计用高强度螺栓摩擦型连接的钢板拼接连接。采用双盖板，钢板截面为 -340×20，盖板采用两块 -340×10 钢板。钢材为 Q345，螺栓为 8.8 级 M22，接触面采用喷砂处理，承受轴心拉力设计值 $N = 1\,600$ kN。

13. 验算如图 3-50 所示连接的强度。已知钢板截面为 -420×16，$h_f = 10$ mm，受轴心力 $N = 1\,600$ kN(静荷载)，矩形盖板截面均为 -380×10，钢材 Q235，手工焊，三面围焊，

焊条 E43 型。

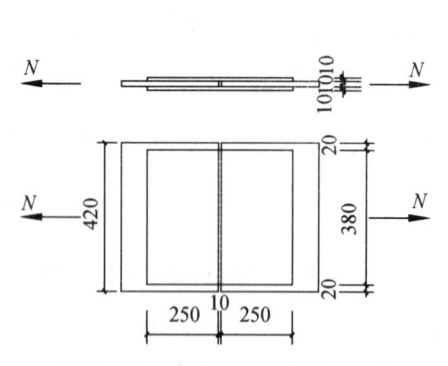

图 3-50 习题 13 图(单位：mm)

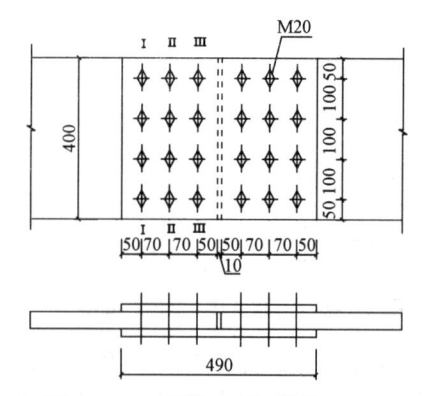

图 3-51 习题 14 图(单位：mm)

14. 如图 3-51 所示两截面为 -16×400 的钢板，采用双盖板(单块盖板的厚度为 8 mm)和 10.9 级摩擦型高强螺栓。螺栓 M20，钢材 Q235B，接触面处理采用喷丸后涂无机富锌漆，承受轴心拉力设计值 $N = 1\,200$ KN。试验算此连接。

15. 如图 3-52 所示，一牛腿与柱采用对接焊缝连接，试验算该对接焊缝的强度。已知 $V = 350$ kN，偏心距 $e = 430$ mm，牛腿截面为 H412×260×12×16，钢材为 Q345B，采用 E50 型焊条，手工焊，施焊时未采用引弧板。

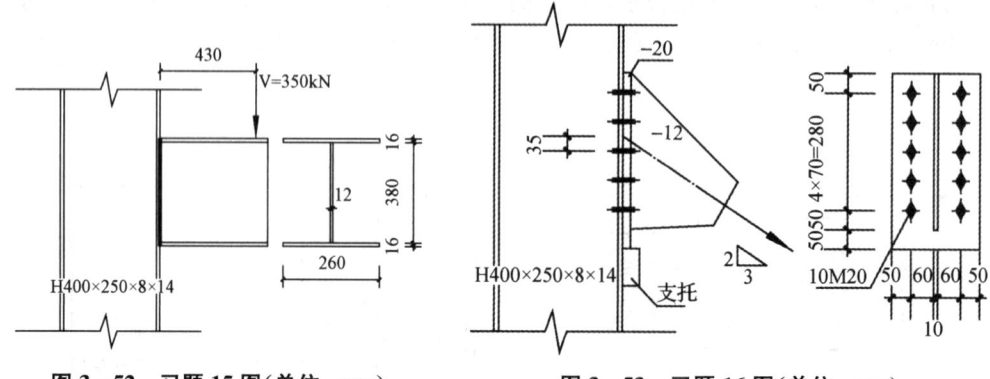

图 3-52 习题 15 图(单位：mm)

图 3-53 习题 16 图(单位：mm)

16. 验算如图 3-53 所示连接中端板与柱连接的 8.8 级摩擦型高强螺栓的强度，螺栓为 M20，钢材 Q345，接触面处理采用喷丸后涂无机富锌漆，$N = 400$ kN。

学习情景 4 钢结构构件设计

4.1 钢结构构件的基本构造要求

钢结构构件的构造要求简单但很重要。钢结构构件在其满足受力要求的基础上,仍需满足一定的构造要求,其在结构构件的设计中与结构受力计算同等重要。

对于截面尺寸的相关规定如下:

在钢结构的受力构件及其连接中,不宜采用:厚度小于 4 mm 的钢板;壁厚小于 3 mm 的钢管;截面小于 L45×4 或 L56×36×4 的角钢(对焊接结构),截面小于 L50×5 的角钢(对螺栓连接或铆钉连接结构)。

桁架节点板厚度一般根据所连接杆件内力的大小确定,但不得小于 6 mm。节点板平面尺寸应适当考虑制作和装配的误差。

4.2 轴心受力构件的设计

4.2.1 概述

当杆件两端近似为铰接连接且无节间荷载作用时,构件可视为二力杆,只受轴向拉力或轴向压力的作用,称为轴心受力构件(轴心受拉构件或轴心受压构件),简称为拉杆和压杆。

轴心受力构件由于构件中内力及应力分布均匀,材料利用最为充分,力学性能优良,故在钢结构中得到了极为广泛的应用,是桁架、网格(网架与网壳)和塔架等结构体系中的基本组成构件。图 4-1 为由轴心受力构件组成的常见结构体系。

轴心受力构件常用的截面形式按材料的分布特点可分为实腹式和格构式两大类。

实腹式构件制作简单,与其他构件的连接也比较方便,常用截面形式很多,可直接选用单个型钢截面,如圆钢、钢管、角钢、T 型钢、槽钢、工字钢、H 型钢等,如图 4-2(a)所示;实腹式构件也可选用由型钢或钢板组成的组合截面,如图

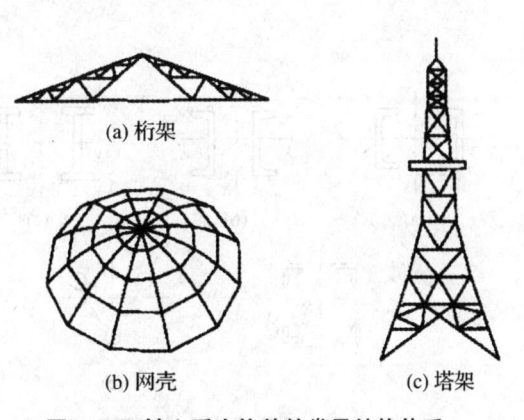

图 4-1 轴心受力构件的常见结构体系

4-2(b)所示。一般桁架结构中的弦杆和腹杆,除 T 型钢外,常采用角钢或双角钢组合截面,如图 4-2(c)所示;在轻型结构中则可采用冷弯薄壁型钢截面,如图 4-2(d)所示。

以上这些截面中,截面紧凑(如圆钢和组成板件宽厚比较小的截面)或对两主轴刚度相差悬殊者(如单槽钢、工宁钢),一般只可用于轴心受拉构件,而受压构件通常采用较为开展、组成板件宽而薄的截面(即具备宽肢薄壁的截面特征)。

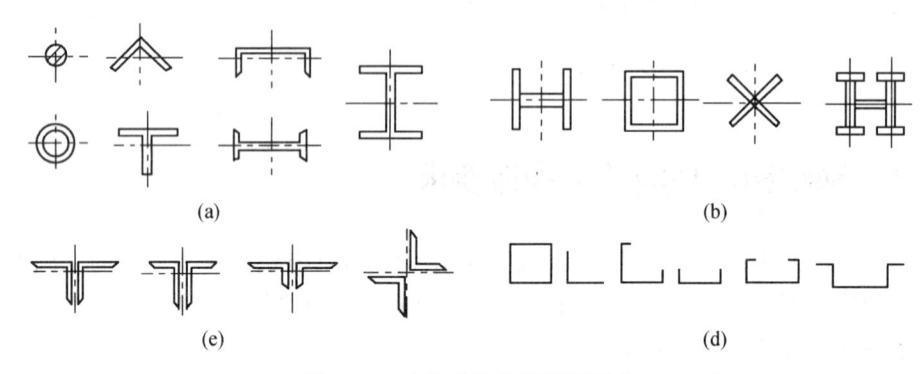

图 4-2 实腹式构件的截面形式

格构式构件由多个分肢构成,刚度大,抗扭性好,其分肢间的距离可根据需要灵活调整,故格构式构件容易使压杆实现两主轴方向的等稳定性设计,避免绕某个主轴方向的材料浪费。格构式构件截面一般由两个或多个型钢肢件组成(图 4-3),肢件间采用缀条[角钢,如图 4-4(a)所示]或缀板[钢板,如图 4-4(b)所示]连成整体,缀条和缀板统称为缀材。其中四肢构件[如图 4-3(d)所示]和三肢构件[如图 4-3(e)所示]适用于受力不大但较长的构件,可以使构件在用钢不多的情况下获得必要的刚度。在格构式构件中,截面上通过分肢腹板的轴线叫实轴,通过缀材的轴线叫虚轴(图 4-3)。格构式构件各分肢间只是每隔一定距离才由缀材互相连接,故其绕虚轴的刚度和稳定性比绕实轴方向有所减弱。缀条式格构构件中缀条和分肢组成平面桁架体系,缀板式格构构件中缀板和分肢组成平面刚架体系,因而前者的刚度和稳定性比后者好得多,对荷载较大的格构式轴心受压构件,通常应采用缀条式。

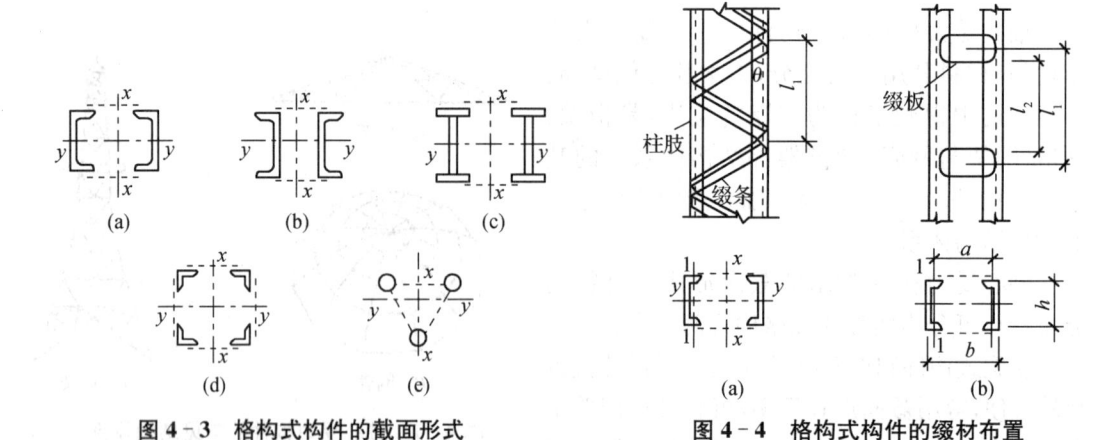

图 4-3 格构式构件的截面形式

图 4-4 格构式构件的缀材布置

4.2.2 轴心受力构件的计算

设计轴心受拉构件时,除了选用合理的截面形式外,还要对其进行强度和刚度计算,使之符合有关要求。强度要求就是使构件截面上的最大正应力不超过钢材的强度设计值,刚度要求就是使构件的长细比不超过容许长细比。

对于轴心受压构件,除了考虑强度和刚度条件,还必须满足构件整体稳定性和局部稳定性的要求(而且在多数情况下,稳定要求往往起主要的控制作用)。整体稳定性要求构件在设计荷载作用下不致发生屈曲而丧失承载能力;局部稳定性要求一般是使组成构件的板件宽厚比不超过规定限值,以保证板件不会屈曲,并使格构式构件的分肢不发生屈曲。

本文作为钢结构构件基本原理的讲解,只介绍实腹式轴心受力构件的设计计算。格构式轴心受力构件与之参照进行设计计算,换算长细比按照《规范》第 5.1.3 条执行,分肢长细比按照《规范》第 5.1.4 条执行,剪力按照《规范》第 5.1.6 条执行。

1. 轴心受力构件的强度

轴心受力构件的强度承载能力是以截面的平均应力达到钢材的屈服应力为极限状态。

轴心受力构件的计算中,在理想状况下假定荷载通过截面的形心,因而截面上的应力可认为是均匀分布的。但实际上,构件制作时会产生初弯曲,工程施工时荷载有初偏心,钢构件的截面上可能由于焊接等原因而存在残余应力,这些因素统称为初始缺陷。构件有了初始缺陷,原本按轴心受力考虑的构件截面上的应力将不再是均匀分布。初弯曲和初偏心将使轴心受力构件事实上成为拉弯或压弯构件(拉弯或压弯构件内容见"4.4 偏心受力构件的设计"),但由于初弯曲和初偏心对轴心受力构件强度产生的影响较小,不是主要因素,而残余应力因为考虑到结构钢钢材具有的较好塑性变形能力,当截面进入全塑性状态后由于发生了充分的应力重分布也就可以不考虑其对强度的影响。基于上述理由有下面的强度计算规定:

无孔洞等削弱的轴心受力构件中,轴心力在截面上产生均匀正应力,以全截面刚达到屈服应力为强度极限状态,构件设计时的计算比此状态尚要保守一些。在强度计算中,对截面无削弱的轴心受力构件内力设计值 N 除以毛截面面积 A 得到的正应力 σ 不应超过钢材的抗拉或抗压强度设计值 f,即:

$$\sigma = \frac{N}{A} \leqslant f \qquad (4-1a)$$

有孔洞等削弱的轴心受力构件,在孔洞处截面上的应力分布不再是均匀的,在靠近孔边处产生应力集中现象,如图 4-5(a)所示。在弹性阶段,孔壁边缘的最大应力 σ_{max} 可能达到构件毛截面平均应力 σ_a 的 3 倍。如果杆件内力继续增加,孔壁边缘的最大应力达到材料的屈服强度以后,应力不再增加而只发展塑性变形,截面上的应力产生塑性重分布,最后达到均匀分布,应力值为钢材的屈服点 f_y,如图 4-5(b)所示。因此,对于有孔洞等削弱的轴心受力构件,仍以其净截面的平均应力达到其强度极限值作为设计时的控制值,这就要求设计时应选用具有良好塑性性能的材料。此时,构件内力设计值 N 除以净截面面积 A_n(毛截面面积减去开孔削弱的面积)得到的正应力 σ 不应超过钢材的抗拉或抗压强度设计值 f,即:

(a) 弹性状态应力　　　　　　　　　(b) 极限状态应力

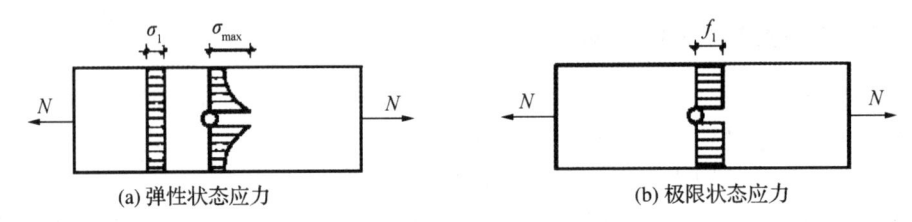

图 4-5　有空洞时轴心受力构件的截面应力分布

$$\sigma = \frac{N}{A_n} \leqslant f \tag{4-1b}$$

若节点采用摩擦型高强螺栓连接,由于摩擦型高强螺栓存在孔前传力,则连接处的构件强度计算公式变为:

$$\left. \begin{aligned} \sigma &= \left(1 - 0.5\frac{n_1}{n}\right)\frac{N}{A_n} \leqslant f \\ \sigma &= \frac{N}{A} \leqslant f \end{aligned} \right\} \tag{4-1c}$$

式中：n_1——第一排螺栓的数量；

n——单侧总螺栓的数量。

需要注意的是钢材的抗拉或抗压强度设计值 f 须考虑《钢结构设计规范》第 3.4.2 条对其进行适当调整。

2. 轴心受力构件的刚度

轴心受力构件最基本的变形是轴向的伸长或缩短,但在一般轴心受力构件中此量值很小,构件的刚度要求主要通过长细比进行控制。为满足结构的正常使用要求,避免杆件在制作、运输、安装和使用过程中出现过度变形的现象,轴心受力构件不应做得过分柔细,而应具有一定的刚度(控制长细比在一定范围内),否则会产生以下不利影响:

(1) 在运输和安装过程中产生弯曲或过大变形。

(2) 使用期间因自重而明显下挠。

(3) 在动力荷载作用下发生较大的振动。

(4) 使得构件的稳定极限承载能力显著降低(同时,初弯曲和自重产生的挠度也将对构件的整体稳定性带来不利影响)。

轴心受力构件的长细比是构件计算长度 l_0 与构件截面回转半径 i 的比值,即 $\lambda = l_0/i$。λ 越小,表示构件的刚度越大,柔度越小;反之,λ 越大,表示构件的刚度越小,柔度越大。

计算构件的长细比时,应分别考虑围绕截面两个主轴即 x 轴和 y 轴的长细比 λ_x 和 λ_y,应都不超过《规范》规定的容许长细比 $[\lambda]$。

$$\left. \begin{aligned} \lambda_x &= \frac{l_{0x}}{i_x} \leqslant [\lambda] \\ \lambda_y &= \frac{l_{0y}}{i_y} \leqslant [\lambda] \end{aligned} \right\} \tag{4-2}$$

式中，l_{0x}、l_{0y} 分别为围绕截面主轴即 x 轴和 y 轴的构件计算长度；i_x、i_y 分别为围绕截面主轴即 x 轴和 y 轴的构件截面回转半径。轴心受压构件的计算长度系数见表 4-1。

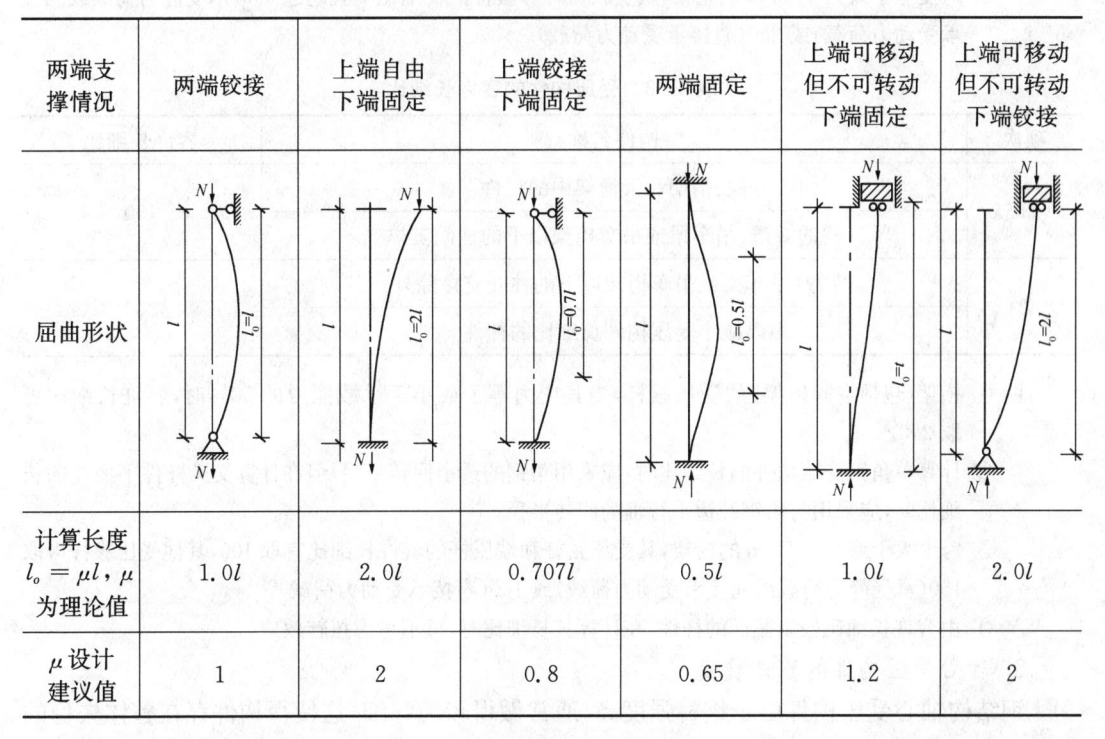

表 4-1 轴心受压构件的计算长度系数

两端支撑情况	两端铰接	上端自由下端固定	上端铰接下端固定	两端固定	上端可移动但不可转动下端固定	上端可移动但不可转动下端铰接
屈曲形状	$l_0=l$	$l_0=2l$	$l_0=0.7l$	$l_0=0.5l$	$l_0=l$	$l_0=2l$
计算长度 $l_0=\mu l$，μ 为理论值	$1.0l$	$2.0l$	$0.707l$	$0.5l$	$1.0l$	$2.0l$
μ 设计建议值	1	2	0.8	0.65	1.2	2

《规范》在总结了钢结构长期使用经验的基础上，根据构件的重要性和荷载情况，对受拉构件的容许长细比 [λ] 规定了不同的要求和数值，见表 4-2；对于受压构件，长细比更为重要，长细比 λ 过大，会使其稳定承载能力降低很多，在较小荷载下就会丧失整体稳定性，因而其容许长细比 [λ] 限制得更加严格，见表 4-3。

表 4-2 受拉构件的容许长细比

项次	构件名称	承受静力荷载或间接承受动力荷载的结构		直接承受动力荷载的结构
		一般建筑结构	有重级工作制吊车的厂房	
1	桁架的杆件	350	250	250
2	吊车梁或吊车桁架以下的柱间支撑	300	200	
3	其他拉纤，支撑，系杆等（张紧的圆钢管除外）	400	350	

注：① 承受静力荷载的结构中，可仅计算受拉构件在竖向平面内的长细比。
② 在直接或间接承受动力荷载的结构中，单角钢受拉构件长细比的计算应采用角钢的最小回转半径；但在计算交叉杆件平面外的长细比时，应采用与角钢肢边平行轴的回转半径。

③ 中、重级工作制吊车桁架下弦杆的长细比不宜超过 200。
④ 在设有夹钳或刚性料耙等硬钩吊车的厂房中,支撑(表中第 2 项除外)的长细比不宜超过 300。
⑤ 受拉构件在永久荷载与风荷载组合作用下受压时,其长细比不宜超过 250。
⑥ 跨度等于或大于 60 m 的桁架,其受拉弦杆和腹杆的长细比不宜超过 300(承受静力荷载或间接承受动力荷载)或 250(直接承受动力荷载)。

表 4-3　受压构件的容许长细比

项次	构件名称	容许长细比
1	柱、桁架和天窗架中的杆件	150
	柱的缀条、吊车梁或吊车桁架以下的柱间支撑	
2	支撑(吊车梁或吊车桁架以下的柱间支撑除外)	200
	用以减小受压构件长细比的杆件	

注:① 桁架(包括空间桁架)的受压腹杆,当其内力等于或小于承载能力的 50% 时,容许长细比可取 200。
② 计算单角钢受压构件的长细比时,应采用角钢的最小回转半径;但在计算交叉杆件平面外的长细比时,应采用与角钢肢边平行轴的回转半径。
③ 跨度大于或等于 60 m 的桁架,其受压弦杆和端压杆的容许长细比宜取 100,其他受压腹杆可取 150(承受静力荷载或间接承受动力荷载)或 120(直接承受动力荷载)。
④ 由容许长细比控制截面的杆件,在计算其长细比时,可不考虑扭转效应。

3. 轴心受压构件的整体稳定

钢结构轴心受压构件由于钢材强度高,通常做得较为纤细,这使得构件存在整体失稳的可能性。对轴心受压构件,除了构件很短及有孔洞等削弱时可能发生强度破坏以外,通常由整体稳定性控制其承载能力。

稳定性对构件和结构性能的决定性影响是金属结构的显著特点,也是钢结构课程区别于混凝土课程的主要特点之一。轴心受压构件丧失整体稳定常常是突发性的,来不及采取补救措施,甚至人员都来不及撤离,容易造成严重后果。在钢结构的近现代工程史上,不乏因失稳而导致结构的承载能力丧失的事故。

当轴心压力 N 较小时,无缺陷的轴心受压构件保持顺直。如果有干扰力使其产生微弯曲,当干扰力除去后,构件恢复其直线状态,这种直线形式的平衡是稳定的。当 N 增加到一定大小,直线形式的平衡会变为不稳定平衡,这时如有干扰力使其发生微弯,则在干扰力除去后,构件仍保持微弯状态。这种除直线形式平衡外,还存在微弯形式平衡位置的情况称为平衡状态的分枝。如果压力 N 再稍增加,则弯曲变形就迅速增大而使构件丧失承载能力。这种现象称为构件的弯曲屈曲或弯曲失稳,如图 4-6(a)所示。

对某些抗扭刚度较差的轴心受压构件,当 N 到达某一临界大小,稳定平衡状态不再保持时,不是发生微弯曲变形,而是发生微扭转变形。同样,当 N 再稍增加,则扭转变形迅速增大而使构件丧失承载能力。这种现象称为扭转屈曲或扭转失稳,如图 4-6(b)所示。

直杆由稳定平衡过渡到不稳定平衡的分界标志是临界状态。临界状态下的轴心压力称

为临界力 N_{cr}。N_{cr} 除以毛截面面积 A 所得到的应力称为临界应力 σ_{cr}。σ_{cr} 常低于钢材的屈服应力,即构件在达到强度极限状态前就会丧失整体稳定。

当轴心受压构件截面为双轴对称,如工字形、箱形、十字形,通常可能发生绕主轴即 x 轴或 y 轴的弯曲屈曲;对极点对称扭转刚度较小的截面,如 z 形、十字形截面,常发生扭转屈曲。对称截面的两种弯曲是互不相关的,究竟发生哪种变形形态的屈曲,取决于截面绕 x 轴或 y 轴的抗弯刚度、抗扭刚度、构件长度、构件支承约束条件等情况。每个屈曲形态都可求出相应的临界力,其中最小的将起控制作用。

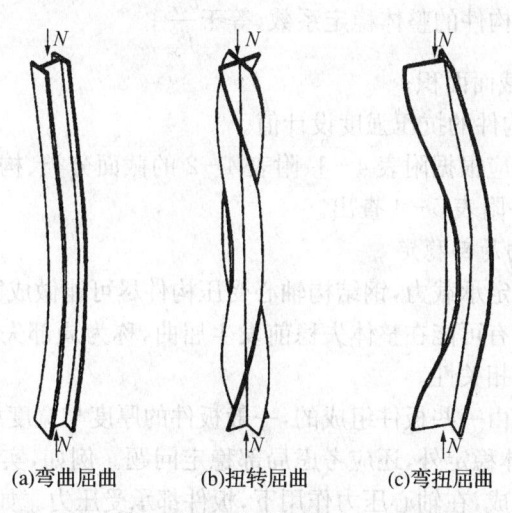

(a)弯曲屈曲　(b)扭转屈曲　(c)弯扭屈曲

图 4-6　轴心受压构件的屈曲形态(两端铰接)

截面为单轴对称的轴心受压构件,如 T 形、Π 形、Λ 形截面构件(图 4-2),可能发生围绕非对称轴(不妨假设为 x 轴)弯曲屈曲,也可能发生绕对称轴(假设为 y 轴)弯曲变形,并同时伴随有扭转变形的屈曲,称为弯曲扭转屈曲或失稳,简称弯扭屈曲或失稳,如图4-6(c)所示。这是因为轴心压力所通过的截面形心与截面剪切中心(简称剪心,或称扭转中心或弯曲中心,即构件弯曲时截面剪应力合力作用点通过的位置)不重合。所以围绕对称轴的弯曲变形总是伴随着扭转变形,应求出每个屈曲形态的临界力,取其最小者作为控制值。

截面没有对称轴的轴心受压构件在实际工程中很少采用,其屈曲形态都属于弯扭屈曲。

实践表明,用一般钢结构中常用截面形式制成的轴心受压构件,由于构件厚度较大,其抗扭刚度也相对较大,失稳时主要发生弯曲屈曲。

实际工程结构中,钢构件不可避免地存在初弯曲和初偏心等几何缺陷,以及残余应力和材质不均匀等材料缺陷,这些缺陷将使轴心受压构件的整体稳定承载能力降低。初弯曲和初偏心的影响是类似的,实质上是使理想轴心受压构件变成偏心受压构件,使稳定的性质从平衡分枝(第一类稳定,基于小变形理论)问题变为极值点(第二类稳定,基于大变形理论)问题,导致承载力降低。残余应力的存在则使构件(假设钢材符合或接近符合弹性-完全塑性的理想状态)受力时更早地进入弹塑性受力状态,使屈曲时截面抵抗弯曲变形的刚度减小,从而导致稳定承载力降低。

轴心受压构件所受应力应不大于整体稳定的临界应力,在考虑抗力分项系数 γ_R 后,即:

$$\sigma = \frac{N}{A} \leqslant \frac{\sigma_{cr}}{\gamma_R} = \frac{\sigma_{cr}}{f_y} \cdot \frac{f_y}{\gamma_R} = \varphi f$$

将上式移项，即得现行《规范》对轴心受压构件的整体稳定计算公式：

$$\frac{N}{\varphi A} \leqslant f \tag{4-3}$$

式中：N——轴心压力设计值；

φ——轴心受压构件的整体稳定系数，等于$\frac{\sigma_{cr}}{f_y}$；

A——截面的毛截面面积；

f——轴心受力构件的抗压强度设计值。

整体稳定系数 φ 值应根据附表 4-1、附表 4-2 的截面分类、构件的长细比 λ 和钢材材质 f_y，按照附表 5-1～附表 5-4 查出。

4．轴心受压构件的局部稳定

为了获得较好的稳定承载力，钢结构轴心受压构件尽可能做成宽胶薄壁的截面形式，从而使得组成构件的板件有可能在整体失稳前发生屈曲，称为局部失稳。轴心受压构件的整体失稳与局部失稳具有相关性。

轴心受压构件都是由一些板件组成的，一般板件的厚度与宽度相比都比较小，截面设计除考虑强度、刚度和整体稳定外，还应考虑局部稳定问题。例如，实腹式轴心受压构件一般由翼缘和腹板等板件组成，在轴心压力作用下，板件都承受压力。如果这些板件的平面尺寸很大，而厚度又相对很薄时，就有可能在构件丧失整体稳定或强度破坏之前发生屈曲，板件偏离原来的平面位置而发生波状鼓曲，如图 4-7 所示。因为板件失稳发生在整体构件的局部部位，所以称之为轴心受压构件丧失局部稳定或局部屈曲。局部屈曲有可能导致构件较早地丧失承载能力（由于部分板件因为局部屈曲退出受力将使其他板件受力增大，有可能使对称截面变得不对称）。另外，格构式轴心受压构件由两个或两个以上的分肢组成，每个分肢又由一些板件组成。这些分肢和分肢的板件在轴心压力作用下也有可能在构件丧失整体稳定之前各自发生屈曲，丧失局部稳定。

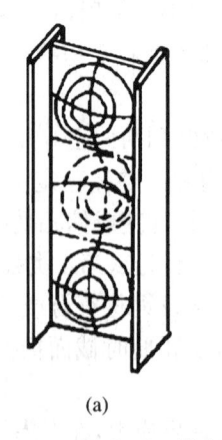

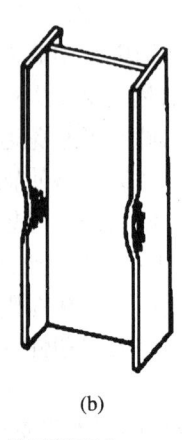

图 4-7 轴心受压构件的局部屈曲

轴心受压构件中板件的局部屈曲,实际上是薄板在轴心压力作用下的屈曲问题,相连板件互为支撑。比如工字型截面柱的翼缘相当于单向均匀受压的三边支撑(纵向侧边为腹板,横向上下两边为横向加劲肋、横膈或柱头、柱脚)、一边自由的矩形薄板[图4-7(b)];腹板相当于单向均匀受压的四边支承(纵向左右两侧边为翼缘,横向上下两边为横向加劲肋、横膈等)的矩形薄板。以上支撑中,有的支撑对相连板件无约束转动的能力,可以视为简支;有的支撑对相邻板件的转动起部分约束(嵌固)作用。由于双向都有支撑,板件发生屈曲对表现为双向波状屈曲,每个方向呈一个或多个半波,如图4-7(a)所示。轴心受压薄板也会存在初弯曲、初偏心和残余应力等缺陷,使其屈曲承载能力降低。缺陷对薄板性能影响比较复杂,而且板件尺寸与厚度之比较大时,还存在屈曲后强度的有利因素。有初弯曲和无初弯曲的薄板屈曲后强度相差很小。目前,在钢结构设计中,一般仍多以理想受压平板屈曲的临界应力为准,根据试验或经验综合考虑各种有利和不利因素的影响。

目前,一般钢结构设计规范的规定是从不允许局部屈曲先于构件整体屈曲角度来限制板件的宽厚比,从而避免轴心受压构件产生局部失稳。

(1) I字形(H形)截面的宽厚比(高厚比)

$$\text{翼缘} \quad \frac{b_1}{t} \leqslant (10 + 0.1\lambda)\sqrt{\frac{235}{f_y}} \qquad (4-4a)$$

$$\text{腹板} \quad \frac{h_0}{t_w} \leqslant (25 + 0.5\lambda)\sqrt{\frac{235}{f_y}} \qquad (4-4b)$$

以上两式中,λ取构件两个方向长细比λ_x、λ_y的较大者;而当$\lambda \leqslant 30$时,取$\lambda = 30$;当$\lambda \geqslant 100$时,取$\lambda = 100$。

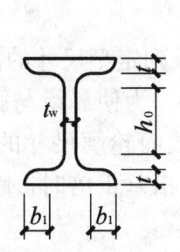

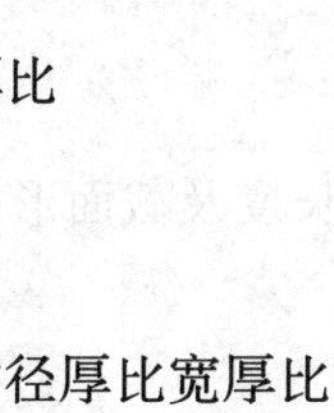

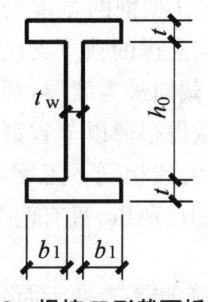

图 4-8 轧制 I 字形(H 形)截面板件取值 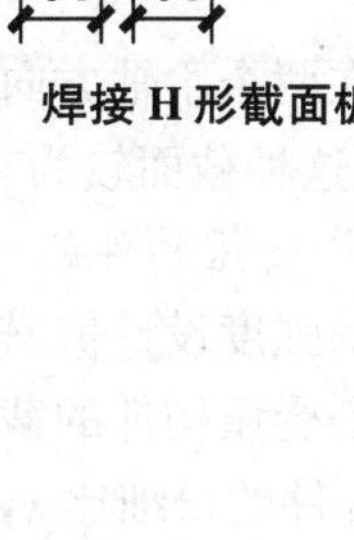　　**图 4-9 焊接 H 形截面板件取值**

(2) 圆管的径厚比

$$\frac{D}{t} \leqslant 100 \times \frac{235}{f_y} \qquad (4-4c)$$

(3) 箱形截面的径厚比宽厚比(高厚比)

$$\frac{b_0}{t} \text{ 或 } \frac{h_0}{t_w} \leqslant 40\sqrt{\frac{235}{f_y}} \qquad (4-4d)$$

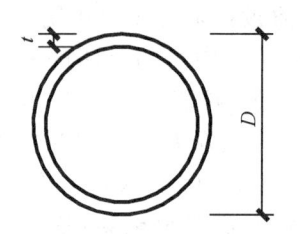

图 4-10　钢管的径厚比取值　　图 4-11　箱形截面板件取值

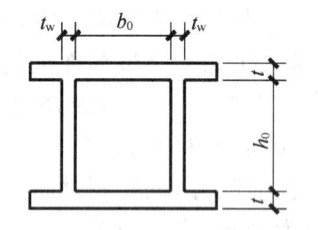

4.2.3　轴心受压构件的设计步骤

设计轴心受压实腹构件的截面时,应先选择构件的截面形式,再根据构件整体稳定和局部稳定的要求确定截面尺寸。

1. 截面形式的选取

轴心受压实腹构件一般采用双轴对称截面,以避免弯扭失稳。常用的截面形式有如图 4-2 所示型钢和组合截面两种。

选择截面形式时不仅要考虑用料经济,而且还要尽可能构造简便、制造省工和便于运输。为使用料经济,一般选择壁薄而宽敞的截面,这样的截面有较大的回转半径,使构件具有较高的承载能力。不仅如此,还要使构件在两个方向的稳定系数接近;当构件在两个方向的长细比相同时,虽然有可能在附表 5.1 或附表 5.2 中属于不同类别而它们的稳定系数不一定相同,但其差别一般不大。因此,我们可用长细比 λ_x 和 λ_y 相等作为考虑等稳定的方法。这样,选择截面形状时还要和构件的计算长度 l_{0x} 和 l_{0y} 联系起来。

单角钢截面适用于塔架、桅杆结构和起重机臂杆,轻型桁架也可用单角钢做成。双角钢便于在不同情况下组成接近于等稳定的压杆截面,常用于由节点板连接杆件的平面桁架。

轧制宽翼缘 H 型钢的宽度与高度相同时,对强轴的回转半径约为弱轴回转半径的 2 倍,对中点有侧向支撑的独立支柱最为适宜。

焊接工字形截面最为简单,利用自动焊可以做成一系列定型尺寸的截面,腹板按局部稳定的要求,可以做得很薄以节省钢材,所以应用十分广泛。为使翼缘与腹板便于焊接,截面高度和宽度做得大致相同。工字形截面的回转半径与截面轮廓尺寸的近似关系是:$i_x = 0.43h$,$i_y = 0.24b$。所以,只有两个主轴方向的计算长度相差 1 倍时,才有可能达到等稳定的要求。

十字形截面在两个主轴方向的回转半径是相同的,对于重型中心受压柱,当两个方向的计算长度相同时,这种截面较为有利。

2. 实腹式轴心受压构件的计算步骤

在确定钢材的强度设计值、轴心压力的设计值、计算长度及截面形式后,可按照下列步骤设计实腹式轴心受压构件的截面尺寸。

(1) 先假定杆件的长细比 λ,求出需要的截面面积 A

原则为不超过表 4-2 和表 4-3 规定的容许长细比。根据设计经验,荷载小于 1 500 kN,计算长度为 5～6 m 的受压杆件,可以假定 $\lambda = 80 \sim 100$;荷载为 3 000～3 500 kN 的受压杆件,可以假定 $\lambda = 60 \sim 70$。再根据截面形式和加工条件由附表 4-1 或附表 4-2 查得截面分类,而后从附表 5-1～附表 5-4 查出相应的稳定系数 φ,则所需要的截面面积为:

$$A = \frac{N}{\varphi f} \tag{4-5}$$

(2) 计算出对应于假定长细比两个主轴的回转半径 $i_x = l_{0x}/\lambda$，$i_y = l_{0y}/\lambda$

(3) 若为轧制型钢,则根据截面形式、A、i_x、i_y 初步选择相应型钢型号

若为焊接组合截面,则利用附录 6 中截面回转半径和其轮廓尺寸的近似关系 $i_x = \alpha_1 h$ 和 $i_y = \alpha_2 b$,确定截面高度和宽度：

$$h = \frac{i_x}{\alpha_1} \quad b = \frac{i_y}{\alpha_2} \tag{4-6}$$

并根据截面面积、等稳定条件、便于加工和板件稳定的要求综合确定截面各部分的尺寸。

截面各部分的尺寸也可以参考已有的设计资料确定,不一定都从假定杆件的长细比开始。

(4) 验算

① 强度验算

当截面有较大削弱时,应按照式(4-1)验算构件的净截面强度。

② 刚度验算

按照式(4-2)验算构件的长细比。

③ 整体稳定验算

按照式(4-3)验算杆件的整体稳定。对于截面没有削弱的构件,若整体稳定满足要求,则强度必然满足要求。

④ 局部稳定验算

轴心受压实腹构件的局部稳定是以限制其组成板件宽厚比来保证的。

对热轧型钢截面,由于板件宽厚比较小,一般都能满足要求,可以不必验算；对于组合截面,则应根据式(4-4)对板件的宽厚比进行验算。

以上强度、刚度、整体稳定、局部稳定的验算,若有不满足要求,则对截面尺寸适当增大并重新进行验算；若以上验算远远满足要求,为了寻求截面尺寸最小、最经济,可以将截面尺寸适当减小并重新进行验算；最终确定最合适、经济的截面尺寸。

4.2.4 轴心受压构件的构造要求

轴心受压构件中,一般是由于构件初弯曲、初偏心或偶然横向力作用才在截面中产生剪力。当轴心压力达到极限承载力时,剪力达到最大,但数值并不很大。因此,焊接实腹式轴心受压构件中,翼缘与腹板之间的剪力很小,其连接焊缝一般按构造 h_f 取 $4\sim 8$ mm。

《规范》规定：当 $h_0/t_w > 80\sqrt{235/f_y}$ 时,应采用横向加劲肋加强(图 4-12),其间距不得大于 $3h_0$,这样可以提高腹板的局部稳定性,增大构件的抗扭刚度,防止制造、运输和安装过程中截面变形。横向加劲肋通常在腹板两侧成对配置,其尺寸应满足：

外伸宽度 $$b_s \geqslant \frac{h_0}{30} + 40 \text{ mm} \tag{4-7}$$

厚度 $$t_s \geqslant \frac{b_s}{15} \tag{4-8}$$

此外，为了保证构件截面几何形状不变，提高构件抗扭刚度以及传递必要的内力，对大型实腹式构件，在受有较大横向力处和每个运送单元的两端，还应设置横隔。构件较长时，设置中间横隔，横隔的间距不得大于构件截面较大宽度的 9 倍或 8 m（图 4-12）。

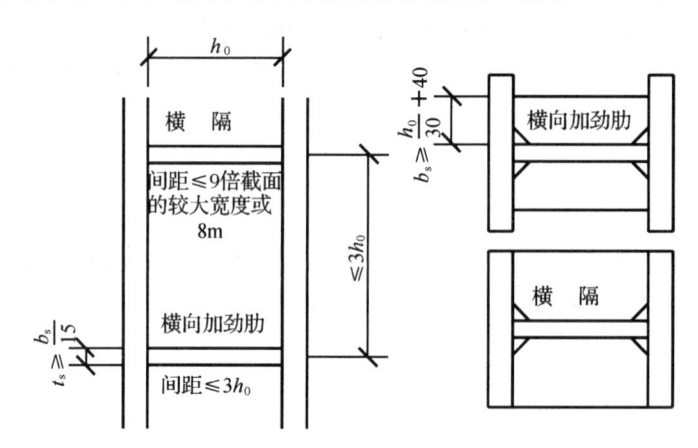

图 4-12　实腹式构件的横向加劲肋和横隔

4.2.5　例题

1. 轴心受力构件的验算

（1）轴心受拉构件的验算

轴心受拉杆件没有整体稳定性和局部稳定性的问题，极限承载能力一般由强度和刚度要求控制，所以设计时只需考虑强度和刚度。

建筑钢材强度高，并且具有良好的塑性变形能力，比其他材料更适合受拉。在钢拉杆中通常采用相当小的截面就可满足强度要求，且受拉杆刚度要求的容许长细比较大，构件往往可以做得比较纤巧，节省钢材。由于没有稳定要求，在设计方面也极为简单，是所有杆件中材料利用最充分、力学性能最好的受力形式。因而，钢结构设计中希望尽可能多地出现受拉构件，尽可能少地出现受压构件（受压构件承载力由稳定条件控制，材料强度未能充分发挥）。

例 4.1　如图 4-13 所示，桁架下弦双角钢水平拉杆由 2L75×5 组成，承受静力荷载设计值 $N = 270 \text{ kN}$，计算长度为 6 m。杆端开有螺栓孔，孔径 $d = 20 \text{ mm}$。钢材为 Q235，计算时忽略连接偏心和杆件自重影响。试对该杆件进行受力验算。

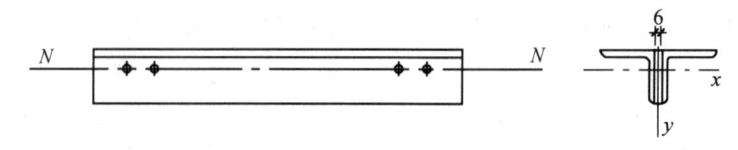

图 4-13　例 4.1 图

解：查附表 9，2L75×5 角钢几何数据为 $A = 14.82 \text{ cm}^2$，$i_x = 2.33 \text{ cm}$，$i_y = 3.30 \text{ cm}$，角钢厚度为 5 mm。Q235 钢材强度设计值 $f = 215 \text{ N/mm}^2$。

(1) 强度验算

净截面面积：
$$A_n = (14.82 \times 100 - 5 \times 20 \times 2) \text{ mm}^2 = 1\,282 \text{ mm}^2$$

$$\sigma = \frac{N}{A_n} = \frac{270 \times 1\,000}{1\,282} \text{ N/mm}^2 = 210.6 \text{ N/mm}^2 < f = 215 \text{ N/mm}^2，强度满足要求。$$

(2) 刚度验算

查表 4-2，得 $[\lambda] = 350$

表 4-2 注①规定：承受静力荷载的结构中，可仅计算受拉构件在竖向平面内的长细比，于是

$$\lambda_x = \frac{l_{0x}}{i_x} = \frac{600}{2.33} = 257.5 < [\lambda] = 350，刚度满足《规范》要求。$$

根据以上计算可知，该杆件能够满足受力要求。

2. 轴心受压构件的验算

例 4.2 如图 4-14 所示，有一轴心受压实腹柱，已知 $l_{0x} = 6$ m，$l_{0y} = 3$ m，承受轴心压力 $N = 1\,300$ kN，现考虑分别采用轧制工字钢 I45a 和焊接 H 型截面 H382×180×8×16、火焰切割边，钢材均为 Q235B，试分别验算其是否满足要求。

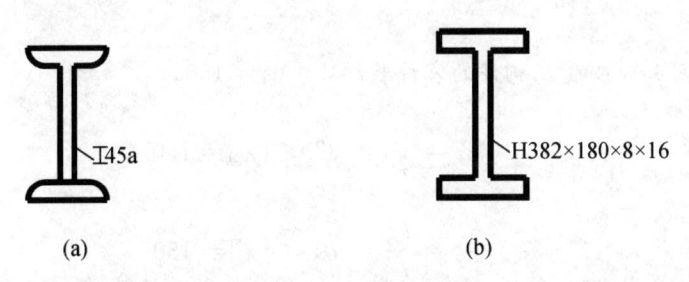

图 4-14 例 4.2 图

解：(1) 轧制工字钢 I45a

因截面无削弱，故强度不需要验算；因为轧制型钢，故局部稳定不需要验算。

① 几何特性

轧制工字钢 I45a，查附表 9 可知，$A = 111$ cm²，$i_x = 17.4$ cm，$i_y = 2.84$ cm。$b/h = 150/450 = 0.33 < 0.8$，查附录 4 可知，对于 x 轴属于 a 类截面，对 y 轴属于 b 类截面。

② 刚度

由表 4-3 可知轴心受压构件的容许长细比 $[\lambda] = 150$。

$$\lambda_x = \frac{l_{0x}}{i_x} = \frac{600}{17.4} = 34 < [\lambda] = 150$$

$$\lambda_y = \frac{l_{0y}}{i_y} = \frac{300}{2.84} = 104 < [\lambda] = 150$$

故刚度满足要求。

③ 整体稳定

钢材为 Q235B,腹板厚为 11.5 mm,翼缘厚为 18 mm,按照最不利考虑,由附录 2 查得 $f=205$ N/mm²。因 $b/h=150/450=0.33<0.8$,查附录 4 可知,对于 x 轴属于 a 类截面,对 y 轴属于 b 类截面。$\lambda_x = \dfrac{l_{0x}}{i_x} = 34$,$\lambda_y = \dfrac{l_{0y}}{i_y} = 104$。查附录 5 可知,$\varphi_x = 0.955$,$\varphi_y = 0.529$。

$$\frac{N}{\varphi_y A} = \frac{1\,300 \times 10^3}{0.529 \times 11\,100} = 221.39 \text{ N/mm}^2 > f = 205 \text{ N/mm}^2$$

因以概率论为基础的极限状态设计方法的可靠概率为 95%,故若不超过 5% 仍可以认为满足要求。

$\dfrac{221.39 - 205}{205} = 8.0\% > 5\%$,故整体稳定不满足要求。

故经验算,轧制工字钢 I45a 不满足要求。

(2) 焊接 H 型截面 H382×180×8×16

因截面无削弱,故强度不需要验算。

① 几何特性

$$A = 85.6 \text{ cm}^2,\ i_x = 16.09 \text{ cm},\ i_y = 4.26 \text{ cm}$$

② 刚度

由表 4-3 可知轴心受压构件的容许长细比 $[\lambda] = 150$。

$$\lambda_x = \frac{l_{0x}}{i_x} = 37 < [\lambda] = 150$$

$$\lambda_y = \frac{l_{0y}}{i_y} = 70 < [\lambda] = 150$$

故刚度满足要求。

③ 整体稳定

钢材为 Q235B,腹板厚为 8 mm,翼缘厚为 16 mm,由附录 2 查得 $f = 215$ N/mm²。火焰切割边,由附录 4 可知,对 x、y 轴均属于 b 类截面。查附录 5 可知,$\varphi_x = 0.910$,$\varphi_y = 0.751$。

$$\frac{N}{\varphi_y A} = \frac{1\,300 \times 10^3}{0.751 \times 8\,560} = 202 \text{ N/mm}^2 < f = 215 \text{ N/mm}^2$$

故整体稳定满足要求。

④ 局部稳定

钢材为 Q235B,$f_y = 235$ N/mm²。$30 \leqslant \lambda = \max\{\lambda_x, \lambda_y\} = 70 \leqslant 100$。

翼缘宽厚比:$b_1/t = 86/16 = 5.375 < (10 + 0.1\lambda)\sqrt{235/f_y} = 17$

腹板高厚比:$h_0/t_w = 350/8 = 43.75 < (25 + 0.5\lambda)\sqrt{235/f_y} = 60$

故局部稳定满足要求。

故经以上验算可知,焊接 H 型截面 H382×180×8×16 能满足要求。

考虑：轧制工字钢 I45a，截面面积 $A = 111\text{ cm}^2$；焊接 H 型截面 H382×180×8×16，截面面积 $A = 85.6\text{ cm}^2$，为什么轧制工字钢 I45a 用钢量大不满足要求，而焊接 H 型截面 H382×180×8×16 用钢量小却满足要求？从中得出焊接 H 型钢的优势所在。

2. 轴心受压构件的设计

例 4.3 选择 Q235 钢的热轧普通工字钢用于上下端均为铰接的带支撑的轴心受压柱，支柱长度为 9.0 m，如图 4-15 所示，在两个三分点处均有侧向支撑，以阻止柱在弱轴方向过早失稳。构件承受的最大设计压力 $N = 250\text{ kN}$，容许长细比取 $[\lambda] = 150$。试设计该柱截面。

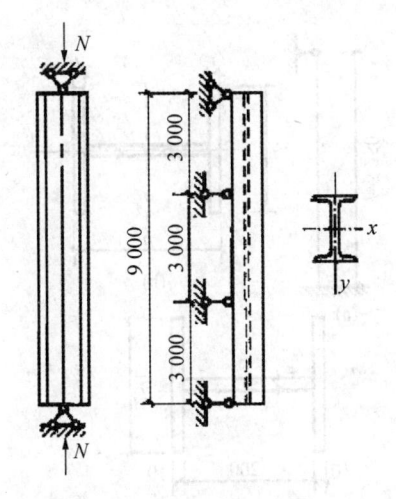

图 4-15 例 4.3 图

解： 已知 $l_{0x} = 9.0\text{ m}$，$l_{0y} = 3.0\text{ m}$，$f = 215\text{ N/mm}^2$（先按照钢材厚度 $t \leqslant 16\text{ mm}$ 取值，符合宽肢薄壁原则）。

(1) 选择截面

由于作用于柱的压力很小，我们先假定长细比 $\lambda = 150$。查附录 5 得截面强轴和弱轴的稳定系数 $\varphi_x = 0.339$，$\varphi_y = 0.308$。

支柱所需截面面积 $A = \dfrac{N}{\varphi f} = \dfrac{250 \times 10^3}{0.308 \times 215} = 3\,775\text{ mm}^2$

截面所需回转半径 $i_x = l_{0x}/\lambda = 9\,000/150 = 60\text{ mm}$

$i_y = l_{0y}/\lambda = 3\,000/150 = 20\text{ mm}$

与上述截面特性比较接近的型钢是 I20a（钢材厚度 $t \leqslant 16\text{ mm}$，符合前面假定），从附表 9 查得：$A = 35.578\text{ cm}^2$，$i_x = 8.15\text{ cm}$，$i_y = 2.12\text{ cm}$。

(2) 验算

因截面无削弱，故强度不需要验算；因为热轧普通工字钢，故局部稳定不需要验算。

刚度验算：$\lambda_x = l_{0x}/i_x = 900/8.15 = 110.4 < [\lambda] = 150$

$\lambda_y = l_{0y}/i_y = 300/2.12 = 141.5 < [\lambda] = 150$

故刚度满足要求。

整体稳定验算：由附表 5.1 和附表 5.2 查得 $\varphi_x = 0.559$，$\varphi_y = 0.339$，$\varphi = \min\{\varphi_x, \varphi_y\} = 0.339$。

$$\frac{N}{\varphi A} = \frac{250 \times 10^3}{0.339 \times 35.578 \times 10^2} \approx 207.3 \text{ N/mm}^2 < f = 215 \text{ N/mm}^2$$

故整体稳定满足要求。

根据以上可知,选用 I20a 热轧普通工字钢可以满足要求。

例 4.4 如图 4-16 所示为一根上端铰接,下端固定的轴心受压柱,所承受的轴心压力设计值 $N = 900$ KN,柱的长度 $L = 5.25$ m,钢材为 Q235,焊条为 E43 型,试设计选择柱的截面。如果柱的长度改为 $L = 7.0$ m,原截面不变,试计算轴心受压柱能承受多大轴心压力(设计值)。

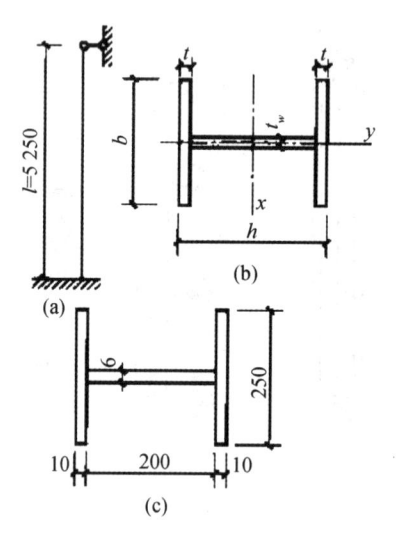

图 4-16 例 4.4 图

解:由表 4-1 查得柱的计算长度系数 $\mu = 0.707$,则 $l_{0x} = l_{0y} = 0.707 \times 5.25$ m ≈ 3.712 m,$f = 215$ N/mm²。

采用 3 块板焊接而成的工字形截面,翼缘为轧制边,容许长细比取 $[\lambda] = 150$。

(1) 确定截面面积及回转半径

假定长细比取 $\lambda = 80$,查附录 4 可知截面绕 x 和 y 轴分别属于 b 类和 c 类,由附表 5.2 查得 $\varphi_x = 0.688$,由附表 5.3 查得 $\varphi_y = 0.578$。

所需截面面积 $A = \dfrac{N}{\varphi f} = \dfrac{900 \times 10^3}{0.578 \times 215}$ mm² $\approx 7\,242$ mm² $= 72.42$ cm²

所需回转半径 $i = \dfrac{l_0}{\lambda} = \dfrac{371.2}{80}$ cm² $= 4.64$ cm

(2) 确定截面尺寸

利用附录 5 的近似关系可得 $\alpha_1 = 0.43$,$\alpha_2 = 0.24$,则:

$$h = \frac{i_x}{\alpha_1} = \frac{4.64}{0.43} \text{ cm} \approx 10.8 \text{ cm}$$

$$b = \frac{i_y}{\alpha_2} = \frac{4.64}{0.24} \text{ cm} \approx 19.3 \text{ cm}$$

截面宽度取 $b = 20$ cm,截面高度按照构造要求选择和宽度大致相同,因此也得取 $h = 20$ cm。

翼缘截面采用 $10 \text{ mm} \times 200 \text{ mm}$ 的钢板,面积为 $20 \times 1 \times 2 = 40 \text{ cm}^2$,宽度比能够满足局部稳定要求。

腹板所需面积为 $A - 40 = (72.42 - 40) \text{ cm}^2 = 32.42 \text{ cm}^2$。这样,所需腹板厚度为 $32.42/(20-2) \text{ cm} \approx 1.80 \text{ cm}$,比翼缘厚度大得多。说明假定的长细比偏大,材料过分集中在弱轴附近,不是经济合理的截面,应当把截面放宽些。因此翼缘宽度 $b = 25$ cm,厚度 $t = 1.0$ cm;腹板高度 $h_w = 20$ cm,厚度 $t_w = 0.6$ cm,截面尺寸如图所示。

(3) 截面特性计算

$$A = (2 \times 25 \times 1 + 20 \times 0.6) \text{ cm}^2 = 62 \text{ cm}^2$$

$$I_x = (0.6 \times 20^3/12 + 50 \times 10.5^2) \text{ cm}^4 = 5\,913 \text{ cm}^4$$

$$i_x = \sqrt{\frac{I_x}{A}} = \sqrt{\frac{5\,913}{62}} \text{ cm} = 9.77 \text{ cm}$$

$$I_y = 2 \times 1 \times 25^3/12 \text{ cm}^4 = 2\,604 \text{ cm}^4$$

$$i_y = \sqrt{\frac{I_y}{A}} = \sqrt{\frac{2\,604}{62}} \text{ cm} = 6.48 \text{ cm}$$

$$\lambda_x = \frac{371.2}{9.77} \approx 38.0$$

$$\lambda_y = \frac{371.2}{6.48} \approx 57.3$$

(4) 验算柱的整体稳定,刚度和局部稳定

整体稳定:

查附表 5 得 $\varphi_y = 0.727$,比较这两个值后取 $\varphi = \min\{\varphi_x, \varphi_y\} = 0.727$。

$$\frac{N}{\varphi A} = \frac{900 \times 10^3}{0.727 \times 62 \times 10^2} \text{ N/mm}^2 \approx 199.7 \text{ N/mm}^2 < 215 \text{ N/mm}^2$$

刚度

$$\lambda_x \approx 38.0 < [\lambda] = 150 \quad \lambda_y \approx 57.3 < [\lambda] = 150$$

局部稳定

$$\lambda = \max(\lambda_x, \lambda_y) = \max(38.0, 57.3) = 57.3$$

翼缘的宽厚比:

$$\frac{b_1}{t} = \frac{122}{10} = 12.2 < (10 + 0.1\lambda)\sqrt{\frac{235}{f_y}} = (10 + 0.1 \times 57.3)\sqrt{\frac{235}{235}} = 15.7$$

腹板的高厚比：

$$\frac{h_0}{t_w} = \frac{200}{6} = 33.3 < (25 + 0.5\lambda)\sqrt{\frac{235}{f_y}} = (25 + 0.5 \times 57.3)\sqrt{\frac{235}{235}} = 53.7$$

以上数据说明所选截面对整体稳定，刚度和局部稳定都满足要求。

(5) 确定柱长度 $L = 7.0$ m 的设计承载力

$$l_{0x} = 0.707 \times 700 \text{ cm} = 494.9 \text{ cm} \qquad \lambda_x = \frac{494.9}{9.77} \approx 50.7$$

查附表 5 得 $\varphi_x = 0.853$。

$$l_{0y} = 0.707 \times 700 \text{ cm} = 494.9 \text{ cm} \qquad \lambda_y = \frac{494.9}{6.48} \approx 76.4$$

查附表 5 得 $\varphi_y = 0.601$。

$$\varphi = \min\{\varphi_x, \varphi_y\} = 0.601$$

轴心压力设计值：$N = \varphi A f = 0.601 \times 62 \times 10^2 \times 215 \text{ N} = 801\,133 \text{ N} \approx 801.1 \text{ kN}$

说明：柱的长度为原长度的 1.33 倍，承载能力降低了

$$\frac{0.727 - 0.601}{0.727} \times 100\% \approx 17.3\%$$

由于存在残余应力和初弯曲的影响，柱在弹塑性阶段屈曲，柱的长度增加后，承载能力的降低不遵循弹性稳定规律，即不与柱的长度的平方成反比，不是降低了 43.74%（即 $\frac{494.9^2 - 371.2^2}{494.9^2} \times 100\%$）。

例 4.5 设计一轴心受压实腹柱的截面。已知荷载设计值（包括估算构件自重）为轴心压力 $N = 1\,400$ kN，柱的计算长度 $l_{0x} = 6.0$ m，$l_{0y} = 3.0$ m。柱的截面采用焊接组合工字形，如图 4-17 所示，翼缘钢板为火焰切割边，钢材为 Q235，截面无削弱。

解：(1) 截面的初步选择

假定长细比 $\lambda_x = \lambda_y = \lambda = 60$。

查附录 4 可知截面绕 x 和 y 轴都属于 b 类，查附表 4.2 得 $\varphi = 0.807$，$f = 215$ N/mm²。

所需截面面积：$A = \dfrac{N}{\varphi f} = \dfrac{1\,400 \times 10^3}{0.807 \times 215}$ mm² $\approx 8\,069$ mm² ≈ 80 cm²

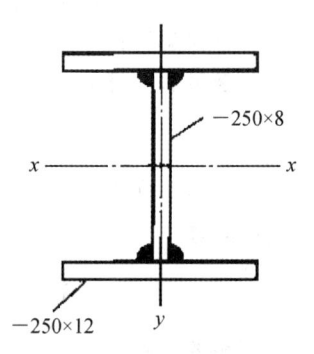

图 4-17 例 4.5 图

所需回转半径：$i_x = \dfrac{l_{0x}}{\lambda_x} = \dfrac{600}{60}$ cm $= 10.0$ cm $\qquad i_y = \dfrac{l_{0y}}{\lambda_y} = \dfrac{300}{60}$ cm $= 5.0$ cm

利用附录 5 的近似关系可得 $\alpha_1 = 0.43$，$\alpha_2 = 0.24$。

$$h = \frac{i_x}{\alpha_1} = \frac{10.0}{0.43} \text{ cm} \approx 23.3 \text{ cm} \quad b = \frac{i_y}{\alpha_2} = \frac{5.0}{0.24} \text{ cm} \approx 20.8 \text{ cm}$$

选用尺寸：翼缘板 2—250×12，腹板 250×8；翼缘与腹板的焊缝按照构造要求取 $h_f=6$ mm。

(2) 截面几何性质计算

截面面积　　$A = 25 \times 1.2 \times 2 + 25 \times 0.8 = 80 \text{ cm}^2$

惯性惯性矩　　$I_x = \dfrac{25 \times 27.4^3 - 24.2 \times 25^3}{12} \text{ cm}^4 = 11\,345 \text{ cm}^4$

$$I_y = \frac{1.2 \times 25^3 \times 2 + 25 \times 0.8^3}{12} \text{ cm}^4 = 3\,126 \text{ cm}^4$$

截面回转半径 $i_x = \sqrt{\dfrac{I_x}{A}} = \sqrt{\dfrac{11\,345}{80}} \text{ cm} = 11.97 \text{ cm}$

$$i_y = \sqrt{\frac{I_y}{A}} = \sqrt{\frac{3\,126}{80}} \text{ cm} = 6.25 \text{ cm}$$

柱的长细比　$\lambda_x = \dfrac{l_{0x}}{i_x} = \dfrac{600}{11.97} \approx 50.4 \quad \lambda_y = \dfrac{l_{0y}}{i_y} = \dfrac{300}{6.25} = 48$

(3) 验算

① 整体稳定性验算

翼缘钢板为火焰切割边，截面绕 x 轴和 y 轴，由附表 5-4 查得，它们均属于 b 类截面，取 $\lambda = \max\{\lambda_x, \lambda_y\} = 50.4$，查附表 4.2 得 $\varphi_x = 0.854$。

$$\frac{N}{\varphi_x A} = \frac{1\,400 \times 10^3}{0.854 \times 80\,000} = 205 \text{ N/mm}^2 < f$$

② 局部稳定性验算

翼缘　$\dfrac{b}{t} = \dfrac{121}{12} = 10.08 < (10 + 0.1\lambda)\sqrt{\dfrac{235}{f_y}} = (10 + 0.1 \times 50.4)\sqrt{\dfrac{235}{235}} \approx 15.0$

腹板　$\dfrac{h_0}{t_w} = \dfrac{250}{8} = 31.25 < (25 + 0.5\lambda)\sqrt{\dfrac{235}{f_y}} = (25 + 0.5 \times 50.4)\sqrt{\dfrac{235}{235}} \approx 50.2$

③ 刚度验算

$$\lambda = \max\{\lambda_x, \lambda_y\} = 50.4 < [\lambda] = 150$$

④ 强度验算

因截面无削弱，故不必进行强度验算。

例 4.6　例 4.5 中的设计截面保持不变，钢材分别采用 Q235、Q345，支座条件和计算长度等因素完全同上例，分别计算两种钢材制成的轴心受压柱的稳定承载力，比较其差别。

解：翼缘钢板为火焰切割边，截面绕 x 和 y 轴由附录 4 均属于 b 类截面，取 $\lambda = \max\{\lambda_x, \lambda_y\} = 50.4$。

(1) 采用 Q235 钢材

查附表 4.2 得 $\varphi_x = 0.854$。

$$N \leqslant \varphi_x A f = 0.854 \times 8\,000 \times 215 \text{ kN} = 1\,468.9 \text{ kN}$$

(2) 采用 Q345 钢材

查附表 4.2 得 $\varphi_x = 0.802$。

$$N \leqslant \varphi_x A f = 0.802 \times 8\,000 \times 310 \text{ kN} = 1\,989.0 \text{ kN}$$

说明：从上面的计算数据看出，尽管 Q235、Q345 钢材弹性模量是相同的，但是如果采用后者，柱子的整体稳定承载力还是增加了，幅度为 $\dfrac{1\,989.0 - 1\,468.9}{1\,468.9} \times 100\% = 35.4\%$，乍看之下，似乎与欧拉公式矛盾。但实际上，工程上的柱子在失稳时，由于初始缺陷的影响（尤其是残余应力的影响），某些部位已有塑性发展。在这样的情况下，因为 Q345 钢材的弹性阶段显然要比 Q235 钢材的弹性阶段范围大，同样长细比的柱子失稳时，Q345 钢材制作的柱子中显然塑性发展比较少，即 Q345 柱子切线模量 E_t 肯定会大于 Q235 柱子切线模量，根据切线模量计算公式 $\sigma_{cr} = \pi^2 E_t / \lambda^2$（由于构件进入弹塑性状态欧拉公式已不适用，可采用切线模量公式进行分析），计算出的稳定应力和稳定承载力应大于 Q235 柱子对应的数值。

4.2.6 钢结构的框架梁柱节点、柱头、柱脚

框架梁柱节点是中间楼层框架柱与框架梁连接的节点，柱头是柱与上部结构的连接节点，柱脚是柱与基础的连接节点，柱头与柱脚的设计与施工应与结构的力学模型相匹配。柱头、柱脚典型形式如图 4-18 所示。

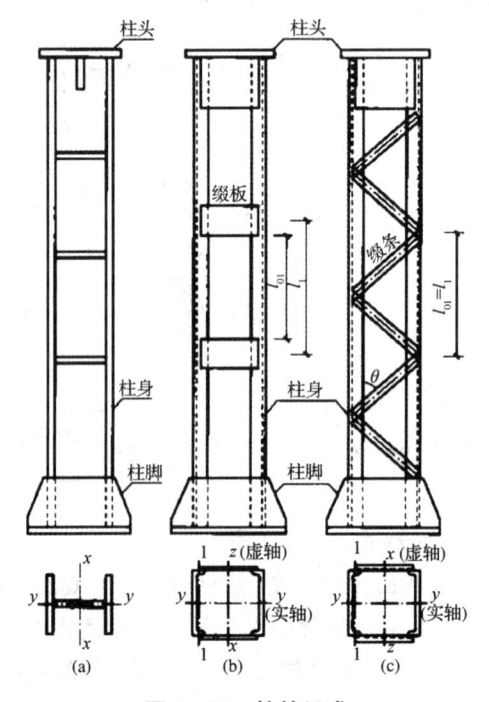

图 4-18 柱的组成

1. 框架梁柱节点

在框架结构中,梁与柱的连接一般采用刚性连接。梁与柱的刚性连接不仅要求连接节点能可靠地传递剪力,而且能有效地传递弯矩。如图 4-19(a)、(b)所示的构造为全焊接刚性连接,通过翼缘连接焊缝将弯矩传给框架柱,而剪力则全部由腹板焊缝传递。前者采用连接板和角焊缝与柱连接,后者则将梁翼缘用坡口焊缝连接,梁腹板则宜用角焊缝与柱连接。坡口焊缝须设引弧板和坡口下部垫板(预先焊于柱上),梁腹板则在端头上下各开一个 $r=30$ mm 的弧形缺口,上缺口是为了留出引弧板位置,下缺口则是为了施焊操作。图 4-19(c)、(d)是将梁腹板与柱的连接改用高强螺栓或普通螺栓来传递剪力,梁翼缘与柱的连接前者用连接板和角焊缝,后者则用坡口焊缝,这类栓焊混合连接便于安装,故目前在钢结构中应用普遍。另外应用较广的还有如图 4-19(e)所示的用高强螺栓连于预先焊在柱上的牛腿形成的刚性连接,梁端的弯矩和剪力是通过牛腿的焊缝传递给框架柱,而高强螺栓传递梁与牛腿连接处的弯矩和剪力。

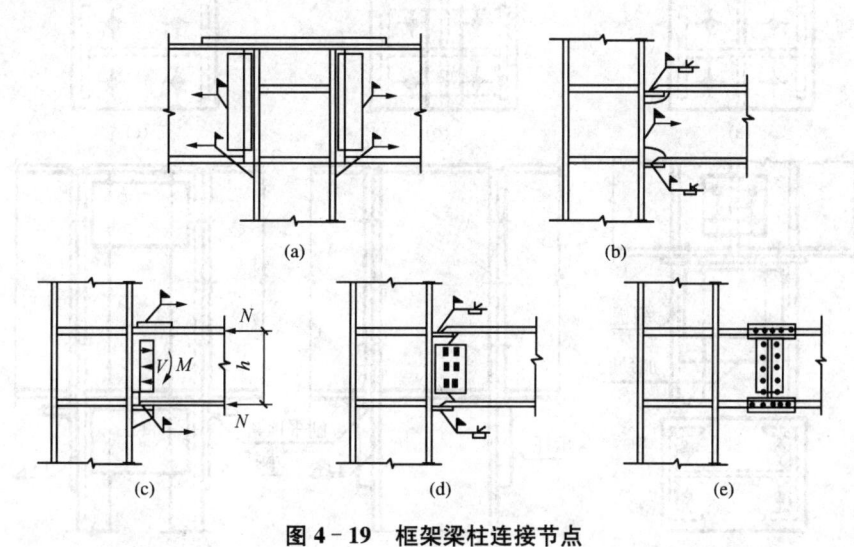

图 4-19 框架梁柱连接节点

2. 柱头

柱的顶部与梁(或桁架)连接部分称为柱头,作用是将梁等上部结构的荷载传递到柱身。轴心受压柱是一根独立的构件,与梁的连接应为铰接,否则产生弯矩作用,使柱成为压弯构件。

按照与梁连接的位置不同,有两种连接方式:一是将梁直接放在柱顶上,称之为顶面连接;二是将梁连接于柱的侧面,称之为侧面连接。

连接构造设计的原则是:传力明确、可靠、简捷,便于制造安装,经济合理。

(1) 顶面连接

顶面连接通常是将梁安放在焊于柱顶面的柱顶板上,如图 4-20(a)~(d)所示。按照梁的支承方式不同,又有两种做法:

① 梁端支承加劲肋采用突缘板形式,底部刨平(或铣平),与柱顶板顶紧。

这种连接即使在两相邻梁的支座反力不相等时,对柱引起的偏心也很小,柱仍接近轴心受压状态,是一种较好的轴心受压柱-梁连接形式。顶板厚度一般采用 16~25 mm。

当梁的支座反力较大时,我们可以对着梁端支座加劲肋位置,在柱腹板上、顶板下面焊一对加劲肋以加强腹板;加劲肋与顶板可以焊接,也可以刨平顶紧,以便更好地将梁支座反力传至柱身,这种做法利用承压,可以传递更大的压力,如图4-20(a)所示。当梁的支座反力更大时,为了加强刚度,常在柱顶板中心部位加焊一块垫板,如图4-20(b)所示。有时为了增加柱腹板的稳定性,在加劲肋下再设水平加劲肋。

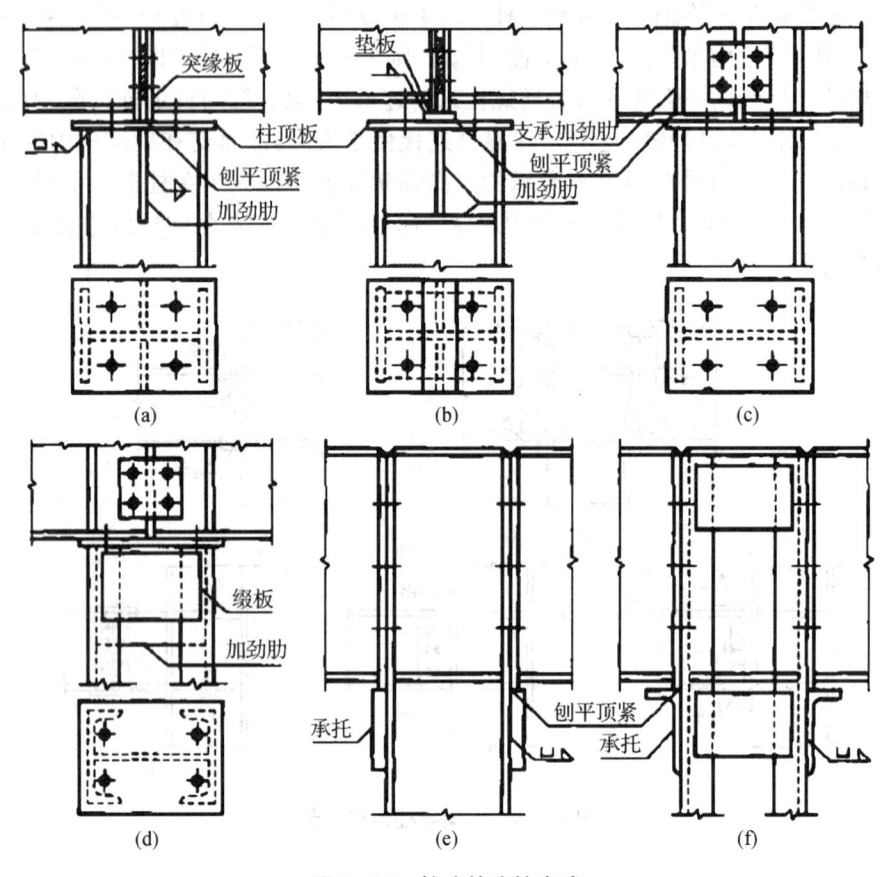

图4-20 柱头的连接方式

柱顶板平面尺寸一般向柱四周外伸20~30 mm,以便与柱焊接。为了便于制造和安装,两相邻梁相接处预留10~20 mm间隙,等安装就位后,在靠近梁下翼缘处的梁支座加劲肋间填以钢板,并用螺栓相连。这样既可以使梁相互连接,又可避免梁弯曲时由于弹性约束而产生支座弯矩。

② 梁端支承加劲肋对准柱的翼缘放置,使梁的支座反力通过承压直接传给柱翼缘。

这种与中间加劲肋相似的连接形式构造简单,施工方便,适用于相邻梁的支座反力相等或差值较小的情况。当支座反力不等且相差较大时,柱将产生较大的偏心矩,设计时应予考虑。两相邻梁可在安装就位后,用连接板和螺栓在靠近下翼缘处连接起来。

当轴心受压柱为格构式时,可在柱的两分肢腹板内侧中央焊一块加劲肋(或称竖隔板),使格构式柱在柱头一段变为实腹式。这样,格构式柱与梁的顶面连接构造可与实腹式柱作同样处理,如图4-20(d)所示。

无论采用哪种形式,每个梁端都应采用两个螺栓将梁下翼缘与柱顶板加以连接,使其位置固定在柱顶板上。

(2) 侧面连接

侧面连接通常是在柱的侧面焊以承托,以支撑梁的支座反力。图 4-20(e)、(f)分别表示梁与实腹式柱和格构式柱的连接构造。具体方法是将相邻梁端支座加劲肋的突缘部分刨平(或铣平),安放在焊于柱侧面的承托上,并与之顶紧。承托可用厚钢板或厚角钢做成,如图 4-20(e)、(f)所示。承托板厚度应比梁端支座加劲肋厚度大 5~10 mm,一般为 25~40 mm。梁端支承加筋肋可用 C 级螺栓与柱翼缘相连,螺栓的数目按照构造要求布置。必要时,两端加劲肋与柱翼缘间可放填板。

为了加强柱头的刚度,实腹式柱或柱头一段变成实腹式的格构式柱应设置柱顶板(起横隔作用),必要时还应该设加劲肋和缀板。

承托通常采用三面围焊的角焊缝焊于柱翼缘。考虑到梁支座加劲肋和承托的端面由于加工精度差,平行度不好,压力分配可能不均匀,计算时宜将支座反力增加 25%~30%。

侧面连接形式受力明确,但对梁的长度误差要求较严。当两相邻梁的支座反力不相等时,就会对柱产生偏心弯矩,设计时应予以考虑。

3. 柱脚

柱下端与基础相连部分称为柱脚。柱脚的作用是将柱下端可靠地固定于基础,并将其内力传给基础。基础一般用钢筋混凝土或混凝土做成,强度远远低于钢材。因此,必须将柱的底部扩大以增加其与基础顶部的接触面积,使接触面上压应力不超过基础混凝土的抗压强度设计值和地基承载能力。为了满足这样的要求,柱脚应有一定的宽度和长度,也应有一定的刚度和强度,使柱身压力比较均匀地传递到基础。柱脚设计时应当做到传力明确、可靠、简捷、构造简单、节约材料、施工方便,并较好地符合计算模型和简图。在制作方面,柱脚构造比较复杂,用钢量较大,制造比较费工。

柱脚的连接有刚接和铰接两种。轴心受力构件的柱脚一般做成铰接。

(1) 铰接柱脚

铰接柱脚通常由底板、靴梁、肋板和锚栓等组成。图 4-20 是常用的铰接柱脚的几种形式,用于轴心受压柱。

当柱轴力较小时,可采用图 4-21(a)的形式,柱通过焊缝将压力传给底板,底板将此压力扩散至混凝土基础。底板是柱脚不可缺少的部分,在轴心受压柱的柱脚中,底板接近正方形。当柱轴力较大时,需要在底板上采取加劲措施,以防止在基础反力作用下底板抗弯刚度不够。

一般情形下,我们还应当保证柱端与底板间有足够长的传力焊缝。这时,常用的柱脚形式如图 4-21(b)、(c)、(d)所示。柱端通过竖焊缝将力传给靴梁,靴梁通过底部焊缝将压力传给底板。靴梁成为放大的柱端,不仅增加了传力焊缝的长度,也将底板分成较小的区格,减小了底板在反力作用下的最大弯矩值。采用靴梁后,如因底板区格仍较大导致弯矩值较大时,可再采用隔板与肋板,这些加劲板又起到提高靴梁稳定性的作用。图 4-21(c)是单采用靴梁的形式,图 4-21(b)和(d)是分别采用了隔板与肋板的形式。靴梁、隔板、肋板等都应有一定的刚度。此外,在设计柱脚焊缝时,要注意施工的可能性,如柱端、靴梁、隔板等围成的封闭框内,有些地方不能布置受力焊缝。

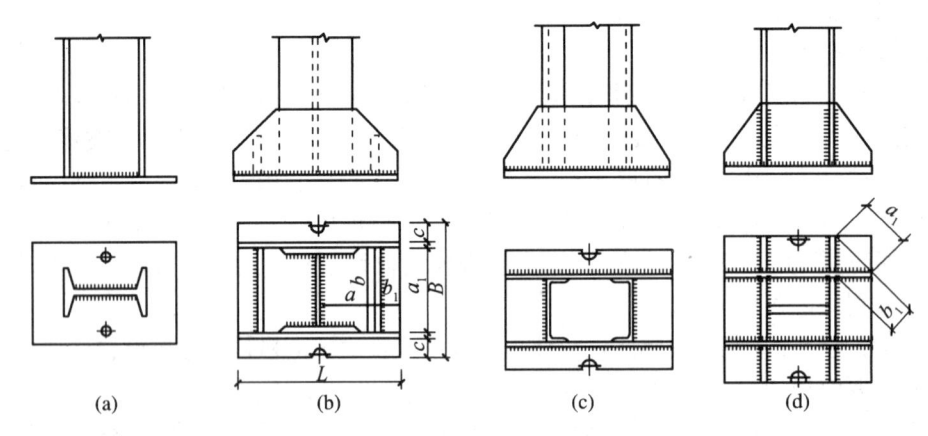

图 4-21 铰接柱脚的连接方式

柱脚通过锚栓固定在基础上。为了符合计算图式,铰接柱脚只沿着一条轴线设置两个连接于底板上的锚栓,以使柱端能绕此轴线转动;当柱端绕另一轴线转动时,由于锚栓固定在底板上,底板抗弯刚度很小,在受拉锚栓下的底板会产生弯曲变形,对柱端转动的阻力不大,接近于铰接。底板上的锚栓孔的直径应比锚栓直径大 1~1.5 mm,待柱就位并调整到设计位置后,再用垫板套住锚栓并与底板焊牢。垫板上的孔径只比锚栓直径大 1~2 mm。

(2) 刚接柱脚

图 4-22 是常见的刚接柱脚,一般用于偏心受压柱。图 4-22(a) 是整体式柱脚,用于实腹柱和肢距小于 1.5 m 的格构柱。当格构柱肢距较大时,采用整块底板是不经济的,这时多采用分离式柱脚,如图 4-22(b) 所示。每个肢件下的柱脚相当于一个轴心受力铰接柱脚,两柱脚用连接件联系起来。在图 4-22(b) 的形式中,柱下端用剖口焊缝拼接放大的翼缘,起到靴梁的作用,又便于缀条连接的处理。

刚接柱脚不但要传递轴力,也要传递弯矩和剪力。在弯矩作用下,倘若底板范围内产生拉力,就需由锚栓来承受,所以锚栓需经过计算。为了保证柱脚与基础能形成刚性连接,锚栓不宜固定在底板上,而应采用如图 4-22 所示的构造,在靴梁两侧焊接两块间距较小的肋板,锚栓固定在肋板上面的水平板上。为了方便安装,锚栓不宜穿过底板。

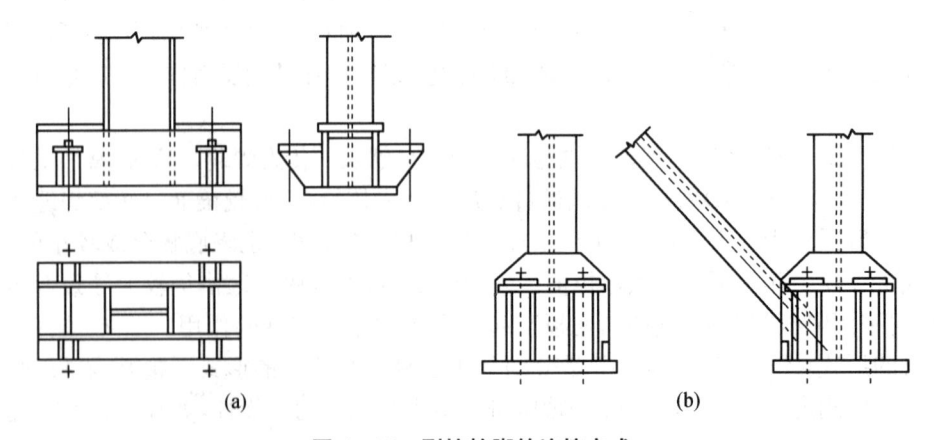

图 4-22 刚接柱脚的连接方式

刚接柱脚利用摩擦作用来传递剪力。当单靠摩擦力不能抵抗柱受到的剪力时，可将柱脚底板与基础上的预埋件用焊缝连接，或在柱脚两侧埋入一段型钢，或在底板下用抗剪键，如图4-23所示。

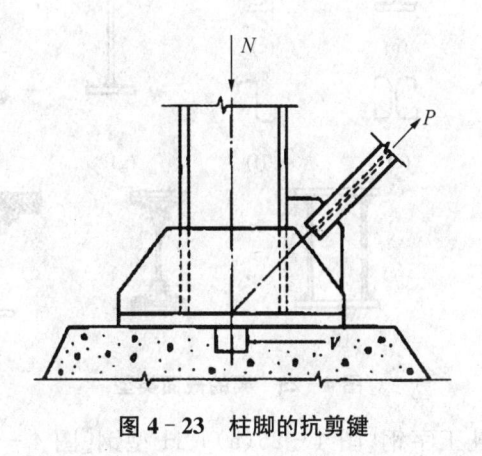

图4-23 柱脚的抗剪键

4.3 受弯构件的设计

4.3.1 概述

承受横向荷载的构件称为受弯构件，其形式有实腹式和格构式两类。在钢结构中，实腹式受弯构件也常称为梁，在土木工程领域应用十分广泛，例如楼屋盖梁、檩条、墙梁、吊车梁以及工作平台梁（图4-24）、桥梁、水工钢闸门中的梁、起重机梁、海上采油平台梁等。

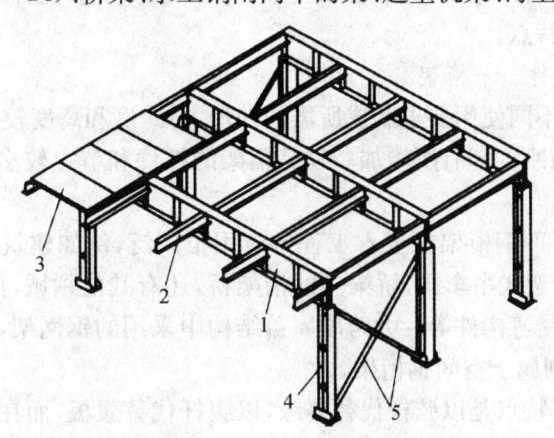

图4-24 工作平台骨架
1—主梁；2—次梁；3—工作平台面板；4—柱；5—柱间支撑

1. 实腹式受弯构件——梁

钢梁按截面形式分为型钢梁和焊接组合梁两类。型钢梁构造简单、制造省工、成本较低，因此在跨度与荷载不大时应优先采用。但当荷载或跨度较大时，由于轧制条件的限制，型钢梁的尺寸、规格不能满足要求时，就必须采用由几块钢板或型钢组成的焊接组合梁，如

图 4-25(g)~(j)所示。

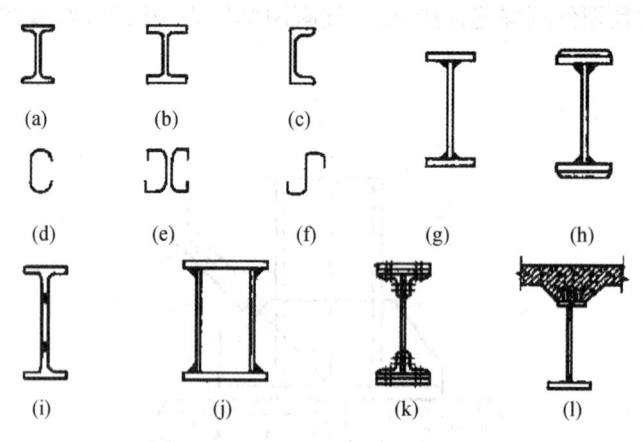

图 4-25 梁的截面类型

型钢梁大多采用热轧工字钢[图 4-25(a)]、H 型钢[图 4-25(b)]和槽钢[图 4-25(c)],其中工字钢和窄翼缘 H 型钢截面为双轴对称,受力性能好,与其他构件连接也较方便,应用最广。槽钢因其截面剪力中心在腹板外侧,弯曲时容易同时产生扭转,受力不利,设计时应在构造上采取措施。热轧型钢梁腹板的厚度较大,用钢量较多。对于某些受弯构件,如檩条、墙梁等,也可采用比较经济的冷弯薄壁型钢[图 4-25(d)~(f)],但其防腐要求较高。

对跨度和动力荷载较大的梁,如果采用厚钢板但质量不能满足焊接结构或动力荷载要求时,可采用摩接型高强度螺栓或铆接连接的组合截面,如图 4-25(k)所示。此外,在桥梁、楼盖、平台结构中,常采用钢与混凝土组合梁[图 4-25(i)],充分发挥钢材抗拉性能好、混凝土抗压强度高的特点。

2. 格构式受弯构件——桁架

钢桁架可以根据不同使用要求制成所需的外形,对跨度和高度较大的构件,其钢材用量比实腹梁有所减少,而刚度却有所增加。只是桁架的杆件和节点较多,构造较复杂,制造较为费工。

与实腹梁一样,平面钢桁架在土木工程中应用很广泛,例如建筑工程中的屋架[图 4-26(a)~(c)]、托架、桁架式吊车梁,桥梁中的桁架桥,还有其他领域,如起重机臂架、水工闸门和海洋平台的主要受弯构件等。大跨度屋盖结构中采用的钢网架,以及各种类型的塔桅结构[图 4-26(d)],则属于空间钢桁架。

与实腹梁相比,其特点是以弦杆代替翼缘,以腹杆代替腹板,而在各节点将腹杆和弦杆连接。这样,桁架整体受弯时,弯矩表现为上下弦杆的轴心压力和拉力,剪力则表现为各腹板的轴心压力或拉力。为此,本部分主要介绍实腹式受弯构件(梁)的设计计算;桁架杆件的具体设计计算参照章节 4.2 轴心受力构件的相关部分执行。

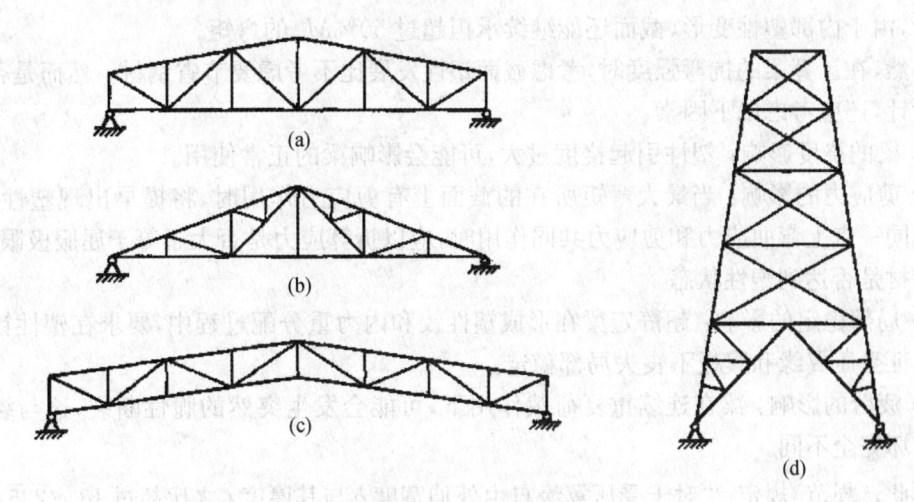

图 4-26 桁架的形式

4.3.2 梁的计算

1. 梁的强度计算

构件的强度是指构件截面上某一点的应力或整个截面上的内力值,在构件破坏前达到所用材料强度极限的程度。对于钢梁,要保证强度安全,就要保证钢梁净截面的抗弯强度和抗剪强度不超过所用钢材的抗弯和抗剪强度极限。对于工形、箱形等截面的梁,在集中荷载处,若如支承加筋肋,还要求腹板边缘局部压应力强度满足要求。在某些情况下,还需对弯曲应力、剪应力及局部压应力共同作用下的折算应力进行验算。现分述如下:

(1) 抗弯强度

受弯的钢梁可视为理想弹塑性体,截面中的应变始终符合平截面假定,弯曲应力随弯矩增加而变化,其发展过程可分为弹性工作阶段、弹塑性工作阶段和塑性工作阶段 3 个阶段。具体如图 4-27 所示。

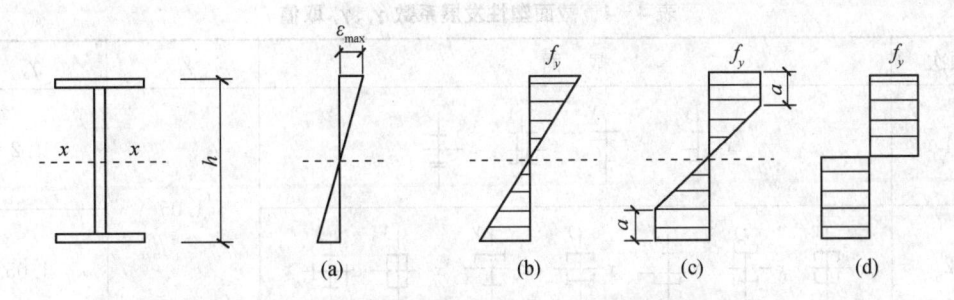

图 4-27 梁受弯时各阶段正应力分布情况

塑性工作阶段在截面中和轴形成"塑性铰"所对应的弯矩 M_{xp}[图 4-27(d)]与弹性极限弯矩 M_{xe}[图 4-27(a)]的比值称为截面形状系数 γ_F。截面形状系数 γ_F 与截面的几何形状有关,与材料的性质、外荷载都无关。γ_F 越大,表明在弹性阶段以后梁的承载能力越大。

矩形截面 $\gamma_F=1.5$;圆形截面 $\gamma_F=1.7$;圆管截面 $\gamma_F=1.27$;工字形截面绕强轴(x 轴)时 $\gamma_F=1.07\sim1.17$,绕弱轴(y 轴)时 $\gamma_F=1.5$。对于矩形截面而言,γ_F 值说明在边缘纤维

屈服后,由于内部塑性变形,截面还能继续承担超过 $50\% M_x$ 的弯矩。

显然,在计算梁的抗弯强度时,考虑截面塑性发展比不考虑要节省钢材。然而是否采用塑性设计,还应考虑以下因素:

① 梁的挠度影响:塑性引起挠度过大,可能会影响梁的正常使用。

② 剪应力的影响:当最大弯矩所在的截面上有剪应力作用时,将提早出现塑性铰,因此截面同一点上弯曲应力和剪应力共同作用时,应以折算应力是否大于等于屈服极限 f_y 来判断钢材是否达到塑性状态。

③ 局部稳定的影响:超静定梁在形成塑性铰和内力重分配过程中,要求在塑性铰转动时能保证受压翼缘和腹板不丧失局部稳定。

④ 疲劳的影响:梁在连续重复荷载作用下,可能会发生突然的脆性断裂,这与缓慢的塑性破坏完全不同。

因此,《规范》规定:"对于受压翼缘自由外伸宽度 b 与其厚度 t 之比超过 $13\sqrt{235/f_y}$ 而不超过 $15\sqrt{235/f_y}$ 的梁应采用弹性设计;对于需要计算疲劳的梁宜采用弹性设计;对于不直接承受动力荷载的固端梁、连续梁等超静定梁,可采用塑性设计。"

梁的抗弯强度按下列规定计算:

在单向弯矩 M_x 作用下的最大正应力

$$\frac{M_x}{\gamma_x W_{nx}} \leqslant f \tag{4-7a}$$

在双向弯矩 M_x 和 M_y 作用下的最大正应力

$$\frac{M_x}{\gamma_x W_{nx}} + \frac{M_y}{\gamma_y W_{ny}} \leqslant f \tag{4-7b}$$

式中:M_x、M_y 为绕 x 轴和 y 轴的弯矩(对工字形截面,x 轴为强轴,y 轴为弱轴)。W_{nx}、W_{ny} 为对 x 轴和 y 轴的净截面模量。

表 4-4 截面塑性发展系数 γ_x、γ_y 取值

项次	截 面	γ_x	γ_y
1		1.05	1.2
2		1.05	1.05
3		$\gamma_{x1} = 1.05$ $\gamma_{x2} = 1.2$	1.2
4		$\gamma_{x1} = 1.05$ $\gamma_{x2} = 1.2$	1.05

(续表)

项次	截面	γ_x	γ_y
5		1.2	1.2
6		1.15	1.15
7		1.0	1.05
8		1.0	1.0

γ_x、γ_y 为截面塑性发展系数,对工字形截面,$\gamma_x = 1.05$,$\gamma_y = 1.20$;对箱形截面,$\gamma_x = \gamma_y = 1.05$;对其他截面,可按表 4-4 采用。偏安全,截面塑性发展系数 γ_x、γ_y 也可取 1.0,仅考虑构件处于弹性阶段。

构件边缘处的最大正应力按式(4-7)计算;任意截面处的正应力 σ 按式(4-11)计算。

γ_x、γ_y 是考虑截面部分发展塑性的系数,与截面形状系数 γ_F 的含义有差别,故称为"截面塑性发展系数",可按表 4-4 采用。

当梁受压翼缘的自由外伸宽度 b 与其厚度 t 之比大于 $13\sqrt{235/f_y}$ 而不超过 $15\sqrt{235/f_y}$ 时,应取 $\gamma_x = \gamma_y = 1.0$。$f_y$ 为钢材牌号所指屈服点,即与钢材厚度无关:Q235 钢,235 N/mm²;Q345 钢,345 N/mm²;Q420 钢,420 N/mm²。需要计算疲劳的梁,宜取 $\gamma_x = \gamma_y = 1.0$。对于一般情况也可偏安全地取截面塑性发展系数 $\gamma_x = \gamma_y = 1.0$,仅考虑构件处于弹性阶段。

由上述内容可知,当梁的抗弯强度不够时,最有效的办法是增大梁截面的高度,也可以增大其他任一尺寸。

(2) 抗剪强度

工字形和槽形截面梁的剪应力分布如图 4-28 所示,最大剪应力在腹板中和轴处。《规范》规定以截面最大剪应力达到钢材的抗剪屈服极限作为抗剪承载能力极限状态。由此,对于绕强轴(x 轴)受弯的梁,其抗剪强度按式(4-8)计算:

$$\tau = \frac{VS}{I_x t_w} \leqslant f_v \qquad (4-8)$$

式中,V 为计算截面沿腹板平面作用的剪力;S 为计算剪应力处以上(或以下)毛截面对中和轴的面积矩;I_x 为毛截面绕强轴(x 轴)的惯性矩;t_w 为腹板厚度;f_v 为钢材的抗剪强度设计值。

从剪应力分布情况可以看出,提高梁抗剪强度最有效的办法是增大腹板面积,即增加腹板高度 h_w 或厚度 t_w。

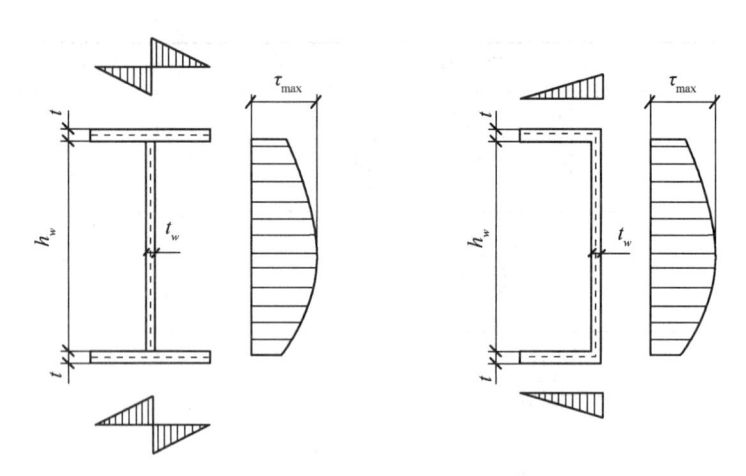

图 4-28 梁剪应力分布图

(3) 局部压应力

当工形、箱形截面梁上受有沿腹板平面作用的集中荷载(如吊车的轮压、支座反力等)，且该荷载处未设置支承加劲肋时[图 4-29(a)、(b)]，集中荷载通过翼缘传给腹板，则腹板边缘集中荷载作用处会有很高的局部横向压应力，可能达到钢材的抗压屈服极限，为保证这部分腹板不致受压破坏，应验算腹板计算高度边缘处的局部承压强度。在集中荷载作用下，翼缘类似支承于腹板上的弹性地基梁，腹板计算高度边缘的局部压应力分布如图4-29(c)所示。

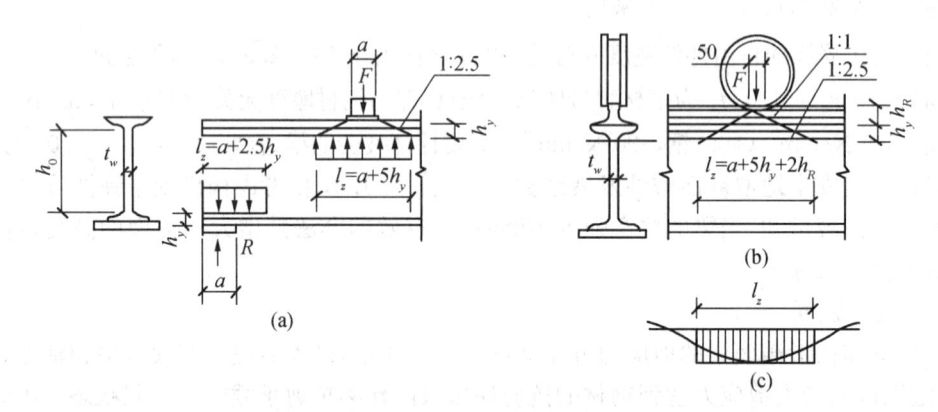

图 4-29 梁剪应力分布图

计算时，假定集中荷载从作用处以 1∶2.5(在 h_y 高度范围内)和 1∶1(在 h_R 高度范围内)的比例扩散，均匀分布于腹板计算高度边缘。因而，梁的局部承压强度可按式(4-9)计算：

$$\sigma_c = \frac{\psi F}{t_w l_z} \leqslant f \tag{4-9}$$

式中，F 为集中荷载，对动力荷载应考虑动力系数。ψ 为集中荷载增大系数，对重级工作制吊车轮压，$\psi=1.35$；对其他荷载，$\psi=1.0$。l_z 为集中荷载在腹板计算高度边缘的假定分布长度，对跨中集中荷载，$l_z = a+5h_y+2h_R$；对梁端支座反力，$l_z = a+2.5h_y+h_R$。a 为集中荷载沿梁跨度方向的支承长度,对吊车轮压可取为 50 mm。h_y 为自梁承载的顶面至腹板计算高度边缘的距离。h_R 为轨道的高度,对梁顶面无轨道时 $h_R = 0$。

腹板的计算高度 h_0：对轧制型钢梁来说,h_0 为腹板与上、下翼缘相交界处两内弧起点间距离,如图 4-8 所示；对焊接组合梁来说,h_0 为腹板高度,如图 4-9 所示；对铆接(或高强度螺栓连接)组合梁来说,h_0 为上、下翼缘与腹板连接的铆钉(或高强度螺栓)线间最近距离。

当局部承压强度不足时,在固定集中荷载处(包括支座处)应设置支承加劲肋予以加强；对移动集中荷载,则只能修改梁截面,加大腹板厚度。

(4) 折算应力

对于工形、H 形截面,在梁的腹板计算高度边缘处,当同时受有较大的弯曲正应力、剪应力和局部压应力,或同时受有较大的弯曲正应力和剪应力(如连续梁中部支座处或梁的翼缘截面改变处等)时,应按式(4-10)验算该处的折算应力：

$$\sqrt{\sigma^2 + \sigma_c^2 - \sigma\sigma_c + 3\tau^2} \leqslant \beta_1 f \tag{4-10}$$

σ、τ、σ_c 为腹板计算高度边缘同一点上同时产生的弯曲正应力、剪应力和局部压应力,σ、σ_c 均以拉应力为正值,压应力为负值。β_1 为验算折算应力的强度设计值增大系数。β_1 的取值：当 σ 与 σ_c 异号时,取 $\beta_1 = 1.2$；当 σ 与 σ_c 同号或 $\sigma_c = 0$ 时,取 $\beta_1 = 1.1$。因为当 σ 与 σ_c 异号时,其塑性变形能力比当 σ 与 σ_c 同号时大,故前者的 β_1 值大于后者。

τ、σ_c 应分别按式(4-8)、(4-9)计算,任意截面处的正应力 σ 按式(4-11a)计算：

$$\sigma = \frac{M_x}{I_{nx}} y_1 \tag{4-11a}$$

式中,I_{nx} 为梁净截面惯性矩；y_1 为所计算点至梁中和轴的距离。

2. 梁的刚度计算

梁的刚度用荷载作用下的挠度大小来度量,梁的刚度不足,就不能保证正常使用。如楼盖梁的挠度超过正常使用的某一限值时,一方面会给人产生一种不舒服和不安全的感觉,另一方面可能使其上部的楼面及下部的抹灰开裂,影响结构的正常使用；吊车梁挠度过大,会加剧吊车运行时的冲击和振动,甚至使吊车运行困难等。因此,《规范》规定梁的挠度分别不能超过下列限值,即：

$$\nu_T \leqslant [\nu_T] \tag{4-11b}$$

$$\nu_Q \leqslant [\nu_Q] \tag{4-11c}$$

式中,ν_T、ν_Q 分别为全部荷载(包括永久和可变荷载)、可变荷载的标准值(不考虑荷载分项系数和动力系数)产生的最大挠度(如有起拱应减去拱度),挠度计算有固定的经验公式,常见的挠度计算见表 4-5；$[\nu_T]$、$[\nu_Q]$ 分别为梁全部荷载(包括永久和可变荷载)、可变荷载的标准值产生的挠度的容许挠度值,对某些常用的受弯构件,《规范》根据实践经验规定的容许挠度值 $[\nu]$ 见附录附表 3-1。

表 4-5 常见挠度公式

序号	受力简图	公式	序号	受力简图	公式
1	悬臂梁受均布荷载 q，长度 L	$\nu = \dfrac{qL^4}{8EI}$	2	悬臂梁端部集中力 F，长度 L	$\nu = \dfrac{FL^3}{3EI}$
3	简支梁受均布荷载 q，跨度 L	$\nu = \dfrac{5qL^4}{384EI}$	4	简支梁跨中集中力 F，两段 $\dfrac{L}{2}$	$\nu = \dfrac{FL^3}{48EI}$
5	简支梁三等分点两个集中力 F，$\dfrac{L}{3}$ 各段	$\nu = \dfrac{23FL^3}{648EI}$	6	简支梁四等分点三个集中力 F，$\dfrac{L}{4}$ 各段	$\nu = \dfrac{19FL^3}{384EI}$

注：表中荷载均为标准值，E 为梁所用材料的弹性模量，I 为梁截面的惯性矩。

将表 4-5 中序号 3~6 进行归纳简化，可以得出简支梁在任意荷载作用下的挠度计算公式：

$$\nu = \frac{ML^2}{10EI} \tag{4-12}$$

3. 梁的整体稳定计算

为了提高抗弯强度，节省钢材，钢梁截面一般做成高而窄的形式，受荷方向刚度大，侧向刚度较小。在梁的最大刚度平面内，当荷载较小时，梁的弯曲平衡状态是稳定的。然而，如果梁的侧向支撑较弱，随着荷载的增大，在弯曲应力尚未达到钢材的屈服点之前，突然发生侧向弯曲和扭转变形，使梁丧失继续承载的能力而破坏，这种现象称为梁的侧向弯扭屈曲或整体失稳，如图 4-30 所示。梁能维持稳定平衡状态所承受的最大荷载或最大弯矩，称为临界荷载或临界弯矩。

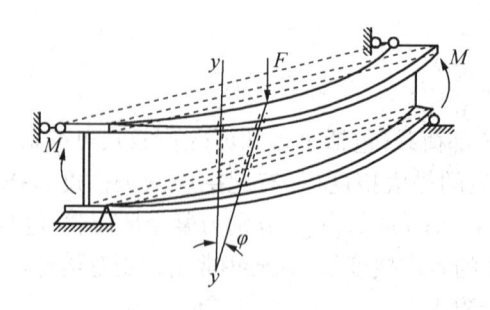

图 4-30 梁的整体失稳

钢梁整体失稳从概念上讲是由于梁内存在较大的纵向弯曲压应力，在刚度较小方向发生的侧向变形会引起附加侧向弯矩,从而进一步加大侧向变形,反过来又增大附加侧向弯矩。但钢梁内有半个截面是弯曲拉应力,趋向于把受拉翼缘和截面受拉部分拉直(亦即减小侧向变形)而不是压屈。由于受拉翼缘对受压翼缘侧向变形的牵制和约束,梁整体失稳总是表现为受压翼缘发生较大侧向变形和受拉翼缘发生较小侧向变形的弯扭屈曲。由此可见,增强梁受压翼缘的侧向稳定性是提高梁整体稳定性的有效方法。

由于梁的整体失稳是在强度破坏之前突然发生的,失稳前没有明显的征兆,因此,必须特别注意。

《规范》规定,当符合下列情况之一时,梁的整体稳定可以得到保证,不必计算:

① 有铺板(各种钢筋混凝土板和钢板)密铺在梁的受压翼缘上并与其牢固连接,能阻止梁受压翼缘的侧向位移时。

② H 型钢或工字形截面简支梁受压翼缘的自由长度 l_1 与其宽度 b 之比不超过表 4-6 所规定的数值时。

表 4-6 H 型钢或等截面工字形截面简支梁不需计算整体稳定性的最大 l_1/b 值

钢号	跨中无侧向支承点的梁		跨中受压翼缘有侧向支承点的梁,不论荷载作用于何处
	荷载作用在上翼缘	荷载作用在下翼缘	
Q235	13.0	20.0	16.0
Q345	10.5	16.5	13.0
Q390	10.0	15.5	12.5
Q420	9.5	15.0	12.0

注:1. 其他钢号的梁不需计算整体稳定性的最大 l_1/b 值,应取 Q235 钢的数值乘以 $\sqrt{235/f_y}$。
2. l_1 为梁受压翼缘的自由长度。对于跨中无侧向支撑点的梁,l_1 为其跨度;对跨中有侧向支撑点的梁,l_1 为受压翼缘侧向支撑点间的距离(梁的支座处视为有侧向支承)。

若不能满足上面两条件之一,则需按照式(4-13)计算梁的整体稳定:

单向受弯
$$\sigma = \frac{M_x}{\varphi_b W_x} \leqslant f \tag{4-13a}$$

双向受弯
$$\sigma = \frac{M_x}{\varphi_b W_x} + \frac{M_y}{\gamma_y W_y} \leqslant f \tag{4-13b}$$

式中,M_x、M_y 为绕强轴(x 轴)、绕弱轴(y 轴)作用的最大弯矩;W_x、W_y 为按受压纤维确定的对 x 轴、y 轴的毛截面模量;γ_y 是对弱轴的截面塑性发展系数,详见表 4-4。φ_b 为绕强轴弯曲所确定的梁整体稳定系数,《规范》给出了简化的计算公式,详见附录 7。

4. 梁的局部稳定计算和腹板加劲肋

在进行受弯构件截面设计时,为了节省钢材,提高强度、整体稳定性和刚度,常选择高、宽而较薄的截面。然而,如果板件过于宽薄,构件中的部分腹板会在构件发生强度破坏或丧失整体稳定之前,由于板中压应力或剪应力达到某一数值(即板的临界应力)后,受压翼缘或腹板可能突然偏离其原来的平面位置而发生显著的波形屈曲(图 4-31),这种现象称为构件丧失局部稳定性。

(a) 翼缘失稳　　　　(b) 腹板失稳

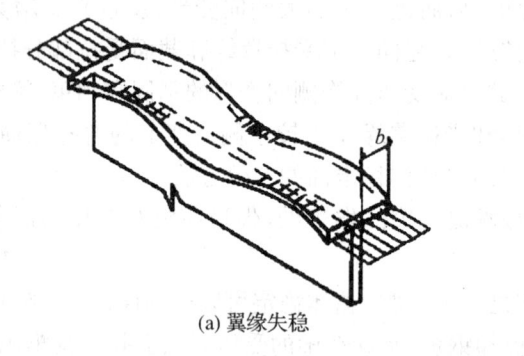

图 4-31　梁的局部失稳

当翼缘或腹板丧失局部稳定时,虽然不会使整个构件立即失去承载能力,但薄板局部屈曲部位会迅速退出工作,构件整体弯曲中心偏离荷载的作用平面,使构件的刚度减小。强度和整体稳定性降低,以致构件发生扭转而提早失去整体稳定。因此,设计受弯构件时,选择的板件不能过于宽薄。

热轧型钢板件宽厚比较小,都能满足局部稳定要求,不需要计算。对于冷弯薄壁型钢梁的受压或受弯板件,宽厚比不超过规定的限制时,认为板件全部有效;当超过此限制时,则只考虑一部分宽度有效(称为有效宽度),应按《冷弯薄壁型钢结构技术规范》(GB 50018)的规定计算。

这里主要叙述一般钢结构焊接组合梁中受压翼缘和腹板的局部稳定。

对于 H 型钢或工字形截面梁,《规范》采取限制宽厚比或高厚比的办法来保证其局部稳定。

(1) 翼缘的宽厚比

$$b_1/t \leqslant 13\sqrt{235/f_y} \tag{4-14a}$$

当梁抗弯强度计算时式(4-7)取 $\gamma_x = 1.0$,则可放宽至

$$b_1/t \leqslant 15\sqrt{235/f_y} \tag{4-14b}$$

(2) 腹板的高厚比

① 当 $h_0/t_w \leqslant 80\sqrt{235/f_y}$ 时,可不设加劲肋($\sigma_c = 0$)或按构造设横向(支承)加劲肋($\sigma_c \neq 0$)。

② 当 $80\sqrt{235/f_y} \leqslant h_0/t_w \leqslant 150\sqrt{235/f_y}$(受压翼缘扭转未受到约束)或 $80\sqrt{235/f_y} \leqslant h_0/t_w \leqslant 170\sqrt{235/f_y}$(受压翼缘扭转受到约束)时,可能发生剪应力或局部压应力引起的失稳,应设置横向加劲肋。

③ 当 $h_0/t_w \geqslant 150\sqrt{235/f_y}$(受压翼缘扭转未受到约束)或 $h_0/t_w \geqslant 170\sqrt{235/f_y}$(受压翼缘扭转受到约束)时,除剪应力和局部压应力外,腹板还可能因弯曲应力引起失稳,此时除了设置横向加劲肋外,还需要设置纵向加劲肋。有集中力作用但无横向加劲肋处还需要设置短加劲肋。

④ 在任何情况下,腹板高厚比 $h_0/t_w \leqslant 250\sqrt{235/f_y}$。

上面 b_1、t、h_0 及 t_w 的取值如图 4-9 所示。

(3) 腹板加劲肋

为了提高腹板的局部稳定性,可采取下列措施:增加腹板的厚度;设置合适的加劲肋,加劲肋作为腹板的支撑,以提高其局部稳定。后一措施往往是比较经济的。

加劲肋分横向、纵向和短加劲肋三种。其作用是将腹板划分成若干板块,提高腹板的局部稳定性。腹板发生局部屈曲时,加劲肋使腹板在该处的屈曲变形受到刚性的侧向约束,腹板屈曲变形在加劲肋处为波节线,从而起到分割腹板为若干板块,提高局部稳定性的效果。

加劲肋的布置形式如图 4-32 所示。图 4-32(a)为仅布置横向加劲肋,图 4-32(b)为同时布置横向和纵向加劲肋,图 4-32(d)为除布置横向和纵向加劲肋外还布置短加劲肋。纵、横向加劲肋交叉处切断纵向加劲肋,让横向加劲肋贯通,并尽可能使纵向加劲肋两端支撑于横向加劲肋上。

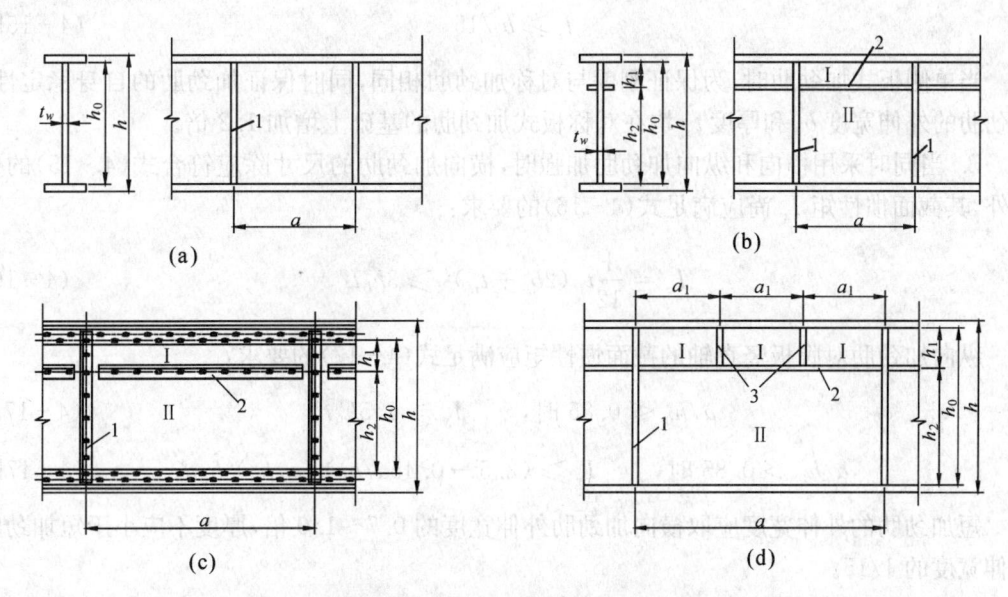

图 4-32 梁加劲肋的布置

1—横向加劲肋;2—纵向加劲肋;3—短加劲肋

横向加劲肋主要防止由剪应力和局部压应力可能引起的腹板失稳,纵向加劲肋主要防止由弯曲压应力可能引起的腹板失稳,短加劲肋主要防止由局部压应力可能引起的腹板失稳。梁腹板的主要作用是抗剪,相比之下,剪应力最容易引起腹板失稳。因此,3 种加劲肋中横向加劲肋是最常采用的。

① 加劲肋的位置

梁腹板加劲肋宜在腹板两侧对称配置,也可单侧配置,但支承加劲肋、重级工作制吊车梁的加劲肋不应单侧配置。

横向加劲肋形心间距 a 须满足:$0.5h_0 \leqslant a \leqslant 2h_0$。

纵向加劲肋形心至受压翼缘边 h_1 须满足:$h_1 = (1/5 \sim 1/4)h_0$。

短加劲肋形心间距 a_1 须满足:$a_1 \geqslant 0.75h_1$。

② 加劲肋的尺寸

加劲肋尺寸设计原则是:必须在腹板平面外有足够的刚度,方能起到划分腹板为若干板块、提高屈曲强度的作用;为此,同时还必须保证加劲肋自身的稳定性。为此,对加劲肋的截面尺寸和截面惯性矩应有一定要求。

横向加劲肋使用的截面有钢板和型钢(H型钢、工字钢、槽钢、肢尖焊于腹板的角钢),其中最常见的为钢板。

A. 当仅采用对称板式加劲肋时,为保证刚度足够,要求加劲肋的外伸宽度 b_s 满足(图4-12):

$$b_s \geqslant \frac{h_0}{30} + 40 \text{ mm} \qquad (4-15a)$$

为保证加劲肋自身的稳定性,要求加劲肋的厚度 t_s 满足:

$$t_s \geqslant b_s/15 \qquad (4-15b)$$

当单侧板式加劲肋时,为保证刚度与对称加劲肋相同,同时保证加劲肋的自身稳定性,加劲肋的外伸宽度 b_s 和厚度 t_s 均在对称板式加劲肋的基础上增加1.2倍。

B. 当同时采用横向和纵向加劲肋加强时,横向加劲肋的尺寸除应符合式(4-15)的要求外,其截面惯性矩 I_z 尚应满足式(4-16)的要求:

$$I_z = \frac{1}{12} t_s (2b_s + t_w)^3 \geqslant 3h_0 t_w^3 \qquad (4-16)$$

纵向加劲肋对腹板竖直轴的截面惯性矩应满足式(4-17)的要求:

$$a/h_0 \leqslant 0.85 \text{ 时}, \qquad I_y \geqslant 1.5 h_0 t_w^3 \qquad (4-17a)$$

$$a/h_0 > 0.85 \text{ 时}, \qquad I_y \geqslant (2.5 - 0.45 a/h_0)(a/h_0)^2 h_0 t_w^3 \qquad (4-17b)$$

短加劲肋的外伸宽度应取横向加劲肋外伸宽度的0.7~1.0倍,厚度不应小于短加劲肋外伸宽度的1/15。

用型钢(H型钢、工字钢、槽钢、肢尖焊于腹板的角钢)做成的加劲肋,其截面惯性矩不得小于相应钢板加劲肋的惯性矩。

计算加劲肋截面惯性矩时,双侧成对配置的加劲肋应以腹板中心线为轴线,在腹板一侧配置的加劲肋应以与加劲肋相连的腹板边缘线为轴线。

为了避免焊缝交叉,减小焊接应力,在加劲肋端部应切成斜角,宽约 $b_s/3$ 但≤40 mm,高约 $b_s/2$ 但≤60 mm,如图4-33所示。对直接承受动力荷载的梁(如吊车梁),中间横向加劲肋的下端不应与受拉翼缘焊接(若焊接将降低受拉翼缘的疲劳强度),一般在距受拉翼缘50~100 mm处断开,如图4-33所示。在纵、横加劲肋相交处,纵向加劲肋的端部也应切成斜角。

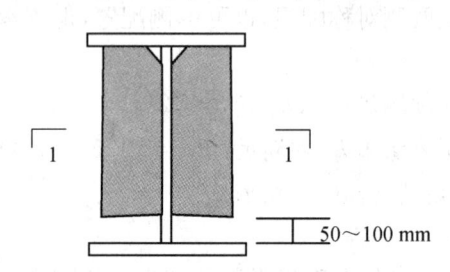

1-1 断面图

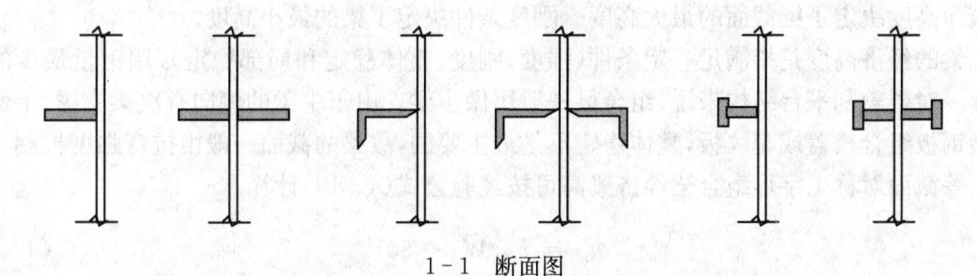

图 4-33 梁剖面图中横向加劲肋示意

4.3.3 梁的截面设计

受弯构件截面设计通常是先初选截面,然后进行截面验算。若不满足要求,重新修改截面,直到符合要求为止。本部分主要介绍型钢梁和焊接组合梁的截面设计方法。

1. 型钢梁的截面设计

(1) 初选截面尺寸

通常先按抗弯强度(当梁的整体稳定从构造上有保证时)或整体稳定(当需要计算整体稳定时)求出需要的截面模量。具体设计时,应尽量满足不需计算整体稳定的条件,这样可按抗弯强度条件选择型钢截面,相应公式为式(4-18)。

单向弯曲
$$W_{nx} \geqslant \frac{M_{\max}}{\gamma_x f} \tag{4-18a}$$

双向弯曲
$$W_{nx} \geqslant \frac{1}{\gamma_x f}\left(M_x + \frac{\gamma_x}{\gamma_y}\frac{W_{nx}}{W_{ny}}M_y\right) = \frac{(M_x + \alpha M_y)}{\gamma_x f} \tag{4-18b}$$

对于小型号的型钢,可取 $\alpha=6$(窄翼缘 H 型钢和工字钢)或 $\alpha=5$(槽钢)。

根据计算的截面模量 W_{nx} 在型钢规格表中(一般为 H 型钢或普通工字钢)初步选择合适的型钢。

(2) 截面受力验算

第(1)步初步选择的截面尺寸是否合适,除了构造要求外,应以第(2)步的受力验算为准。

由于型钢截面的翼缘和腹板的厚度较大,不必验算局部稳定。故型钢截面需作强度、刚度、整体稳定验算。

当梁的整体稳定从构造上有保证时,则仅需作强度、刚度验算。

2. 焊接组合梁的截面设计

(1) 初选截面尺寸

当梁的内力较大时,需要采用焊接组合梁。组合梁常采用三块钢板焊接而成的工字形截面。设计时,首先要初步估算梁的截面高度、腹板厚度和翼缘尺寸,再进行验算。

① 预选截面高度

梁截面高度是一个重要尺寸,确定梁的截面高度应考虑建筑净高度、刚度条件和经济条件。梁的腹板的高度宜符合钢板宽度规格,取 50 mm 的倍数。

建筑净高度是指梁底面到铺板顶面之间的高度,它往往由生产工艺和使用要求决定。

建筑净高度决定了梁截面的最大高度。刚度条件决定了梁的最小高度。

梁的经济高度是指满足一定条件(强度、刚度、整体稳定和局部稳定)、用钢量最少的梁高度。对楼盖和平台结构来说,组合梁一般用做主梁。由于主梁的侧向有次梁支撑,上侧有压型钢板组合楼盖或花纹板,整体稳定不是最主要的,故梁的截面一般由抗弯强度控制。

等截面对称工字形组合梁经济梁高可按经验公式(4-19)计算。

$$h_{ec} = 7\sqrt[3]{W_x} - 30 \tag{4-19}$$

式中:h_{ec}、W_x 的单位分别为 cm、cm³。W_x 可以参照式(4-18)估算。

② 预选腹板厚度

腹板厚度应满足抗剪强度和局部稳定的要求。初选截面时,可近似地假定最大剪应力为腹板平均剪应力的 1.2 倍 $\left(\text{即 } \tau_{\max} \approx 1.2\dfrac{V_{\max}}{h_w t_w} \leqslant f_v\right)$,于是有 $t_w \geqslant 1.2\dfrac{V_{\max}}{h_w f_v}$。

考虑局部稳定、经济和构造等因素,腹板厚度一般用下列经验公式进行估算:

$$t_w \geqslant \frac{\sqrt{h_w}}{11} \tag{4-20}$$

式中:t_w 和 h_w 的单位均为 cm。

腹板的厚度应考虑钢板的现有规格,一般采用 2 mm 的倍数。对考虑腹板屈曲后强度的梁,腹板厚度可取小些。考虑腹板厚度太小会因锈蚀而降低承载能力和制造过程中易产生焊接翘曲变形,因此,要求腹板厚度不得小于 6 mm,也不应使高厚比超过 $250\sqrt{235/f_y}$。

③ 预选翼缘尺寸

等截面对称工字形组合梁翼缘截面面积可简化为式(4-21)。

$$A_f = \frac{W_x}{h_w} - \frac{1}{6}h_w t_w \tag{4-21}$$

翼缘板的宽度通常为 $b = (1/5 \sim 1/3)h$,应使 $b \geqslant 180$ mm。翼缘板的宽度不宜过小,以保证梁的整体稳定,但也不宜过大,以减少翼缘中应力分布不均的程度。

厚度 $t = A_f/b$。翼缘板常用单层板做成,当厚度过大时,可采用双层板。同时,确定翼缘板的尺寸时,应注意满足局部稳定的要求,使受压翼缘宽厚比满足式(4-14)的要求。

选择翼缘尺寸时,同样也应符合钢板规格,一般宽度取 10 mm 的倍数,厚度取 2 mm 的倍数。

(2) 截面受力验算

第(1)步初步选择的截面尺寸是否合适,除了构造要求外,应以第(2)步的受力验算为准。

由于型钢截面的翼缘和腹板的厚度较大,不必验算局部稳定。故型钢截面需作强度、刚度、整体稳定验算。

当梁的整体稳定从构造上有保证时,则仅需作强度、刚度验算。

根据最后确定的截面计算出如惯性矩、截面模量、面积矩等各种几何特征参数的准确值,然后分别验算梁强度、刚度、整体稳定、局部稳定。若腹板局部稳定不满足要求,还应进行加劲肋的布置与设计。

(3) 截面经济性优化——变截面梁

梁的弯矩大小一般是随梁的长度变化的。因此,对于跨度较大的梁,为节约钢材可随弯矩的变化而改变梁的截面尺寸。对跨度较小的梁,改变截面的经济效果不大,一般不宜改变截面。

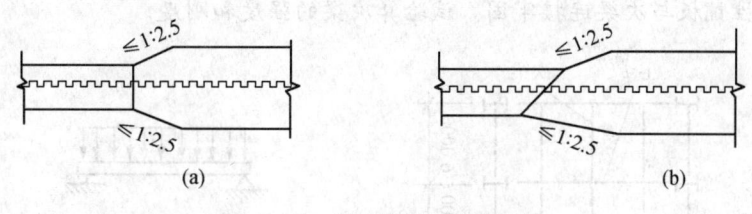

图4-34 焊接翼缘的宽度改变

① 变翼缘宽度

为减少应力集中,改变翼缘宽度时,需要采用如图 4-34 所示的连接方法。对接焊缝一般采用直缝[图 4-34(a)],只有当对接焊缝的强度低于翼缘钢板的强度时才采用斜缝[图 4-34(b)]。

梁的截面在半跨内通常仅做一次改变,可节约钢材 10%~20%;如改变二次,可再多节约 3%~5%,但效果不显著,且制造麻烦。

对承受均布荷载的简支梁,一般在距支座 1/6 处改变截面比较经济,如图 4-35 所示。较窄的翼缘板宽度 b' 应由截面开始改变处的较大弯矩 M_1 确定。

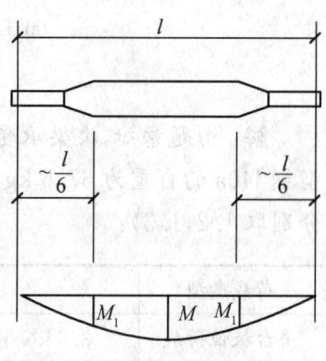

图4-35 梁变翼缘宽度

② 变腹板高度

为了降低梁的建筑高度、减少钢材用量,可在弯矩较小处减小其腹板高度,而使翼缘截面保持不变,具体构造如图 4-36 所示。弯矩较小处,梁的较小腹板高度主要根据抗剪强度要求确定,但一般不小于较大高度的 1/2。

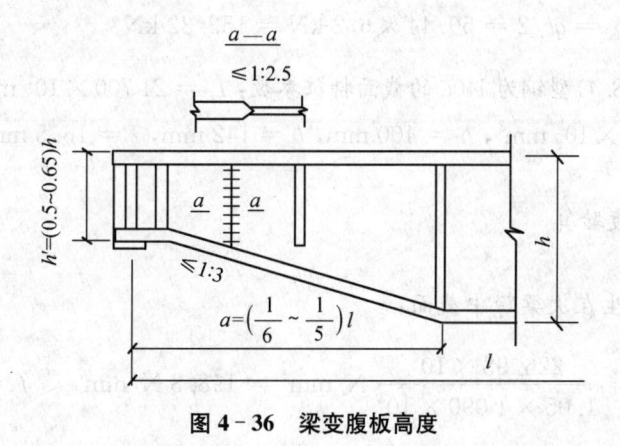

图4-36 梁变腹板高度

4.3.4 例题

1. 截面验算

例 4.7 有一工作平台,其梁格布置如图 4-37 所示,平台承受的荷载为板自重 3.5 kN/m²,活荷载 9.5 kN/m²(标准值),次梁采用热轧普通工字形钢,其规格为 I40a,材料是 Q235,平台刚性铺板与次梁连接牢固。试验算次梁的强度和刚度。

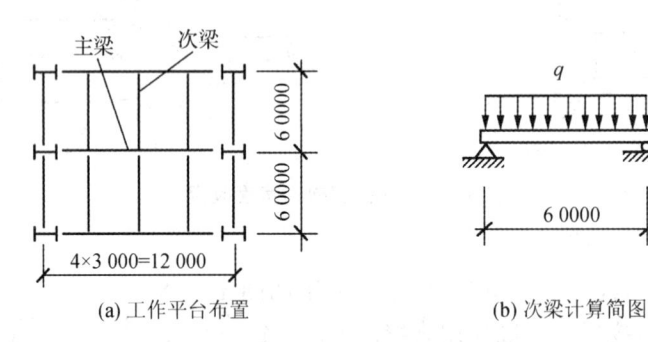

(a) 工作平台布置   (b) 次梁计算简图

图 4-37 例题 4.7 梁格

解:由题意知,次梁承受 3.0 m 宽度范围内的平台荷载作用,从附录 8 附表 8.4 中查出型钢 I40a 的自重为 67.6 kg/m,即 0.662 kN/m,次梁承受的荷载为(恒、活荷载的分项系数分别取 1.2,1.3):

荷载类型	标准值	设计值
平台板恒荷载	3.5 kN/m²×3.0 m=10.5 kN/m	10.5 kN/m×1.2=12.6 kN/m
平台活荷载	9.5 kN/m²×3.0 m=28.5 kN/m	28.5 kN/m×1.3=37.05 kN/m
次梁自重	0.662 kN/m	0.662 kN/m×1.2=0.79 kN/m
小计	q_k = 39.662 kN/m	q = 50.44 kN/m

次梁内力 $M_{max} = ql^2/8 = 50.44 \times 6^2/8$ kN·m = 226.98 kN·m

$V_{max} = ql/2 = 50.44 \times 6/2$ kN = 152.32 kN

查附录 8 附表 8.4,型钢为 I40a 的截面特征参数:$I_x = 21\,700 \times 10^4$ mm⁴,$W_x = 1\,090 \times 10^3$ mm³,$S_x = 636 \times 10^3$ mm³,$h = 400$ mm,$b = 142$ mm,$t = 16.5$ mm,$t_w = 10.5$ mm,$r = 12.5$ mm。

(1) 次梁的强度验算

① 抗弯强度

最大正应力发生在次梁跨中截面:

$$\sigma_{max} = \frac{M_{max}}{\gamma_x W_{nx}} = \frac{226.98 \times 10^6}{1.05 \times 1\,090 \times 10^3} \text{ N/mm}^2 = 198.3 \text{ N/mm}^2 < f = 215 \text{ N/mm}^2$$

② 抗剪强度

按次梁与主梁叠接,则最大剪应力发生在次梁端部截面:

$$\tau_{max} = \frac{V_{max}S_x}{I_x t_w} = \frac{151.32 \times 10^3 \times 636 \times 10^3}{21\,700 \times 10^4 \times 10.5} \text{ N/mm}^2 = 42.2 \text{ N/mm}^2 < f_v = 125 \text{ N/mm}^2$$

③ 梁支座处局部承压强度

设主梁支承次梁的长度 $a = 80$ mm，不设置支承加劲肋，则应计算支座处局部承压强度。

$$h_y = t + r = (16.5 + 12.5) \text{ mm} = 29 \text{ mm}$$

$$l_z = a + 2.5h_y = (80 + 2.5 \times 29) \text{ mm} = 152.5 \text{ mm}$$

$$\sigma_c = \frac{\psi V_{max}}{t_w l_z} = \frac{1.0 \times 151.32 \times 10^3}{10.5 \times 152.5} \text{ N/mm}^2 = 94.5 \text{ N/mm}^2 < f = 205 \text{ N/mm}^2$$

(2) 次梁的刚度验算

$$\nu = \frac{5q_k l^4}{384EI} = \frac{5 \times 39.662 \times 6\,000^4}{384 \times 2.06 \times 10^5 \times 21\,700 \times 10^4} \text{ mm} = 2.958 \text{ mm} \leqslant [\nu] = \frac{l}{250} = 24 \text{ mm}$$

结论：从上述计算结果可以看出，该平台中所选择的次梁能满足强度和刚度要求。

例 4.8 某一平台梁格，梁格布置及平台承受的荷载见例题 4.7。若平台铺板不与次梁连牢，钢材为 Q235，假设次梁的截面为窄翼缘 H 型钢，规格为 HN496×199×9×14。验算该次梁。

解：平台荷载计算同例题 4.7。其结果如下：

荷载类型	标准值	设计值
平台板恒荷载	3.5 kN/m²×3.0 m=10.5 kN/m	10.5 kN/m×1.2=12.6 kN/m
平台活荷载	9.5 kN/m²×3.0 m=28.5 kN/m	28.5 kN/m×1.3=37.05 kN/m
次梁自重（H 型钢表查得）	0.779 kN/m	0.779 kN/m×1.2=0.935 kN/m
	$q_k = 39.779$ kN/m	$q = 50.6$ kN/m

次梁内力：$M_{max} = \frac{ql^2}{8} = 50.6 \times \frac{6^2}{8}$ kN·m $= 227.7$ kN·m

$$V_{max} = \frac{ql}{2} = 50.6 \times \frac{6}{2} \text{ kN} = 151.8 \text{ kN}$$

查附录 9 可知 HN496×199×9×14 的截面特征参数：$A = 101.3$ cm², $I_x = 41\,900 \times 10^4$ mm⁴, $W_x = 1\,690 \times 10^3$ mm³, $h = 496$ mm, $b = 199$ mm, $t_1 = 9$ mm, $t_2 = 14$ mm, $i_y = 42.7$ mm。

(1) 强度验算

① 抗弯强度

最大弯曲应力发生在次梁跨中截面：

$$\sigma_{max} = \frac{M_{max}}{\gamma_x W_x} = \frac{227.7 \times 10^6}{1.05 \times 1\,690 \times 10^3} \text{ N/mm}^2 = 128.3 \text{ N/mm}^2 < f = 215 \text{ N/mm}^2$$

② 抗剪强度

按次梁与主梁等高连接，最大剪应力发生在次梁端部截面，假设端部剪力全部由腹板承受，则：

$$\tau_{\max} = \frac{1.5V_{\max}}{h_w l_w} = \frac{1.5 \times 151.8 \times 10^3}{(496-2 \times 14) \times 9} \text{ N/mm}^2 = 54.1 \text{ N/mm}^2 < f_v = 125 \text{ N/mm}^2$$

次梁与主梁连接处设支承加劲肋，因此，不必验算次梁支座处的局部承压强度。另外，该次梁没有弯矩和剪力都同时较大的截面，故不用计算折算应力。

(2) 刚度（挠度）验算

$$\frac{V_T}{l} = \frac{5}{384} \frac{q_k l^3}{EI} = \frac{5}{384} \times \frac{39.779 \times 6\,000^3}{2.06 \times 10^5 \times 41\,900 \times 10^4} = \frac{1}{771} < \frac{[V_T]}{l} = \frac{1}{250}$$

由此可见，可变荷载标准值产生的挠度足以能满足 $[v_Q]/l = 1/300$ 要求，故不再计算 V_Q。

(3) 整体稳定性验算

由于平台铺板不与次梁连牢，因此需要计算次梁整体稳定性。

$$\xi = \frac{l_1 t_1}{b_1 h} = \frac{6\,000 \times 14}{199 \times 496} = 0.85 \text{（受压翼缘厚度 } t_1 \text{ 是 H 型钢表中的 } t_2 \text{ 值）}$$

查附表 3.1：$\beta_b = 0.69 + 0.13 \times 0.85 = 0.80$

H 型钢为双轴对称截面，$\eta_b = 0$，$\lambda_y = l_1/i_y = 600/4.27 = 140.5$，故：

$$\varphi_b = \beta_b \frac{4\,320}{\lambda_y^2} \frac{Ah}{W_x} \sqrt{1 + \left(\frac{\lambda_y t_1}{4.4h}\right)^2}$$

$$= 0.80 \times \frac{4\,320}{140.5^2} \times \frac{101.3 \times 49.6}{1\,690} \times \sqrt{1 + \left(\frac{140.5 \times 1.4}{4.4 \times 49.6}\right)^2} = 0.7$$

因 $\varphi_b = 0.7 > 0.6$，应按照下式修正：

$$\varphi_b' = 1.07 - \frac{0.282}{\varphi_b} = 1.07 - \frac{0.282}{0.70} = 0.667$$

验算整体稳定：

$$\frac{M_{\max}}{\varphi_b' W_x} = \frac{227.7 \times 10^6}{0.667 \times 1\,690 \times 10^3} \text{ N/mm}^2 = 202 \text{ N/mm}^2 < f = 215 \text{ N/mm}^2$$

结论：上述计算结果表明，该次梁均能满足强度，刚度和整体稳定要求。

思考：通过本例题的计算，试说出工作平台中次梁承载能力是由什么条件决定的，采取什么措施能够降低次梁用钢量。

2. 截面设计

例 4.9 如图 4-37 的工作平台，梁格布置及平台承受的荷载见例题 4.7。假设次梁采用规格为 HN496×199×9×14 的 H 型钢，图 4-37(a)为工作平台中主梁的计算简图，次梁传来的集中荷载标准值为 $F_k = 238.7$ kN，设计值为 303.6 kN，钢材为 Q235 B F，焊条 E43

型。试设计工作平台中的主梁。

解：根据经验，假设主梁自重标准值 $q_{Gk}=3\,\text{kN/m}$，设计值为 $q=1.2\times3=3.6\,\text{kN/m}$。则主梁的最大剪力（支座处）：

$$V_{\max}=\frac{3}{2}F+\frac{ql}{2}=\left(\frac{3}{2}\times303.6+\frac{3.6\times12}{2}\right)\text{kN}=477\,\text{kN}$$

最大弯矩（跨中）：

$$\begin{aligned}M_{\max}&=Rl/2-ql^2/8-Fb=(477\times12/2-3.6\times12^2/8-303.6\times3)\,\text{kN}\cdot\text{m}\\&=1\,886.4\,\text{kN}\cdot\text{m}\end{aligned}$$

采用焊接工字形组合截面梁，估计翼缘板厚 $t_f\geqslant16\,\text{mm}$，故抗弯强度设计值 $f=205\,\text{N/mm}^2$。按式(4-18a)计算需要的截面模量为：

$$W_x=\frac{M_x}{f}=\frac{1\,886.4\times10^6}{205}\,\text{mm}^3=9\,202\times10^3\,\text{mm}^3$$

(1) 试选截面

按刚度条件，梁的最小高度按挠度要求进行计算：

$$h_{\min}=\frac{f}{1.285\times10^6}\frac{l}{[V_T]/l}=\frac{205}{1.285\times10^6}\times400\times12\,000\,\text{mm}=766\,\text{mm}$$

梁的经济高度计算：

$$h_{ec}\approx3W_x^{2/5}=3\times(9\,202)^{2/5}\,\text{cm}=116\,\text{cm}$$

取梁的腹板高度 $h_w=h_0=1\,100\,\text{mm}$。
按抗剪要求腹板厚度：

$$t_w\geqslant1.2\frac{V_{\max}}{h_wf_v}=1.2\times\frac{477\times10^3}{1\,100\times125}\,\text{mm}=3.5\,\text{mm}$$

按经验公式：

$$t_w\geqslant\frac{\sqrt{h_w}}{11}=\frac{\sqrt{110}}{11}\,\text{mm}=9.5\,\text{mm}$$

若不考虑腹板屈曲后强度，取腹板厚度 $t_w=8\,\text{mm}$。
每个翼缘所需面积：

$$A_f=\frac{W_x}{h_w}-\frac{t_wh_w}{6}=\frac{9\,202\times10^3}{1\,100}\,\text{mm}^2-\frac{8\times1\,100}{6}\,\text{mm}^2=6\,899\,\text{mm}^2$$

翼缘宽度：$b=h/5\sim h/3=(1\,100/5\sim1\,100/3)\,\text{mm}=220\sim367\,\text{mm}$，取 $b=320\,\text{mm}$

翼缘厚度：$t=A_f/b=6\,899/320\,\text{mm}=21.6\,\text{mm}$，取 $t=22\,\text{mm}$
翼缘板外伸宽度与厚度之比 $156/22=7.1<13\sqrt{235/f_y}=13$，满足局部稳定要求。
此组合梁的跨度并不是很大，为了施工方便，不沿梁长度改变截面。

(2) 梁的截面(图 4-38)几何参数

$$I_x = \frac{1}{12} \times (320 \times 1\,144^3 - 312 \times 1\,100^3)\ \mathrm{mm^4} = 5.32 \times 10^9\ \mathrm{mm^4}$$

$$W_x = \frac{2I_x}{h} = \frac{2 \times 5.32 \times 10^9}{1\,144}\ \mathrm{mm^3} = 9.3 \times 10^6\ \mathrm{mm^3}$$

$$A = (1\,100 \times 10 + 2 \times 320 \times 22)\ \mathrm{mm^2} = 2.51 \times 10^4\ \mathrm{mm^2}$$

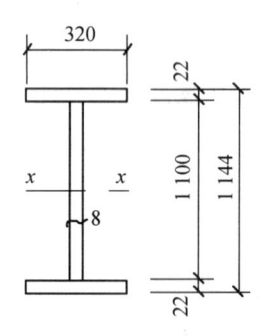

图 4-38 主梁截面

梁自重(钢材质量的密度为 7 850 kg/m³,重量为 77 kN/m³):

$$g_k = 0.025\,08 \times 77\ \mathrm{kN/m} = 1.93\ \mathrm{kN/m}$$

考虑腹板加劲肋等增加的重量,较原假设的梁自重 3 kN/m 略低,故按原计算荷载验算。

(3) 强度验算

验算抗弯强度(无孔,$W_{nx} = W_x$)

$$\sigma = \frac{M_x}{\gamma_x W_{nx}} = \frac{1\,886.4 \times 10^6}{1.05 \times 9\,299 \times 10^3}\ \mathrm{N/mm^2} = 193.2\ \mathrm{N/mm^2} < f = 205\ \mathrm{N/mm^2}$$

验算抗剪强度:

$$\tau = \frac{V_{\max} S}{I_x t_w} = \frac{477 \times 10^3}{531\,917 \times 10^4 \times 8} \times (320 \times 22 \times 561 + 550 \times 8 \times 275)\ \mathrm{N/mm^2}$$

$$= 57.8\ \mathrm{N/mm^2} < f_v = 125\ \mathrm{N/mm^2}$$

主梁的支承处以及支撑次梁处均配置支撑加劲肋,故不验算局部承压强度(即 $\sigma_c = 0$)。

(4) 梁的整体稳定验算

次梁可视为主梁受压翼缘的侧向支承,主梁受压翼缘自由长度与宽度之比 $l_1/b = 300/32 = 9.3 < 16.0$(见表 4-6),故不需要验算主梁的整体稳定。

(5) 刚度验算

全部永久荷载与可变荷载的标准值在梁跨中产生的最大弯矩:

$$R = \left(\frac{3}{2} \times 238.7 + \frac{3 \times 12}{2}\right)\ \mathrm{kN} = 376.05\ \mathrm{kN}$$

$$M_{\max} = (376.05 \times 12/2 - 3 \times 12^2/8 - 376.05 \times 3) \text{ kN} \cdot \text{m} = 1\,074.15 \text{ kN} \cdot \text{m}$$

$$\frac{V_T}{l} = \frac{5M_k l}{1.3 \times 48EI_x} = \frac{5 \times 1\,074.15 \times 10^6 \times 12\,000}{1.3 \times 48 \times 2.06 \times 10^5 \times 531\,917 \times 10^4} = \frac{1}{1\,060} < \frac{[V_T]}{l} = \frac{1}{400}$$

(6) 翼缘和腹板的连接焊接计算

翼缘和腹板之间采用角焊缝连接,按式(3-7)计算:

$$h_f \geqslant \frac{VS_1}{1.4I_x f_y^w} = \frac{376.05 \times 10^3 \times 320 \times 22 \times 561}{1.4 \times 531\,917 \times 10^4 \times 160} \text{ mm} = 1.25 \text{ mm}$$

取 $h_f = 8 \text{ mm} > 1.5\sqrt{t_{\max}} = 1.5\sqrt{22} \text{ mm} = 7 \text{ mm}$

(7) 主梁加劲肋计算:

① 加劲肋布置:梁腹板高厚比 $h_0/t_w = 1\,100/8 = 137.5$,即 $80 < h_0/t_w < 170$(有刚性铺板,受压翼缘扭转受到约束),故只布置横向加劲肋。在主梁端部支撑和次梁支撑处应布置支承加劲肋,按构造要求。横向加劲肋的间距应为 $a \geqslant 0.5h_0 = 550 \text{ mm}$, $a \leqslant 2h_0 = 2\,200 \text{ mm}$。从工作平台结构布置看,在中间支承加劲肋之间应增设一个横向加劲肋,加劲肋之间的间距取 $a = 1.5 \text{ m}$,加劲肋成对布置于腹板两侧,如图 4-32 所示。

腹板局部稳定的计算:计算过程从略,腹板局部稳定满足要求。

② 加劲肋计算:横向加劲肋采用对称布置,其尺寸为:

外伸宽度 $b_s \geqslant \left(\dfrac{h_0}{30} + 40\right) \text{mm} = \left(\dfrac{1\,100}{30} + 40\right) \text{mm} = 77 \text{ mm}$,取 $b_s = 90 \text{ mm}$

厚度 $t_s \geqslant \dfrac{b_n}{15} = \dfrac{90}{15} \text{ mm} = 6 \text{ mm}$,取为 6 mm

梁支座采用突缘支座形式,支座支承加劲肋采用 160 mm×14 mm。

支承加劲肋的计算从略。

支承加劲肋与腹板用直线角焊缝连接,焊脚尺寸取 $h_f = 8 \text{ mm}$。加劲肋布置可参见图 4-32。

4.4 偏心受力构件的设计

4.4.1 概述

同时承受轴向力和弯矩作用的构件称为压弯(或拉弯)构件,如图 4-39、图 4-40 所示。弯矩可能由轴向力的偏心作用、端弯矩作用或横向荷载作用 3 种因素形成。当弯矩作用在截面的一个主轴平面内时称为单向压弯(或拉弯)构件,作用在两个主轴平面的称为双向压弯(或拉弯)构件。

在钢结构中,拉弯和压弯构件应用十分广泛。例如有节间荷载作用的屋架上下弦杆,如图 4-41 所示(下弦杆为拉弯构件,上弦杆为压弯构件)。压弯构件也广泛应用于柱子,如图 4-41 所示的单层工业厂房中的柱、图 4-42 所示的多高层结构中的框架柱以及各种工平台柱等。

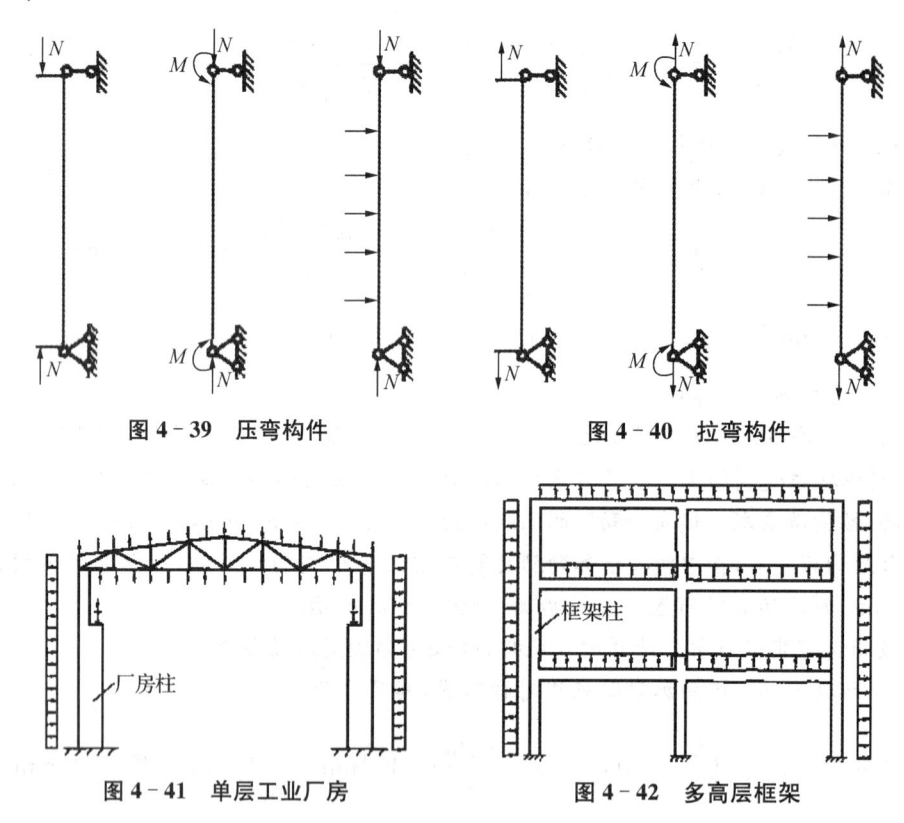

图 4-39 压弯构件

图 4-40 拉弯构件

图 4-41 单层工业厂房

图 4-42 多高层框架

拉弯和压弯构件通常采用双轴对称或单轴对称截面,有实腹式[图 4-43(a)]和格构式[图 4-43(b)]两种形式。

(a)

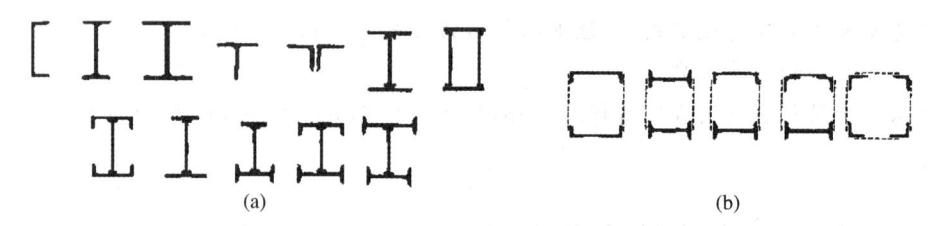

(b)

图 4-43 拉弯压弯构件的截面形式

当弯矩较小时,截面形式与轴心受力构件相同,宜采用双轴对称截面。当弯矩较大时,根据工程实际需要,宜把截面受力较大一侧适当加大,形成单轴对称截面,使材料分布相对集中,以节省钢材。当单向弯矩作用时,在弯矩作用平面内把截面高度做得较大些,以提高抗弯刚度;对于格构式构件,则宜使虚轴垂直于弯矩作用平面。

在进行拉弯和压弯构件设计时,应同时满足承载能力极限状态和正常使用极限状态的要求。拉弯构件一般只需要计算其强度和刚度(限制长细比),但当构件以承受弯矩为主,近乎于受弯构件时,也需计算构件的整体稳定及受压板件或分肢的局部稳定;对压弯构件,则需要计算强度、刚度(限制长细比)、整体稳定(弯矩作用平面内的稳定和弯矩作用平面外的稳定)和局部稳定。

4.4.2 偏心受力构件的计算

1. 拉弯、压弯构件的强度

拉弯、压弯构件的受力实际上是轴心拉力或压力与弯矩的叠加,而轴心拉力或压力对于构件截面上所产生的是正应力,弯矩在构件截面上所产生的也是正应力,故考虑将两个正应力进行叠加计算。如图4-44、图4-45所示。

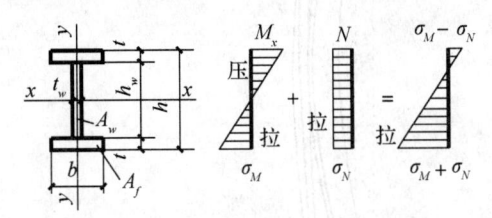

图4-44 拉力+弯矩的正应力图 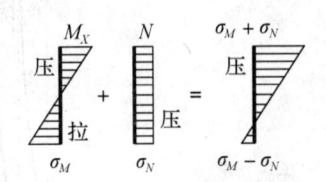　　**图4-45 压力+弯矩的正应力图**

具体计算公式如下:

单向压弯(拉弯)

$$\frac{N}{A_n} \pm \frac{M_x}{\gamma_x W_{nx}} \leqslant f \tag{4-22a}$$

双向压弯(拉弯)

$$\frac{N}{A_n} \pm \frac{M_x}{\gamma_x W_{nx}} \pm \frac{M_y}{\gamma_y W_{ny}} \leqslant f \tag{4-22b}$$

式中各参数取值与前面轴心受力构件、受弯构件相同。

若构件除了受到轴心压力(拉力)和弯矩以外,还受到剪力、集中力的作用,因剪力在截面上产生剪应力,集中力在截面上产生局部压应力,这两种应力不能与上述正应力直接叠加,则需按照式(4-10)来计算相应的折算应力。

2. 拉弯、压弯构件的刚度

拉弯、压弯构件的刚度计算与轴心受力构件相同,也是通过限制长细比来保证的。具体计算方法见式(4-2)。

3. 压弯构件的整体稳定

在工程设计中,压弯构件一般选择双轴对称或单轴对称截面,这类构件截面关于两个主轴的刚度差别较大,对双轴对称截面多将弯矩绕强轴作用,单轴对称截面则将弯矩作用在对称平面内。这些构件可能在弯矩作用平面内弯曲失稳,也可能在弯矩作用平面外弯扭失稳。如图4-46所示,(a)图是在弯矩作用平面内产生过大的侧向弯曲变形而失去整体稳定,称之为弯矩作用平面内失稳;(b)图是在弯矩作用平面外,当轴心压力或弯矩达到一定值时,构件在垂直于弯矩作用平面方向突然产生侧向弯曲和扭转变形,称之为弯矩作用平面外失稳。所以,压弯构件要分别计算弯矩作用平面内和弯矩作用平面外的整体稳定。

(1)单向受弯

1)弯矩作用平面内

实腹式压弯构件弯矩作用平面内的稳定计算见式(4-23)。

$$\frac{N}{\varphi_x A} + \frac{\beta_{mx} M_x}{\gamma_x W_{1x}(1 - 0.8 \frac{N}{N'_{Ex}})} \leqslant f \tag{4-23}$$

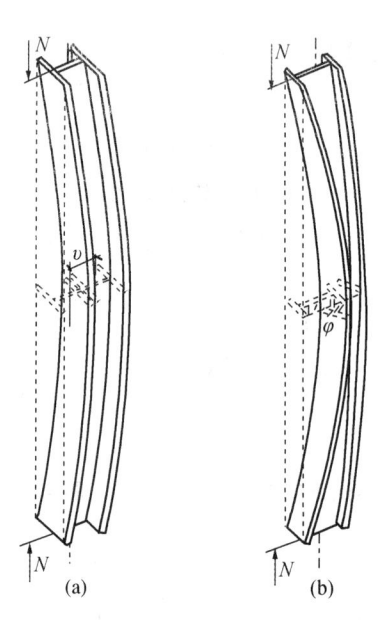

图 4-46 压弯构件的整体失稳形式

式中，N 为计算构件段范围内的轴心压力；M_x 为计算构件段范围内的最大弯矩；φ_x 为弯矩作用平面内的轴心受压构件的稳定系数；W_{1x} 为弯矩作用平面内受压最大纤维的毛截面模量；N'_{Ex} 为考虑抗力分项系数的欧拉临界力，$N'_{Ex} = \pi^2 EA/(\gamma_R \lambda_x^2)$；$\gamma_R$ 为抗力分项系数，取 Q235、Q345、Q390、Q420 钢的平均值，$\gamma_R = 1.1$；β_{mx} 为弯矩作用平面内的等效弯矩系数，应按下列情况取值：

① 无侧移的框架柱和两端支承的构件：

a. 无横向荷载作用时，$\beta_{mx} = 0.65 + 0.35 M_2/M_1$，$M_1$ 和 M_2 为端弯矩，使构件产生同向曲率时（无反弯点）取同号，使构件产生反向曲率时（有反弯点）取异号，$|M_1| \geq |M_2|$。

b. 有端弯矩和横向荷载同时作用，使构件产生同向曲率时，$\beta_{mx} = 1.0$；构件产生反向曲率时，$\beta_{mx} = 0.85$。

c. 无端弯矩但有横向荷载作用时，$\beta_{mx} = 1.0$。

② 有侧移框架柱和悬臂构件，$\beta_{mx} = 1.0$。

对于 T 形钢、双角钢组成的 T 形等单轴对称截面压弯构件，当弯矩作用于非对称轴平面而且使较大翼缘受压时，构件失稳时出现的塑性区除存在前述受压区屈服和受压、受拉区同时屈服两种情况外，还可能在受拉区首先出现屈服而导致构件失去承载能力，故除了按式(4-23)计算外，还应按式(4-24)计算。

$$\left| \frac{N}{A} - \frac{\beta_{mx} M_x}{\gamma_x W_{2x} \left(1 - 1.25 \dfrac{N}{N'_{Ex}}\right)} \right| \leq f \quad (4-24)$$

式中，W_{2x} 为受拉侧最外纤维的毛截面模量；γ_x 为与 W_{2x} 相应的截面塑性发展系数；其余符号同式(4-23)；第二项分母中的 1.25 是经过与理论计算结果比较后引进的修正系数。

2) 弯矩作用平面外

当实腹式压弯构件在弯矩作用平面外的抗弯刚度较小,或截面抗扭刚度较小,或侧向支承不足以阻止弯矩作用平面外的弯扭变形时,将在弯矩作用平面内弯曲失稳之前,发生弯矩作用平面外的弯扭失稳破坏,如图 4-46(b)所示。为简化计算,并与受弯构件和轴心受压构件的稳定计算公式协调,各国规范大多采用包括轴心力和弯矩项叠加的相关公式。我国《规范》规定的压弯构件在弯矩作用平面外稳定计算的公式见式(4-25)。

$$\frac{N}{\varphi_y A} + \eta \frac{\beta_{tx} M_x}{\varphi_b W_{1x}} \leqslant f \tag{4-25}$$

式中,M_x 为所计算构件段范围内的最大弯矩。β_{tx} 为弯矩作用平面外的等效弯矩系数,应根据所计算构件段的荷载和内力情况确定,取值方法如下:

① 在弯矩作用平面外有支承的构件,应根据两相邻支撑点间构件段内的荷载和内力情况确定:

a. 所考虑构件段内无横向荷载作用时,$\beta_{tx} = 0.65 + 0.35 M_2/M_1$,$M_1$ 和 M_2 为弯矩作用平面内的端弯矩,使构件产生同向曲率时(无反弯点)取同号,使构件产生反向曲率(有反弯点)时取异号,$|M_1| \geqslant |M_2|$。

b. 所考虑构件段内有端弯矩和横向荷载同时作用,使构件产生同向曲率时,$\beta_{tx} = 1.0$;使构件产生反向曲率时,$\beta_{tx} = 0.85$。

c. 所考虑构件段内无端弯矩但有横向荷载作用时,$\beta_{tx} = 1.0$。

② 弯矩作用平面外为悬臂的构件,$\beta_{tx} = 1.0$。

η 为截面影响系数,箱形截面 $\eta = 0.7$,其他截面 $\eta = 1.0$。φ_y 为弯矩作用平面外的轴心受压构件稳定系数。φ_b 为均匀弯曲的受弯构件整体稳定系数,见附录 5。

对工字形(含 H 型钢)和 T 形截面的非悬臂构件,当 $\lambda_y \leqslant 120\sqrt{235/f_y}$ 时,其整体稳定系数 φ_b 采用下列近似计算公式。这些公式已考虑了构件的弹塑性失稳问题,因此,当 $\varphi_b > 0.6$ 时,不必再换算。

双轴对称工字形(含 H 型钢)截面:$\varphi_b = 1.07 - \dfrac{\lambda_y^2}{44\,000} \dfrac{f_y}{235} \leqslant 1.0$

单轴对称工字形(含 H 型钢)截面:$\varphi_b = 1.07 - \dfrac{W_{1x}}{(2a_b + 0.1)Ah} \dfrac{\lambda_y^2}{14\,000} \dfrac{f_y}{235} \leqslant 1.0$

弯矩使双角钢 T 形截面翼缘受压:$\varphi_b = 1 - 0.001\,7\lambda_y \sqrt{f_y/235}$

弯矩使两板组合 T 形(含 T 型钢)截面翼缘受压:$\varphi_b = 1 - 0.002\,2\lambda_y \sqrt{f_y/235}$

弯矩使翼缘受拉且腹板宽厚比不大于 $18\sqrt{235/f_y}$:$\varphi_b = 1 - 0.000\,5\lambda_y \sqrt{f_y/235}$

箱形截面:$\varphi_b = 1.0$

式中:$a_b = I_1/(I_1 + I_2)$;I_1 和 I_2 分别为受压翼缘和受拉翼缘对 y 轴的惯性矩。

(2) 双向受弯

弯矩作用在两个主轴平面内的压弯构件为双向弯曲压弯构件,在实际工程中应用较少。双向弯曲压弯构件丧失整体稳定性属于空间失稳,理论计算非常繁杂,目前多采用数值分析法求解。为便于应用,并与单向弯曲压弯构件计算相衔接,多采用相关公式计算。我国《规范》规定:弯矩作用在两个主轴平面内的双轴对称实腹式工字形(含 H 形)和箱形(闭口)截面的压弯构件的稳定性按式(4-25)、(4-26)进行计算。

$$\frac{N}{\varphi_x A} + \frac{\beta_{mx} M_x}{\gamma_x W_{1x}\left(1 - 0.8\dfrac{N}{N'_{Ex}}\right)} + \eta\frac{\beta_{ty} M_y}{\varphi_{by} W_{1y}} \leqslant f \qquad (4-25)$$

$$\frac{N}{\varphi_y A} + \eta\frac{\beta_{tx} M_x}{\varphi_{bx} W_{1x}} + \frac{\beta_{my} M_y}{\gamma_y W_{1y}\left(1 - 0.8\dfrac{N}{N'_{Ey}}\right)} \leqslant f \qquad (4-26)$$

式中,M_x、M_y 为所计算构件段范围内对 x 轴(工字形截面和 H 型钢 x 轴为强轴)和 y 轴的最大弯矩;φ_x、φ_y 为对 x 轴和 y 轴的轴心受压构件稳定系数;φ_{bx}、φ_{by} 为梁的整体稳定系数;其他符号意义同前。

4. 压弯构件的局部稳定

实腹式压弯构件的截面组成与轴心受压构件和受弯构件相似,板件在均匀压应力或不均匀压应力和剪力作用下,可能发生波形凸曲,偏离其原来所在的平面而屈曲,从而丧失局部稳定性。因此,应保证其翼缘和腹板的局部稳定性。

通常采用与轴心受压构件相同的方法,限制板件的宽(高)厚比来保证局部稳定性。

(1) 工字形(含 H 型钢)截面的翼缘宽厚比按式(4-14)进行计算。

(2) 工字形(含 H 型钢)截面的腹板高厚比按式(4-27)进行计算。

$$\text{当 } 0 \leqslant \alpha_0 \leqslant 1.6 \text{ 时}, \frac{h_0}{t_w} \leqslant (16\alpha_0 + 0.5\lambda_x + 25)\sqrt{235/f_y} \qquad (4-27a)$$

$$\text{当 } 1.6 < \alpha_0 \leqslant 2.0 \text{ 时}, \frac{h_0}{t_w} \leqslant (48\alpha_0 + 0.5\lambda_x - 26.2)\sqrt{235/f_y} \qquad (4-27b)$$

式中:α_0 为腹板压应力不均匀分布梯度,$\alpha_0 = (\sigma_{\max} - \sigma_{\min})/\sigma_{\max}$;$\lambda_x$ 为构件在弯矩作用平面内的长细比,$30 \leqslant \lambda_x \leqslant 100$。

如果压弯构件腹板高厚比 h_0/t_w 不满足要求时,可调整腹板的厚度或高度;也可采用纵向加劲肋加强腹板,这时应验算纵向加劲肋与翼缘间腹板高厚比,特别在受压较大翼缘与纵向加劲肋之间的高厚比应符合上述要求。需要注意的是,设置纵向加劲肋的同时也应设置横向加劲肋。

4.4.3 实腹式压弯构件的设计

1. 截面设计原则

实腹式压弯构件与轴心受压构件一样,其截面设计也要遵循等稳定性(即弯矩作用平面内和平面外的整体稳定承载能力尽量接近)、肢宽壁薄、制造省工和连接简便等设计原则。

其截面形式可根据弯矩的大小和方向,选用双轴对称或单轴对称的截面。

2. 截面设计步骤

(1) 确定压弯构件的内力设计值,包括弯矩、轴心压力、剪力。

(2) 选择截面的形式,实腹式压弯构件的截面形式可参考图 4-43。

(3) 确定钢材及其强度设计值。

(4) 计算弯矩作用平面内和平面外的计算长度 l_{0x}、l_{0y}。

(5) 根据长细比计算式(4-2),计算出 i_{0x}、i_{0y},结合经验或参照已有资料,初选截面尺寸。

(6) 验算截面,包括强度、刚度、整体稳定(包含弯矩作用平面内和弯矩作用平面外的整体稳定)、局部稳定的验算。

由于压弯构件的验算公式中所牵涉的未知量较多,根据估计所初选的截面尺寸不一定合适,当验算不满足要求时,往往需要进行多次调整,直到满足计算要求为止。

3. 构造要求

当腹板的 $h_0/t_w > 80\sqrt{235/f_y}$ 时,为防止腹板在施工和运输中发生变形,应设置间距不大于 $3h_0$ 的横向加劲肋。另外,设有纵向加劲肋的同时也应设置横向加劲肋。

大型腹板式柱在受有较大水平力处和运送单元的端部应设置横隔,保证截面形状不变,提高构件的抗扭刚度,防止施工和运输过程中变形。若构件较长,则应设置中间横隔,其间距不得大于构件截面较大宽度的 9 倍或 8 m。

纵向加劲肋的尺寸以及其他要求同轴心受压构件。

4.4.4 例题

例题 4.10 如图 4-47 所示为双轴对称焊接工字形截面压弯构件的截面。已知翼缘板为剪切边,截面无削弱。承受的荷载设计值为:轴心压力 $N = 850$ kN,构件跨度中点横向集中荷载 $F = 180$ kN。构件长 $l = 10$ m,两端铰接并在两端和跨中各设有一侧向支承点。材料用 Q235-BF 钢。试验算该构件的强度、稳定性和刚度是否符合要求。

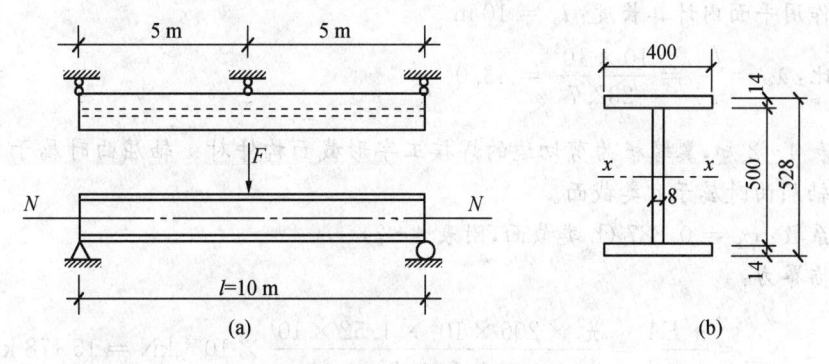

图 4-47 例题 4.10 图

解:(1) 截面的几何特征

截面积:
$$A = 2bt + h_w t_w = (2 \times 400 \times 14 + 500 \times 8) \text{ mm}^2 = 1.52 \times 10^4 \text{ mm}^2$$

惯性矩：

$$I_x = \frac{1}{12}bh^3 - \frac{1}{12}(b-t_w)h_w^3$$

$$= \left(\frac{1}{12} \times 400 \times 528^2 - \frac{1}{12} \times 392 \times 500^3\right) \text{mm}^4 = 8.23 \times 10^8 \text{ mm}^4$$

$$I_y \approx 2 \times \frac{1}{12}tb^3 = \frac{1}{6} \times 14 \times 400^3 \text{ mm}^4 = 1.49 \times 10^8 \text{ mm}^4$$

回转半径：

$$i_x = \sqrt{\frac{I_x}{A}} = \sqrt{\frac{8.32 \times 10^8}{1.52 \times 10^4}} \text{ mm} = 232.7 \text{ mm}$$

$$i_y = \sqrt{\frac{I_y}{A}} = \sqrt{\frac{1.49 \times 10^8}{1.52 \times 10^4}} \text{ mm} = 99.1 \text{ mm}$$

弯矩作用平面内受压纤维的毛截面模量：

$$W_{1x} = W_x = \frac{2I_x}{h} = \frac{2 \times 8.23 \times 10^8}{528} \text{ mm}^3 = 3.12 \times 10^6 \text{ mm}^3$$

（2）强度验算

最大弯矩设计值：

$$M_x = \frac{1}{4}Fl = \frac{1}{4} \times 180 \times 10 \text{ kN} \cdot \text{m} = 450 \text{ kN} \cdot \text{m}$$

$$\frac{N}{A_n} + \frac{M_x}{\gamma_x W_{nx}} = \frac{850 \times 10^3}{152 \times 10^2} \text{ N/mm}^2 + \frac{450 \times 10^6}{1.05 \times 3.12 \times 10^6} \text{ N/mm}^2$$

$$= 190.4 \text{ N/mm}^2 < f = 215 \text{ N/mm}^2$$

（3）弯矩作用平面内的稳定

弯矩作用平面内计算长度：$l_0 = 10$ m

长细比：$\lambda_x = \dfrac{l_{0x}}{i_x} = \dfrac{10 \times 10^3}{232.7} = 43.0$

由附表 4-2 知，翼缘板为剪切边的焊接工字形截面构件对 x 轴屈曲时属于 b 类截面，对弱轴 y 轴屈曲时属于 c 类截面。

稳定系数：$\varphi_x = 0.887$（b 类截面，附表 4-2）

欧拉临界力：

$$N'_{Ex} = \frac{\pi^2 EA}{\gamma_R \lambda_x^2} = \frac{\pi^2 \times 206 \times 10^3 \times 1.52 \times 10^4}{1.1 \times 43^2} \times 10^{-3} \text{ kN} = 15\,178 \text{ kN}$$

$$\frac{N}{N'_{Ex}} = \frac{850}{15\,178} = 0.056$$

弯矩作用平面内的等效弯矩系数：无端弯矩但有横向荷载作用时 $\beta_{mx} = 1.0$。

受压翼缘板的自由外伸宽度比：

$$\frac{b}{t} = \frac{(400-8)/2}{14} = 14 > 13\sqrt{\frac{235}{f_y}} = 13\sqrt{\frac{235}{235}} = 13$$

故取截面塑性发展系数 $\gamma_x = 1.0$。

$$\frac{N}{\varphi_x A} + \frac{\beta_{\max} M_x}{\gamma_x W_{1x}\left(1 - 0.8\dfrac{N}{N'_{Ex}}\right)} = \frac{850 \times 10^3}{0.887 \times 152 \times 10^2} \text{ N/mm}^2$$

$$+ \frac{1.0 \times 450 \times 10^6}{1.0 \times 3.12 \times 10^6 \times (1 - 0.8 \times 0.056)} \text{ N/mm}^2$$

$$= (63.05 + 151.09) \text{ N/mm}^2 = 214.1 \text{ N/mm}^2 < f = 215 \text{ N/mm}^2$$

满足要求。

(4) 弯矩作用平面外的稳定

弯矩作用平面外计算长度：$l_{0y} = 5$ m

长细比：$\lambda_y = \dfrac{l_{0y}}{i_y} = \dfrac{5 \times 10^3}{99.1} = 50.5$

稳定系数：$\varphi_y \approx 0.772$（c 类截面，附表 5.3）

受弯构件整体稳定系数近似值：

$$\varphi_b = 1.07 - \frac{\lambda_y^2}{44\,000}\frac{f_y}{235} = 1.07 - \frac{50.5^2}{44\,000} \times \frac{235}{235} = 1.012 > 1.0,\text{取 } \varphi_b = 1.0$$

构件在两相邻侧向支承点间无横向荷载作用，弯矩作用平面外的等效弯矩系数为：

$$\beta_{tx} = 0.65 + 0.35\frac{M_2}{M_1} = 0.65 + 0.35 \times \frac{0}{M} = 0.65$$

$$\frac{N}{\varphi_y A} + \frac{\beta_{tx} M_x}{\varphi_b W_{1x}} = \left(\frac{850 \times 10^3}{0.772 \times 1.52 \times 10^4} + \frac{0.65 \times 450 \times 10^6}{1.0 \times 3.12 \times 10^6}\right) \text{N/mm}^2$$

$$= (72.4 + 93.8) \text{ N/mm}^2 = 166.2 \text{ N/mm}^2 < f = 215 \text{ N/mm}^2$$

满足要求。

(5) 局部稳定性

受压翼缘板：$\dfrac{b}{t} = 14 < 15\sqrt{\dfrac{235}{f_y}} = 15$，满足要求。

腹板计算高度边缘的最大压应力：

$$\sigma_{\max} = \frac{N}{A} + \frac{M_x}{I_x}\frac{h_0}{2} = \left(\frac{850 \times 10^3}{1.52 \times 10^4} + \frac{450 \times 10^6}{8.23 \times 10^8} \times \frac{500}{2}\right) \text{N/mm}^2$$

$$= (55.9 + 136.7) \text{ N/mm}^2 = 192.6 \text{ N/mm}^2$$

腹板计算高度另一边缘相应的应力：

$$\sigma_{\min} = \frac{N}{A} - \frac{M_x}{I_x}\frac{h_0}{2} = (55.9 - 136.7) \text{ N/mm}^2 = -80.8 \text{ N/mm}^2 \text{（拉应力）}$$

应力梯度：

$$\sigma_o = \frac{\sigma_{max} - \sigma_{min}}{\sigma_{max}} = \frac{192.6 - (-80.8)}{192.6} = 1.42$$

腹板计算高度 h_0 与其厚度 t_w 比值的容许值：

$$\left[\frac{h_0}{t_w}\right] = (16a_o + 0.5\lambda_x + 25)\sqrt{\frac{235}{f_y}} = (16 \times 1.42 + 0.5 \times 43 + 25)\sqrt{\frac{235}{235}} = 69.22$$

实际 $\frac{h_0}{t_w} = \frac{500}{8} = 62.5 < \left[\frac{h_0}{t_w}\right] = 69.22$ 满足要求。

(6) 刚度验算

构件的最大长细比：$\lambda_{max} = \{\lambda_x, \lambda_y\} = \lambda_y = 50.5 < [\lambda] = 150$

结论：通过以上验算，构件截面合适，其强度、稳定性、刚度均符合要求。

习题与思考题

一、选择题

1. 如图 4-48 所示为承受固定集中荷载 P（含梁自重）的等截面焊接简支梁，集中荷载处的腹板设有支承加劲肋，不产生局部压应力。验算截面 Ⅰ-Ⅰ 的折算应力，在横截面上的验算部位是（　　）。

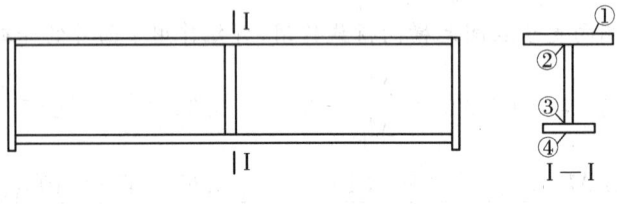

图 4-48 习题 1 图

2. 图 4-49 所示为一般焊接工字形钢梁支座（未设支承加劲肋），钢材为 Q235 钢。为满足局部压应力设计要求，支座反力设计值 f 应小于等于（　　）。

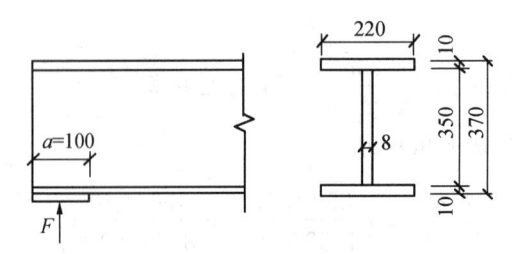

图 4-49 习题 2 图

A. 220 kN　　　　B. 215 kN　　　　C. 210 kN　　　　D. 205 kN

3. 焊接工字形等截面简支梁在下述何种情况下，整体稳定系数 φ_b 最高？（　　）
   A. 跨度中央一个集中荷载作用

B. 跨度三分点处各有一个集中荷载作用时

C. 全跨均布荷载作用时

D. 梁两端有使其产生同向曲率,数值相等的弯矩作用时

4. 轧制普通工字钢简支梁(I13a, $W_x = 875 \times 10^3 \text{ mm}^3$),跨度 6 m,在跨中央梁截面下翼缘悬挂一集中荷载 100 kN(包括梁自重在内),当采用 Q235BF 钢时其最大应力为( )。
   A. 142.9 N/mm²　　B. 171.4 N/mm²　　C. 211.9 N/mm²　　D. 223.6 N/mm²

5. 配置加劲肋是提高梁腹板局部稳定的有效措施,当 $h_0/t_w \geqslant 170\sqrt{235/f_y}$ 时,下列哪项是正确的?( )
   A. 可能发生剪切失稳,应配置横向加劲肋
   B. 可能发生弯曲失稳,应配置纵向加劲肋
   C. 可能发生剪切或弯曲失稳,应同时配置横向和纵向加劲肋
   D. 不至失稳,除支承加劲肋外,不需要配置横向和纵向加劲肋

6. 两端铰接,单轴对称的 T 形截面压弯构件,弯矩作用在非对称轴平面并使翼缘受压,可用下列哪些公式进行计算?( )

   A. $\dfrac{N}{\varphi_x A} + \dfrac{\beta_{\max} M_x}{\gamma_x W_{1x}\left(1 - 0.8\dfrac{N}{N'_{Ex}}\right)} \leqslant f$　　B. $\dfrac{N}{\varphi_y A} + \eta\dfrac{\beta_{tx} M_x}{\varphi_b W_{1x}} \leqslant f$

   C. $\left|\dfrac{N}{A} + \dfrac{\beta_{\max} M_x}{\gamma_x W_{2x}\left(1 - 1.25\dfrac{N}{N'_{Ex}}\right)}\right| \leqslant f$　　D. $\dfrac{N}{\varphi_y A} + \eta\dfrac{\beta_{\max} M_x}{\gamma_x W_{1x}\left(1 - \varphi_x\dfrac{N}{NF'_{Ex}}\right)} \leqslant f$

7. 弯矩绕虚轴作用的双肢缀条式压弯构件应进行( )和缀条的计算。
   A. 强度,弯矩作用平面内稳定,弯矩作用平面外稳定,刚度
   B. 弯矩作用平面内稳定,分肢稳定
   C. 弯矩作用平面内稳定,弯矩作用平面外稳定,刚度
   D. 强度,弯矩作用平面内稳定,分肢稳定,刚度

8. 有侧移的单层钢排架,采用等截面柱、柱与基础刚接、与横梁铰接。则柱在排架平面内和排架平面外的计算长度系数 μ 为( )
   A. 2.0 和 1.0　　B. 0.8 和 1.0　　C. 0.7 和 0.7　　D. 1.5 和 0.7

9. 有一工字形截面简支梁,当均布荷载作用于( )时,其临界弯矩较大。
   A. 中和轴　　　　B. 下翼缘　　　　C. 上翼缘

10. 设计组合截面的实腹式轴心受压构件时应计算( )。
    A. 强度、变形、整体稳定、局部稳定
    B. 强度、整体稳定、局部稳定、长细比
    C. 强度、长细比、变形、整体稳定
    D. 整体稳定、局部稳定、长细比、变形

11. 某工字形截面钢梁在某固定集中荷载作用下局部压应力很大,无法满足局压验算要求时,可采用的最经济、最有效的措施是( )。
    A. 增加梁腹板厚度　　　　　　　　B. 增加梁翼缘板厚度

C. 增设纵向加劲肋　　　　　　D. 增设支承加劲肋
12. 柱截面的局部稳定是通过控制(　　)来保证的？
　　A. 长细比　　B. 宽厚比和高厚比　C. 挠度　　　　D. 刚度
13. 设计焊接工字形截面梁时，腹板布置横向加劲肋的主要目的是提高梁的(　　)。
　　A. 抗弯刚度　　B. 抗弯强度　　C. 整体稳定　　D. 局部稳定性

二、名词解释
1. 轴心受力构件。
2. 梁的整体失稳。
3. 梁的局部稳定。

三、填空题
1. 在梁腹板上间隔一定距离设置＿＿＿＿＿＿可以提高腹板的局部稳定。
2. 衡量轴心受力构件刚度的指标是构件的＿＿＿＿＿＿。
3. 满足＿＿＿条件、＿＿＿条件、＿＿＿条件、＿＿＿条件是轴心受力构件在荷载作用下正常工作的基本要求。
4. 梁的强度计算包括＿＿＿、＿＿＿、＿＿＿和＿＿＿。
5. 格构式构件截面一般由两个或多个型钢肢件组成，肢件间通过＿＿＿或＿＿＿进行连接而成为整体，其统称为＿＿＿。
6. 格构式轴心受压构件的等稳定性的条件＿＿＿＿＿＿。
7. 轴心受力构件(包括轴心受压柱)，按其截面组成形式，可分为＿＿＿和＿＿＿两大类。
8. 加劲肋的形式有＿＿＿、＿＿＿、＿＿＿。

四、思考讨论题
1. 工程中常用的轴心受压构件失稳形式有哪些？
2. 轴心受压构件的整体稳定性和局部稳定性有何关系？
3. 剪切变形对格构式轴心受压构件绕虚轴发生弯曲失稳时的影响与绕实轴弯曲失稳的影响有何不同？规范中如何考虑这一影响？
4. 当一根 Q235 钢材制作的两端铰接的轴心受压柱的稳定承载力不足时，除了增大截面，还有什么方法可以增大它的稳定承载力？
5. 钢结构轴心受压构件在设计中需保证其强度、刚度、整体稳定和局部稳定性，若上述要求未满足，分别会造成怎样的后果？哪些是致命的？

三、计算题
1. 一般建筑结构钢桁架下弦为 Q345 钢制成的轴心受拉构件，承受静力荷载，杆件长 5.0 m，截面为由 2∟90×8 组成的肢件向上的 T 形截面节点板厚 10 mm，能否承受设计值 850 kN 的轴心拉力？试校核刚度是否满足要求。
2. 有一工作平台柱高 6.0 m，两端铰接，截面为焊接工字形，翼缘为轧制边，柱的轴心压力设计值为 5 000 kN，钢材为 Q235B，焊条为 E43 型，采用自动焊。试设计该柱的截面。
3. 如图 4-50(a)、(b)所示，两种截面(焰切边缘)的截面面积相等，钢材均为 Q235 钢。当作为长度为 10 m 的两端铰接轴心受压柱时，是否能安全承受设计荷载 1 500 kN？
　　提示：比较两种截面的整体稳定承载力的差异，体会为什么轴心受压柱在局部稳定得到的前提下,总是尽可能地设计成开展的截面形式(即宽肢薄壁的原则)。

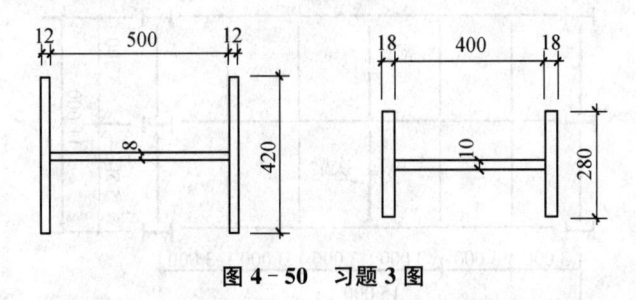

图 4-50 习题 3 图

4. 某轴心受压柱的长度为 6.5 m,截面所组成如图 4-51 所示,分肢采用 20a 槽钢,分肢间采用缀板铰接,柱两端铰接,单肢长细比 $\lambda_1 = 35$,材料为 Q235 钢。要求确定柱的轴心压力设计值。

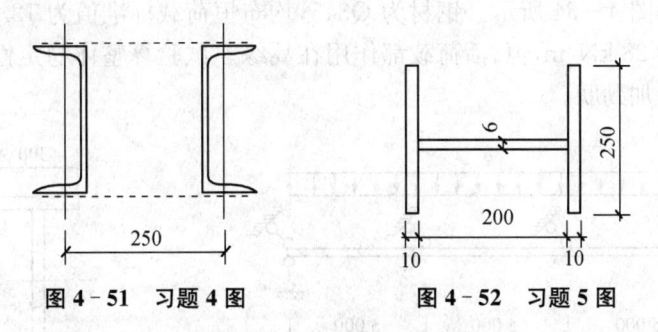

图 4-51 习题 4 图　　**图 4-52 习题 5 图**

5. 设计如图 4-52 所示焊接工字形截面轴心受压柱的铰接柱脚。柱的设计压力 $N = 1\ 000$ kN,钢材为 Q235 钢,焊条为 E43 型,采用手工焊,基础混凝土强度为 C25,并按照比例绘制柱脚构造图。

6. 某工作平台的轴心受压柱,承受的轴心压力设计值 $N = 2\ 800$ kN(包括柱身等构造自重),计算长度 $l_{0x} = l_{0y} = 7.2$ m。钢材采用 Q235B 钢,焊条为 E43 型,手工焊。柱截面无削弱。要求设计两个热轧普通工字钢组成的双肢缀条柱。

7. 试设计某支承工作平台的轴心受压柱,柱身为由两个热轧工字形钢组成的缀条板。单缀条体系,缀条用单角钢∟ 45×5,倾角为 45°,钢材为 Q235 钢,柱高 10.0 m,上端铰接,下端固定,由平台传递给柱身的轴心压力设计值为 1 550 kN。

8. 试设计习题 7 中梁与柱的连接构造,梁直接置于柱的顶端,并按照比例绘制柱头构造图。

9. 试设计习题 7 中刚接柱脚,并按照比例绘制柱脚构造图。

10. 综合题:查阅图书资料并利用互联网检查由于钢构件失稳造成的工程事故,根据本学习情境学习的稳定理论分析其失稳原因,提出改善稳定性,避免失稳事故的措施,并就上述内容写一份报告,题目、字数自定。

11. 一工作平台的梁格配置如图 4-53 所示,铺板为预制钢筋混凝土板,并与次梁焊牢,次梁与主梁采用齐平连接。若平台荷载的标准值(不包括次梁自重)为 3.22 kN/m²,活荷载的标准值为 2.0 kN/m²,钢材为 Q345 钢,试按热轧工字形钢和 H 型钢两种形式,选择次梁截面。

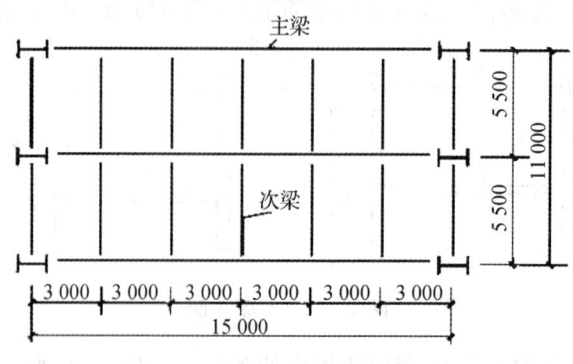

图 4-53 习题 11 图

12. 某焊接工字形等截面简支梁,跨度为 15 m,在支座和跨中布置了侧向水平支承,具体尺寸和截面如图 4-54 所示。钢材为 Q345,均布恒荷载标准值为 12.5 kN/m,均布活荷载标准值为 28 kN/m,恒、活荷载都作用在翼缘。试验算整体稳定性和局部稳定性,需要时并设计加劲肋。

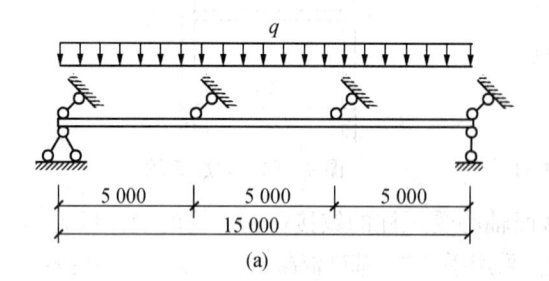

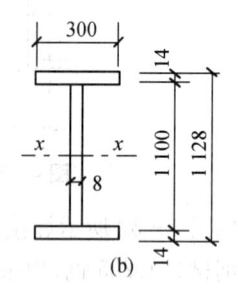

图 4-54 习题 12 图

13. 试设计一焊接工字形组合截面梁。如图 4-55 所示,跨度为 18 m,侧向水平支承点位于集中荷载作用处,承受静力荷载,作用于上翼缘。荷载如下:
    集中荷载:恒荷载标准值 $F_{\zeta k} = 150$ kN,活荷载标准值 $F_{\zeta k} = 200$ kN。
    均布荷载:恒荷载标准值 $F_{\zeta k} = 16$ kN/m,活荷载标准值 $q_{\zeta k} = 28$ kN/m。
    上述荷载不含自重。钢材为 Q345 钢,E50 型焊条(手工焊)。要求梁高不能超过 2 m,挠度 $\leqslant l/400$,沿梁跨度改变翼缘,并设计加劲肋,按 1∶10 比例绘制构造图。

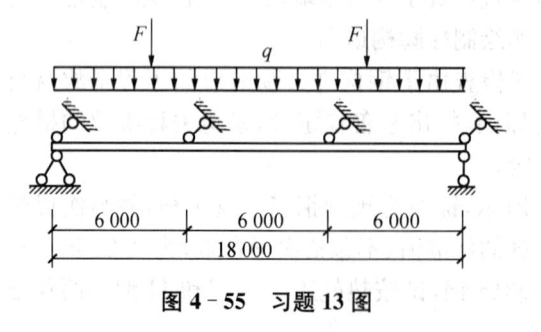

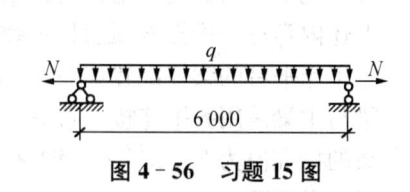

图 4-55 习题 13 图   图 4-56 习题 15 图

14. 在习题 13 设计的基础上,试选择梁格中的主梁截面,并设计次梁和主梁的连接(用齐平连接),按 1∶10 比例绘制连接构造图。

15. 如图 4-56 所示的拉弯构件，承受的横向均布活荷载设计值 $q = 8\,\text{kN/m}$。截面 I25a，无削弱，不需进行疲劳计算。试确定其最大轴心拉力。

16. 有一高度为 4.0 m 的压弯构件，两端铰接，材料采用 Q235，截面选择 HN400×200×8×13，承受的荷载：轴心压力的设计值 $N = 500\,\text{kN}$，弯矩设计值 $M_z = 80\,\text{kN·m}$。试验算该构件的截面。

17. 试设计如图 4-57 所示的柱。承受的设计压力 $N = 1\,750\,\text{kN}$，$M = 525\,\text{kN·m}$。在弯矩作用平面外有支撑体系如图 4-57(a)所示，柱上端自由，下端固定。要求选用热轧 H 型钢或焊接工字形截面，材料为 Q235。

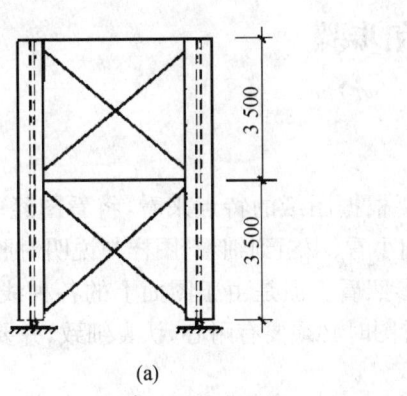

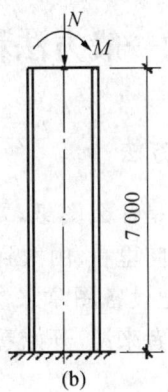

图 4-57 习题 17 图

18. 试计算某一轴心受压柱的承载能力，并验算其截面的局部稳定性。已知该柱截面为 H350×320×8×12（图 4-58），焊接，翼缘为火焰切割边，柱高 7.0 m，两端铰接，钢材为 Q345B。

19. 焊接组合梁（图 4-59）的某截面内力设计值：弯矩 $M_x = 500\,\text{kN·m}$，钢材为 Q235B。验算该截面的强度和翼缘的局部稳定并说明腹板是否需要设置加劲肋（$\gamma_x = 1.0$）。

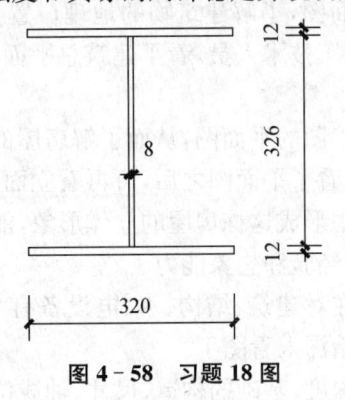

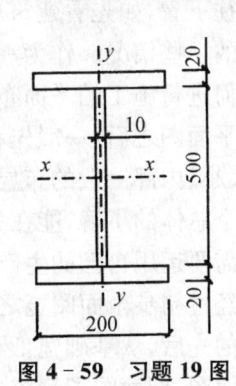

图 4-58 习题 18 图　　图 4-59 习题 19 图

学习情景 5 钢结构识图

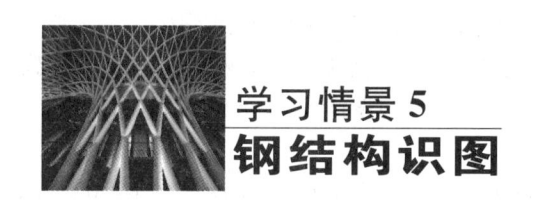

5.1 看图的一般方法和步骤

5.1.1 看图的方法

一般是先要弄清是什么图纸,要根据图纸的特点来看,将看图经验归纳为:从上往下看、从左往右看、由外向里看、由大到小看、由粗到细看,图样与说明对照看,建施与结施图结合看,有必要时还要把设备图拿来参照看。但是由于图面上的各种线条纵横交错,各种图例、符号繁多,对初学者来说,开始看图时必须要有耐心,认真细致,并要花费较长的时间,才能把图看明白。

5.1.2 看图的步骤

一般按以下步骤来看图:先把目录和说明看一遍,了解是什么类型的建筑,是工业厂房还是民用房屋,建筑面积有多大,是单层、多层还是高层,是哪个建设单位和哪个设计单位,图纸共有多少张等;接下来按照图纸目录检查各类图纸是否齐全,图纸编号与图名是否符合。如采用相配套的标准图,则要了解标准图是哪一类的,图集的编号和编制的单位。

看图程序是先看设计总说明,以了解建筑概况、技术要求等,然后再进行看图。一般按目录的排列逐张往下看,如先看建筑总平面图,了解建筑物的地理位置、高程、坐标、朝向以及与建筑物有关的一些情况。作为一个施工技术人员,看了建筑总平面图之后,就需要进一步考虑施工时如何进行施工的平面布置。

看完建筑总平面图之后,一般先看施工图的平面图,从而了解房屋的长度、宽度、轴线间尺寸、开间进深大小、内部一般的布局等。看了平面图之后,可再看立面图和剖面图,从而达到对建筑物有一个总体的了解,能在头脑中形成这栋房屋的立体形象,能想象出建筑物的规模和轮廓。这就需要运用自己的生产实践经验和想象能力了。

对每张图纸经过初步全面阅览之后,在对建筑、结构、水、电设备有大致了解之后,就可以根据施工程序的先后,从基础施工图开始深入看图了。

先从基础平面图、剖面图了解挖土的深度,基础的构造、尺寸、轴线位置等开始仔细地看图。按照建筑→基础→上部钢结构+结合设施(包括各类详图)的施工程序进行看图,遇到问题可以先记下来,以便在继续看图中得到解决,或到设计交底时再提出得到答复。

在看基础施工图时,我们还应结合看地质勘探报告,了解土质情况,以便施工中核对土质构造,保证地基土的质量。

在图纸全部看完之后,可按不同工种有关的施工部分,将图纸再细读。如砌砖工序要了解墙多厚、多高,门、窗口多大,是清水墙还是混水墙,窗口有没有出屋檐,用什么过梁等。木工工序则关心哪里要支模板,如现浇钢筋混凝土梁、柱,就要了解梁、柱断面尺寸、标高、长度、高度等;除结构之外,木工工序还要了解门窗的编号、数量、类型和建筑上有关的木装修图纸。钢筋工序则凡是有钢筋的地方,都要看细,才能配料和绑扎。钢结构工序要了解钢材、结构形式、节点做法、组装放样、施工顺序等。其他工序都可以从图纸中看到施工需要的部分。除了会看图之外,有经验的技术人员还要考虑按图纸的技术要求,如何保证各工序的衔接以及工程质量和安全作业等。

随着生产实践经验的增长和看图知识的积累,在看图中还应该对照建筑图与结构图查看有无矛盾,构造上能否施工,支模时标高与砌砖高度能不能对口(俗称能不能交圈)等等。

通过看图纸,详细了解要施工的建筑物,在必要时边看图边做笔记,记下关键的内容,在忘记时备查。这些关键的东西是轴线尺寸,开间进深尺寸,层高,楼高,主要梁、柱截面尺寸、长度、高度;混凝土强度等级;砂浆强度等级等。当然在施工中不能一次看图就能将建筑物全部记住,还要再结合每个工序再仔细看与施工时有关的部分图纸。要做到按图施工无差错,才算把图纸看懂了。

在看图中如能把一张平面上的图形看成为一栋带有立体感的建筑形象,那就具有了一定的看图水平了。当然这种能力不是一朝一夕所能具备的,而要通过积累、实践、总结才能取得。

5.1.3 看图的注意事项

1. 施工图是根据投影原理绘制的,用图纸表明房屋建筑的设计及构造作法。要看懂施工图,应掌握投影原理并熟悉房屋建筑的基本构造。

2. 施工图采用了一些图例符号以及必要的文字说明,共同把设计内容表现在图纸上。因此要看懂施工图,还必须记住常用的图例符号。

3. 读图应从粗到细,从大到小。先大概看一遍,了解工程的概貌,然后再细看。细看时应先看总说明和基本图纸,然后再深入看构件图和详图。

4. 一套施工图是由各工种的许多张图纸组成的,各图纸之间是互相配合、紧密联系的。图纸的绘制大致按照施工过程中不同的工种、工序分成一定的层次和部位进行,因此要有联系地、综合地看图。

5. 结合实际看图。根据实践、认识、再实践、再认识的规律,看图时联系实践,就能比较快地掌握图纸的内容。

5.1.4 建筑图与结构图的综合识图方法

在实际施工中,我们要经常同时看建筑图和结构图。只有把两者结合起来看,把它们融合在一起,一栋建筑物才能进行施工。

1. 建筑图和结构图的关系

建筑图和结构图有相同点和不同点,也有相关联的地方。

相同点:轴线位置、编号都相同;墙体厚度应相同;过梁位置与门窗洞口位置应相符合等。因此凡是应相符合的地方都应相同,如果有不符合时,就有了矛盾,有了问题,在看图时应记下来,留在会审图纸时提出,或随时与设计人员联系,以便得到解决,使图纸对口才能施工。

不同点:建筑标高,有时与结构标高是不同的;结构尺寸和建筑(做好装饰后的)尺寸是不相同的;承重的结构墙在结构平面图上有,非承重的隔断墙则在建筑图上才有等。这些要从看图积累经验后,了解到从所需图纸中获取有关建筑物全貌的有用信息。

相关联点:民用建筑中,雨篷、阳台的结构图和建筑的装饰图必须结合起来看;如圈梁的结构布置图中圈梁通过门、窗口处对门窗高度有无影响,这时也要把两种图结合起来看;还有楼梯的结构图往往与建筑图结合在一起绘制等。工业建筑中,建筑部分的图纸与结构图纸很接近,如外墙围护结构绘在建筑图上,柱子具体配筋绘在结构图上,具体施工时还有如柱子与墙的拉结钢筋,因此要将两种图结合起来看。

2. 综合看图应注意的事项

查看建筑尺寸和结构尺寸有无矛盾之处。

建筑标高和结构标高之差,是否符合应增加的装饰厚度。

建筑图上的一些构造,在做结构时是否需要先做上预埋件或木砖之类。

结构施工时,应考虑建筑安装时尺寸上的放大或缩小。这在图上是没有具体标志的,但依据施工经验并看了两种图的配合后,应该预先想到应放大或缩小的尺寸。

以上几点只是应引起注意的一些方面,在看图时应全面考虑到施工,才能算真正领会和消化图纸。

5.2 钢结构的符号

5.2.1 型钢的符号

图纸上为了说明使用型钢的种类、型号,也可用符号表示,下面进行简单的介绍:

1. 工字钢:用"I"及号数表示,其中号数代表截面高度的厘米数,如果它的高度为30 cm,那么就表示成 I30。仅有热轧工字钢,无焊接组合工字钢。

I20 以上的工字钢根据腹板的厚度和翼缘宽度的不同,同号工字钢又分为 a、b 类型,I32 分为 a、b、c 三类。

2. H 型钢:用"H"表示,分为轧制 H 型钢和焊接组合 H 型钢。

轧制 H 型钢分为宽翼缘 H 型钢、中翼缘 H 型钢、窄翼缘 H 型钢三类,代号分别为 HW、HM、HN,其型号用相应代号和截面高度×翼缘宽度(单位为 mm),如 HW250×250。

焊接组合 H 型钢,有三块钢板焊接而成,仅用"H"表示,其型号用相应代号和截面高度×翼缘宽度×腹板厚度×翼缘厚度(单位为 mm),如 H350×200×8×12。

3. 槽钢:用"["表示。如果它的高度为 36 cm,那么就写成[36。

4. 角钢:分为等边和不等边两种,用"L"表示。分为等边角钢和不等边角钢。

等边角钢书写时,如其两边各为 60 mm 长、翼缘厚度 6 mm 时,则写成 L60×6;不等边角钢书写时,如其长边 75 mm 长、短边 60 mm 长、翼缘厚度 6 mm 时,则写成 L75×60×6。

5. 冷弯薄壁 C 型钢:用"C"表示,其型号用相应代号和截面高度×翼缘宽度×垂边长度×钢板厚度(单位为 mm),如 C160×60×20×2.0。

6. T型钢：用"T"表示，分为轧制T型钢和焊接组合T型钢。

轧制T型钢分为宽翼缘T型钢、中翼缘T型钢、窄翼缘T型钢三类，代号分别为TW、TM、TN，其型号用相应代号和截面高度×翼缘宽度（单位为mm），如TW200×400。

焊接组合T型钢，有两块钢板焊接而成，仅用"T"表示，其型号用相应代号和截面高度×翼缘宽度×腹板厚度×翼缘厚度（单位为mm），如T350×200×8×12。

7. 圆管（钢管）：用"D"或"ϕ"表示，其型号用相应代号和外径×壁厚（单位为mm），如D38×3、ϕ38×3。

8. 圆钢（钢筋）：用"ϕ"表示，其型号用相应代号和直径（单位为mm），如ϕ25。

9. 方管：用文字"箱"或"□"表示，其型号用相应代号和高×宽×壁厚（单位为mm），如□40×25×2。

10. 钢板和扁钢：钢板和扁钢用"—"符号表示，在"—"符号后注明数字。如8 mm厚的钢板或扁钢，其表示方法是—8；如用15 cm宽、6 mm厚的钢板或扁钢，其表示方法是—150×6；如用30 cm长、15 cm宽、6 mm厚的钢板或扁钢，其表示方法是—300×6×150。

型钢的标注方法见表5-1。

表5-1 常用型钢的标注方法

名称	截面	标注	说明
等边角钢		$b×t$	b为肢宽，t为肢厚。如L80×6表示等边角钢肢宽为80 mm，肢厚为6 mm。
不等边角钢		$B×b×t$	B为长肢宽，b为短肢宽，t为肢厚，如：L80×60×5表示不等边角钢肢宽分别为80 mm和60 mm，肢厚为5 mm
工字钢		N Q N	轻型工字钢加注Q字，N为工字钢的型号，如：I20a表示截面高度为200 mm的a类厚板工字钢
槽钢		N Q N	轻型槽钢加注Q字，N为槽钢型号。如Q25b表示截面高度为250 mm的b类轻型槽钢
方钢		b	如：□900表示边长为900 mm的方钢
扁钢		$—b×t$	如：—150×4表示宽度为150 mm，厚度为4 mm的扁钢

续表

名称	截面	标注	说明
钢板		$\dfrac{-b \times t}{l}$	$\dfrac{-宽 \times 厚}{板长}$ 如：$\dfrac{-100 \times 6}{1\,500}$ 表示钢板的宽度为 100 mm，厚度为 6 mm，长度为 1 500 mm
圆钢		ϕd	如：$\phi 30$ 表示圆钢的直径为 30 mm
钢管		$\phi d \times t$	如：$\phi 30 \times 8$ 表示圆钢的外径为 90 mm，壁厚为 8 mm
薄壁方钢管		B □ $b \times t$	薄壁型钢加注 B 字，如：B□50×2 表示边长为 50 mm，壁厚为 2 mm 的薄壁方钢管
薄壁等肢角钢		B ∟ $b \times t$	如：B∟50×2 表示薄壁等边角钢肢宽为 50 mm，壁厚为 2 mm
薄壁等肢卷边角钢		B $b \times a \times t$	如：B 60×20×2 表示薄壁等肢卷边角钢的肢宽为 60 mm，卷边宽度为 20 mm，壁厚为 2 mm
薄壁槽钢		B [$b \times a \times t$	如：B[60×20×2 表示薄壁槽钢截面高度为 60 mm，宽度为 20 mm，壁厚为 2 mm
薄壁卷边槽钢		B $h \times b \times a \times t$	如：B 180×60×20×2 表示薄壁卷边槽钢截面高度为 180 mm，宽度为 60 mm，卷边宽度为 20 mm，壁厚为 2 mm
薄壁卷边 Z 型钢		B $h \times b \times a \times t$	如：B 120×60×30×2 表示薄壁卷边 Z 型钢截面高度为 120 mm，宽度为 60 mm，卷边宽度为 30 mm，壁厚为 2 mm
T 型钢		TW$h \times b$ TM$h \times b$ TN$h \times b$	热轧 T 型钢：TW 为宽翼缘，TM 为中翼缘，TN 为窄翼缘。如：TW200×400 表示截面高度为 400 mm，宽度为 200 mm 的宽翼缘 T 型钢

续表

名称	截面	标注	说明
热轧 H 型钢		HW$h×b$ HM$h×b$ HN$h×b$	热轧 H 型钢：HW 为宽翼缘，HM 为中翼缘，HN 为窄翼缘。 如：HM400×300 表示截面高度为 400 mm，宽度为 300 mm 的中翼缘热轧 H 型钢
焊接 H 型钢		H$h×b×t_1×t_2$	焊接 H 型钢，如：H200×100×3.5×4.5 表示截面高度为 200 mm，宽度为 100 mm，腹板厚度为 3.5 mm，翼缘厚度为 4.5 mm 的焊接 H 型钢
起重机钢轨		QU××	×× 为起重机轨道型号
轻轨及钢轨		××kg/m 钢轨	×× 为轻轨或钢轨型号

5.2.2 压型钢板、夹芯保温板的符号

采用彩色压型钢板或保温夹芯板做建筑的维护结构屋面与墙面，是钢结构工业厂房与民用建筑的常用做法，它具有施工简便、施工周期较短、经济实用的特点。屋面与墙面的承重结构是轻钢龙骨组成的檩条体系。

1. 压型钢板

压型钢板是采用镀锌钢板、冷轧钢板、彩色钢板等作原料，经辊压冷弯成各种波形的压型板，具有轻质高强、美观耐用、施工简便、抗震防火的特点。它的加工和安装已做到标准化、工厂化、装配化。

我国的压型钢板是由冶金工业部建筑研究总院首先开发研制成功的，至今已有十多年历史。目前已有《建筑压型钢板》(GS/T12755-1991)和《压型金属板设计施工规程》，并已正式列入《冷弯薄壁型钢结构技术规范》(GB 50018-2002)中使用。

压型钢板的截面呈波形，从单波到 6 波，板宽 360～900 mm。大波为 2 波，波高 75～130 mm；小波（4～7 波），波高 14～38 mm；中波（2～4 波），波高达 51 mm。板厚 0.6～1.6 mm（一般可用 0.6～1.0 mm）。压型钢板的最大允许檩距，可根据支承条件、荷载及芯

板厚度,由设计人选用。

压型钢板的重量为 0.07~0.14 kN/m²。分长尺和短尺两种。一般采用长尺,板的纵向可不搭接。适用于平波的梯形屋架和门式刚架。

压型钢板用"YXH-S-B-t"表示,压型钢板用 YX 表示。其中 YX 指压型钢板中压型的汉语拼音首字母,H 表示压型钢板波高,S 表示压型钢板的波距,B 表示压型钢板的有效覆盖宽度,t 表示压型钢板的厚度,如图 5-1 所示。

例如:YX130-300-600-1.0 表示压型钢板的波高为 130 mm、波距为 300 mm、有效的覆盖宽度为 600 mm、厚度为 1.0 mm,如图 5-2 所示。

又如:YX173-300-300 表示压型钢板的波高为 173 mm、波距为 300 mm、有效覆盖宽度为 300 mm,如图 5-3 所示。压型钢板的厚度可在说明材料性能时一并说明。

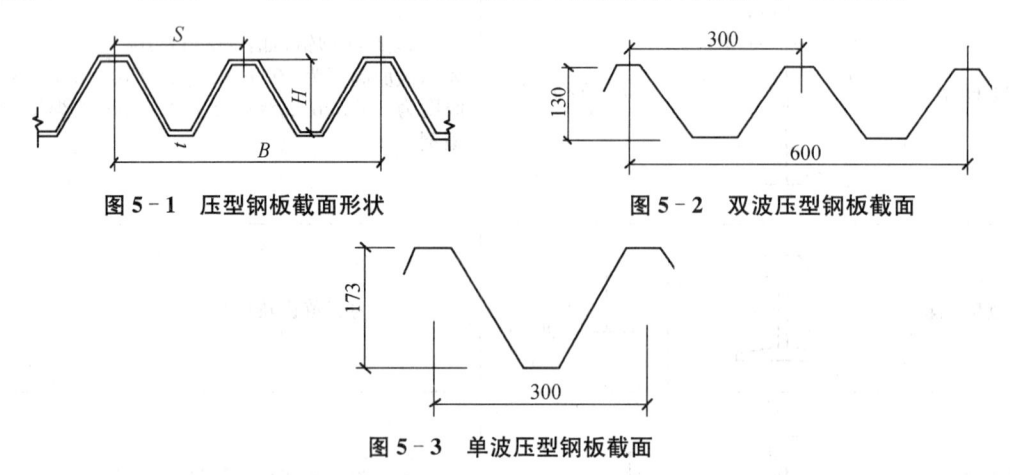

图 5-1 压型钢板截面形状

图 5-2 双波压型钢板截面

图 5-3 单波压型钢板截面

2. 保温夹芯板

实际上这是一种保温和隔热与面板一次成型的双层压型钢板。由于保温和隔热芯材的存在,芯材的上、下均需加设钢板。上层为小波的压型钢板,下层为小肋的平板。芯材可采用聚氨酯、聚苯或岩棉,芯材与上下面板一次成型,也有在上下两层压型钢板间在现场增设玻璃棉保温和隔热层的做法。

保温夹芯板的重量为 0.12~0.25 kN/m²。一般采用长尺,板长不超过 12 m,板的纵向可不搭接,也适用于平坡的梯形屋架和门式刚架。

保温夹芯板用"JxB"表示,其型号用相应代号和肋高—肋距—单个板宽—板厚(单位为 mm),如:JxB45-500-1000-75,面板厚由查表知,为固定数值 0.6 mm。又如 JxB-Qy-1000 表示墙面保温夹芯板,单个板宽 1 000 mm,面板厚由查表知,为固定数值 0.5 mm。

5.2.3 钢结构构件的符号

为了书写简便,结构施工图中构件中的梁、柱、板等,一般用汉语拼音字母代表构件名称,常用的构件代号见表 5-2。

表 5-2　常用构件代号

序号	名称	代号	序号	名称	代号	序号	名称	代号
1	檩条	LT	8	钢架	GJ	15	吊车安全走道板	DB
2	吊车梁	DL	9	柱间支撑	ZC	16	墙板	QB
3	连系梁	LL	10	垂直支撑	CC	17	天沟板	TGB
4	基础梁	JL	11	水平支撑	SC	18	支架	ZJ
5	屋架	WJ	12	柱	Z	19	基础	J
6	屋面梁	WL	13	托架	TJ	20	设备基础	SJ
7	钢梁	GL	14	天窗架	CJ	21		

5.3　螺栓的表示

螺栓的表示方法见表 5-3。

表 5-3　螺栓、孔、电焊铆钉的表示方法

名称	图例	说明
永久螺栓		(1) 细"+"表示定位线； (2) M 表示螺栓型号； (3) ϕ 表示螺栓孔直径； (4) 采用引出线表示螺栓时,横线上标注螺栓规格,横下下标注螺栓孔直径
高强螺栓		
安装螺栓		
胀锚螺栓		d 表示膨胀螺栓、电焊铆钉的直径。
圆形螺栓孔		

续表

名称	图例	说明
长圆形螺栓孔		
电焊铆钉		

5.4 焊缝的表示

5.4.1 焊缝符号的表示及相关规定

1. 焊缝的引出线由箭头和两条基准线组成,其中一条为实线,另一条为虚线。线型均为细线,如图 5-4 所示。

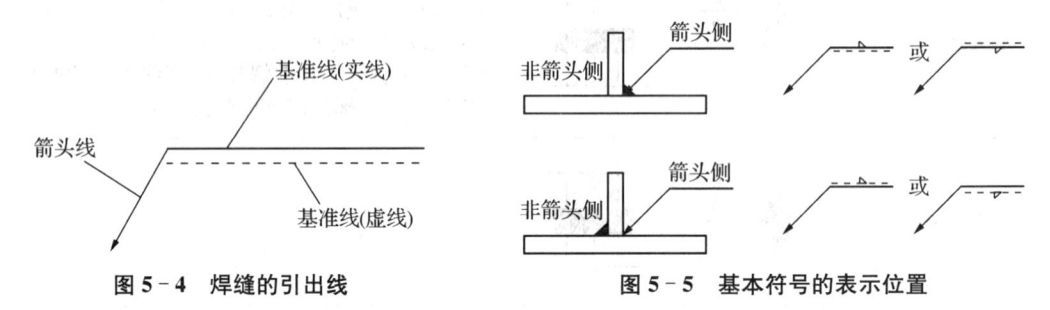

图 5-4 焊缝的引出线

图 5-5 基本符号的表示位置

2. 基准线虚线可以画在基准线实线的上侧,也可画在下侧,基准线一般应与图样的标题栏平行,仅在特殊条件下才与标题栏垂直。

3. 若焊缝处在接头的箭头侧,则基本符号标注在基准线的实线侧;若焊缝处在接头的非箭头侧,则基本符号标注在基准线的虚线侧,如图 5-5 所示。

4. 当为双面对称焊缝时,基准线可不加虚线,如图 5-6 所示。

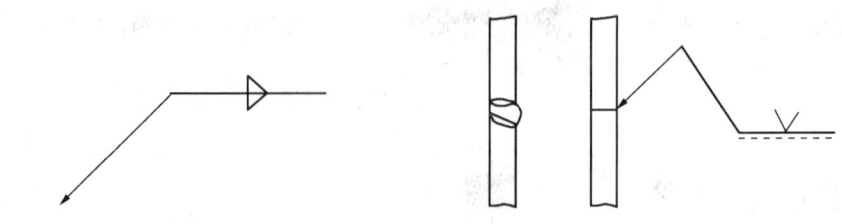

图 5-6 双面对称焊缝的引出线及符号

图 5-7 单边形焊缝的引出线

5. 箭头线相对焊缝的位置一般无特殊要求,但在标注单边型焊缝时箭头线要指向带有坡口一侧的工件,如图5-7所示。

6. 基本符号、补充符号与基准线相交或相切,与基准线重合的线段,用粗实线表示。

7. 焊缝的基本符号、辅助符号和补充符号(尾部符号除外)一律为粗实线,尺寸数字原则上亦为粗实线,尾部符号为细实线,尾部符号主要是标注焊接工艺、方法等内容。

8. 在同一图形上,当焊缝形式、断面尺寸和辅助要求均相向时,可只选择一处标注焊缝的符号和尺寸,并加注"相向焊缝的符号",相同焊缝符号为3/4圆弧,画在引出线的转折处,如图5-8(a)所示。

在同一图形上,有数种相同焊缝时,可将焊缝分类编号,标注在尾部符号内。分类编号采用A、B、C……在同一类焊缝中可选择一处标注代号,如图5-8(b)所示。

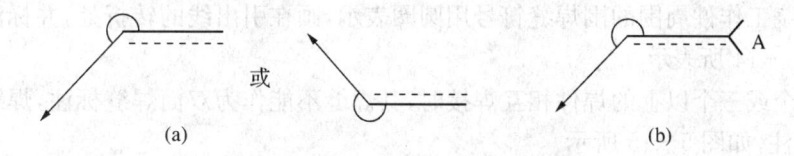

图 5-8 相同焊缝的引出线及符号

9. 熔透角焊缝的符号应按图5-9方式标注。熔透角焊缝的符号为涂黑的圆圈,画在引出线的转折处。

10. 图形中较长的角焊缝(如焊接实腹钢梁的翼缘焊缝),可不用引出线标注,而直接在角焊缝旁标注焊缝尺寸值K,如图5-10所示。

图 5-9 熔透角焊缝的标注方法　　**图 5-10 较长焊缝的标注方法**

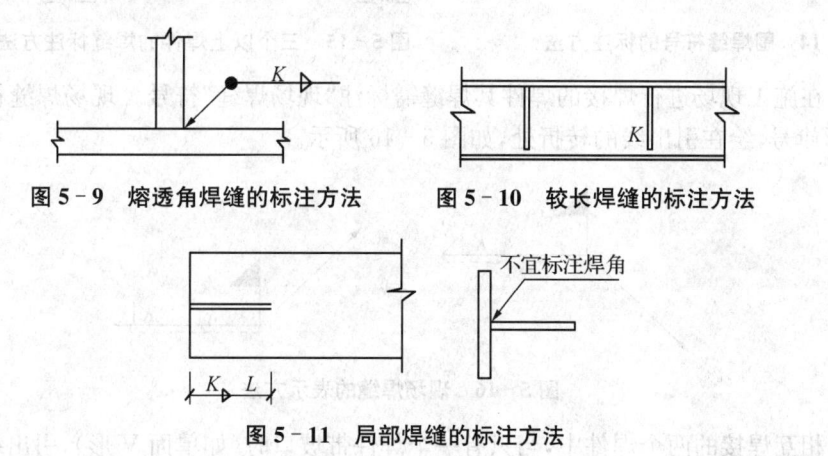

图 5-11 局部焊缝的标注方法

11. 在连接长度内仅局部区段有焊缝时,标注如图5-11所示。K为角焊缝焊脚尺寸。

12. 当焊缝分布不规则时,在标注焊缝符号的同时,在焊缝处加中实线表示可见焊缝,或加栅线表示不可见焊缝,标注方法如图5-12所示。

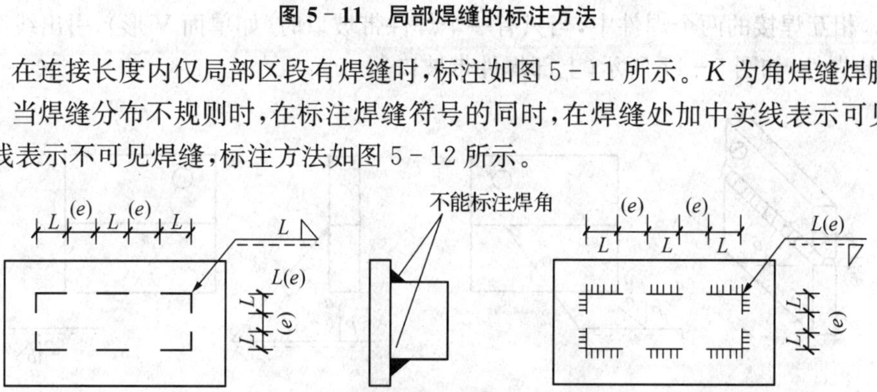

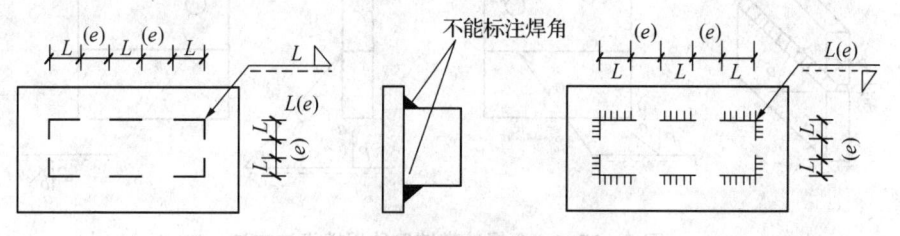

图 5-12 不规则焊缝的标注方法

13. 相互焊接的两个焊件,当为单向带双边不对称坡口焊缝时,引出线箭头指向较大坡口的焊件,如图 5-13 所示（$a_1 \geqslant a_2$）。

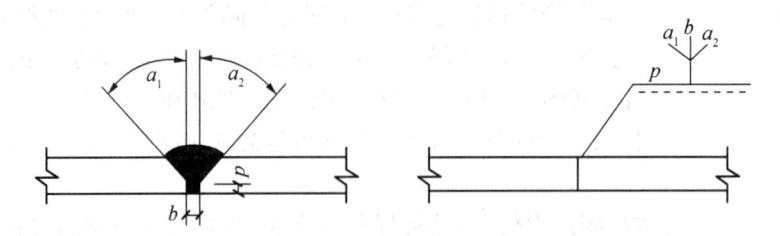

图 5-13　单面不对称坡口焊缝的标注方法

14. 环绕工作件周围的围焊缝符号用圆圈表示,画在引出线的转折处,并标注其焊角尺寸 K,如图 5-14 所表示。

15. 三个或三个以上的焊件相互焊接时,其焊缝不能作为双面焊缝标注,焊缝符号和尺寸应分别标注,如图 5-15 所示。

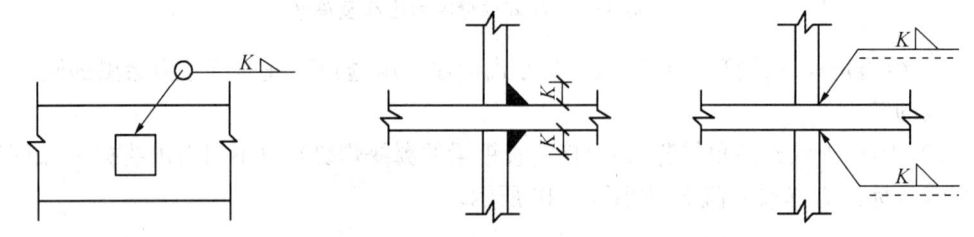

图 5-14　围焊缝符号的标注方法　　　图 5-15　三个以上焊件的焊缝标注方法

16. 在施工现场进行焊接的焊件其焊缝需标注"现场焊缝"符号。现场焊缝符号为涂黑的三角形旗号,绘在引出线的转折处,如图 5-16 所示。

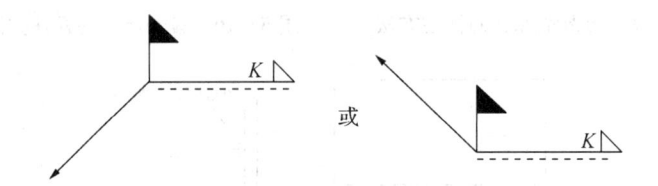

图 5-16　现场焊缝的表示方法

17. 相互焊接的两个焊件中,当只有一个焊件带坡口时(如单面 V 形),引出线箭头指向带坡口的焊件,如图 5-17 所示(上部焊件带坡口)。

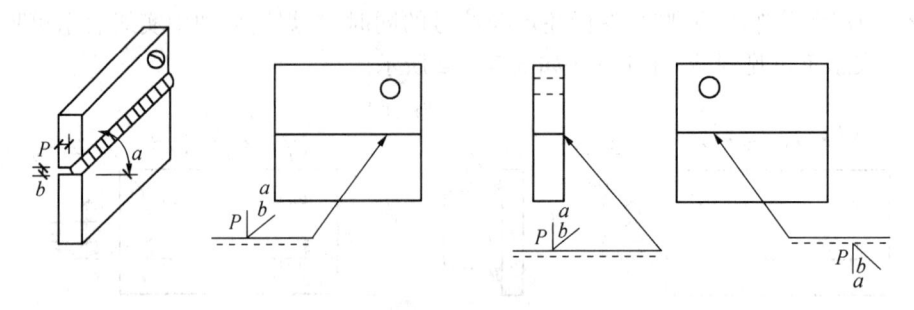

图 5-17　一个焊件带坡口的焊缝标注方法

5.4.2 常用焊缝的标注方法

常用焊缝的标注方法见表 5-4。

表 5-4 常用焊缝的标注方法

焊缝名称	型式	标准标注方法	习惯标注方法(或说明)
I 型焊缝			b 焊件间隙(施工图中可不标注)
单边 V 型焊缝			β 施工图中可不标注
带钝边单边 V 型焊缝			P 的高度称钝边,施工图中可不标注
带垫板 V 型焊缝			a 施工图中可不标注
带垫板 V 型焊缝			焊件较厚时
Y 型焊缝			
带垫板 Y 型焊缝			
双单边 V 型焊缝			

续表

焊缝名称	型式	标准标注方法	习惯标注方法（或说明）
双V型焊缝			
T型接头双面焊缝			
T型接头带钝边双单边V型焊缝（不焊透）			
T型接头带钝边单边V型焊缝（焊透）			
双面角焊缝			
双面角焊缝			
T型接头角焊缝			
双面角焊缝			

续表

焊缝名称	型式	标准标注方法	习惯标注方法(或说明)
周围角焊缝			
三面围角焊缝			
L型围角焊缝			
双面L型围角焊缝			
双面角焊缝			
双面角焊缝			
槽焊缝			

续表

焊缝名称	型式	标准标注方法	习惯标注方法（或说明）
喇叭型焊缝			
双面喇叭型焊缝			
不对称 Y 型焊缝			
断续角焊缝			
交错断续角焊缝			
塞焊缝			
塞焊缝			

续表

焊缝名称	型式	标准标注方法	习惯标注方法（或说明）
较长双面角焊缝			
单面角焊缝			
双面角焊缝			
平面封底 V 型焊缝			

注：在实际应用中基准线中的虚线经常被省略。

5.5 钢结构施工图的常用图例

图例是施工图纸上用图形来表示一定含义的符号，具有一定的形象性，可向读者表达所代表的内容。下面将一般建筑和结构施工图中的图例分类绘制成表。

5.5.1 表示水平及垂直运输装置的图例（见表 5-5）

表 5-5 水平及垂直运输装置的图例

名称	图例	说明	名称	图例	说明
铁路		本图例适用标准轨距，使用时注明轨距	起重机轨道		

续表

名称	图例	说明	名称	图例	说明
电动葫芦	$G=l$	上图表示立面，下图表示平面，G_{rw} 表示起重量	桥式起重机	$G=l$ $S=m$	S 表示跨度
			电梯		电梯应注明类型门和平衡锤的位置应按实际情况绘制

5.5.2 钢筋焊接接头标志的图例(见表5-6)

表5-6 钢筋焊接接头标注方法

名称	接头形式	标注方法	名称	接头形式	标注方法
单面焊接的钢筋接头			接触对焊（闪光焊）的钢筋接头		
双面焊接的钢筋接头			坡口平焊的钢筋接头	60° b	60° b
用帮条单面焊接的钢筋接头					
用帮条双面焊接的钢筋接头			坡口立焊的钢筋接头	45° b	45° b

5.5.3 钢结构中使用的有关图例(见表5-7～表5-10)

表5-7 孔、螺栓、铆钉图例

名称	图例	说明	名称	图例	说明
永久螺栓		(1)细"+"线表示定位线 (2)必须标注孔、螺栓、铆钉的直径	安装螺栓		(1)细"+"线表示定位线 (2)必须标注孔、螺栓、铆钉的直径
高强螺栓			螺栓、铆钉的圆孔		

表5-8 钢结构焊缝图形符号

焊缝名称	焊缝形式	图形符号	焊缝名称	焊缝形式	图形符号
V形		∨	单边V形（带根）		⊬
V形(带根)		Y	形		‖
不对称V型(带根)		⩔	贴角焊		◺
单边V形		⋁	塞焊		⏢

表5-9 焊缝的辅助符号

符号名称	辅助符号	标志方法	焊缝形式
相同焊缝	○		
安装焊缝	⊦		
三面焊缝	⊐	⊏h ⊓h	

续表

符号名称	辅助符号	标志方法	焊缝形式
周围焊缝	□		
断续焊缝	Ⅰ		

表 5-10 常用焊缝接头的焊缝代号标志方法

图形	焊缝形式	标志方法
对接Ⅰ形焊缝		
对接Ⅰ形焊缝		
对接Ｖ形焊缝		
对接单边Ｖ形焊缝		
对接Ｖ形带根焊缝		
搭接周边焊缝		
贴角焊缝		
Ｔ形接头		

续表

图形	焊缝形式	标志方法
对接 V 形带根焊缝		
搭接周边焊缝		
贴角焊缝		
T 形接头		

5.6 节点详图的识读

钢结构的连接有焊缝连接、铆钉连接、普通螺栓连接和高强度螺栓连接,连接部位统称为节点。连接设计是否合理,直接影响到结构的使用安全、施工工艺和工种造价,所以钢结构节点设计同构件或结构本身的设计一样重要。钢结构节点设计的原则是安全可靠、构造简单、施工方便和经济合理。

在识读节点施工详图时,特别要注意连接件(螺栓、铆钉和焊缝)和辅助件(拼接板、节点板、垫块等)的型号、尺寸和位置的标注,螺栓(或铆钉)在节点详图上要了解其个数、类型、大小和排列;焊缝要了解其类型、尺寸和位置;拼接板要了解其尺寸和放置位置。

在具备了钢结构施工图基本知识的基础上,即可对钢结构节点详图进行分类识读。

柱拼接连接如图 5-18 所示。

变截面柱详图主要是了解 H 型钢变截面处采用的钢板与连接方式,如图 5-19 所示。

梁拼接详图关键是了解高强螺栓的数量与连接节点板的做法,如图 5-20 所示。

主次梁侧向连接与梁柱刚性连接均是采用节点板与高强螺栓,从详图中了解强螺栓的型号与做法。主次梁侧向连接详图如图 5-21 所示。

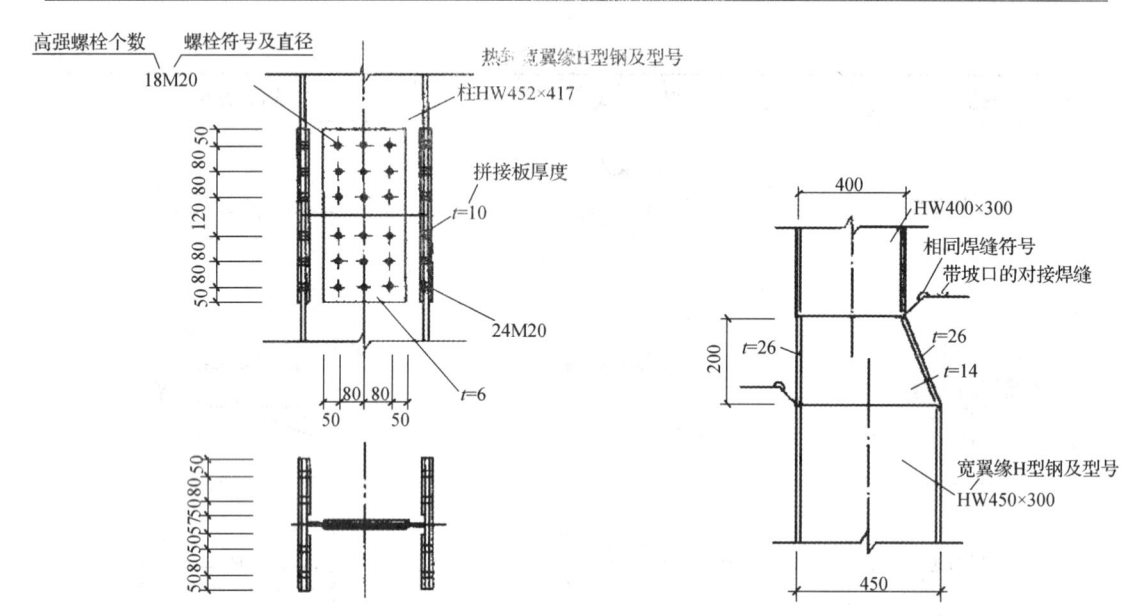

图 5-18 柱拼接连接详图（双盖板拼接）

图 5-19 变截面柱偏心拼接连接详图

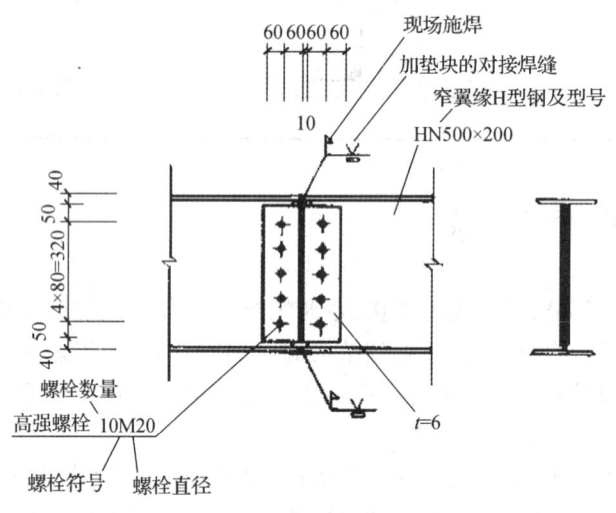

图 5-20 梁拼接连接详图（刚接）

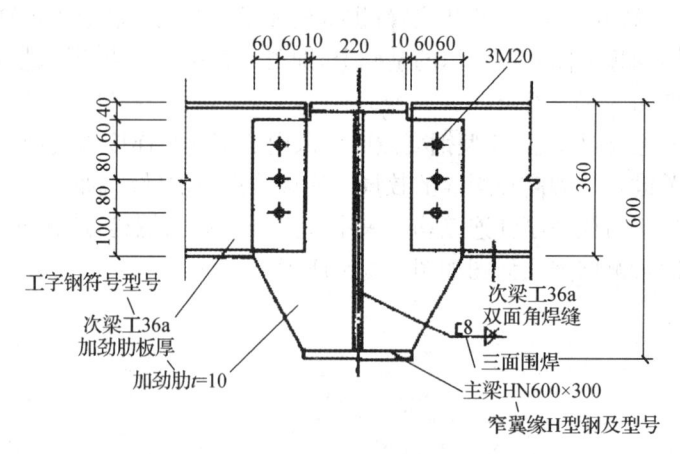

图 5-21 主次梁侧向连接详图（铰接）

梁柱刚性连接做法如图 5-22 所示。
梁柱半刚性连接做法如图 5-23 所示。

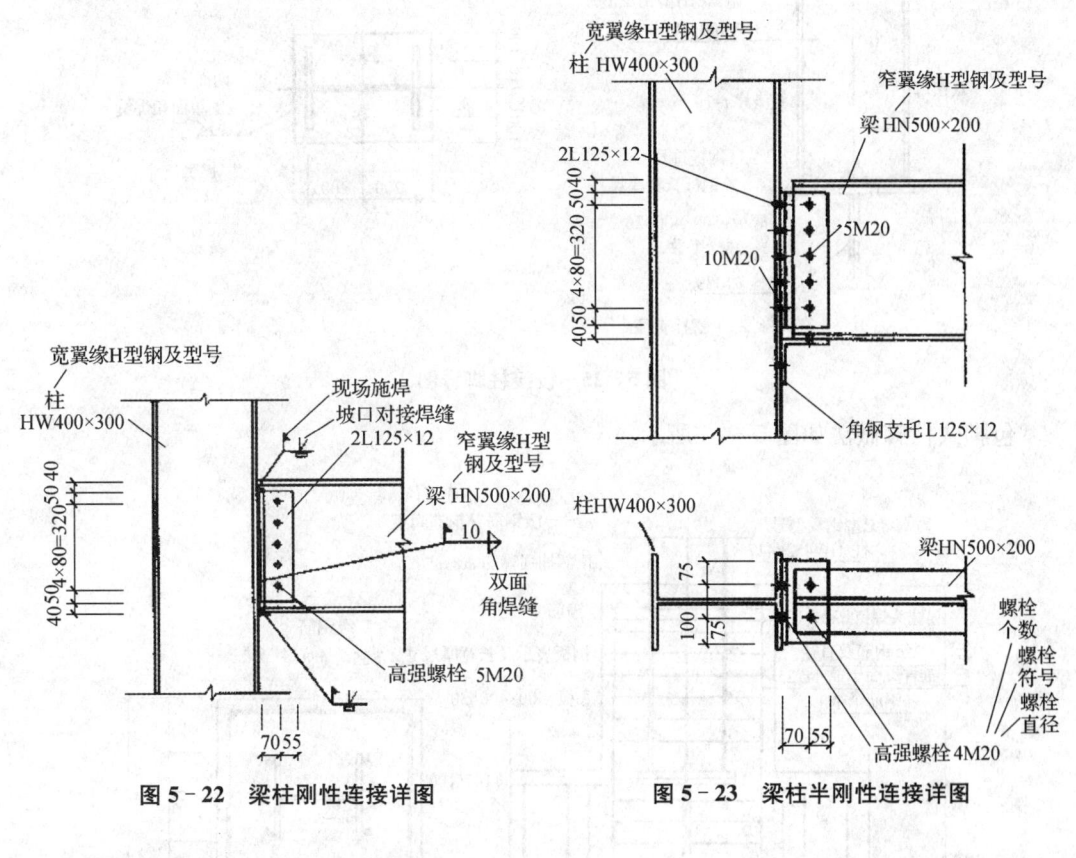

图 5-22 梁柱刚性连接详图

图 5-23 梁柱半刚性连接详图

梁柱铰接连接如图 5-24 所示。

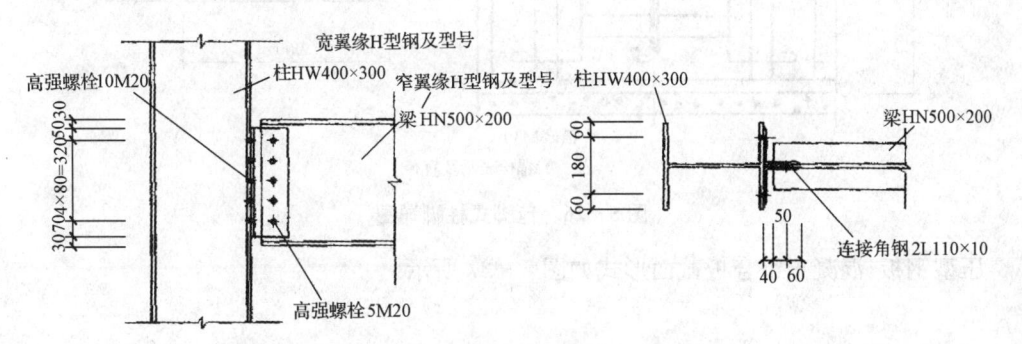

图 5-24 梁柱铰支连接详图

钢柱脚铰接做法用螺栓连接如图 5-25 所示。

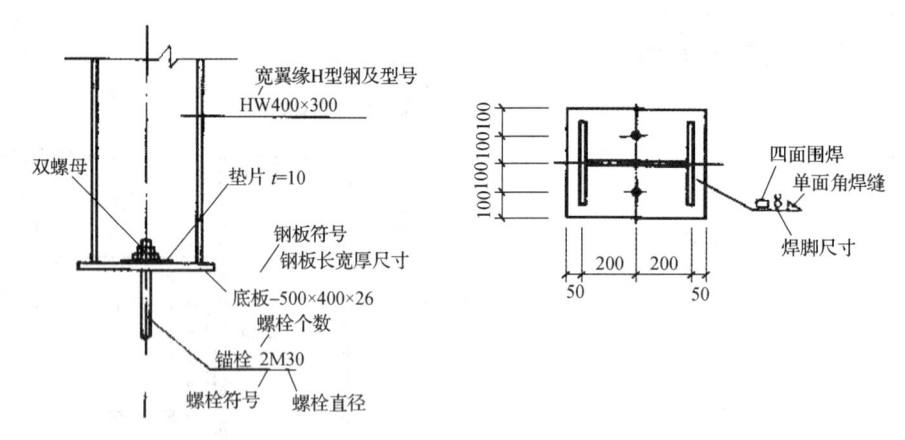

图 5‑25 铰接柱脚详图

包脚式柱脚做法如图 5‑26 所示。

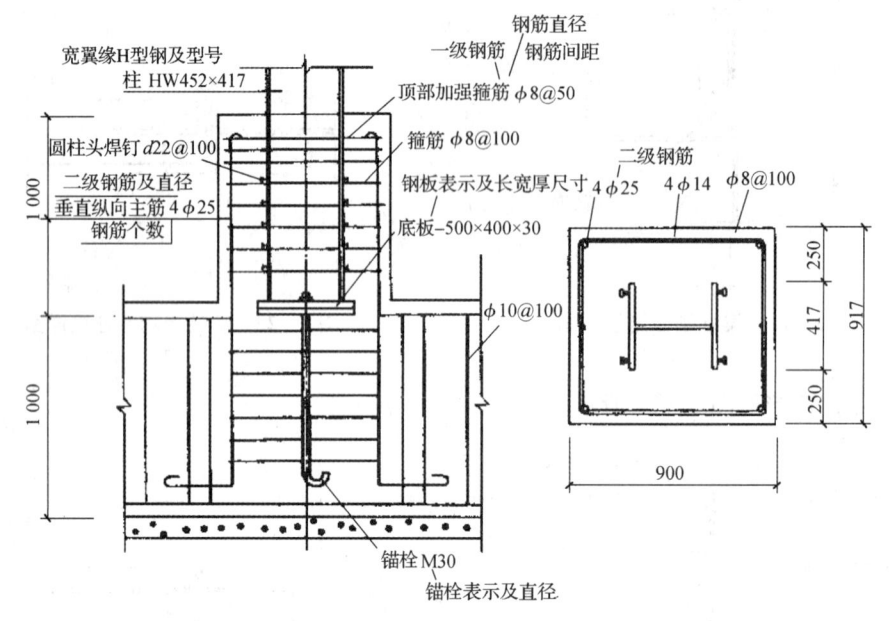

图 5‑26 包脚式柱脚详图

压型钢板‑混凝土组合板截面形式如图 5‑27 所示。

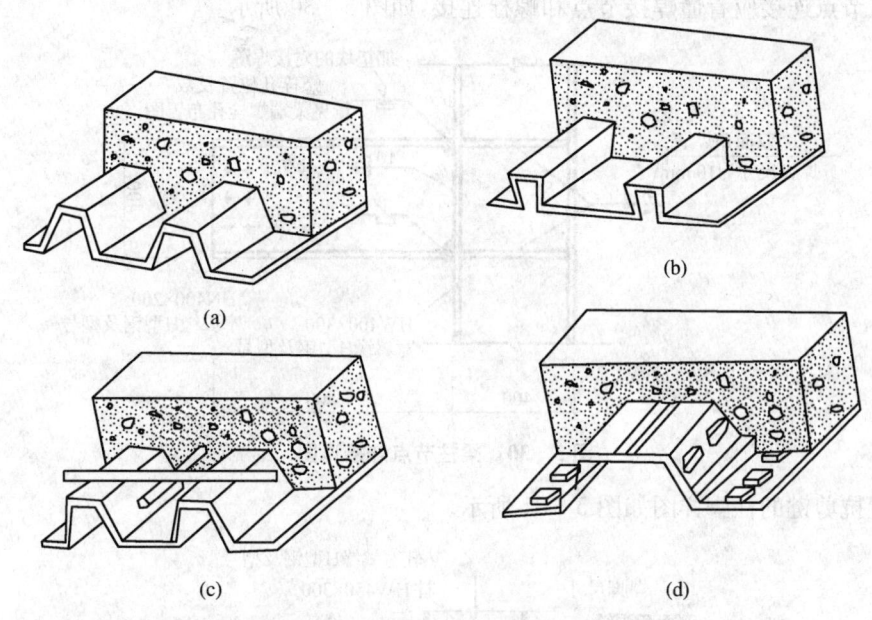

图 5-27 压型钢板-混凝土组合板截面形式

(a) 无附加抗剪措施的压型板；(b) 带锚固件的压型钢板；(c) 有抗剪键的压型钢板

钢梁与混凝土墙连接详图如图 5-28 和图 5-29 所示。

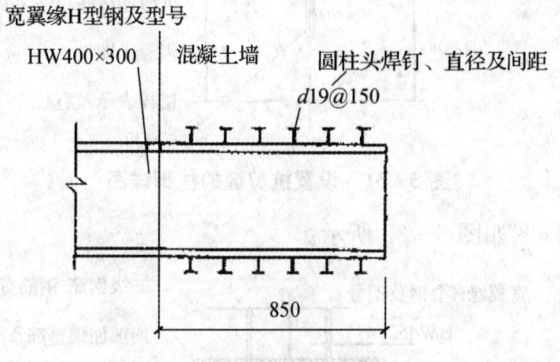

图 5-28 钢梁与混凝土墙连接详图

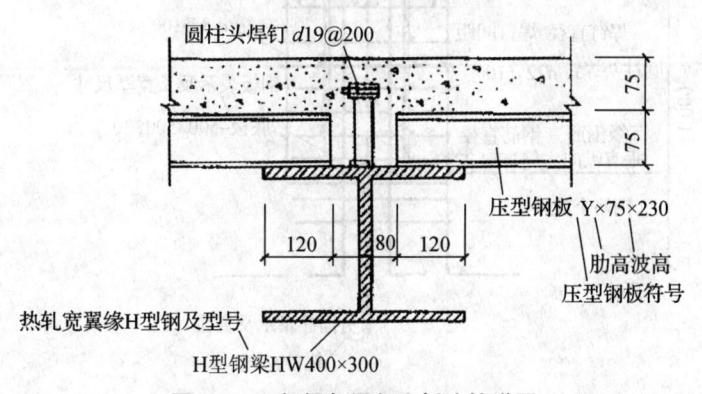

图 5-29 钢梁与混凝土板连接详图

梁柱节点连接应看懂焊接节点和螺栓连接，如图 5-30 所示。

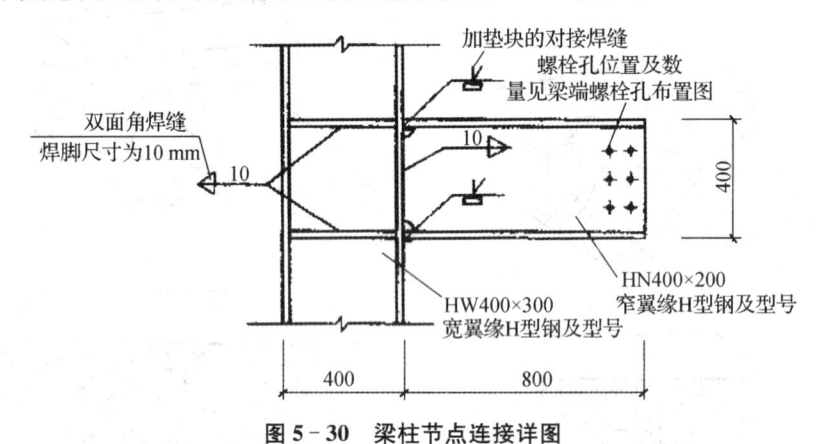

图 5-30 梁柱节点连接详图

设置抗剪键的柱脚详图如图 5-31 所示。

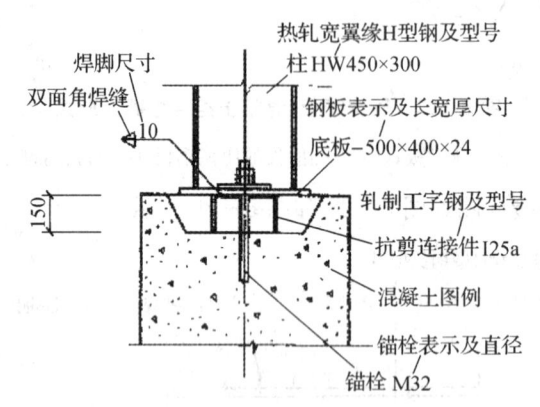

图 5-31 设置抗剪键的柱脚详图

埋入式刚性柱脚详图如图 5-32 所示。

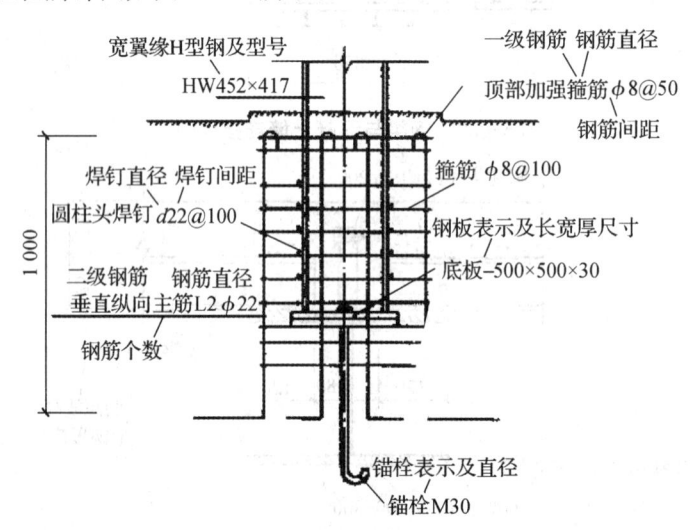

图 5-32 埋入式刚性柱脚详图

工字钢支撑节点详图如图 5-33 所示。

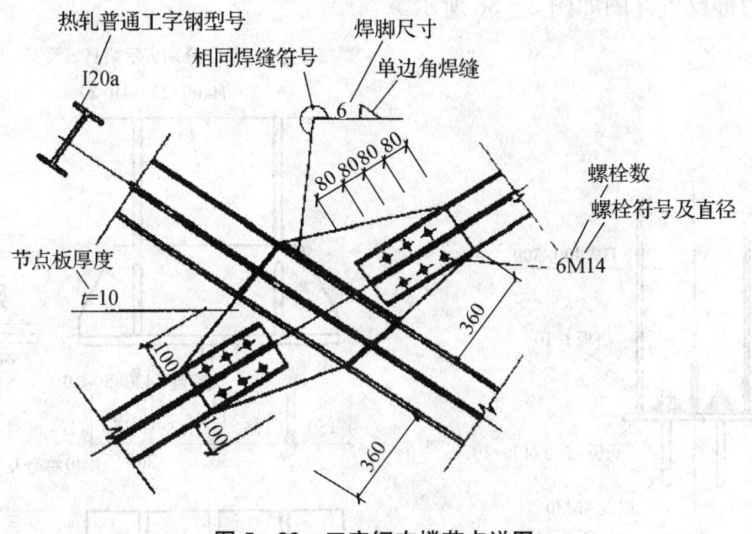

图 5-33 工字钢支撑节点详图

钢梁与混凝土构件刚性连接详图如图 5-34 所示。
组合梁板连接详图如图 5-35 所示。

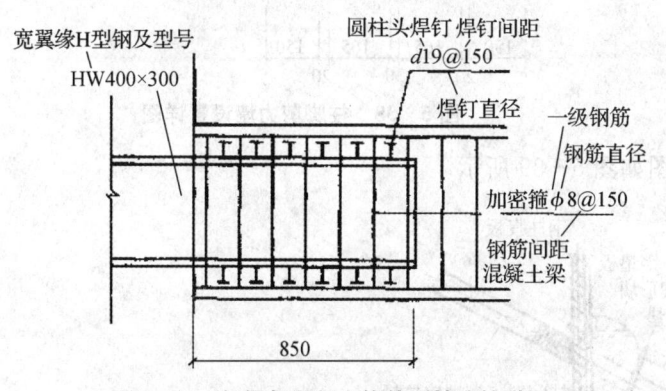

图 5-34 钢梁与混凝土构件刚性连接详图

图 5-35 组合梁板连接详图

梁腹板开洞(圆洞)补强详图如图 5-36 所示。

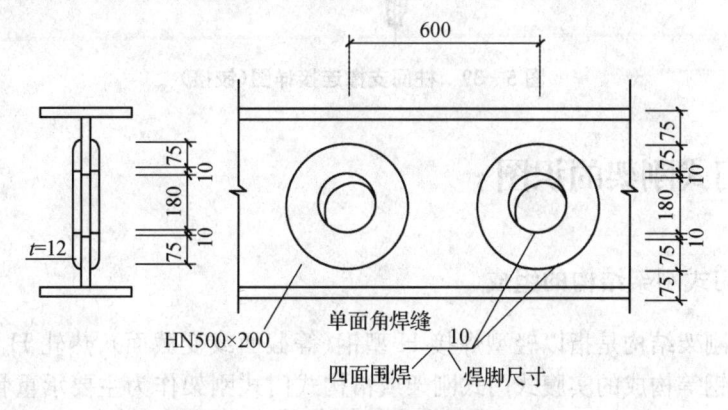

图 5-36 梁腹板开洞(圆洞)补强详图

铰接柱脚详图如图 5-37 所示。

柱脚剪力键设置详图如图 5-38 所示。

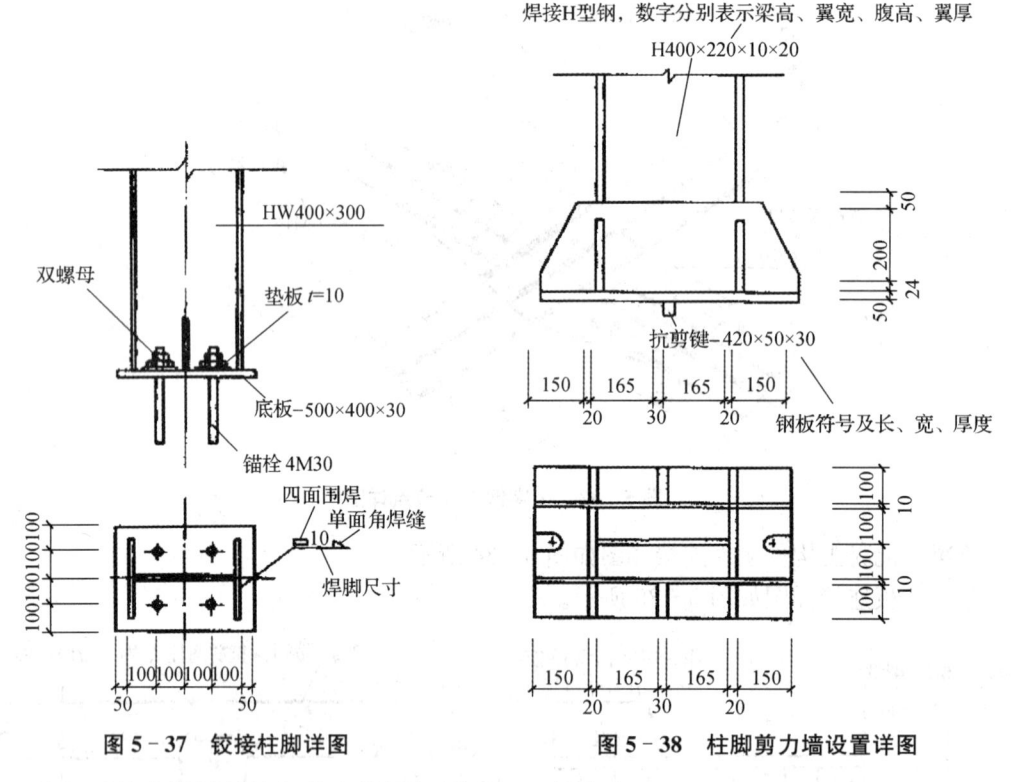

图 5-37 铰接柱脚详图

图 5-38 柱脚剪力墙设置详图

柱间柔性支撑螺栓拉杆节点详图如图 5-39 所示。

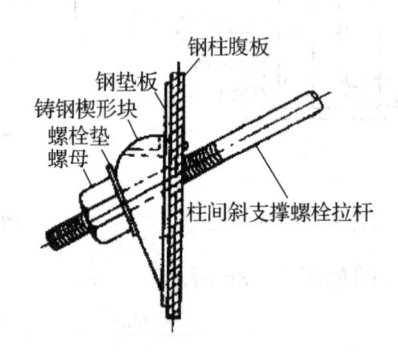

图 5-39 柱间支撑连接详图（铰接）

5.7 门式刚架的识图

5.7.1 门式刚架结构的组成

单层门式刚架结构是指以轻型焊接 H 型钢（等截面或变截面）、热轧 H 型钢（等截面）或冷弯薄壁型钢等构成的实腹式门式刚架或格构式门式刚架作为主要承重骨架；用冷弯薄壁型钢（槽形、卷边槽形、Z形等）做檩条、墙梁；以压型金属板（压型钢板、压型铝板）做屋面、墙面；采用聚苯乙烯泡沫塑料、硬质聚氨酯泡沫塑料、岩棉、矿棉、玻璃棉等作为保温隔热材料并适当设置支撑的一种轻型房屋结构体系。

单层轻型钢结构房屋的组成如图5-40所示。

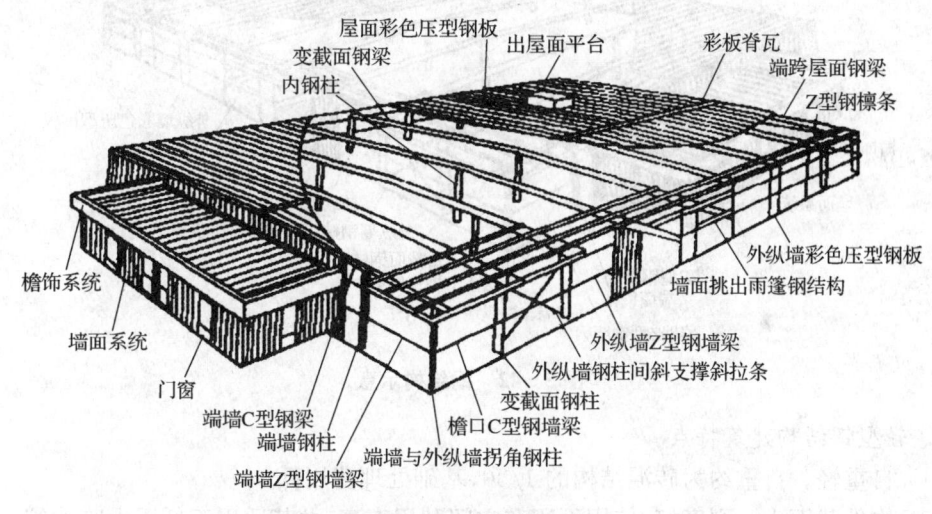

图 5-40 钢结构示意

在目前的工程实践中，门式刚架的梁、柱构件多采用焊接变截面的 H 型截面，单跨刚架的梁柱节点采用刚接，多跨者大多刚接和铰接并用。柱脚可与基础刚接或铰接。围护结构采用压型钢板的居多，玻璃棉则由于其具有自重轻、保温隔热性能好及安装方便等特点，用作保温隔热材料最为普遍。

保温轻型钢建筑示意，如图5-41所示。

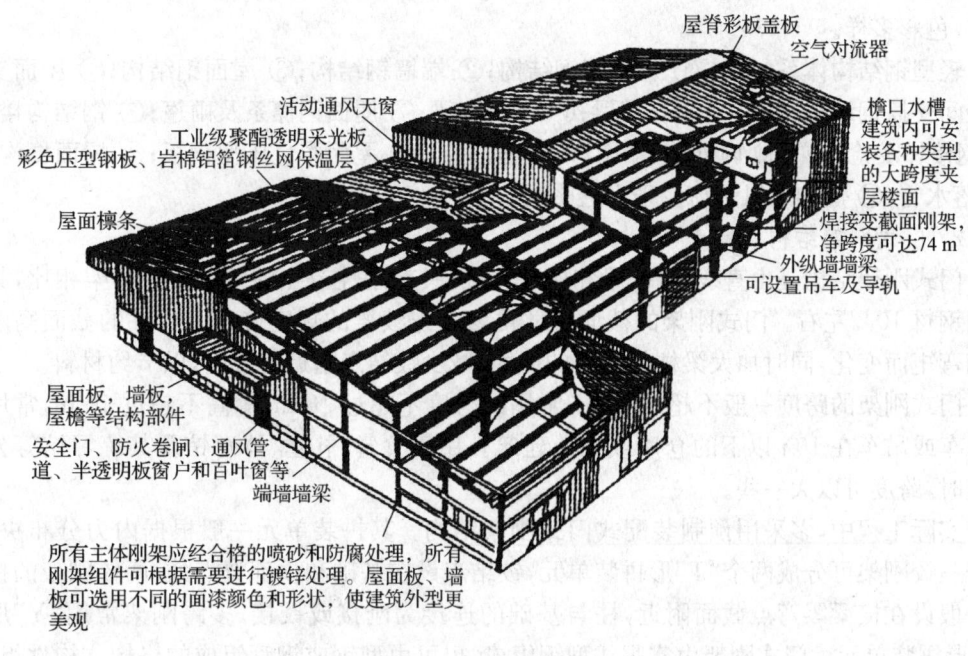

图 5-41 钢结构示意

不保温轻型钢建筑示意,如图 5-42 所示。

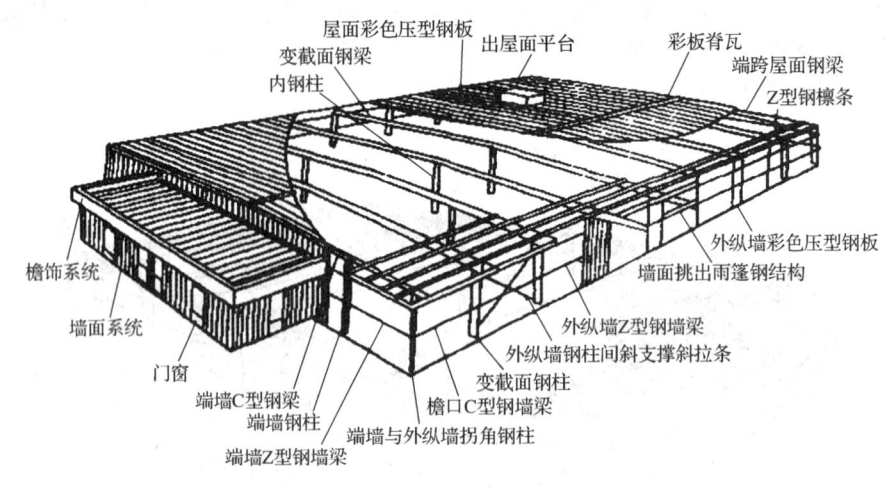

图 5-42 钢结构示意

1. 轻型钢结构建筑特点

(1) 自重轻。自重约为砖混结构的 1/30,基础处理费用低。

(2) 构件截面小。刚度好,使用面积和空间利用率高,尤其适用于低层大跨建筑。

(3) 施工周期短,施工占地小。

(4) 可多次拆装,重复使用,回收率达 70%。

(5) 抗腐蚀性强,耐久性好可靠性高,适用露天厂房、仓库等,使用寿命为 15~25 年。

(6) 保温隔热、隔声性能好,可供选择的不同型号屋面板、墙板、导热系数仅为 0.017 5~0.035 kW/(m·℃),隔热效果可达同等厚度砖墙的 15 倍以上,隔声效果达 30~40 dB。

(7) 屋面及墙面采用轻质复合板或彩包压型钢板,整体性好,抗风、抗震能力强,轻巧、大方,色彩多样。

轻型钢结构体系包括:① 外纵墙钢结构;② 端墙钢结构;③ 屋面钢结构;④ 屋面支撑及柱间支撑钢结构;⑤ 内外钢托架梁;⑥ 钢吊车梁;⑦ 屋面钢檩条及雨篷;⑧ 钢结构楼板;⑨ 钢楼梯及检修梯;⑩ 内外墙、端墙彩色压型钢板;⑪ 屋面彩色压型钢板;⑫ 屋面檐沟、天沟、落水管;⑬ 屋向通风天窗及采光透明瓦。

2. 门式刚架结构的特点

门式刚架结构是由直线杆件(梁和柱)组成的具有刚性节点的结构。与排架相比,其可节约钢材 10% 左右。门式刚架的截面尺寸可参考连续梁的规定确定。杆件的截面高度最好随弯矩而变化,同时加大梁柱相交处的截面,减少铰结点附近的截面,以节约材料。

门式刚架的跨度一般不超过 40 m,常用的跨度不超过 18 m,檐高不超过 10 m,常用于无吊车或吊车在 10 t 以下的仓库或工业建筑。用于食堂、礼堂、体育馆及其练习馆等公共建筑时,跨度可以大一些。

实际工程中,多采用预制装配式门式刚架结构。其拼装单元一般根据内力分布决定。单跨三铰刚架可分成两个"T"形拼装单元,铰结点设在基础和顶部脊点处;两铰刚架的拼装点一般设在横梁零弯点截面附近,柱与基础的连接为刚接或铰接;多跨刚架常用"Y"形和"T"形拼装单元。门式刚架由实腹式型钢组成,也可由型钢或钢管组成的格构式构件组成。

一般的重型单层厂房就是由钢屋架(梁)与钢柱(实腹式或格构式)组成的无铰门式刚接结构。常见的门式刚架形式如图5-43所示。

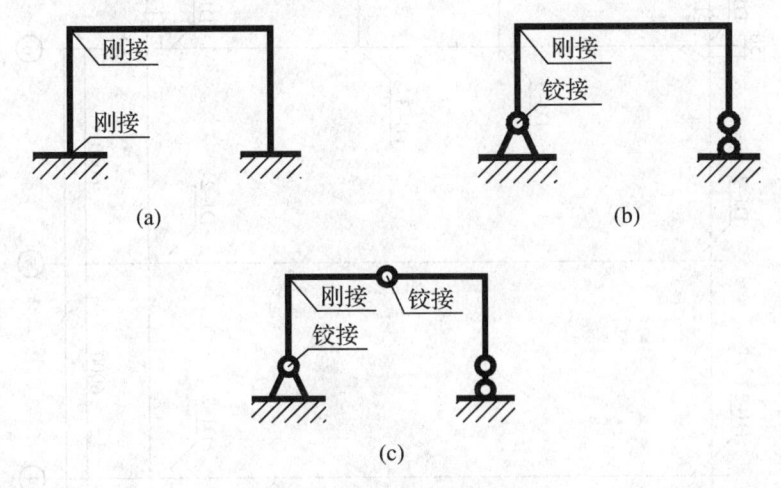

图5-43 常见的门式刚架形式

(1) 无铰刚架：弯矩最小，刚度较好，基础较大，对温度和变位反应较为敏感。
(2) 两铰刚架：弯矩较无铰刚架的大，基底弯矩小，故基础用料较省。
(3) 三铰刚架：弯矩较小，但刚度较差，屋脊节点不易处理，适用于小跨度及地基差的建筑。

5.7.2 门式刚架结构施工图的识读

1. 门式刚架结构的总体及构件布置

(1) 地脚锚栓的平面布置如图5-44所示。地脚锚栓一般为Q235钢，也可采用Q345钢。地脚锚栓满足《地脚螺栓(锚栓)通用图》HG/T21545-2006的要求。

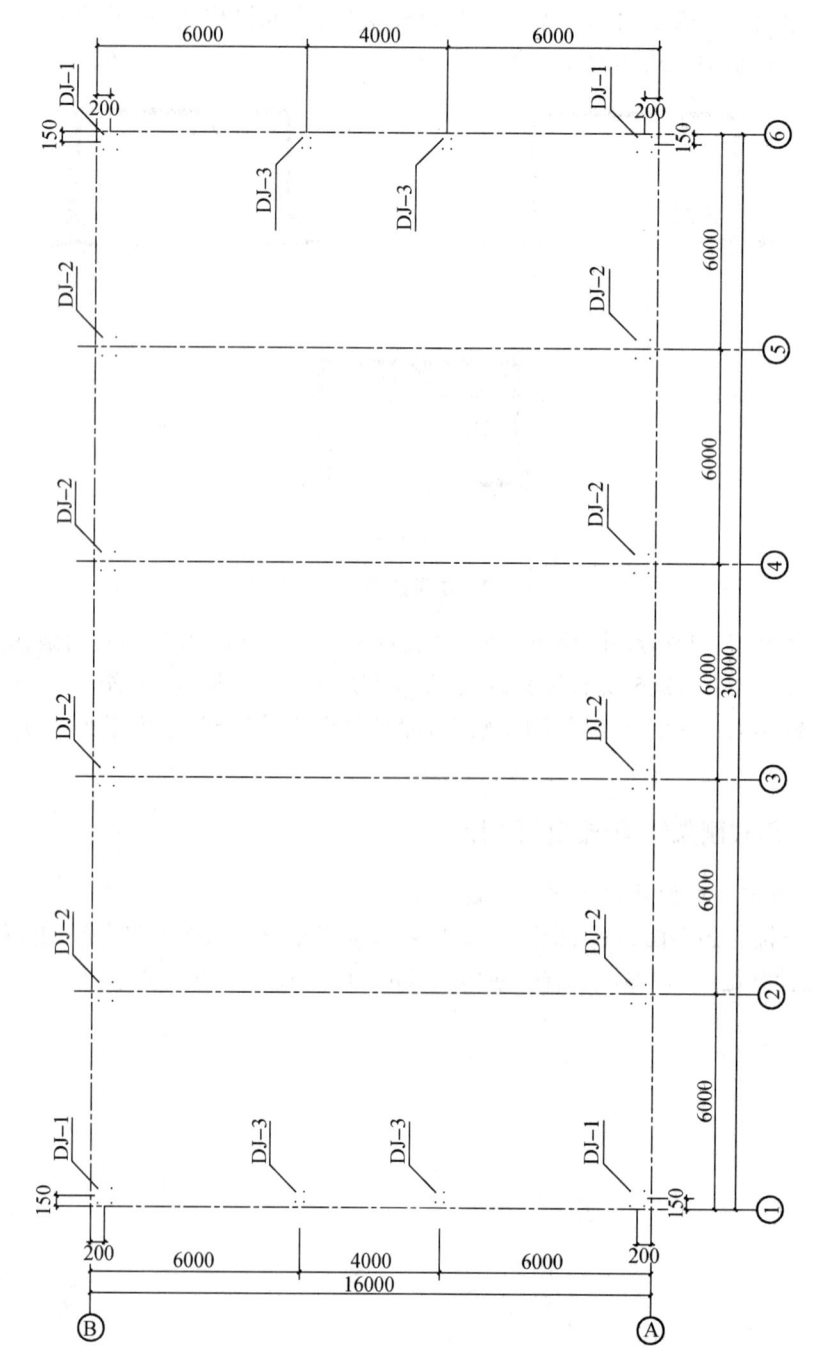

图 5-44 地脚锚栓平面布置图

（2）主体结构的平面布置如图 5-45 所示。跨度一般为 9～24 m；柱距一般为 6 m、7.5 m、9 m 三种模数。

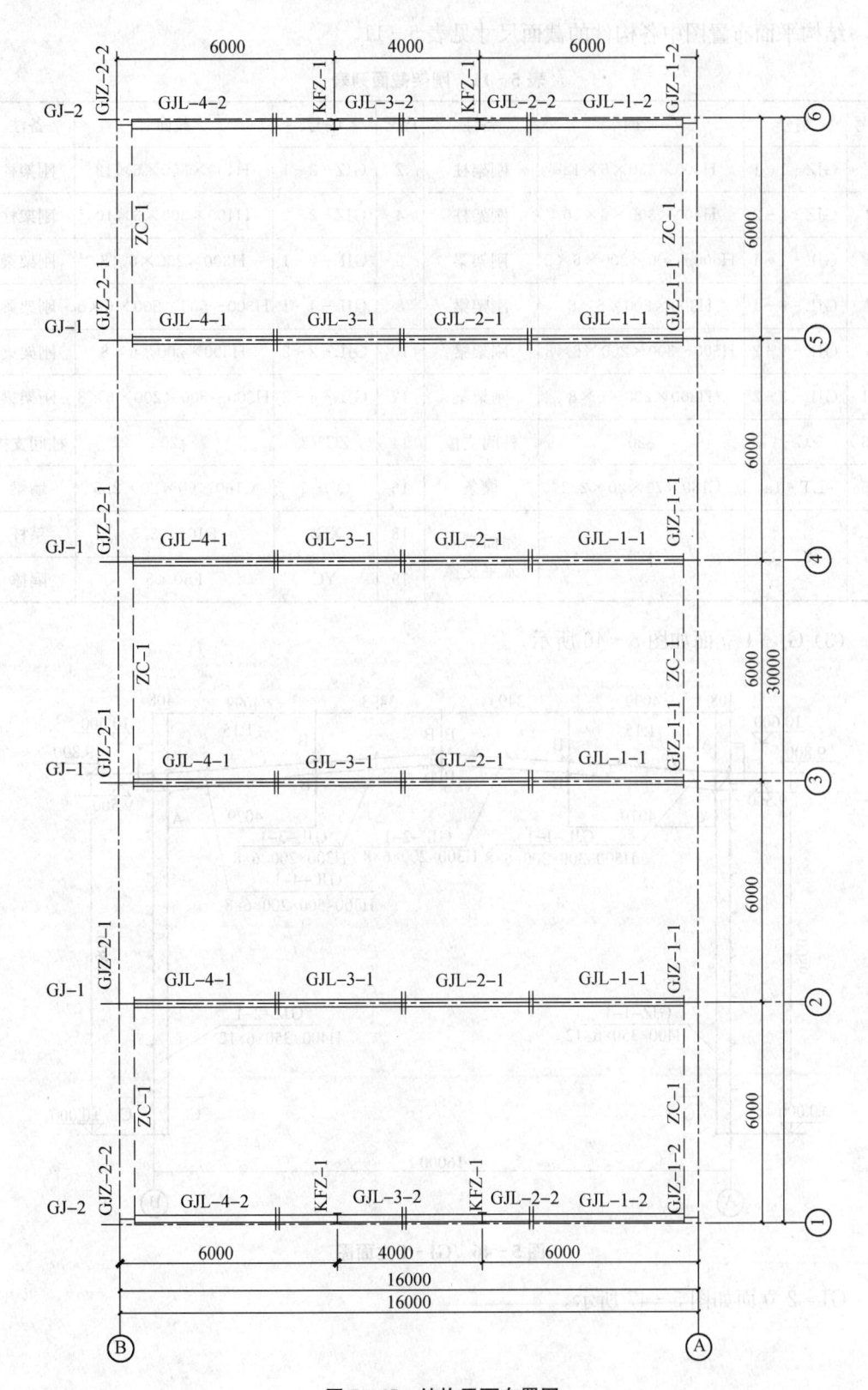

图 5-45 结构平面布置图

结构平面布置图中各构件的截面尺寸见表5-11。

表 5-11 刚架截面列表

序号	编号	截面	备注	序号	编号	截面	备注
1	GJZ-1-1	H400×350×6×12	刚架柱	2	GJZ-2-1	H400×350×6×12	刚架柱
3	GJZ-1-2	H400×300×6×10	刚架柱	4	GJZ-2-2	H400×300×6×10	刚架柱
5	GJL-1-1	H500～300×200×6×8	刚架梁	6	GJL-2-1	H300×200×6×8	刚架梁
7	GJL-3-1	H300×200×6×8	刚架梁	8	GJL-4-1	H300～500×200×6×8	刚架梁
9	GJL-1-2	H500～300×200×6×8	刚架梁	10	GJL-2-2	H300×200×6×8	刚架梁
11	GJL-3-2	H300×200×6×8	刚架梁	12	GJL-4-2	H300～500×200×6×8	刚架梁
13	ZC-1	ϕ20	柱间支撑	14	ZC-2	ϕ20	柱间支撑
15	LT-1a	C180×70×20×2.2	檩条	16	QL-1	C160×60×20×2.5	墙梁
17	RC-1	ϕ20	屋面横向水平支撑	18	XG1	D102×3.5	系杆
				19	YC	L50×5	隅撑

(3) GJ-1立面如图 5-46 所示。

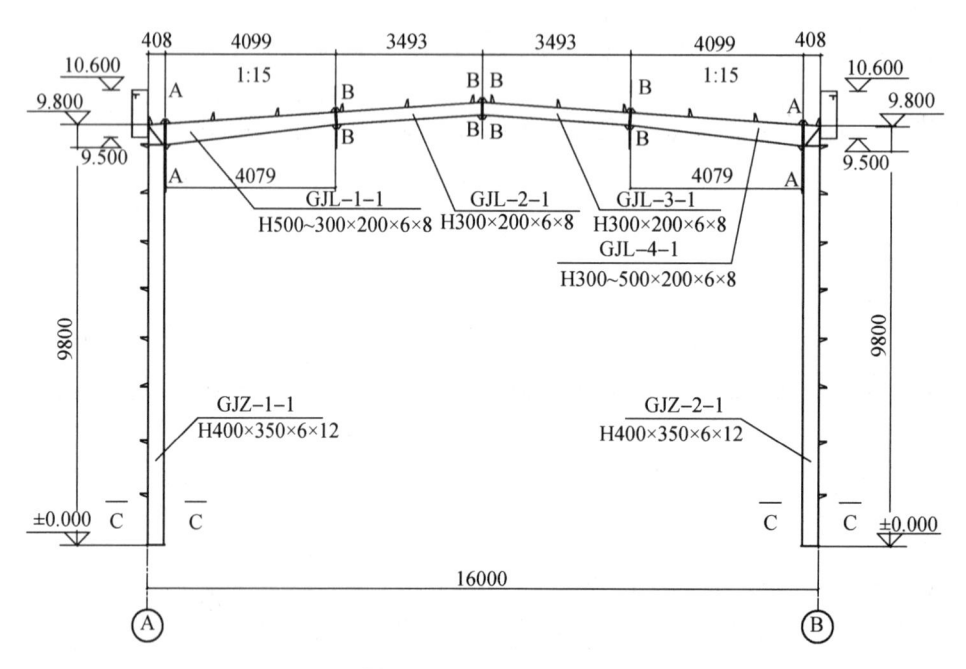

图 5-46 GJ-1 立面图

GJ-2立面如图5-47所示。

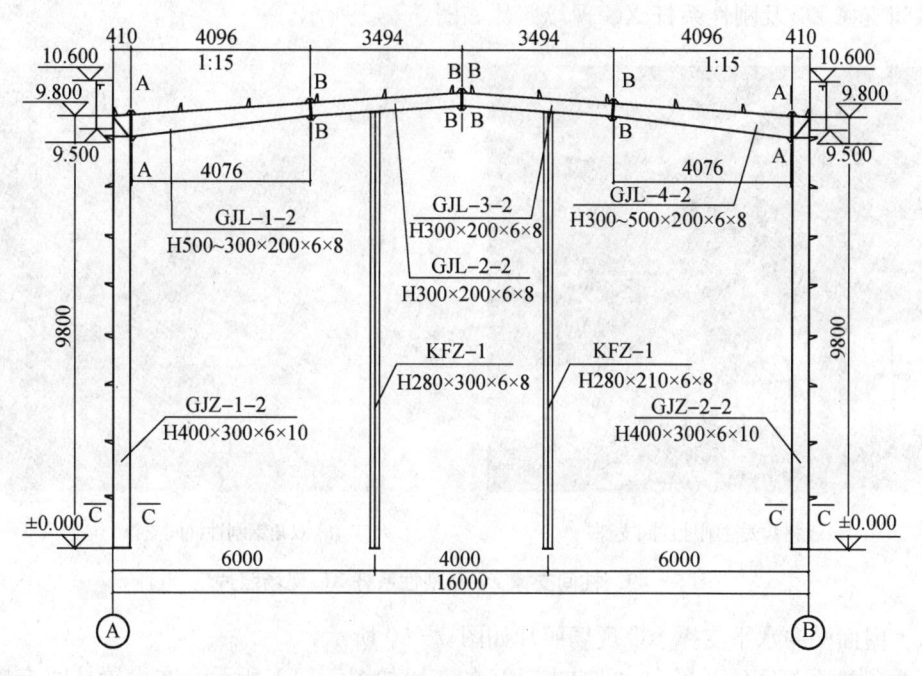

图 5-47　GJ-2 立面图

（4）柱间支撑 ZC 及刚性系杆 XG 的布置如图 5-48 所示。在每个温度区段或分期建设的区段中，应分别设置能独立构成空间稳定结构的支撑体系。柱间支撑的间距应根据房屋纵向受力情况及安装条件确定，一般取 45～60 m；当房屋高度较大时，柱间支撑应分层设置；端部柱间支撑考虑温度应力的影响宜设在第二开间。有吊车时，下层柱间支撑须采用刚性柱间支撑，其余可采用柔性柱间支撑。

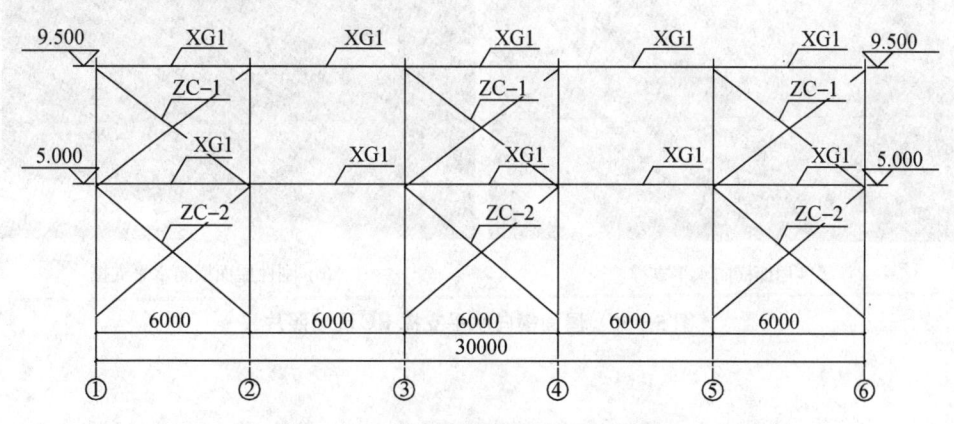

图 5-48　柱间支撑及刚性系杆布置图

柱间支撑 ZC 及刚性系杆 XG 现场照片如图 5-49 所示。

(a) 格构式柱刚性柱间支撑 　　(b) 双角钢刚性柱间支撑

图 5-49　柱间支撑 ZC 及刚性系杆 XG 现场照片

(5) 屋面横向水平支撑 RC 现场照片如图 5-50 所示。

屋面刚性系杆 XG 及横向水平支撑 RC 的布置如图 5-51 所示。在设置柱间支撑的开间，应同时设置屋盖横向支撑，以构成几何不变体系。端部支撑宜设在温度区段端部的第一或第二个开间。

(a) 柔性屋面横向水平支撑 　　(b) 刚性屋面横向水平支撑

图 5-50　屋面横向水平支撑 RC 现场照片

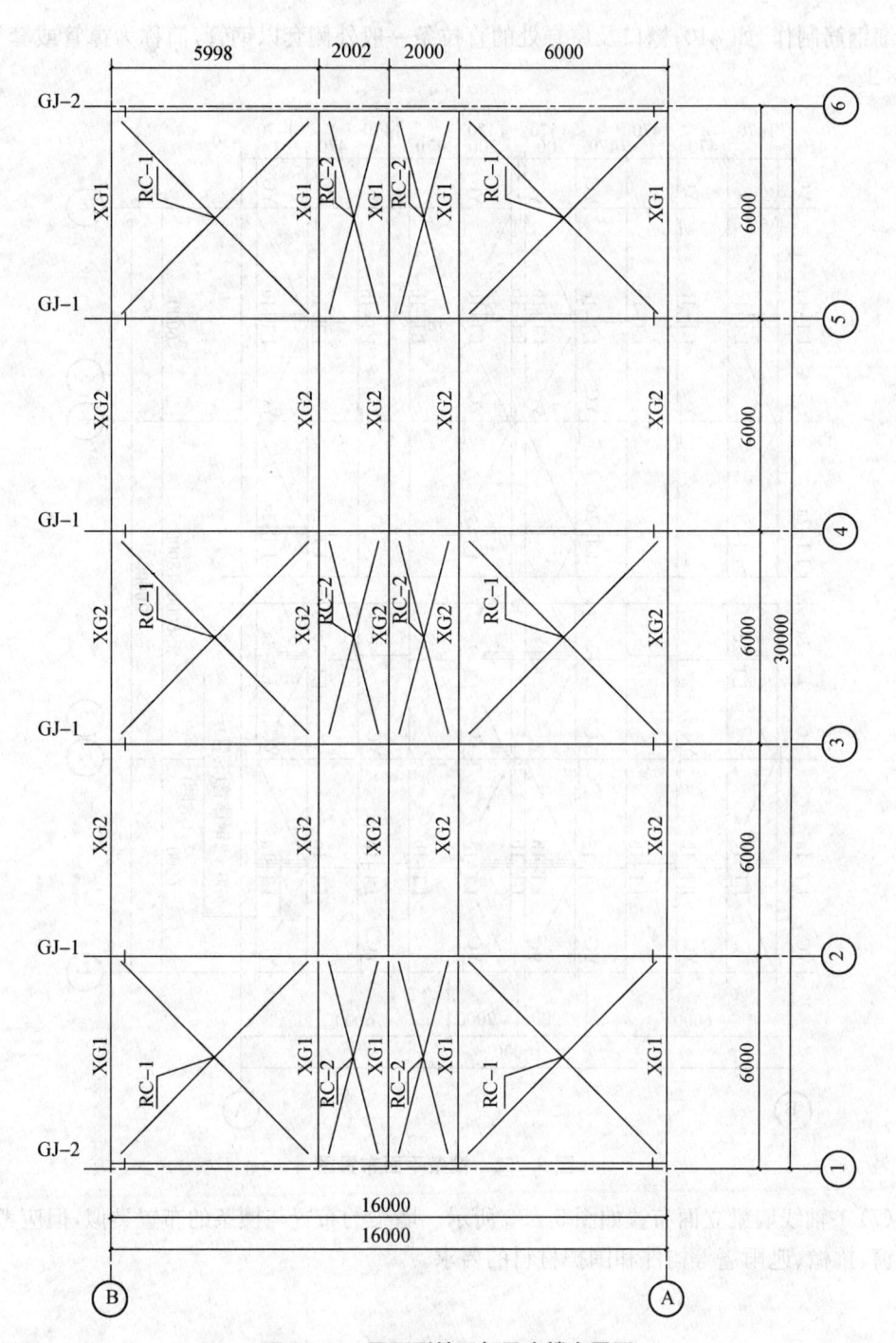

图 5-51 屋面刚性系杆及支撑布置图

（6）檩条的平面布置如图 5-52 所示。檩条应等间距布置，一般为 1 500 mm 左右。确定檩条间距时，应综合考虑屋面材料、檩条规格等因素按计算确定。

在屋脊处应沿屋脊两侧各布置一道檩条，使得屋面板的外伸宽度不要太长（一般小于 200 m）；在天沟附近应布置一道檩条，以便于天沟的固定。LT 与 LT 之间为拉条，拉条一般采用细钢筋制作,如 $\phi 10$;檐口及屋脊处的直拉条一般外侧套以钢管,简称为撑管或套管,如 $D30 \times 2$。

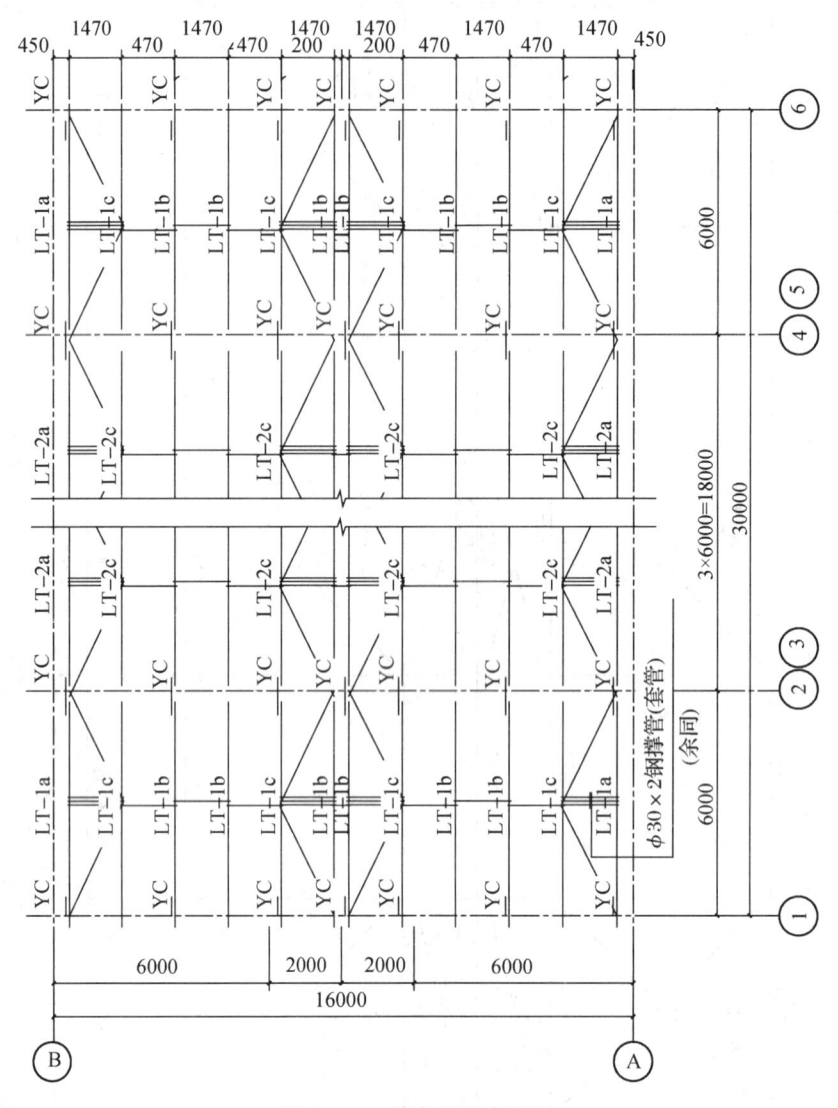

图 5-52 檩条平面布置图

(7) 1 轴线墙梁立面布置如图 5-53 所示。墙梁的布置与檩条的布置类似,但应考虑设置门窗、挑檐、遮雨篷等构件和围护材料的要求。

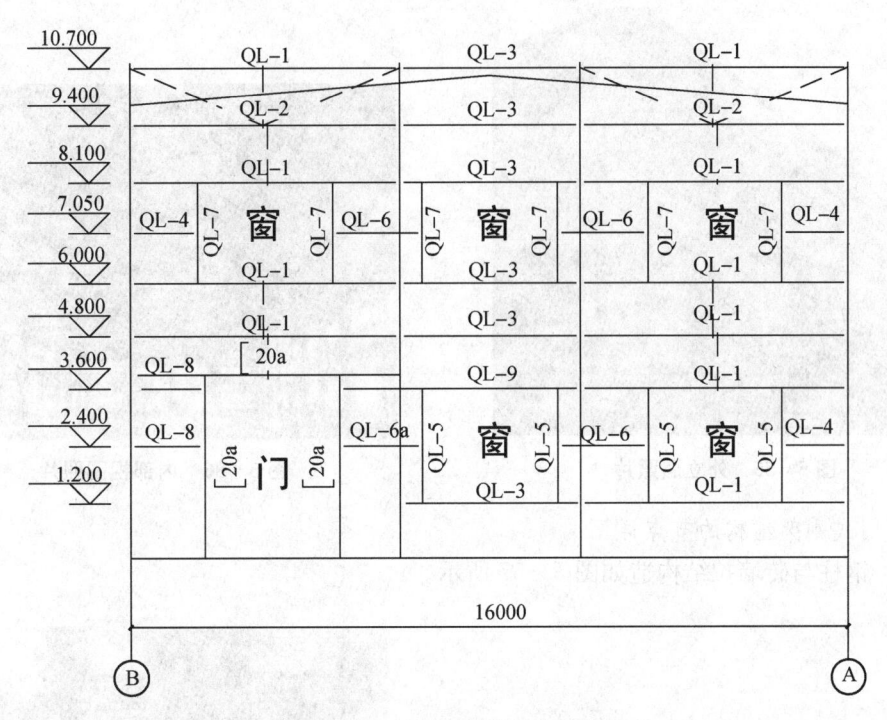

图 5-53 1轴线墙梁立面布置图

檩条或墙梁详图如图 5-54 所示。

(a) 施工图　　　(b) 现场照片

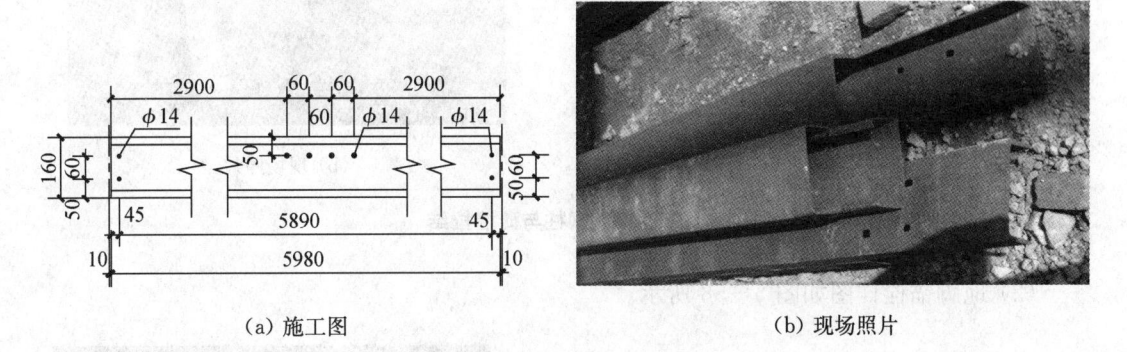

图 5-54 檩条或墙梁详图

(8) 门式刚架钢结构厂房的外立面照片如图 5-55 所示。

(9) 门式刚架钢结构厂房的内部视图照片如图 5-56 所示。

图 5-55 外立面照片

图 5-56 内部视图照片

2. 门式刚架结构的节点详图

(1) 钢柱与砖墙拉结构造如图 5-57 所示。

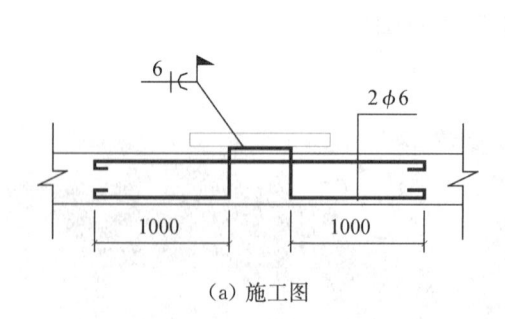

(a) 施工图

(b) 现场照片

图 5-57 钢柱与砖墙拉结

(2) 地脚锚栓详图如图 5-58 所示。

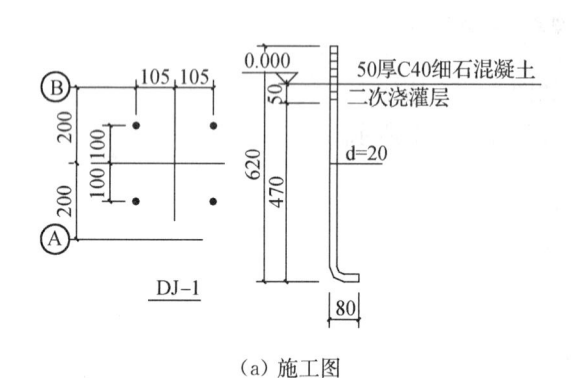

(a) 施工图

(b) 现场照片

图 5-58 地脚锚栓

(3) 柔性柱间支撑或屋面横向水平支撑节点连接如图 5-59 所示。

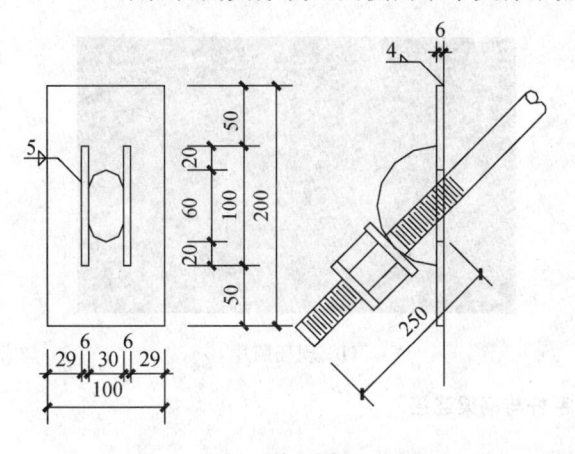

(a) 施工图 　　　　　　　　　　　　(b) 现场照片

图 5-59　柔性柱间支撑或屋面横向水平支撑节点连接

(4) 刚性柱间支撑或屋面横向水平支撑节点连接如图 5-60 所示。

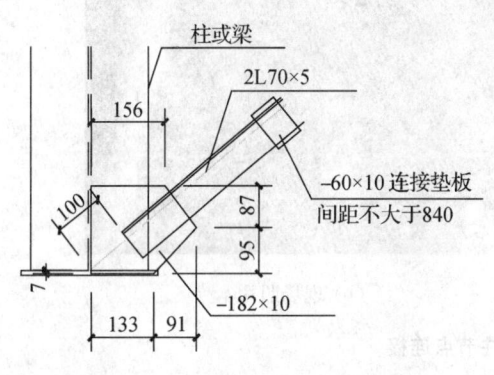

(a) 施工图 　　　　　　　　　　　　(b) 现场照片

图 5-60　刚性柱间支撑或屋面横向水平支撑节点连接

(5) 系杆与钢柱连接如图 5-61 所示。

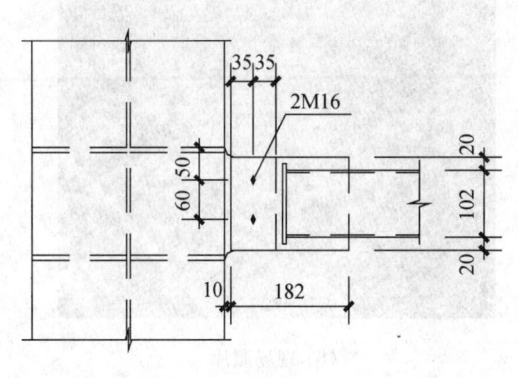

(a) 施工图 　　　　　　　　　　　　(b) 现场照片

图 5-61　系杆与钢柱连接

(6) 系杆与钢梁连接如图 5-62 所示。

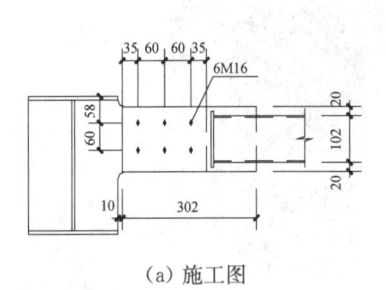

(a) 施工图　　(b) 现场照片

图 5-62　系杆与钢梁连接

(7) 梁柱节点连接如图 5-63 所示。

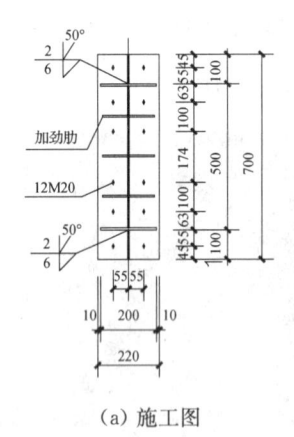

(a) 施工图　　(b) 现场照片

图 5-63　梁柱节点连接

(8) 梁梁节点连接如图 5-64 所示。

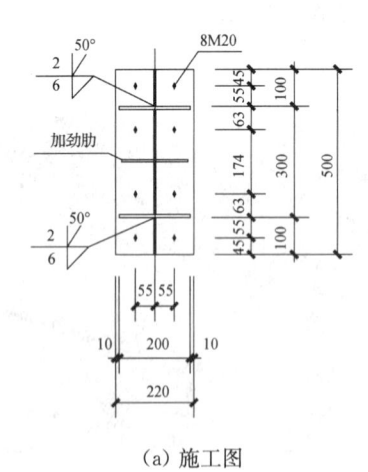

(a) 施工图　　(b) 现场照片

图 5-64　梁梁节点连接

(9) 刚接柱脚节点连接如图 5-65 所示。

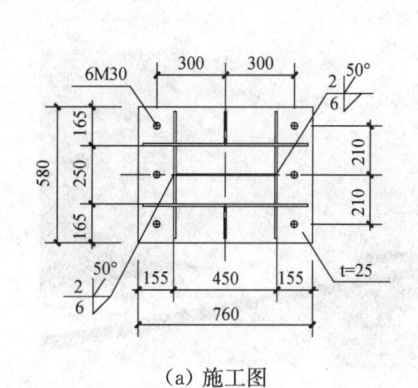

(a) 施工图　　(b) 现场照片

图 5-65　刚接柱脚节点连接

(10) 铰接柱脚节点连接如图 5-66 所示。

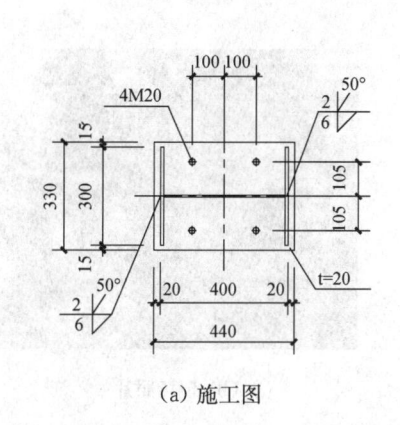

(a) 施工图　　(b) 现场照片

图 5-66　铰接柱脚节点连接

(11) 檩托详图如图 5-67 所示。

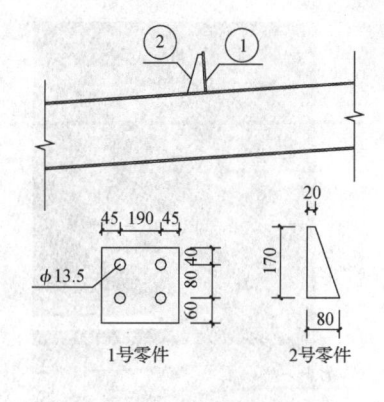

(a) 施工图　　(b) 现场照片

图 5-67　檩托详图

(12) 檩条与钢梁节点连接如图 5-68 所示。

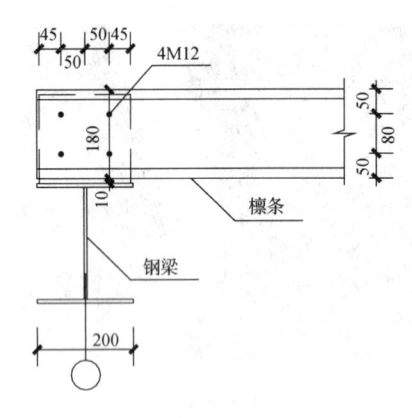

(a) 施工图　　　　(b) 现场照片

图 5-68　檩条与钢梁节点连接

(13) 墙梁与钢柱节点连接如图 5-69 所示。

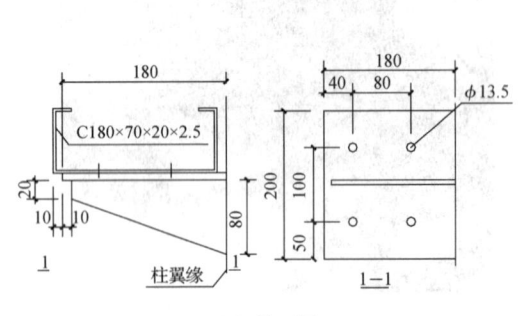

(a) 施工图　　　　(b) 现场照片

图 5-69　墙梁与钢柱节点连接

(14) 隅撑节点连接如图 5-70 所示。

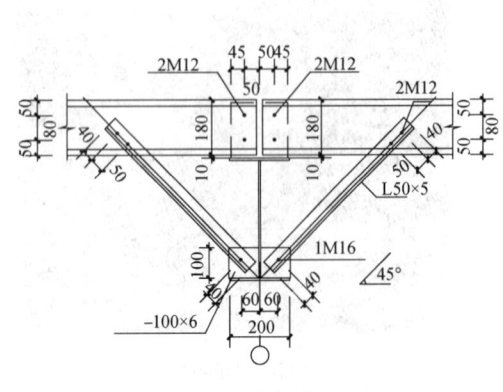

(a) 施工图　　　　(b) 现场照片

图 5-70　隅撑节点连接

(15)拉条与檩条节点连接如图5-71所示。

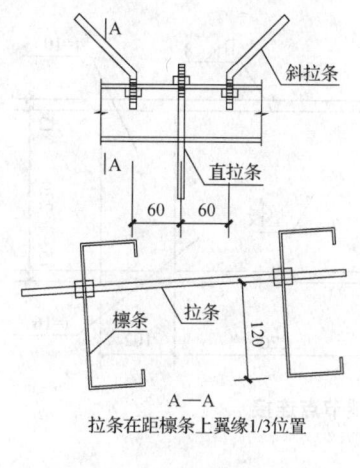

(a)施工图 　　　　　　(b)现场照片

图5-71　拉条与檩条节点连接

(16)牛腿节点连接如图5-72所示。

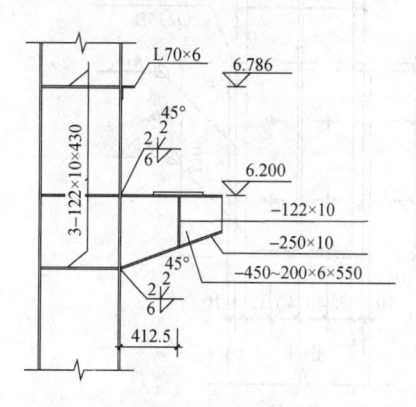

(a)施工图 　　　　　　(b)现场照片

图5-72　牛腿节点连接

(17)增加吊车梁稳定的角钢与钢柱节点连接如图5-73所示。

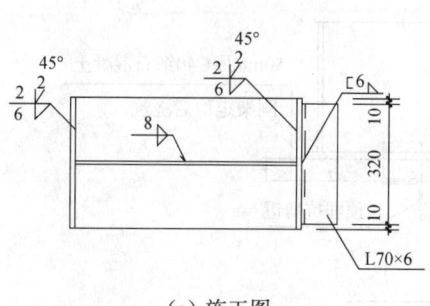

(a)施工图 　　　　　　(b)现场照片

图5-73　增加吊车梁稳定的角钢与钢柱节点连接

(18) 吊车梁垫板与牛腿节点连接如图 5-74 所示。

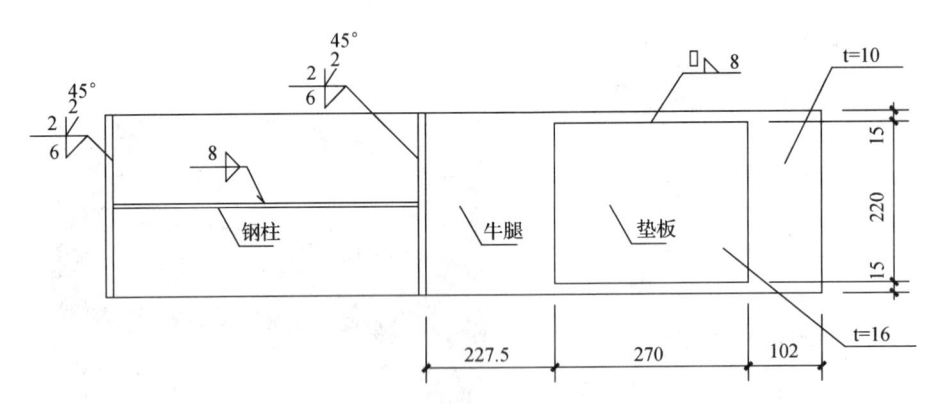

图 5-74 吊车梁垫板与牛腿节点连接

(19) 女儿墙立柱节点连接如图 5-75 所示。

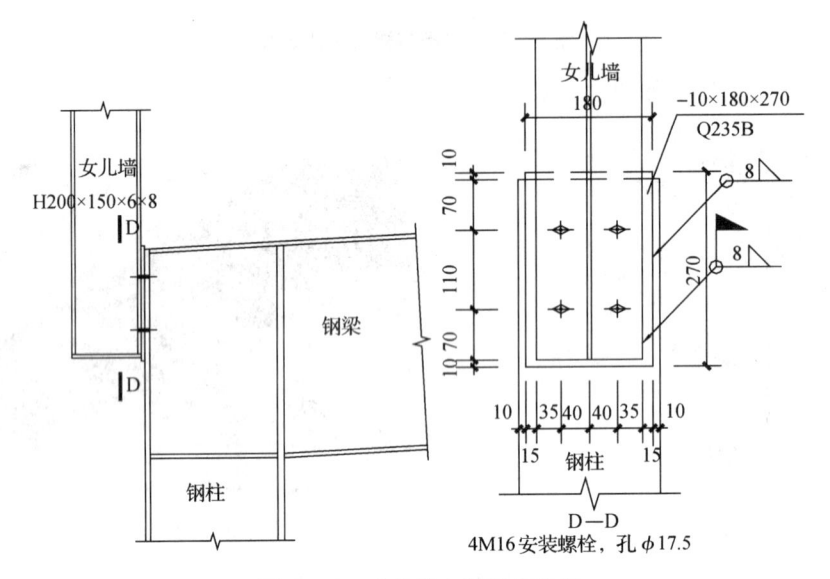

图 5-75 女儿墙立柱节点连接

(20) 基础顶面柱脚抗剪键节点连接如图 5-76 所示。

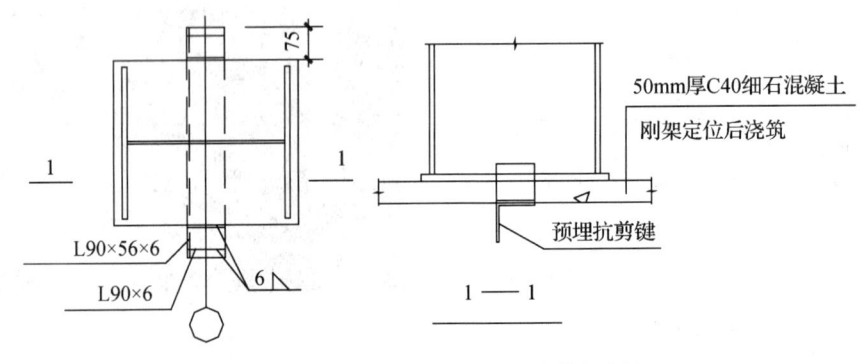

图 5-76 基础顶面柱脚抗剪键节点连接

(21) 吊车轨道及其端部车档详图如图 5-77 所示。

图 5-77　吊车轨道及其端部车档详图

习题与思考题

一、思考讨论题

1. 钢结构看图的步骤是什么？看图有哪些注意事项？
2. 试写出文中所写的 10 种型钢分别用什么符号表示？请画图表示各种型钢符号后面跟的号数是什么含义？
3. 压型钢板和夹芯保温板分别如何表示？请画图表示各自符号后面跟的号数是什么含义？
4. 请画图表示高强螺栓、永久螺栓和安装螺栓的图例。
5. 现场安装焊缝如何表示？
6. 试用图形和文字表示 Y 型焊缝、T 型接头双面焊缝和双面角焊缝的含义？
7. 轻型钢结构建筑的特点有哪些？
8. 试写出门式刚架结构常见的结构构件有哪些？

学习情景 6
钢结构拆图

先闻钢结构绘图软件-门刚拆图工具是专门为门式刚架详图深化工作开发的。本工具在 AutoCAD 软件平台下,对门刚中的结构形式进行了细致的分类,用户只需填入相关数据即可由本软件自动生成深化图纸。门刚拆图工具具有使用范围广,操作简单,图纸准确性高等优点,同时结合了 CAD 绘图快捷的特点,符合详图人员日常使用习惯,无需专门培训就可直接使用,大大提高了门刚拆图工作效率及图纸准确性。同时本工具提供强大的技术服务支持,可根据用户需求,为用户定制专门模块。

主要包括以下功能:
(1) 分类详细,包含了门式刚架中常见的梁、柱、系杆、支撑、檩条等主次构件。
(2) 拆分不规则钢板,注明腹板损耗。
(3) 零件编号,统计数量,相同零件归并。
(4) 生成零件规格、长度、材质等材料表信息。
(5) 计算零件单重、总重及油漆面积。
(6) 计算螺栓长度并统计数量。
(7) 数据输入完成后生成详图,可调整出图比例。
(8) 软件界面分为参数输入窗口和动态图示窗口。用户在参数输入窗口中输入或修改参数时,图示同步发生改变。动态图示窗口可进行移动及缩放,便于观察绘图结果。

6.1 门刚拆图工具的安装

到先闻官网http://x.exianwen.com/下载软件最新安装包。

用户下载解压后,安装至 AutoCAD 中,安装过程中需正确选择 CAD 版本。安装完成后,门刚拆图工具软件界面如图 6-1 所示。

学习情景 6　钢结构拆图

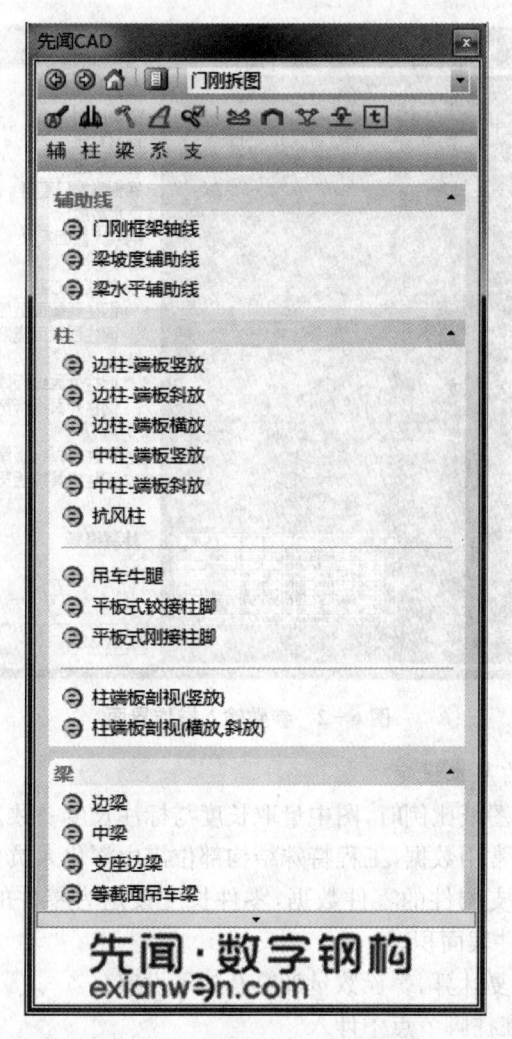

图 6-1　门刚拆图工具软件界面

6.1.1　工具特点及基本设定

1. 门刚拆图工具的特点

（1）拆图工具适用于轻钢门式刚架的详图绘制工作。可减少深化工作量，降低深化设计人员的工作强度，根据用户的定义自动绘制一些常用图形，编号并形成材料报表。

（2）拆图工具是一款辅助绘图工具，旨在协助深化人员的设计绘图，并不能代替深化人员的一些工作。

（3）深化人员进过简单学习即可掌握模块的编制，可根据自身要求编制相关模块。

（4）窗口分为参数输入部分及动态图示部分，参数输入值变化时，图示将会同步更新，直观地显示参数变化后的绘图结果。图示可移动及缩放以观察绘图结果。操作界面如图 6-2 所示。

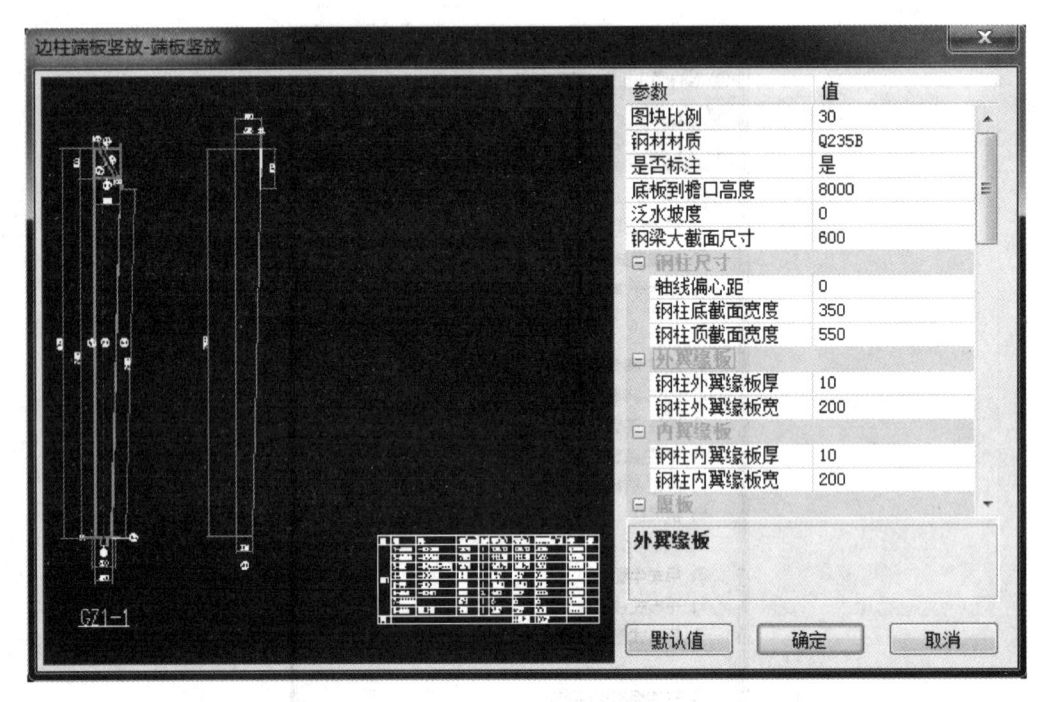

图 6-2 参数输入操作界面

2. 门刚拆图工具的基本设定

(1) 图块比例等于图纸比例时,图中量取长度与标注长度一致。符合绘图习惯。

(2) 单个模块包含常用数据,工程特殊结构部位需由深化人员自行添加绘制。

(3) 材料表生成单支构件的零件数据,零件长度设定为零件的净长,重量均为设为毛重,油漆面积指的是零件表面积。

(4) 为防止螺栓重复计算,螺栓数量计算有如下设定:

① 锚栓配套螺母在柱脚节点中计入。

② 钢梁与钢柱拼接节点螺栓在梁端板剖视图中计入。

③ 吊车梁与牛腿连接螺栓和吊车梁对接螺栓在吊车梁图中计入。

④ 系杆与柱、梁节点螺栓在系杆图中计入。

⑤ 檩条等其他次构件螺栓由用户自行统计。

⑥ 高强螺栓长度按规范计算得出,需根据实际采购情况进行复核。

⑦ 普通螺栓长度由用户根据采购情况自定义。

⑧ 其他工程配件如花篮、膨胀螺栓、化学锚栓等由用户自行统计。

(5) 为便于拼装整体门刚框架,对定位点做如下设定:

① 钢柱定位点为底板中心,可输入偏心距离控制钢柱偏心,如图 6-3 所示。

② 钢梁定位点为端板边缘线与梁上翼缘交点,与钢柱输出点为同一点,如图 6-4 所示。

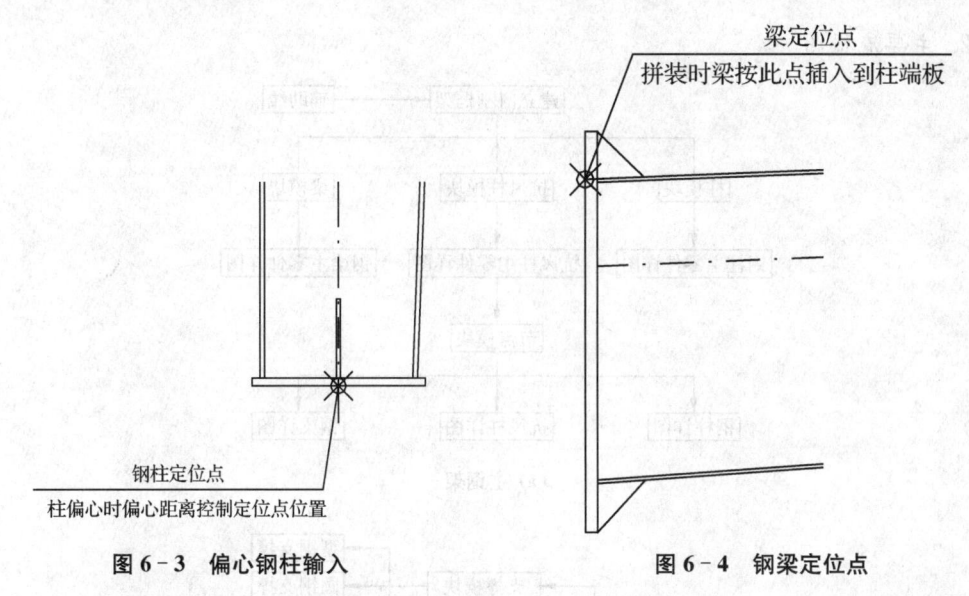

图6-3 偏心钢柱输入　　　　　图6-4 钢梁定位点

③ 钢柱输出点,用于梁定位点插入,如图6-5、图6-6所示。

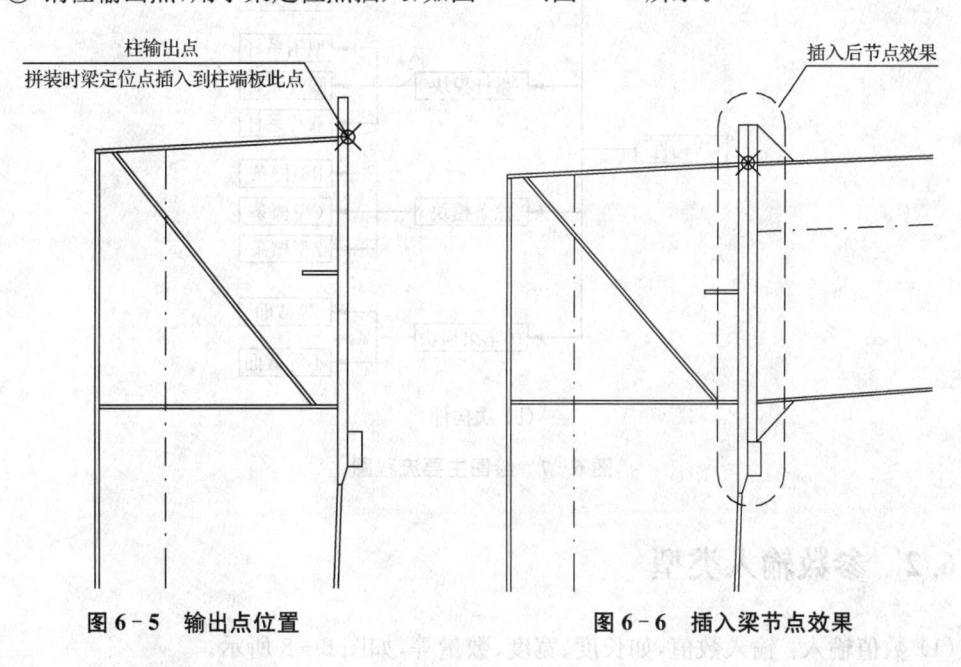

图6-5 输出点位置　　　　　图6-6 插入梁节点效果

6.1.2 绘图主要流程

1. 主要流程

(1) 绘制门刚框架,框架放样过程中同时出主构件图。
(2) 使用节点模块绘制主构件细部,完成主构件详图。
(3) 相同跨刚架主构件由第一榀刚架构件图复制后修改。
(4) 重复1~3步骤绘制其他跨刚架主构件图。
(5) 用次构件模块绘制次构件。
(6) 其他部分补充完整,形成全套详图。

2. 主要流程图

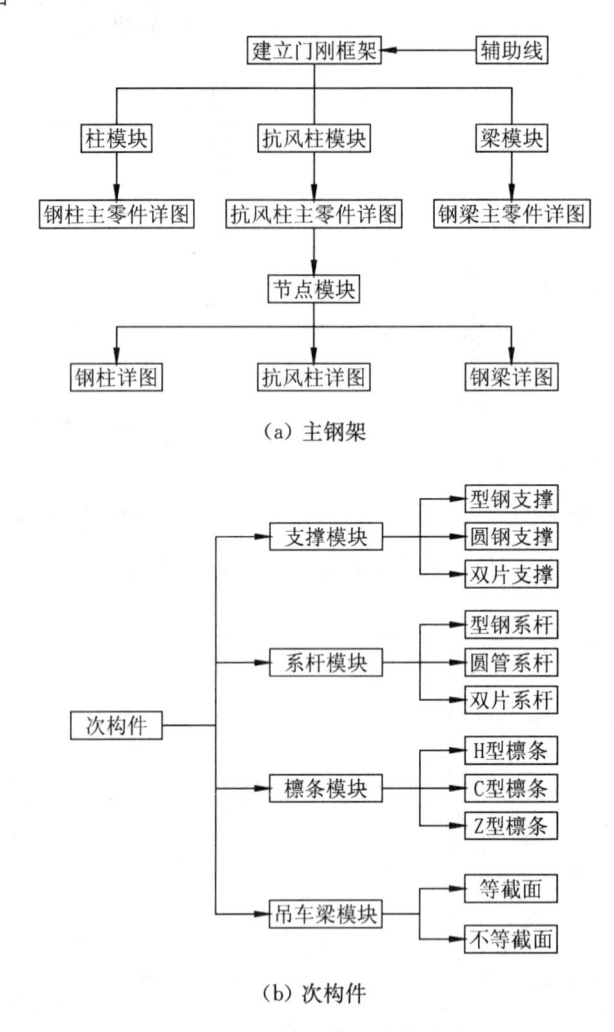

(a) 主钢架

(b) 次构件

图 6-7 绘图主要流程图

6.2 参数输入类型

(1) 数值输入:输入数值,如长度、宽度、数量等,如图 6-8 所示。

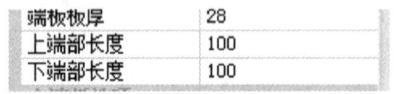

图 6-8 数值输入

图 6-9 判断输入

(2) 判断输入:选择"是"与"否",如图 6-9 所示。
(3) 多项选择:选择数目、型号、类型等,如图 6-10 所示。

图 6-10 多项选择

(4) 拾取点输入：拾取两点读入长度、高度等数据，如图 6-11 所示。点选两点后获取两点坐标，完成距离、角度等数据读入。

(a) 点选箭头所指位置，CAD对话框中出现如下提示

(b) 点取第一点　　　　　　　　(c) 点取第二点

图 6-11 拾取点输入

(5) 多个数据输入：输入多个距离值和属性值，如图 6-12、图 6-13 所示。

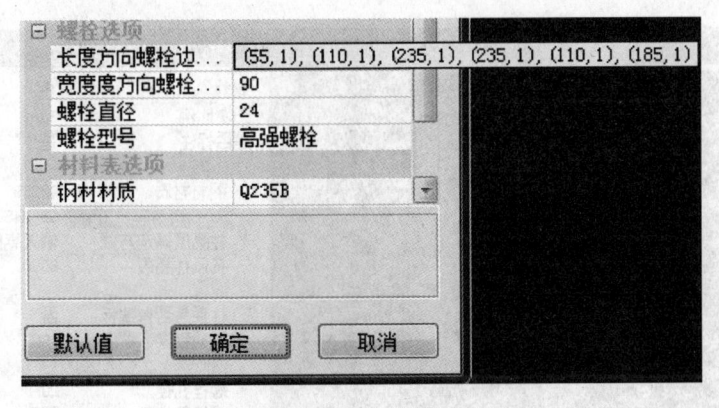

图 6-12 螺栓选项

· 175 ·

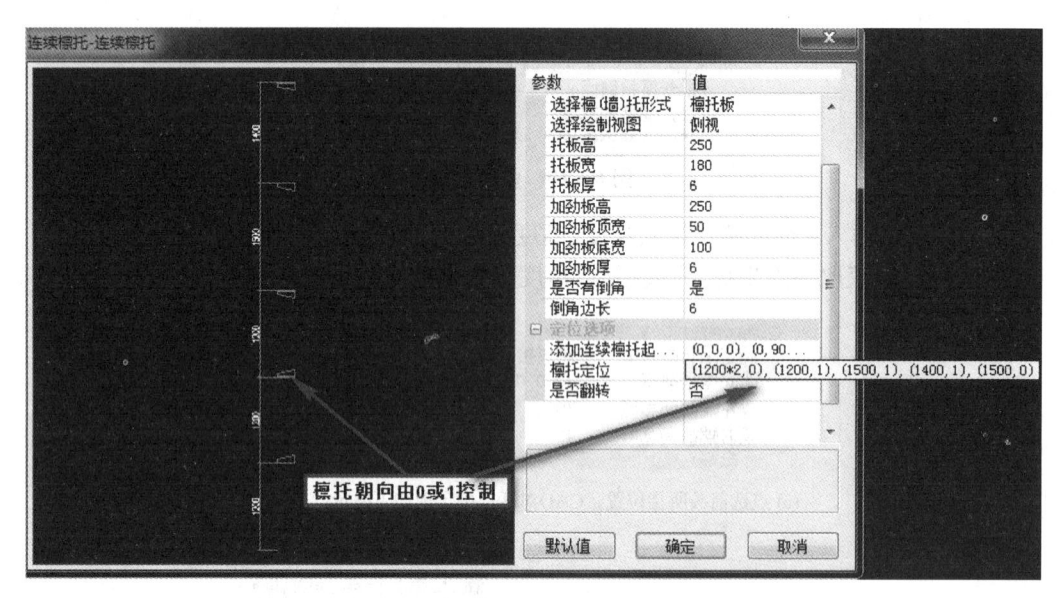

图 6-13 檩托选项

图 6-13 中输入值"(1 200 * 2,0),(1 200,1),(1 500,1),(1 400,1),(1 500,0)"表示：从起点开始，间距 1 200 m 布置 2 个檩托，檩托面向下；间距 1 200 布置 1 个檩托，檩托面朝上；间距 1 500 布置 1 个檩托，檩托面朝上；间距 1 400 布置 1 个檩托，檩托面朝上；间距 1 500 布置 1 个檩托，檩托面朝下。

(6) 截面输入：调入国标截面数据库，如图 6-14 所示。

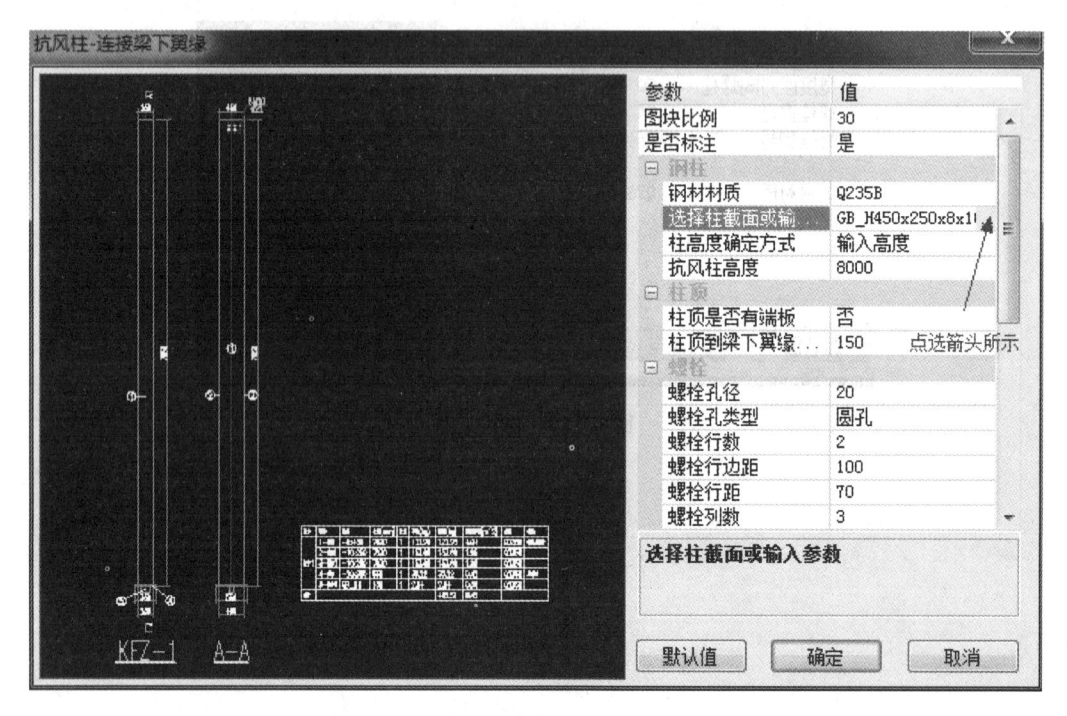

(a) 点选箭头所示位置

(b)点选截面

图 6-14 截面输入

6.3 模块参数介绍

6.3.1 辅助线

命令位置：XW(先闻)工具条→门刚拆图→辅助线。主要用于门刚框架放样。用户也可自行绘制或添加辅助线。

1. 绘制门刚框架轴线——门刚框架轴线放样

表 6-1 门刚框架轴线参数介绍

参数名称	参数类别	参数解释及说明
图块比例		图纸按 1∶1 绘制时，将图块比例设为与图纸比例相同
轴距		输入轴线间距
是否绘制中心线		选择"是"，在轴线中心绘制竖向中心线，选择"否"，不绘制中心线
竖轴线长度		定义竖向轴线的长度。轴线长度可略长于刚架高度，便于刚架放样
是否绘制标高符号		选择"是"，在水平线位置标注标高，选择"否"时，不标注标高
输入标高		输入水平线位置标高值
轴线伸长		轴线伸出定位点长度，可根据自身要求定义大于 0 的值，便于放样

操作界面，如图 6-15 所示。

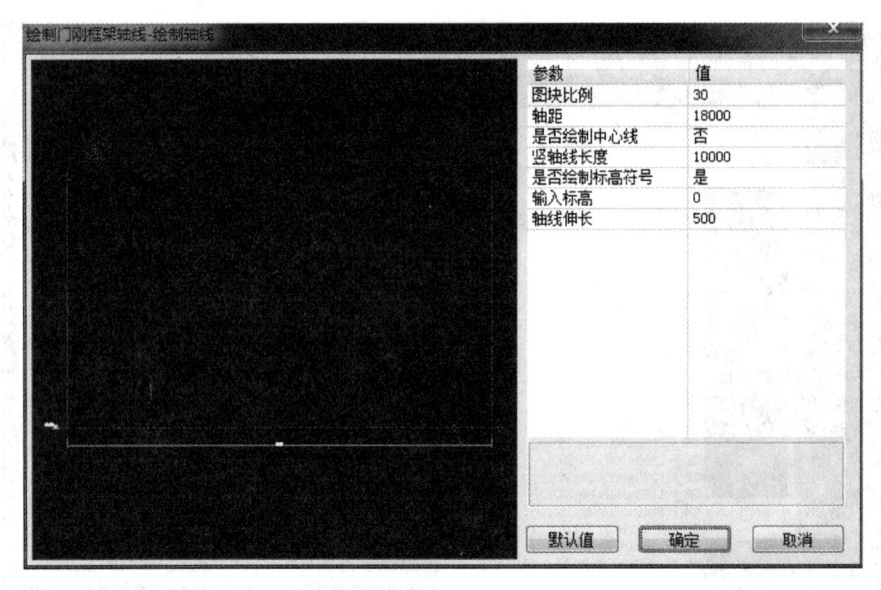

图 6-15 门刚框架轴线

2. 绘制梁坡度辅助线——屋架坡度及朝向放样

表 6-2 梁坡度辅助线参数介绍

参数名称	参数类别	参数解释及说明
图块比例		图纸按 1∶1 绘制时,将图块比例设为与图纸比例相同
起点位置		指定起坡点位置为左边或右边
辅助线长度		定义辅助线长,根据单坡总长确定,不短于坡长
坡度		定义辅助线坡度,以百分制计算

操作界面,如图 6-16 所示。

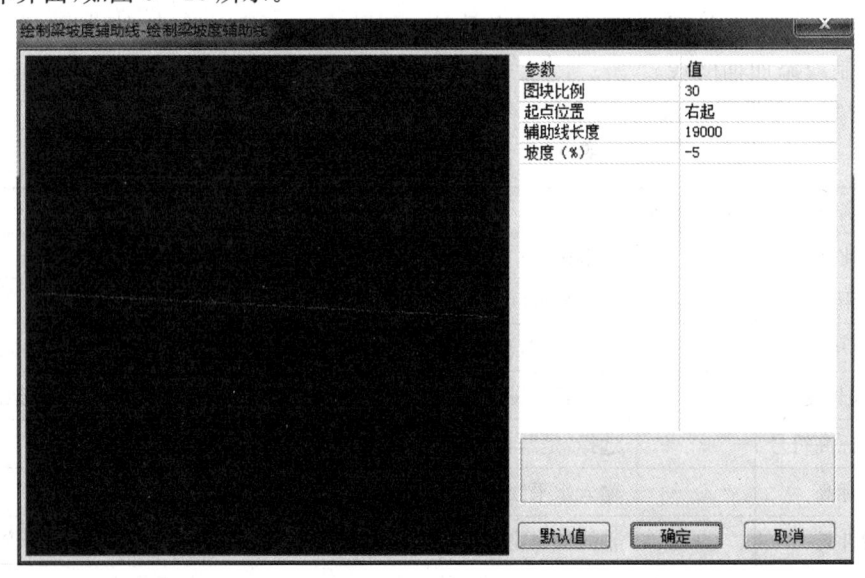

图 6-16 梁坡度辅助线

3. 绘制梁水平辅助线——梁梁节点位置放样

表6-3 梁水平辅助线参数介绍

参数名称	参数类别	参数解释及说明
图块比例		图纸按1∶1绘制时,将图块比例设为与图纸比例相同
辅助线到定位点长度		定义辅助线到定位点的水平距离,正值辅助线位于定位点右边,负值辅助线位于定位点左边。定位点一般点取已建立的门刚框架轴线
辅助线长度		定义辅助线的长度。辅助线长度根据刚架高度确定
辅助线伸长		辅助线伸出定位点长度,可根据自身要求定义

操作界面,如图6-17所示。

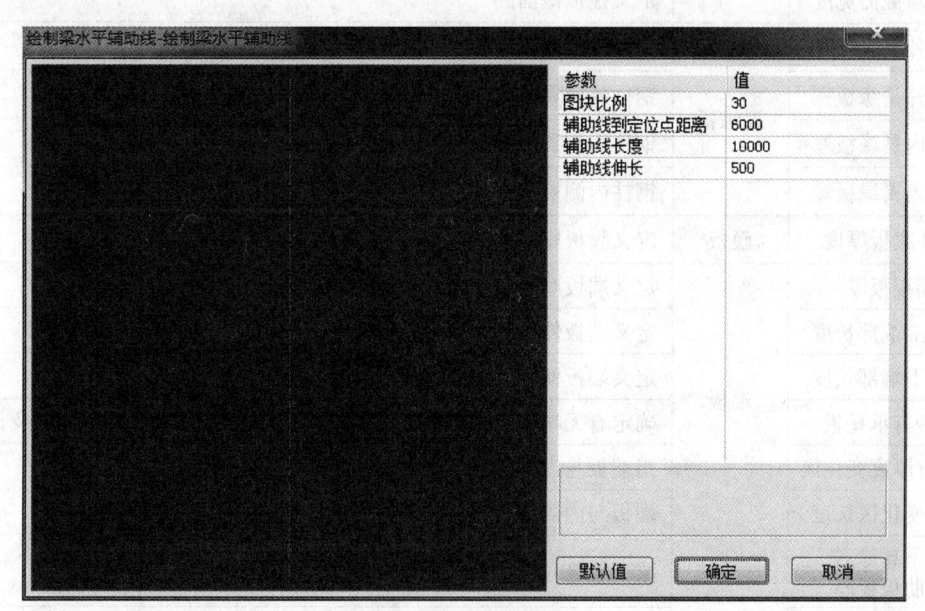

图6-17 梁水平辅助线

6.3.2 边柱

命令位置:XW工具条→门刚拆图→边柱。用于门刚框架放样及绘制边柱详图。按端板放置形式分为三类:端板竖放、端板斜放、端板横放。

1. 边柱——端板竖放

表6-4 端板竖放边柱参数介绍

参数名称	参数类别	参数解释及说明
图块比例		图纸按1∶1绘制时,将图块比例设为与图纸比例相同
钢材材质		填入数值将出现在材料表材质一栏中
是否标注		选择"是",图中标注构件尺寸、自动拆分腹板、自动编号及编制零件材料表,用于绘制构件详图;选择"否",绘制单个构件图,出现是否翻转选项,选择翻转,构件镜像绘制,用于框架放样

续表

参数名称	参数类别	参数解释及说明
底板到檐口高度		定义柱底板下边到檐口位置高度
泛水坡度		指定柱顶板放置坡度，以百分制
钢梁大截面尺寸		确定与钢柱对接钢梁的截面高度，用以确定钢梁下翼缘对应钢柱加劲肋的位置
轴线偏心距	钢柱尺寸	定义轴线偏移钢柱底截面中心线距离，输入0时，轴线与中心线重合，正值右偏，负值左偏。钢柱偏心放置时适用
钢柱底截面宽度		定义柱底截面高
钢柱顶截面宽度		定义柱顶截面高
钢柱外翼缘板厚		钢柱外侧翼板厚度
钢柱外翼缘板宽	翼缘板	钢柱外侧翼板宽度
钢柱内翼缘板厚		钢柱内侧翼板厚度
钢柱内翼缘板宽		钢柱内侧翼板宽度
钢柱腹板厚度	腹板	定义腹板厚度
端板板厚		定义端板厚度
端板上端部长度		定义端板伸出柱顶板长度
端板下端部长度		定义端板伸出梁下翼缘对应肋板长度
是否有承托板	端板	确定有无端板下部的承托垫块。有承托板时，定义承托板厚度及长度
是否有厚度变化区		指端板与内侧翼板焊接位置有无厚度变化
厚度变化区长度		端板与内侧翼板焊接位置厚度变化区的长度
梁下翼缘对应肋板板厚		梁下翼缘对应的加劲肋厚度
是否有系杆连接板		选择"是"，绘制系杆连接板；选择"否"，不绘制系杆连接板
系杆连接板厚度	肋板	定义系杆连接板厚度，注：系杆连接板在系杆剖视点模块放样
系杆连接板外边距		定义系杆连接板上端到柱外侧翼板外边距离
系杆连接板内边距		定义系杆连接板下端到柱内侧翼板内边距离
钢柱顶端板板厚	钢柱顶板	定义柱顶板厚度
底座板厚度		定义柱底板厚度
底座板长度		定义柱底板长度
底座板宽度		定义柱底板宽度
是否有抗剪键	底座	选择有无抗剪键
抗剪键长度		定义底板下部抗剪键长度
选择抗剪键截面		选择抗剪键截面规格
抗剪键旋转角度		选择0°或90°定义抗剪键截面朝向

续表

参数名称	参数类别	参数解释及说明
柱间支撑形式	支撑	选择柱间支撑形式,无柱间支撑、圆钢支撑腹板开长圆孔或连接板形式
螺栓直径		选择圆钢支撑时,定义螺栓直径用于绘制长圆孔
第一个长圆孔到底座下表面距离		定义钢柱下部长圆孔到底板下边距离
长圆孔间距		定义下部长圆孔到上部长圆孔距离
撑板长		定义上部支撑连接板长度
撑板厚		定义上部支撑连接板厚度 注:支撑连接板仅为示意图,实际规格放样应在支撑模块中进行
到柱外侧距离		定义支撑板或支撑孔到柱外边水平距离
图名		输入构件名称作为图名

操作界面,如图 6-18 所示。

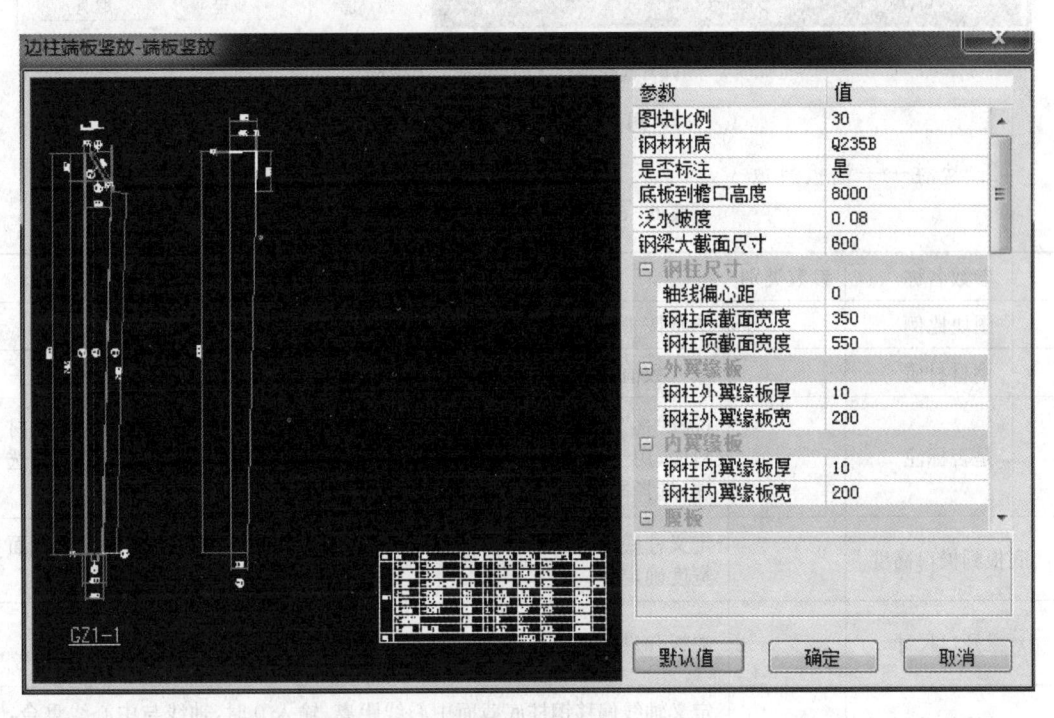

(a)选择标注时,绘制构件详图

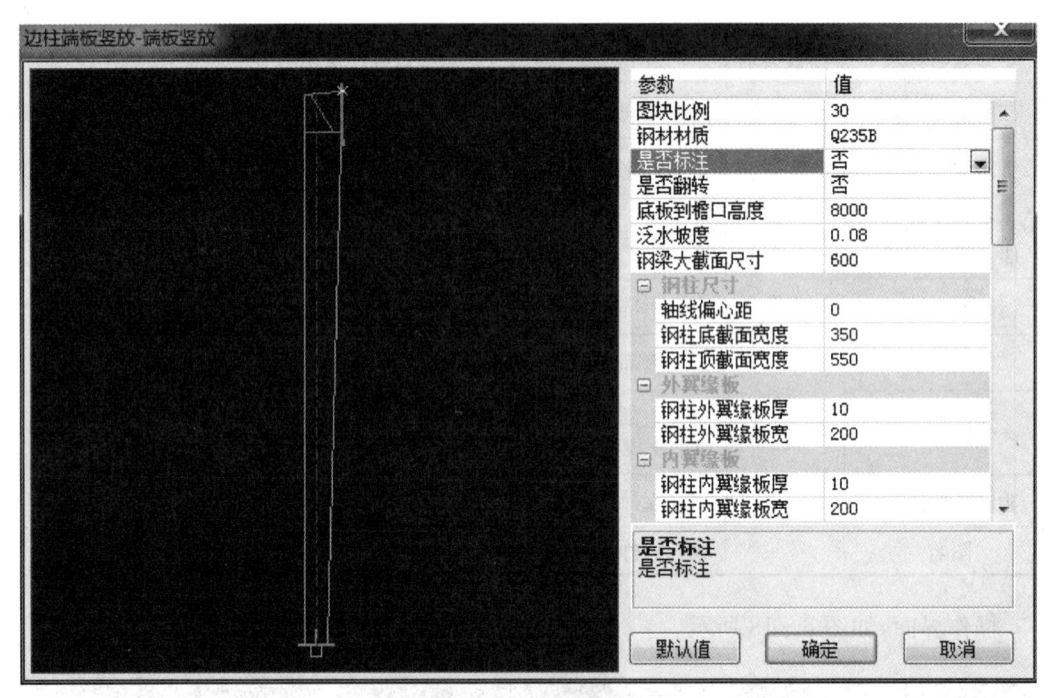

(b) 选择不标注时,绘制单个构件

图 6-18 端板竖放边柱

2. 边柱——端板斜放

表 6-5 端板斜放边柱参数介绍

参数名称	参数类别	参数解释及说明
图块比例		图纸按 1∶1 绘制时,将图块比例设为与图纸比例相同
钢材材质		填入数值将出现在材料表材质一栏中
是否标注		选择"是",图中标注构件尺寸、自动拆分腹板、自动编号及编制零件材料表,用于绘制构件详图;选择"否",绘制单个构件图,出现是否翻转选项,选择翻转,构件镜像绘制,用于框架放样
底板到檐口高度		定义柱底板下边到檐口位置高度(端板倾斜角度由此值及钢柱顶截面宽度确定)
梁开口尺寸		端板开口处截面高度
轴线偏心距		定义轴线偏移钢柱底截面中心线距离,输入 0 时,轴线与中心线重合,正值右偏,负值左偏。钢柱偏心放置时适用
钢柱底截面宽度	钢柱尺寸	定义柱底截面高
钢柱顶截面宽度		定义柱顶截面高,输入值小于梁开口尺寸时钢柱无效

续表

参数名称	参数类别	参数解释及说明
钢柱外翼缘板厚	翼缘板	钢柱外侧翼板厚度
钢柱外翼缘板宽		钢柱外侧翼板宽度
钢柱内翼缘板厚		钢柱内侧翼板厚度
钢柱内翼缘板宽		钢柱内侧翼板宽度
钢柱腹板厚度	腹板	定义腹板厚度
端板板厚	端板	定义端板厚度
端板上端部长度		定义端板伸出柱顶开口上部长度
端板下端部长度		定义端板伸出柱顶开口下部长度
柱中间肋板厚度	肋板	定义柱中间肋板厚度
底座板厚度	底座	定义柱底板厚度
底座板长度		定义柱底板长度
底座板宽度		定义柱底板宽度
是否有抗剪键		选择有无抗剪键
抗剪键长度		定义底板下部抗剪键长度
选择抗剪键截面		选择抗剪键截面规格
抗剪键旋转角度		选择0°或90°定义抗剪键截面朝向
柱间支撑形式	支撑	选择柱间支撑形式,无柱间支撑、圆钢支撑腹板开长圆孔或连接板形式
螺栓直径		选择圆钢支撑时,定义螺栓直径用于绘制长圆孔
第一个长圆孔到底座下表面距离		定义钢柱下部长圆孔到底板下边距离
长圆孔间距		定义下部长圆孔到上部长圆孔距离
撑板长		定义上部支撑连接板长度
撑板厚		定义上部支撑连接板厚度 注:支撑连接板仅为示意图,实际规格放样应在支撑模块中进行
到柱外侧距离		定义支撑板或支撑孔到柱外边水平距离
图名		输入构件名称作为图名

操作界面,如图6-19所示。

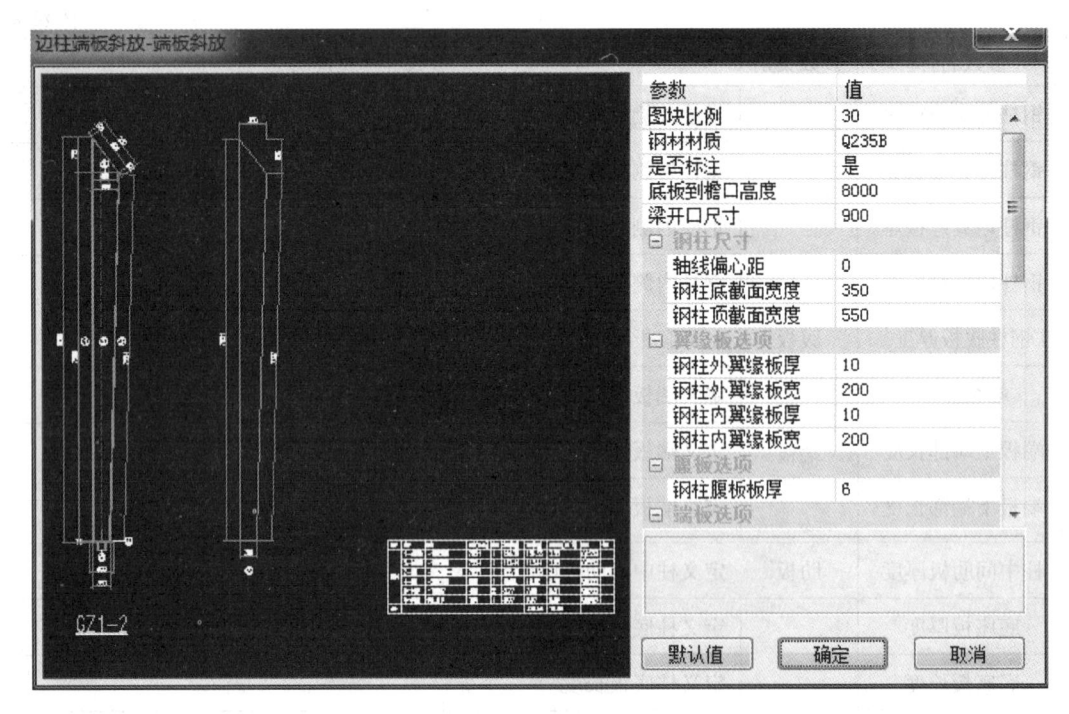

(a) 选择标注时,绘制构件详图

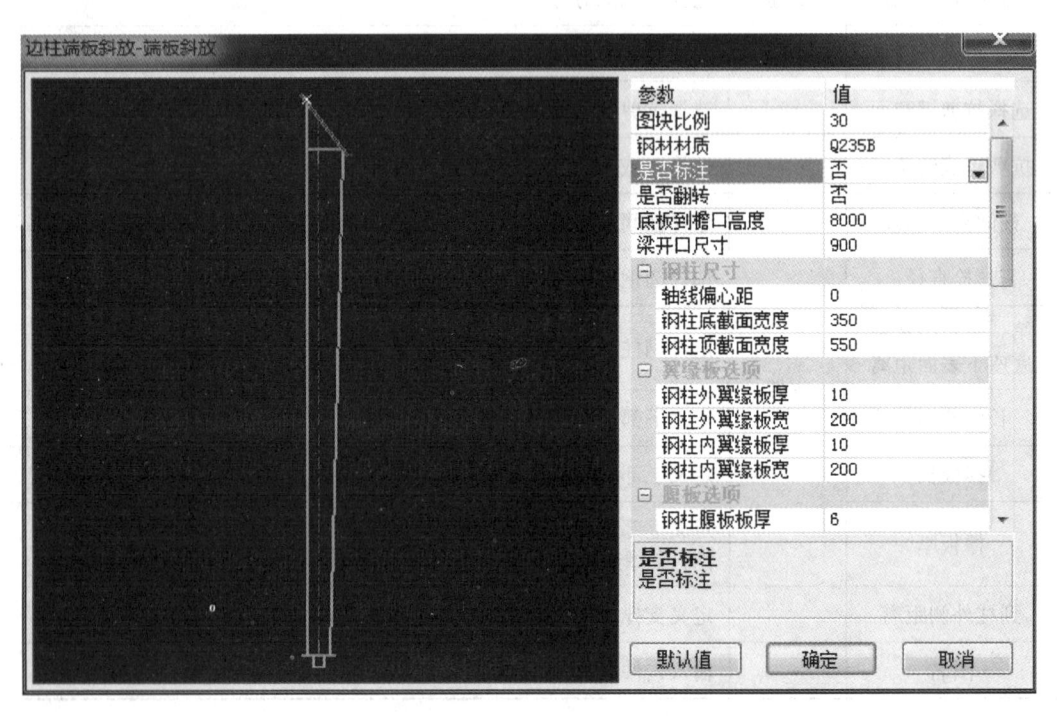

(b) 选择不标注时,绘制单个构件

图 6-19 端板竖放边柱

3. 边柱——端板横放

表 6-6 端板横放边柱参数介绍

参数名称	参数类别	参数解释及说明
图块比例		图纸按 1:1 绘制时,将图块比例设为与图纸比例相同
钢材材质		填入数值将出现在材料表材质一栏中
是否标注		选择"是",图中标注构件尺寸、自动拆分腹板、自动编号及编制零件材料表,用于绘制构件详图;选择"否",绘制单个构件图,出现是否翻转选项,选择翻转,构件镜像绘制,用于框架放样
柱高度		定义柱底板下边端板上边垂直距离
轴线偏心距		定义轴线偏移钢柱底截面中心线距离,输入 0 时,轴线与中心线重合,正值右偏,负值左偏。钢柱偏心放置时适用
钢柱底截面宽度	钢柱尺寸	定义柱底截面高
钢柱顶截面宽度		定义柱顶截面高,等于端板开口尺寸
钢柱外翼缘板厚		钢柱外侧翼板厚度
钢柱外翼缘板宽	翼缘板	钢柱外侧翼板宽度
钢柱内翼缘板厚		钢柱内侧翼板厚度
钢柱内翼缘板宽		钢柱内侧翼板宽度
钢柱腹板厚度	腹板	定义腹板厚度
端板板厚		定义端板厚度
端板上端部长度	端板	定义端板伸出柱顶开口左边长度
端板下端部长度		定义端板伸出柱顶开口右边长度
柱中间肋板厚度	肋板	定义柱中间肋板厚度
底座板厚度		定义柱底板厚度
底座板长度		定义柱底板长度
底座板宽度		定义柱底板宽度
是否有抗剪键	底座	选择有无抗剪键
抗剪键长度		定义底板下部抗剪键长度
选择抗剪键截面		选择抗剪键截面规格
抗剪键旋转角度		选择 0°或 90°定义抗剪键截面朝向

续表

参数名称	参数类别	参数解释及说明
柱间支撑形式	支撑	选择柱间支撑形式,无柱间支撑、圆钢支撑腹板开长圆孔或连接板形式
螺栓直径		选择圆钢支撑时,定义螺栓直径用于绘制长圆孔
第一个长圆孔到底座下表面距离		定义钢柱下部长圆孔到底板下边距离
长圆孔间距		定义下部长圆孔到上部长圆孔距离
撑板长		定义上部支撑连接板长度
撑板厚		定义上部支撑连接板厚度 注:支撑连接板仅为示意图,实际规格放样应在支撑模块中进行。
到柱外侧距离		定义支撑板或支撑孔到柱外边水平距离
图名		输入构件名称作为图名

操作界面,如图 6-20 所示。

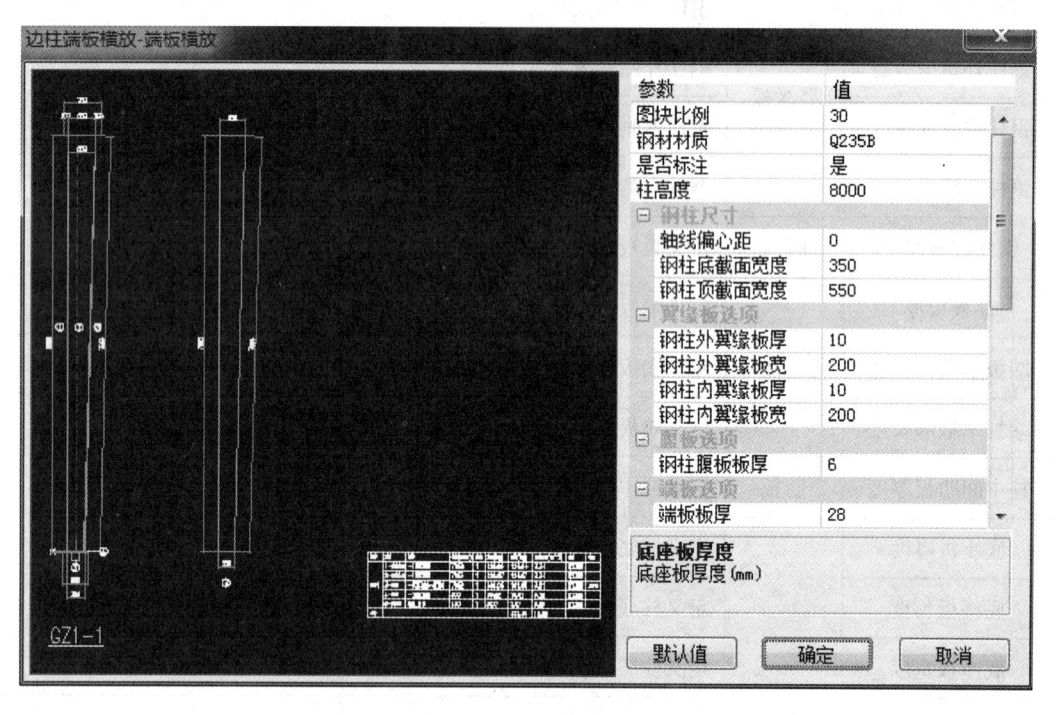

(a) 选择标注时,绘制构件详图

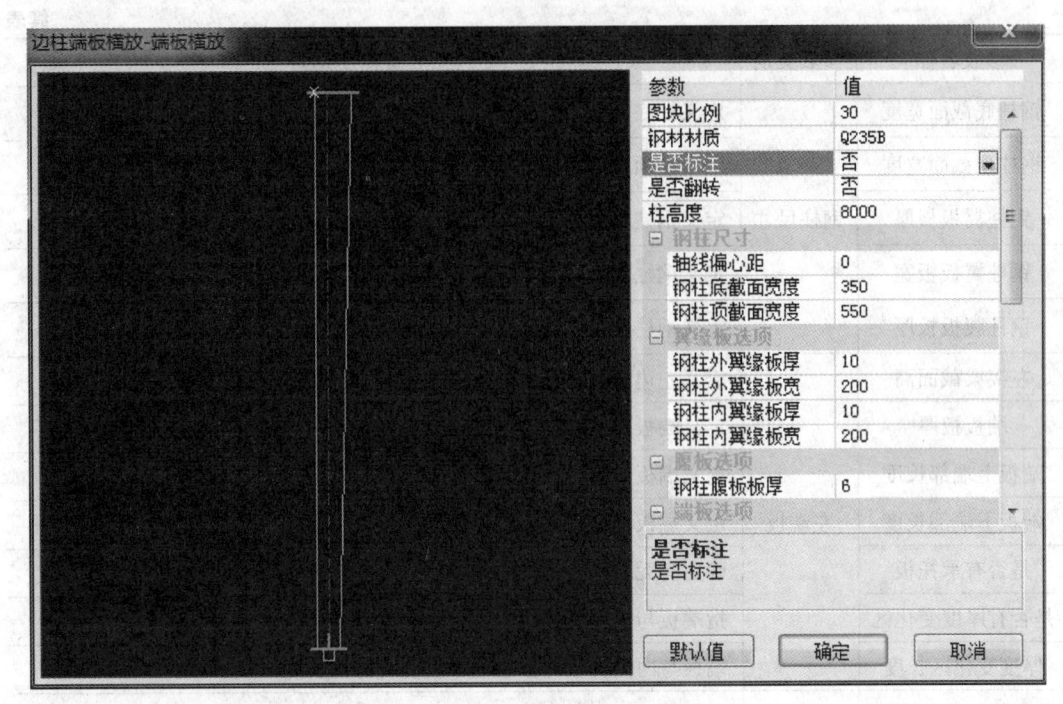

(b) 选择不标注时,绘制单个构件

图 6‑20 端板横放边柱

6.3.3 中柱

命令位置:XW 工具条→门刚拆图→中柱。用于门刚框架放样及绘制中柱详图。按端板放置形式分为梁类:端板竖放、端板斜放。

1. 中柱——端板竖放

表 6‑7 端板竖放中柱参数介绍

参数名称	参数类别	参数解释及说明
图块比例		图纸按 1∶1 绘制时,将图块比例设为与图纸比例相同
钢材材质		填入数值将出现在材料表材质一栏中
是否标注		选择"是",图中标注构件尺寸、自动拆分腹板、自动编号及编制零件材料表,用于绘制构件详图;选择"否",绘制单个构件图,出现是否翻转选项,选择翻转,构件镜像绘制,用于框架放样
泛水坡度		指定柱顶板放置坡度,以百分制
柱高度确定方式		主高度确定方式,输入高度或拾取点
柱高度(柱高度定位点)		定义中心线位置柱底板下边到柱顶的高度,选择拾取点时,点右边按键,选取柱子实际位置底定位点和顶定位点,获取柱高
顶板坡度方向	顶板	确定顶板坡度朝向,分左右坡及人字双坡。选人字坡,坡度值输入负值时,坡度为两侧向内斜
顶板板厚		柱顶板厚度

续表

参数名称	参数类别	参数解释及说明
钢柱底截面宽度	钢柱尺寸	定义柱底截面高
钢柱顶截面宽度		定义柱顶端部截面高
钢柱翼板板厚		定义钢柱翼板厚度
钢柱翼板板宽		定义钢柱翼板宽度
钢柱腹板板厚		定义钢柱腹板厚度
左接梁截面高	左端板	定义左边端板对接梁的截面高度,用以确定端板长度
端板板厚		定义端板厚度
端板上端部长度		定义端板伸出柱顶板长度
端板下端部长度		定义端板伸出梁下翼缘对应肋板长度
是否有承托板		确定有无端板下部的承托垫块。有承托板时,定义承托板厚度及长度
是否有厚度变化区		指端板与内侧翼板焊接位置有无厚度变化
厚度变化区长度		端板与内侧翼板焊接位置厚度变化区的长度
右接梁截面高	右端板	定义右边端板对接梁的截面高度,用以确定端板长度
端板板厚		定义端板厚度
端板上端部长度		定义端板伸出柱顶板长度
端板下端部长度		定义端板伸出梁下翼缘对应肋板长度
是否有承托板		确定有无端板下部的承托垫块。有承托板时,定义承托板厚度及长度
是否有厚度变化区		指端板与内侧翼板焊接位置有无厚度变化
厚度变化区长度		端板与内侧翼板焊接位置厚度变化区的长度
柱间支撑形式	支撑	选择柱间支撑形式,无柱间支撑、圆钢支撑腹板开长圆孔或连接板形式
螺栓直径		选择圆钢支撑时,定义螺栓直径用于绘制长圆孔
第一个长圆孔到底座下表面距离		定义钢柱下部长圆孔到底板下边距离
长圆孔间距		定义下部长圆孔到上部长圆孔距离
撑板长		定义上部支撑连接板长度
撑板厚		定义上部支撑连接板厚度 注:撑板长与撑板厚仅为图示选项,放样应在支撑模块中进行
横肋板选项	肋板	定义梁下翼缘对应柱上加劲肋厚度
图名		可输入构件名称作为图名

续表

参数名称	参数类别	参数解释及说明
底座板厚度	底座	定义柱底板厚度
底座板长度		定义柱底板长度
底座板宽度		定义柱底板宽度
是否有抗剪键		选择有无抗剪键
抗剪键长度		定义底板下部抗剪键长度
选择抗剪键截面		选择抗剪键截面规格
抗剪键旋转角度		选择0°或90°定义抗剪键截面朝向

操作界面,如图6-21所示。

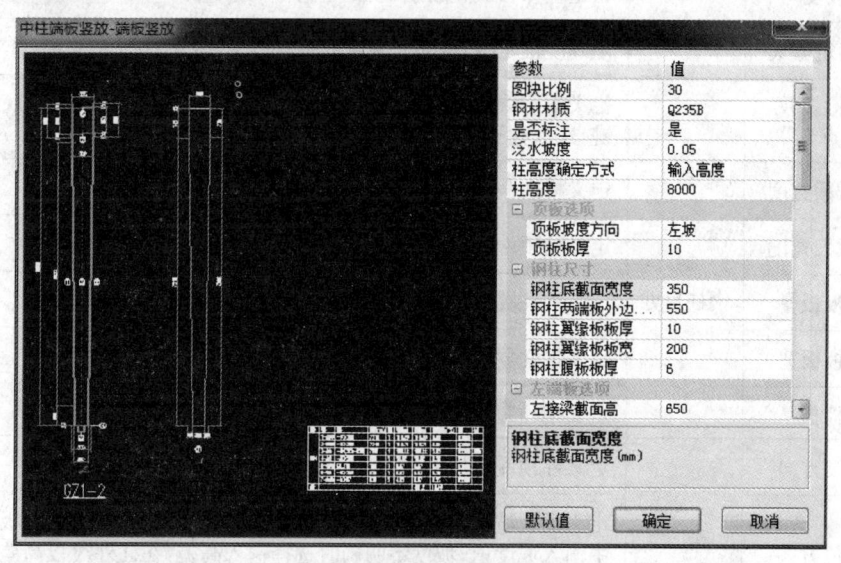

(a) 选择标注时,绘制构件详图

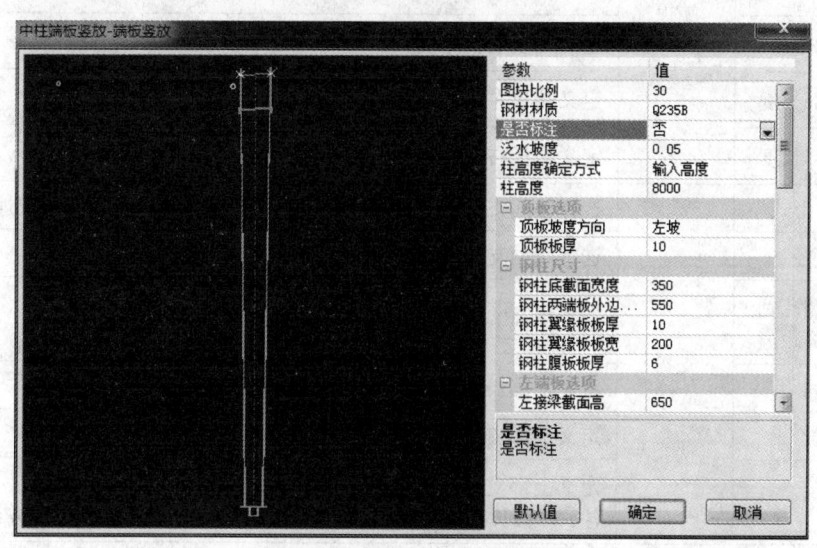

(b) 选择不标注时,绘制单个构件

图6-21 端板竖放中柱

2. 中柱——端板斜放

表6-8 端板斜放中柱参数介绍

参数名称	参数类别	参数解释及说明
图块比例		图纸按1:1绘制时,将图块比例设为与图纸比例相同
钢材材质		填入数值将出现在材料表材质一栏中
是否标注		选择"是",图中标注构件尺寸、自动拆分腹板、自动编号及编制零件材料表,用于绘制构件详图;选择"否",绘制单个构件图,出现是否翻转选项,选择翻转,构件镜像绘制,用于框架放样
泛水坡度		指定柱顶板放置坡度,以百分制
柱高度确定方式		主高度确定方式,输入高度或拾取点
柱高度(柱高度定位点)		定义中心线位置柱底板下边到柱顶的高度,选择拾取点时,点右边按键,选取柱子实际位置底定位点和顶定位点,获取柱高
钢柱底截面宽度	钢柱尺寸	定义柱底截面高
钢柱顶截面宽度	钢柱尺寸	定义柱顶端部截面高
钢柱翼板板厚	钢柱尺寸	定义钢柱翼板厚度
钢柱翼板板宽	钢柱尺寸	定义钢柱翼板宽度
钢柱腹板板厚	钢柱尺寸	定义钢柱腹板厚度
端板坡度方向	端板	定义柱顶端板坡度朝向
端板定位方式	端板	定义端板坡度定义方式,有坡度数据时选择输入坡度,在端板坡度选项中输入坡度值;坡度不明确时选择输入高差,在柱外翼板高差选项中输入高差值,以确定端板坡度
端板板厚	端板	定义柱顶端板厚度
端板左端部长度	端板	定义端板左边伸出柱左翼板长度
端板右端部长度	端板	定义端板右边伸出柱右翼板长度
柱间支撑形式	支撑	选择柱间支撑形式,无柱间支撑、圆钢支撑腹板开长圆孔或连接板形式
螺栓直径	支撑	选择圆钢支撑时,定义螺栓直径用于绘制长圆孔
第一个长圆孔到底座下表面距离	支撑	定义钢柱下部长圆孔到底板下边距离
长圆孔间距	支撑	定义下部长圆孔到上部长圆孔距离
撑板长	支撑	定义上部支撑连接板长度
撑板厚	支撑	定义上部支撑连接板厚度 注:撑板长与撑板厚仅为图示选项,放样应在支撑模块中进行

续表

参数名称	参数类别	参数解释及说明
底座板厚度	底座	定义柱底板厚度
底座板长度		定义柱底板长度
底座板宽度		定义柱底板宽度
是否有抗剪键		选择有无抗剪键
抗剪键长度		定义底板下部抗剪键长度
选择抗剪键截面		选择抗剪键截面规格
抗剪键旋转角度		选择 0°或 90°定义抗剪键截面朝向
图名		可输入构件名称作为图名

操作界面,如图 6-22 所示。

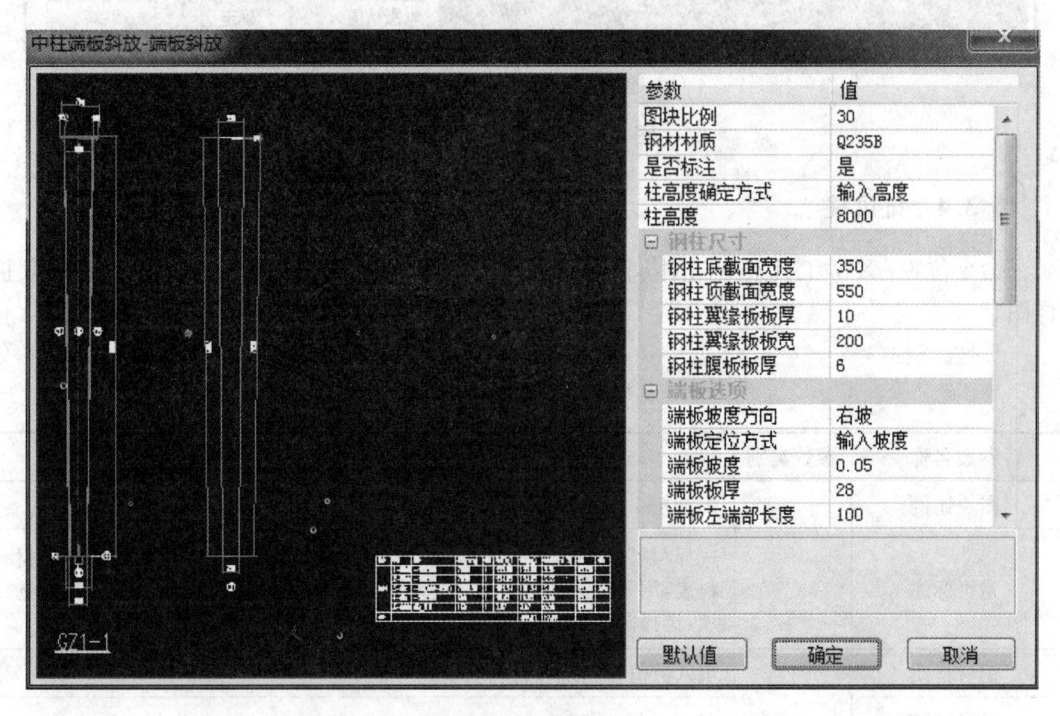

(a) 选择标注时,绘制构件详图

钢结构与施工

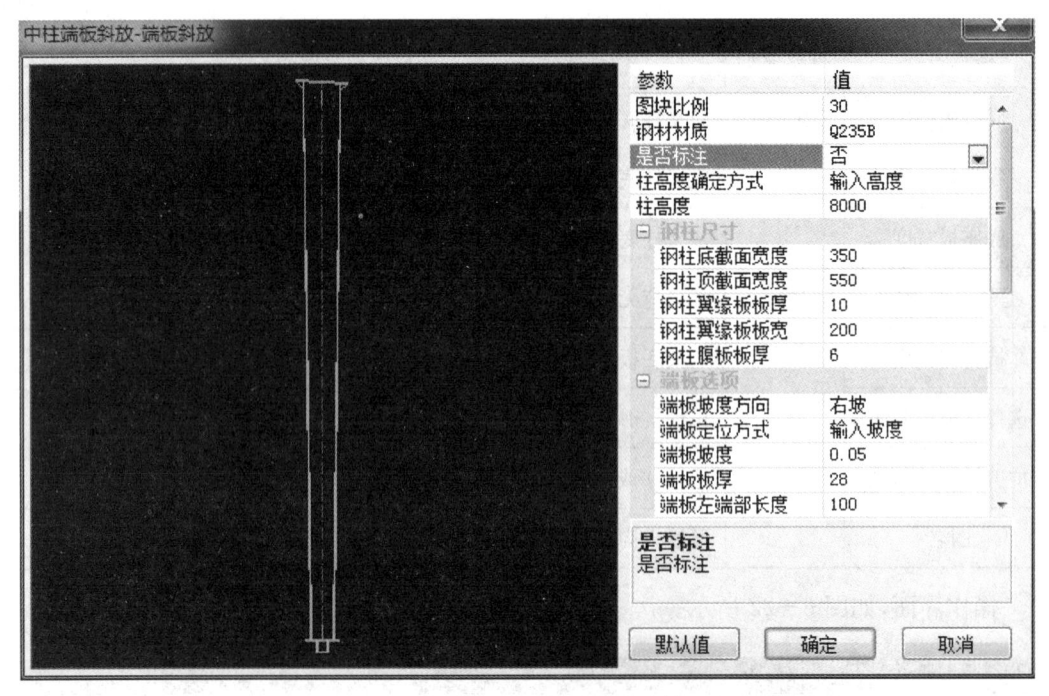

(b) 选择不标注时,绘制单个构件

图 6-22 端板斜放中柱

6.3.4 抗风柱

命令位置：XW 工具条→门刚拆图→抗风柱。用于门刚山墙跨框架放样及绘制抗风柱详图。

1. 抗风柱

表 6-9 抗风柱参数介绍

参数名称	参数类别	参数解释及说明
图块比例		图纸按 1:1 绘制时,将图块比例设为与图纸比例相同
是否标注		选择"是",图中标注构件尺寸、自动拆分腹板、自动编号及编制零件材料表,用于绘制构件详图;选择"否",绘制单个构件图,出现是否翻转选项,选择翻转,构件镜像绘制,用于框架放样
钢材材质		填入数值将出现在材料表材质一栏中
选择柱截面或输入参数	钢柱	选择或输入抗风柱截面规格
柱高度确定方式		主高度确定方式,输入高度或拾取点,
柱高度(柱高度定位点)		定义中心线位置柱底板下边到柱顶的高度,选择拾取点时,点右边按键,选取柱子实际位置底定位点和顶定位点,获取柱高

· 192 ·

续表

参数名称	参数类别	参数解释及说明
柱顶是否有端板	柱顶	选择柱顶是否有端板,选择"是",输入端板参数,选择"否",柱顶为腹板螺栓连接,输入柱顶到屋架梁下翼缘距离
坡度方向		定义柱顶端板坡度朝向
端板定位方式		定义端板坡度定义方式,有坡度数据时选择输入坡度,在端板坡度选项中输入坡度值;坡度不明确时选择输入高差,在柱外翼板高差选项中输入高差值,以确定端板坡度;因山墙跨门刚框架放样先绘钢梁,再绘抗风柱,因此坡度和高差均不明时,可点取坡度方向(对应的屋架梁下翼缘上的两点),以确定柱顶板坡度
坡度%		输入坡度值,百分制
端板厚度		定义端板厚度
端板长度		定义端板长度
端板宽度		定义端板宽度
底板厚度	柱脚	定义柱底板厚度
底板长度		定义柱底板长度
底板宽度		定义柱底板宽度
是否有抗剪键		选择有无抗剪键
选择抗剪键截面		选择抗剪键截面规格
抗剪键旋转角度		选择 0°或 90°定义抗剪键截面朝向
抗剪键长度		定义底板下部抗剪键长度
图名		可输入构件名称作为图名

操作界面,如图 6-23 所示。

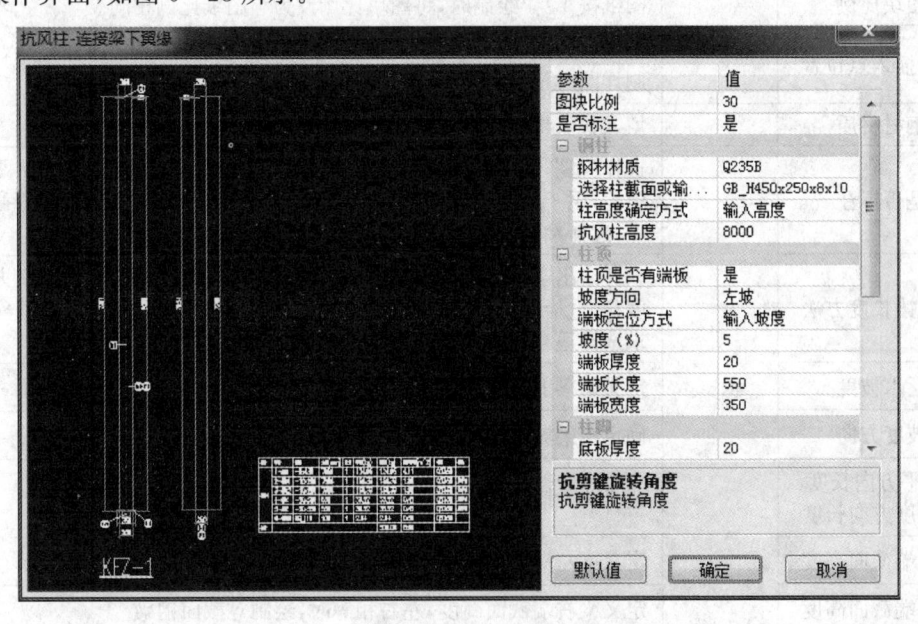

(a)选择标注时,绘制构件详图

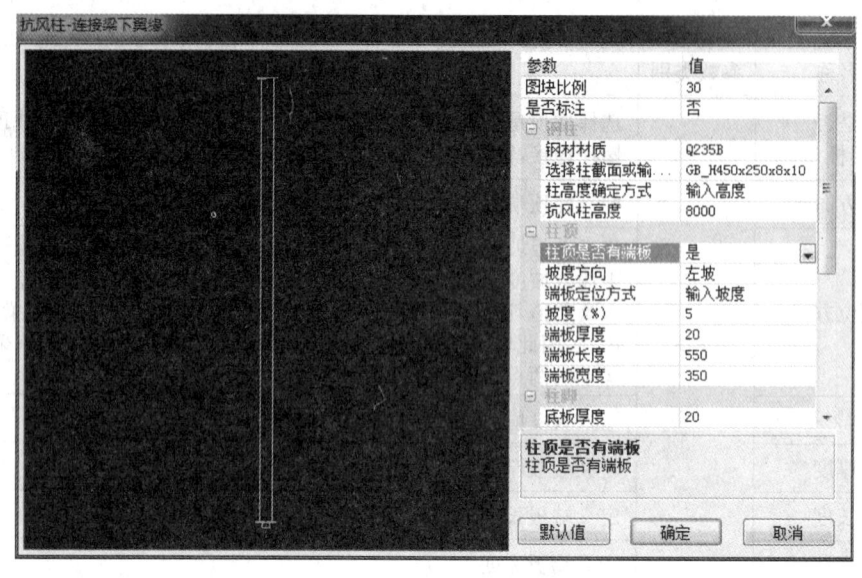

(b) 选择不标注时,绘制单个构件

图 6-23 抗风柱

6.3.5 屋架梁

命令位置:XW 工具条→门刚拆图→屋架梁。用于门刚框架放样及绘制屋架梁详图。按位置及端板位置分为边梁及中梁。

1. 边梁

表 6-10 边梁参数介绍

参数名称	参数类别	参数解释及说明
图块比例		图纸按 1∶1 绘制时,将图块比例设为与图纸比例相同。
选择插入点位置		选择梁的插入点,可选择左边和右边,在建立门刚框架时的插入点,绘制详图时不需定义
钢材材质		填入数值将出现在材料表材质一栏中
是否标注		选择"是",图中标注构件尺寸、自动拆分腹板、自动编号及编制零件材料表,用于绘制构件详图;选择"否",绘制单个构件图,出现是否翻转选项,选择翻转,构件镜像绘制,用于框架放样
确定梁长度方法		软件给出了钢梁三种绘制方式:输入 X 轴方向长度、输入坡度方向长度、通过拾取点(选取钢梁端部两点来绘制钢梁)。用户可根据实际需求选择适合的方式
泛水坡度	钢梁	定义钢梁上翼缘坡度值,百分制
坡度方向		确定钢梁坡度朝向
梁水平方向长度/梁坡度方向长度		定义两种输入形式中钢梁的长度,拾取点绘制钢梁时无此项
梁左端截面高度		定义梁左端截面高度
梁右端截面高度		定义梁右端截面高度,左右相等时,绘制等截面钢梁

续表

参数名称	参数类别	参数解释及说明
是否有端板	左端/右端	选择钢梁左/右端有否端板
端板放置方式		确定左/右端板坡度,选择沿Y轴方向时,端板竖直放置;选择垂直梁上翼缘时,端板与坡度垂直
端板板厚		定义左/右端板厚度
上端部长度		左/右端板伸出梁上翼板长度
下端部长度		左/右端板伸出梁下翼板长度
上翼缘板厚度	翼缘板	定义梁上翼板厚度
上翼缘板宽度		定义梁上翼板宽度
下翼缘板厚度		定义梁下翼板厚度
下翼缘板宽度		定义梁下翼板宽度
腹板厚度	腹板	定义钢梁腹板厚度
梁轴线与上翼缘距离	支撑	定义轴线到上翼板边的距离,用以确定支撑位置
梁间支撑形式		选择柱间支撑形式,无柱间支撑、圆钢支撑腹板开长圆孔或连接板形式
长圆孔(连接板)数量		确定长圆孔或连接板的数量
长圆孔(连接板)相对起点		确定长圆孔或连接板从左边还是从右边开始定位
长圆孔(连接板)到左端/右端距离		定义长圆孔或连接板到定义端部距离
长圆孔(连接板)间距		定义长圆孔或连接板之间的间距
撑板长		定义上部支撑连接板长度
撑板厚		定义上部支撑连接板厚度 注:撑板长与撑板厚仅为图示选项,放样应在支撑模块中进行
螺栓直径		用以定义长圆孔孔径
是否绘制三角加劲板	三角加劲板	选择"是",绘制钢梁端板上的四块三角板
是否规定三角板尺寸		选择"是",分别输入四块加劲板的宽和高;选择"否",则加劲板宽和高默认和端板伸出长度相等
图名		可输入构件名称作为图名

操作界面,如图 6-24 所示。

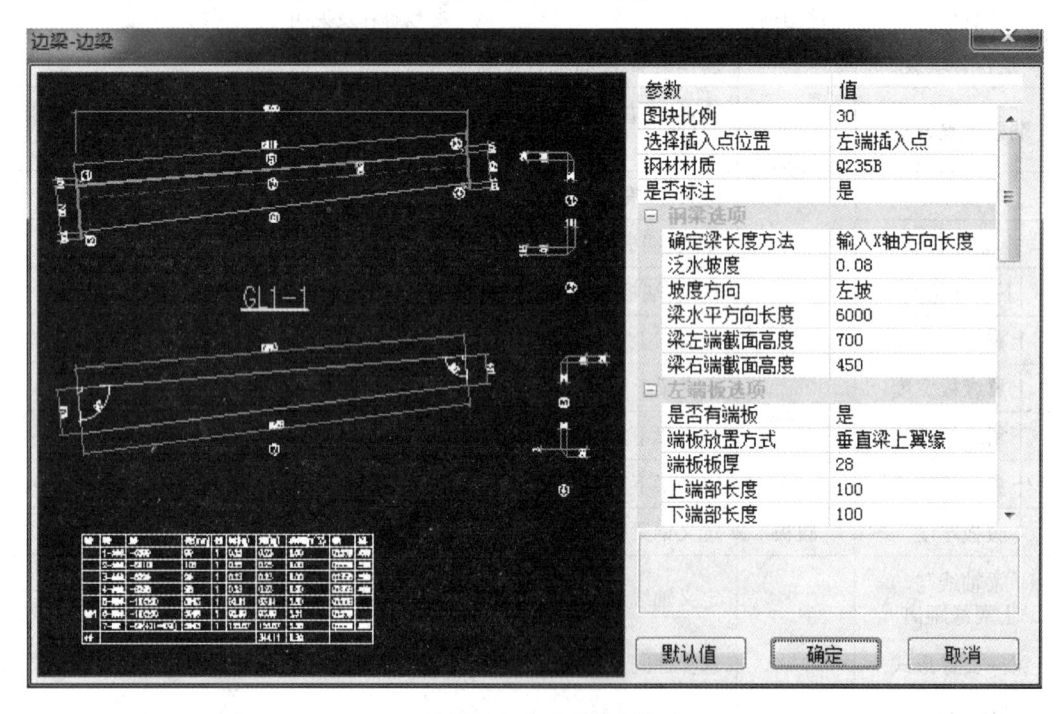

(a) 选择标注时,绘制构件详图

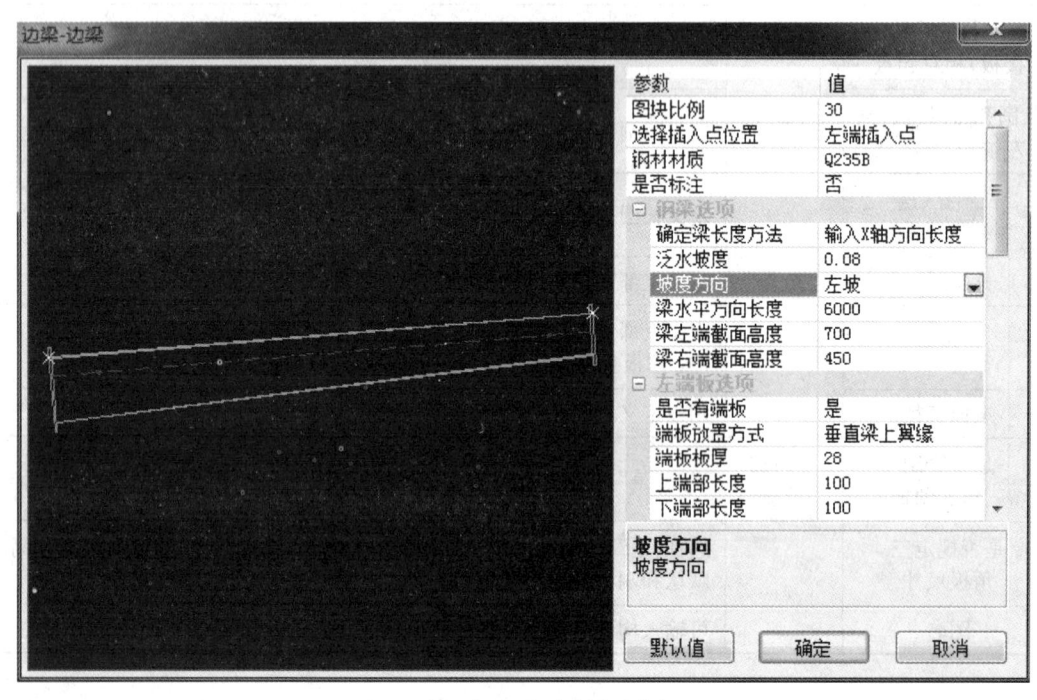

(b) 选择不标注时,绘制单个构件

图 6-24 边梁

2. 中梁

表 6-11 中梁参数介绍

参数名称	参数类别	参数解释及说明
图块比例		图纸按 1∶1 绘制时,将图块比例设为与图纸比例相同
钢材材质		填入数值将出现在材料表材质一栏中
是否标注		选择"是",图中标注构件尺寸、自动拆分腹板、自动编号及编制零件材料表,用于绘制构件详图;选择"否",绘制单个构件图,出现是否翻转选项,选择翻转,构件镜像绘制,用于框架放样
坡度方式		确定梁左右坡度的方向,分为左坡—右坡,左坡—左坡,右坡—左坡,右坡—右坡四种
确定梁长度方法		软件给出了钢梁三种绘制方式:输入水平方向长度、输入坡度方向长度、通过拾取点(选取钢梁端部两点来绘制钢梁)。用户可根据实际需求选择适合的方式
左梁水平方向长度/左梁坡度方向长度		定义两种输入形式中左边钢梁的长度,拾取点绘制钢梁时无此项
右梁水平方向长度/右梁坡度方向长度	钢梁	定义两种输入形式中右边钢梁的长度,拾取点绘制钢梁时无此项
上翼缘板厚度		定义梁上翼板厚度
上翼缘板宽度		定义梁上翼板宽度
下翼缘板厚度		定义梁下翼板厚度
下翼缘板宽度		定义梁下翼板宽度
腹板厚度		定义钢梁腹板厚度
泛水坡度		定义钢梁上翼缘坡度值,百分制
左梁/右梁小截面高		定义左梁/右梁小头截面高度
左梁/右梁大截面高		定义左梁/右梁大头截面高度
端板放置方式	左梁/右梁	确定左/右端板坡度,选择沿 Y 轴方向时,端板竖直放置;选择垂直梁上翼缘时,端板与坡度垂直
左梁/右梁端板板厚		定义左梁/右梁端板厚度
左梁/右梁上端部长度		左梁/右梁端板伸出梁上翼板长度
左梁/右梁下端部长度		左梁/右梁端板伸出梁下翼板长度

续表

参数名称	参数类别	参数解释及说明
底端板放置方式	底端板	选择底端板放置方式,分为水平或倾斜时输入坡度
底端板坡度		底部端板倾斜时,输入底端板坡度
端板厚度		定义端板厚度
端板左长		端板在轴线(中心线)左边长度
端板右长		端板在轴线(中心线)右边长度
是否有厚度变化区		选择底端板是否有厚度变化区
厚度变化区长度		定义厚度变化区长度,厚度变化区长度包含在底端板总长之内
是否绘制中部加劲板	加劲板	选择是否绘制梁中部加劲板,默认绘制的为竖向加劲板,如实际情况中加劲板不为竖向,则选择"否",自行绘制加劲板
加劲板厚		定义加劲板厚度
左加劲板轴线距		左边加劲板到轴线(中心线)的水平距离
右加劲板轴线距		右边加劲板到轴线(中心线)的水平距离
梁轴线与上翼缘距离	支撑	定义轴线到上翼板边的距离,用以确定支撑位置
梁间支撑形式		选择柱间支撑形式,无柱间支撑、圆钢支撑腹板开长圆孔或连接板形式
撑板长		定义上部支撑连接板长度 注:撑板长与撑板厚仅为图示选项,放样应在支撑模块中进行
撑板厚		定义上部支撑连接板厚度 注:撑板长与撑板厚仅为图示选项,放样应在支撑模块中进行
螺栓直径		用以定义长圆孔孔径
左/右梁长圆孔(连接板)数量	左/右梁支撑	确定长圆孔或连接板的数量
左/右梁长圆孔(连接板)相对起点		确定长圆孔或连接板从左边还是从右边开始定位
左/右梁长圆孔(连接板)到左端/右端距离		定义长圆孔或连接板到定义端部距离
左/右梁长圆孔(连接板)间距		定义长圆孔或连接板之间的间距
腹板拆板方式	腹板拆板	分为手工拆板和自动拆板,手工拆板时,腹板拆分成整块,使用者自行分段;自动拆板时,软件自动按最小损耗将腹板分成两段
是否宽度变化区	下翼板高级选项	选择下翼板和底部端板对接位置是否有宽度变化区,选择有时,下翼板拆板并标注厚度变化
宽度变化区长度		定义下翼板宽度变化区长度
底端板宽度		输入底端板宽度,用以绘制下翼板厚度变化区变化值

续表

参数名称	参数类别	参数解释及说明
是否绘制三角加劲板	三角加劲板	选择"是",绘制钢梁端板上的四块三角板
是否规定三角板尺寸		选择"是",分别输入四块加劲板的宽和高,选择"否",则加劲板宽和高默认和端板伸出长度相等
图名		可输入构件名称作为图名

操作界面,如图 6-25 所示。

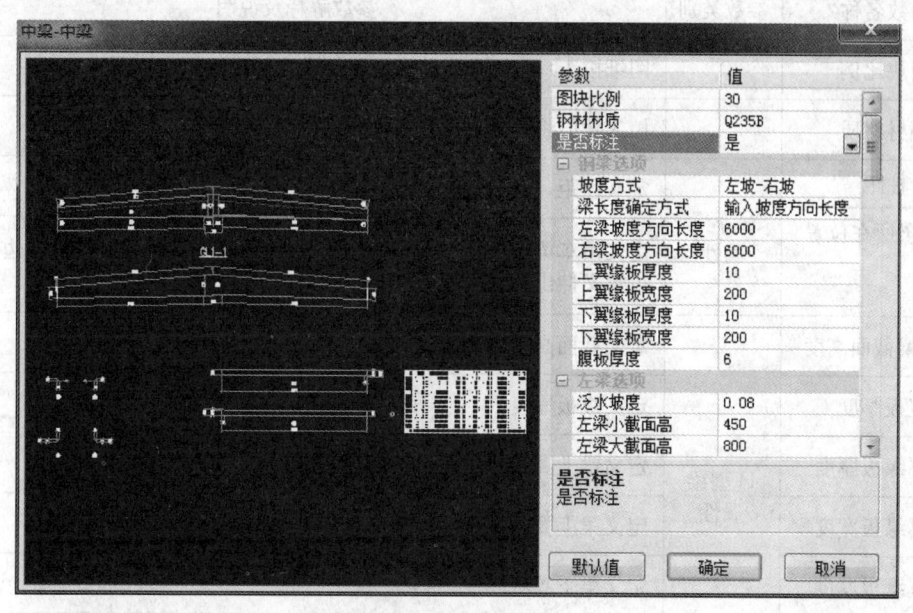

(a) 选择标注时,绘制构件详图

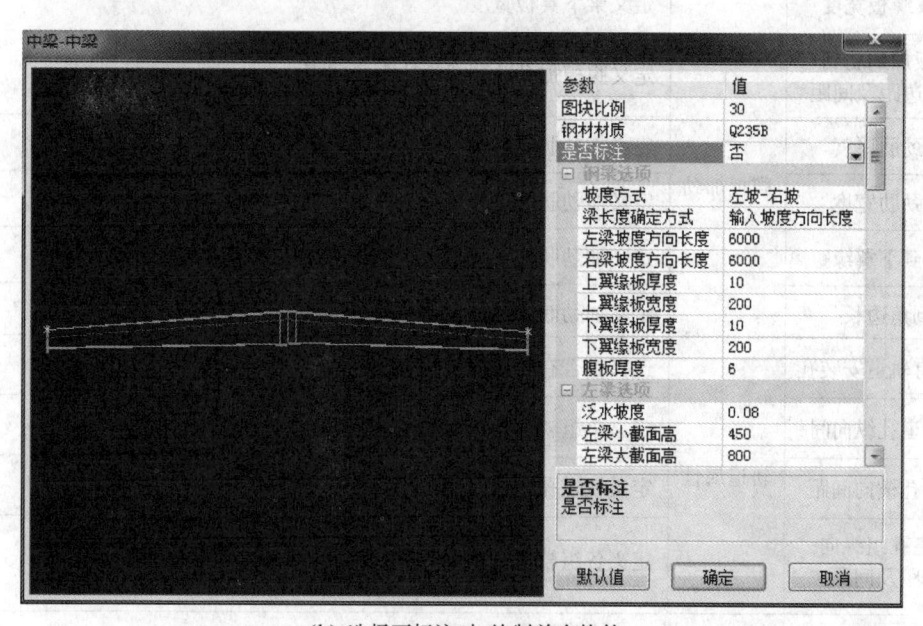

(b) 选择不标注时,绘制单个构件

图 6-25 中梁

6.3.6 吊车梁

命令位置：XW 工具条→门刚拆图→吊车梁。其用于绘制吊车梁详图，按截面变化分为等截面吊车梁及变截面吊车梁(变截面吊车梁在版本升级后添加)。

1. 等截面吊车梁

表 6-12　等截面吊车梁参数介绍

参数名称	参数类别	参数解释及说明
图块比例		图纸按 1∶1 绘制时，将图块比例设为与图纸比例相同
钢材材质		填入数值将出现在材料表材质一栏中
柱距	吊车梁属性	定义柱距，用以确定吊车梁跨度
吊车梁所在位置		定义吊车梁在整个门刚中的位置，中间跨时，梁端不超过轴线；边跨时，可定义伸出轴线长度
吊车梁截面高度		定义截面高度
腹板厚度		定义腹板厚度
上翼缘板厚度	H 型梁属性	定义梁上翼板厚度
上翼缘板宽度		定义梁上翼板宽度
下翼缘板厚度		定义梁下翼板厚度
下翼缘板宽度		定义梁下翼板宽度
腹板加劲肋到梁端边距及间距		定义腹板加劲肋到梁端边距及间距
加劲肋厚度	腹板加劲	定义加劲肋厚度
加劲肋宽度		定义加劲肋宽度
加劲肋到下翼缘距离		定义加劲肋到下翼板上边的距离，用以确定加劲板长度
倒角边长		定义加劲肋上部倒切口大小
是否有轨道安装孔		选择是否有轨道安装孔
单组轨道孔纵向间距	轨道属性	定义单组轨道孔纵向间距，轨道孔以 4 个为一组，每组间距相同
轨道孔横向间距		定义轨道孔横向距离
轨道孔组纵向边距及间距		定义各组轨道孔到梁端的边距及间距

续表

参数名称	参数类别	参数解释及说明
端板厚度	对接属性	定义吊车梁之间对接位置的端板厚度
端板厚度	对接属性	定义吊车梁之间对接位置的端板宽度
端板到上翼缘距离	对接属性	定义端板离开上翼板上边的距离
端板伸出下翼缘长度	对接属性	定义端板伸出下翼板长度
是否有螺栓	对接属性	定义端板是否有螺栓
螺栓直径	对接属性	定义螺栓规格
螺栓孔列间距	对接属性	定义螺栓孔水平间距
螺栓孔行边距及间距	对接属性	定义螺栓孔以上翼板上边为基准,行边距及间距
是否有纵向连接板	对接属性	选择有无吊车梁之间的连接夹板
连接板宽度	对接属性	定义连接板宽度
连接板长度	对接属性	定义连接板长度
第一排螺栓孔到连接板行间距	对接属性	指第一排螺栓孔到连接板上边的距离
对接处梁段缩进	对接属性	定义吊车梁对接位置水平缩进距离,纵向连接板厚度为该值的2倍
支座位置下翼板是否有螺栓	对接支座	选择支座下翼板是否有螺栓
螺栓直径	对接支座	输入螺栓直径
螺栓孔行间距	对接支座	定义上下行螺栓孔间距
螺栓孔到端板列边距及间距	对接支座	定义螺栓孔到下翼板端部的边距及间距
是否有连接板	对接支座	选择下翼板有无连接板
连接板厚度	对接支座	输入连接板厚度
连接板宽度	对接支座	输入连接板宽度
连接板长度	对接支座	输入连接板长度
螺栓孔到连接板外边距离	对接支座	螺栓孔到连接板外边的水平距离,用以确定螺栓孔在连接板上的尺寸
是否有垫板	对接支座	选择下翼板位置有无垫板
垫板厚度	对接支座	输入垫板厚度
垫板宽度	对接支座	输入垫板宽度
垫板长度	对接支座	输入垫板长度
螺栓孔到垫板外边距离	对接支座	指螺栓孔到垫板外边的水平距离,用以确定螺栓孔在垫板上的尺寸

续表

参数名称	参数类别	参数解释及说明
边跨处梁端外伸	末端支座	定义边跨处梁端部外伸长度
支座加劲板形状		选择支座加劲板形状,梯形或矩形,选择梯形加劲板与上下翼缘等宽,矩形则加劲板与下翼板等宽,上部缩进翼缘。选择矩形时,输入宽度
支座加劲板厚度		定义支座加劲板厚度
倒角边长		定义加劲板倒角尺寸
支座位置下翼板是否有螺栓		选择支座下翼板是否有螺栓
螺栓直径		输入螺栓直径
螺栓孔行间距		定义上下行螺栓孔间距
螺栓孔到端板列边距及间距		定义螺栓孔到下翼板端部的边距及间距
是否有连接板		选择下翼板有无连接板
连接板厚度		输入连接板厚度
连接板宽度		输入连接板宽度
连接板长度		输入连接板长度
螺栓孔到连接板外边距离		螺栓孔到连接板外边的水平距离,用以确定螺栓孔在连接板上的尺寸
是否有垫板		选择下翼板位置有无垫板
垫板厚度		输入垫板厚度
垫板宽度		输入垫板宽度
垫板长度		输入垫板长度
是否有垫块		选择下翼板位置有无垫块,指支座加劲板下对应的垫块
垫块厚度		输入垫块厚度
垫块宽度		输入垫块宽度
垫块长度		输入垫块长度
相同构件数量		输入相同吊车梁数量
图名		可输入构件名称作为图名

操作界面,如图 6-26 所示。

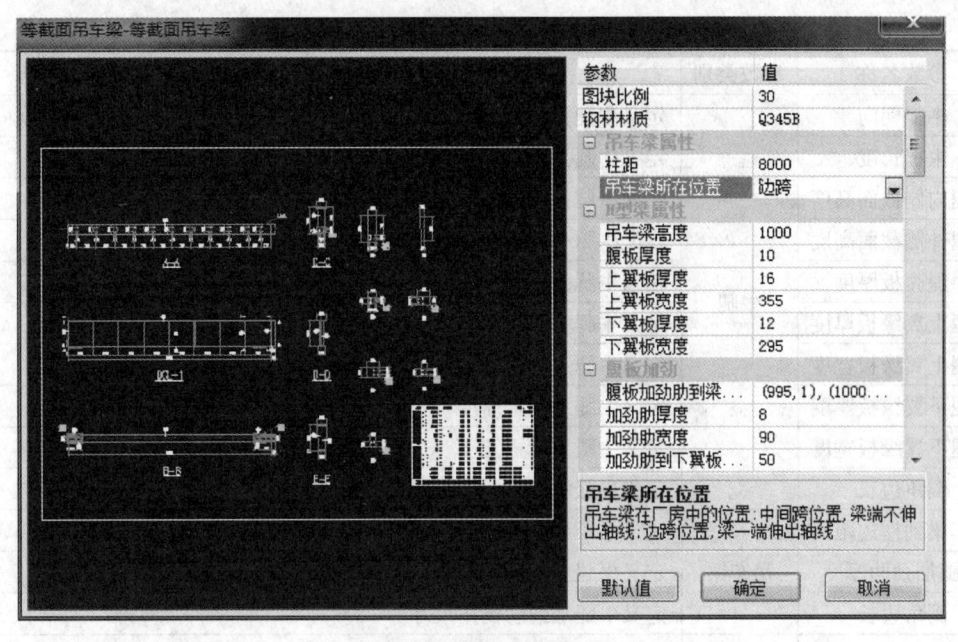

图 6-26 等截面吊车梁

6.3.7 吊车牛腿

命令位置：XW 工具条→门刚拆图→吊车牛腿。其用于门刚框架吊车牛腿放样及绘制钢柱吊车牛腿细部详图。

1. 吊车牛腿

表 6-13 吊车牛腿参数介绍

参数名称	参数类别	参数解释及说明
图块比例		图纸按 1∶1 绘制时，将图块比例设为与图纸比例相同
是否标注		选择"是"，图中标注构件尺寸、自动拆分腹板、自动编号及编制零件材料表，用于绘制构件详图；选择"否"，绘制单个构件图，出现是否翻转选项，选择翻转，构件镜像绘制，用于框架放样
钢材材质		填入数值将出现在材料表材质一栏中
是否绘制钢柱		选择吊车牛腿绘制时是否将钢柱画出
选择柱截面或输入参数		选择柱截面或输入柱截面参数
是否绘制钢柱加劲板		选择是否绘制牛腿对应的柱上加劲板
柱上加劲肋厚度	钢柱	输入柱上加劲肋厚度
柱下加劲肋厚度		输入柱下加劲肋厚度
加劲肋缩进		定义加劲肋宽度缩进柱翼板距离
倒角边长		定义加劲肋倒角尺寸
起始编号		定义零件开始编号
剖切符号		定义剖切编号

续表

参数名称	参数类别	参数解释及说明
牛腿朝向	牛腿	定义牛腿方向
牛腿长度		定义牛腿总长
牛腿内侧截面高度		定义牛腿内侧截面高度
牛腿外侧截面高度		定义牛腿外侧截面高度
牛腿腹板厚度		输入牛腿腹板厚度
牛腿上翼缘板厚度		定义牛腿上翼板厚度
牛腿上翼缘板宽度		定义牛腿上翼板宽度
牛腿下翼缘板厚度		定义牛腿下翼板厚度
牛腿下翼缘板宽度		定义牛腿下翼板宽度
倒角边长		定义牛腿腹板与钢柱焊接位置倒角尺寸
吊车梁到柱边距离	吊车梁	定义吊车梁中心线到钢柱翼边距离
牛腿加劲肋厚度		定义牛腿上加劲肋厚度
倒角边长		定义牛腿加劲肋倒角尺寸
是否有螺栓孔	螺栓	选择牛腿上翼缘有无螺栓
螺栓直径		定义螺栓直径
螺栓列中心距		定义水平方向螺栓到中心线距离
螺栓行中心距		定义垂直方向螺栓到中心线距离
是否有垫板	垫板	选择牛腿上翼板有无垫板
垫板厚度		定义垫板厚度
垫板宽度		定义垫板宽度
垫板长度		定义垫板长度

操作界面，如图 6-27 所示。

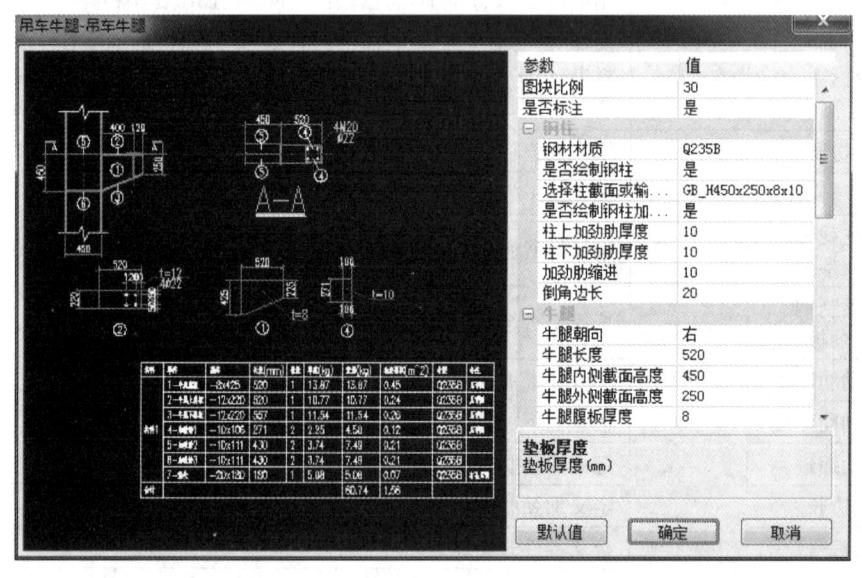

（a）选择标注时，绘制吊车牛腿详图

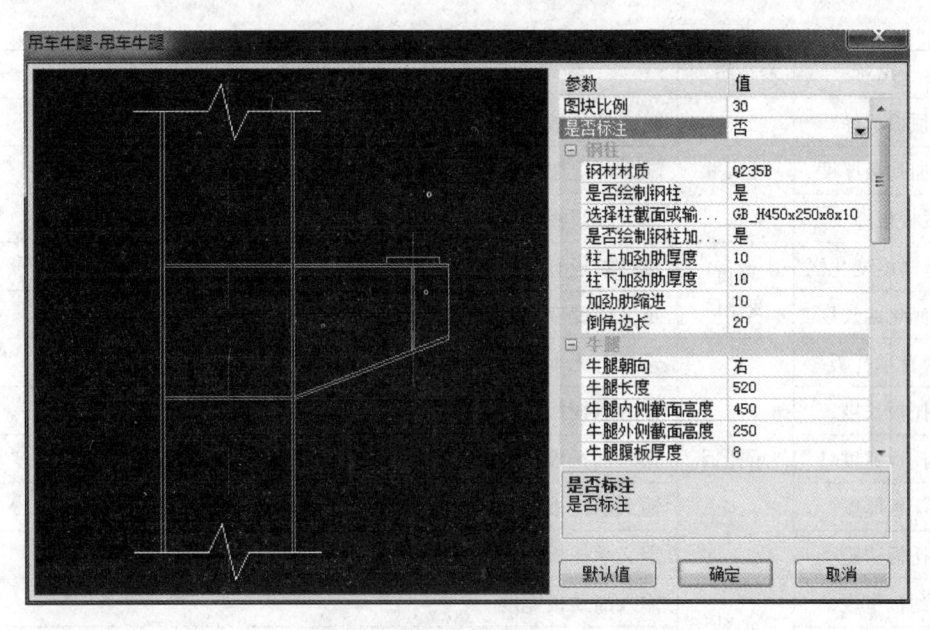

(b) 选择不标注时,绘制单个吊车牛腿构件

图6-27 吊车牛腿

6.3.8 端板

命令位置:XW工具条→门刚拆图→端板。其用于绘制柱、梁端板细部详图,按适用构件及放置方式分为:① 柱端板剖视(竖放);② 柱端板剖视(横放,斜放);③ 梁端板剖视(横放);④ 梁端板剖视(竖放,斜放)。

1. 柱端板剖视(竖放)——适用于绘制边柱或中柱的竖放端板

表6-14 柱竖放端板参数介绍

参数名称	参数类别	参数解释及说明
图块比例		图纸按1∶1绘制时,将图块比例设为与图纸比例相同
是否在原柱上绘制示意图	示意图	选择是否在柱上绘制示意图,选择"是"时,按确定后先点取原有柱端板与腹板交接位置的端板边两点,在原有柱构件图上绘制示意图,然后点剖视图放置的位置
端板摩擦面朝向		绘制示意图,选择端板摩擦面的方向
端板长度		定义端板长度
端板宽度	端板尺寸	定义端板宽度
端板厚度		定义端板厚度
上端部长度		定义端板上部伸出柱顶板长度
下端部长度		定义端板下部伸出加劲肋长度

续表

参数名称	参数类别	参数解释及说明
柱顶板板厚	柱尺寸	输入柱顶板厚度
柱下加劲板厚度		输入柱上梁下翼板对应加劲肋厚度
腹板板厚		输入柱腹板厚度
是否有厚度变化区	厚度变化区	选择端板有无厚度变化区
厚度变化区长度		定义厚度变化区长度(包含在端板总长内)
是否有承托板	承托板	选择有无承托板
承托板长度		输入承托板长度
承托板宽度		输入承托板宽度
承托板厚度		输入承托板厚度
承托板边距		定义承托板到端板下边距
加劲板宽度	顶加劲板	输入加劲板宽度
加劲板厚度		输入加劲板厚度(顶加劲在钢柱图上用三角板模块放样)
加劲板边距及间距	中加劲板	定义加劲板到柱顶板上边为起点的边距及间距
加劲板高度		输入加劲板高度
加劲板顶宽		输入加劲板顶部宽度(当加劲板为三角板时,顶部宽度输入0)
加劲板外边高		输入加劲板外边高度(与上条确定加劲板切角,当加劲板为三角板时,加劲板外边高度输入0)
加劲板厚度		输入加劲板厚度
是否有切角		选择有无倒角
倒角边长		定义倒角尺寸
长度方向边距及间距	螺栓	定义端板上边为起点的螺栓竖向边距及间距
宽度方向边距		定义宽度方向螺栓到端板边距
螺栓直径		输入螺栓直径,用以绘制螺栓孔,螺栓孔默认比螺栓直径大2 mm
螺栓型号		选择螺栓型号,用以显示螺栓图示
钢材材质	材料表	填入数值将出现在材料表材质一栏中
起始编号		定义零件开始编号
剖切符号		定义剖切编号

操作界面,如图6-28所示。

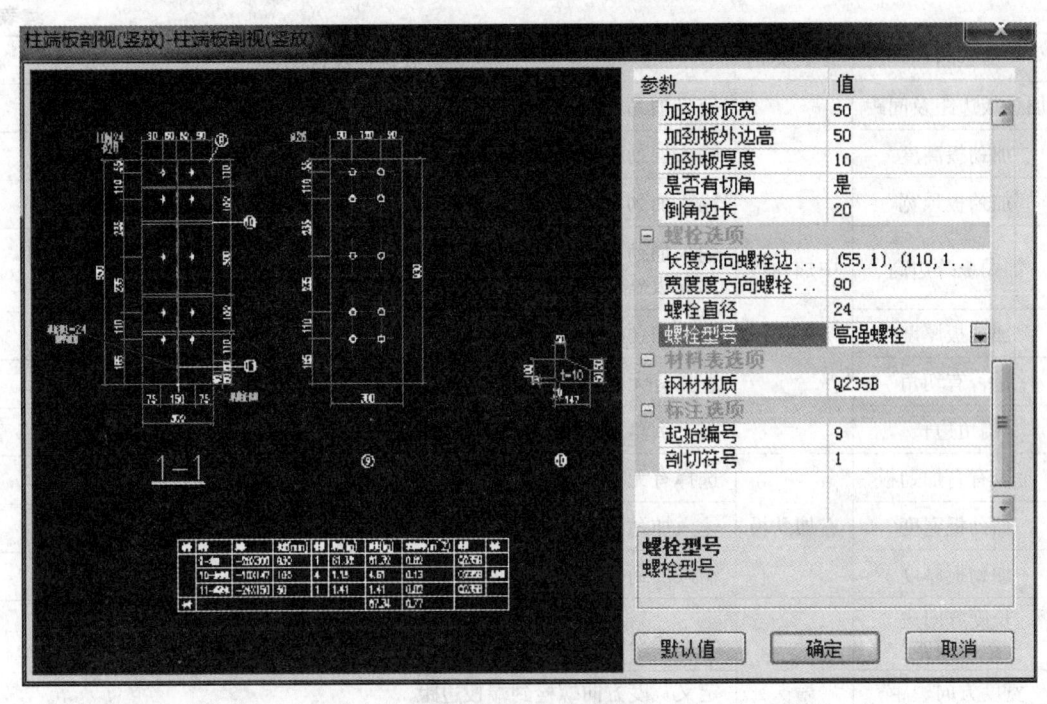

图 6-28 柱竖放端板

2. 柱端板剖视(横放、斜放)——用于绘制边柱或中柱的横放、斜放端板

表 6-15 柱横放、斜放端板参数介绍

参数名称	参数类别	参数解释及说明
图块比例		图纸按 1∶1 绘制时,将图块比例设为与图纸比例相同
是否在原柱上绘制示意图	示意图	选择是否在柱上绘制示意图,选择"是"时,按确定后先点取原有柱端板与腹板交接位置的端板边两点,在原有柱构件图上绘制示意图,然后点剖视图放置的位置
端板长度	端板尺寸	定义端板长度
端板宽度		定义端板宽度
端板厚度		定义端板厚度
左端部长度		定义端板左部伸出柱顶板长度
右端部长度		定义端板右部伸出加劲肋长度
柱左翼缘板板厚	柱尺寸	输入柱左翼缘板板厚
柱右翼缘板板厚		输入柱右翼缘板板厚
腹板厚		输入柱腹板厚度
是否有左加劲板	左加劲板	选择有无左加劲板
加劲板宽度		输入加劲板宽度
加劲板厚度		输入加劲板厚度(左加劲在钢柱图上用三角板模块放样)

续表

参数名称	参数类别	参数解释及说明
加劲板边距及间距	中加劲板	定义加劲板到柱顶板左边为起点的边距及间距
加劲板高度	中加劲板	输入加劲板高度
加劲板顶宽	中加劲板	输入加劲板顶部宽度(当加劲板为三角板时,顶部宽度输入0)
加劲板外边高	中加劲板	输入加劲板外边高度(与上条确定加劲板切角,当加劲板为三角板时,加劲板外边高度输入0)
加劲板厚度	中加劲板	输入加劲板厚度
是否有切角	中加劲板	选择有无倒角
倒角边长	中加劲板	定义倒角尺寸
是否有右加劲板	右加劲板	选择有无右加劲板
加劲板宽度	右加劲板	输入加劲板宽度
加劲板厚度	右加劲板	输入加劲板厚度(右加劲在钢柱图上用三角板模块放样)
长度方向边距及间距	螺栓	定义端板左边为起点的螺栓竖向边距及间距
宽度方向边距	螺栓	定义宽度方向螺栓到端板边距
螺栓直径	螺栓	输入螺栓直径,用以绘制螺栓孔,螺栓孔默认比螺栓直径大 2 mm
螺栓型号	螺栓	选择螺栓型号,用以显示螺栓图示
钢材材质	材料表	填入数值将出现在材料表材质一栏中
起始编号	材料表	定义零件开始编号
剖切符号	材料表	定义剖切编号

操作界面,如图 6-29 所示。

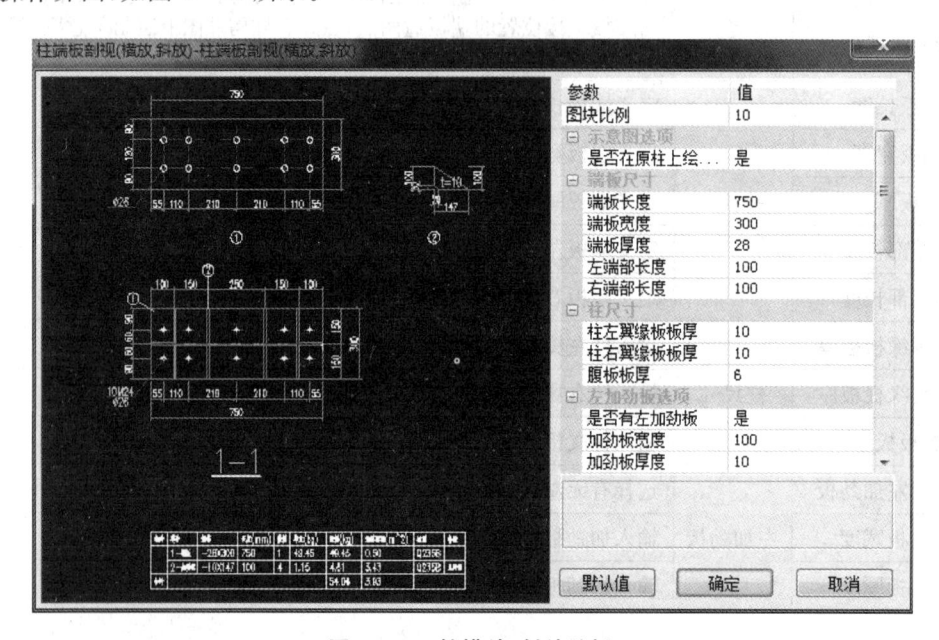

图 6-29 柱横放、斜放端板

3. 梁端板剖视(横放)——用于绘制中梁的底部横放端板

表6-16 梁横放端板参数介绍

参数名称	参数类别	参数解释及说明
图块比例		图纸按1:1绘制时,将图块比例设为与图纸比例相同
是否在原梁上绘制示意图	示意图	选择是否在梁上绘制示意图,选择"是"时,按确定后先点取原有梁端板与腹板交接位置的端板边两点,在原有梁构件图上绘制示意图,然后点剖视图放置的位置
端板长度	端板尺寸	定义端板长度
端板宽度		定义端板宽度
端板厚度		定义端板厚度
腹板板厚	梁尺寸	输入柱腹板厚度
是否有厚度变化区	厚度变化区	选择端板有无厚度变化区
厚度变化区长度		定义厚度变化区长度(包含在端板总长内)
加劲板边距及间距	加劲板	定义加劲板到端板左边为起点的边距及间距
加劲板高度		输入加劲板高度
加劲板顶宽		输入加劲板顶部宽度(当加劲板为三角板时,顶部宽度输入0)
加劲板外边高		输入加劲板外边高度(与上条确定加劲板切角,当加劲板为三角板时,加劲板外边高度0)
加劲板厚度		输入加劲板厚度
是否有切角		选择有无倒角
倒角边长		定义倒角尺寸
长度方向边距及间距	螺栓	定义端板左边为起点的螺栓竖向边距及间距
宽度方向边距		定义宽度方向螺栓到端板边距
钢材材质	材料表	填入数值将出现在材料表材质一栏中
螺栓型号		选择螺栓型号,用以显示螺栓图示
高强螺栓等级		选择高强螺栓等级,出现在材料表螺栓清单中
高强螺栓连接方式		选择高强螺栓连接方式,大六角或扭剪型,连接方式不同,螺栓长度计算结果不同
螺栓直径		输入螺栓直径,用以绘制螺栓孔,螺栓孔默认比螺栓直径大2 mm
相连的柱(梁)端板厚度		输入相连的柱(梁)端板厚度,用以计算螺栓长度
起始编号		定义零件开始编号
剖切符号		定义剖切编号

操作界面,如图6-30所示。

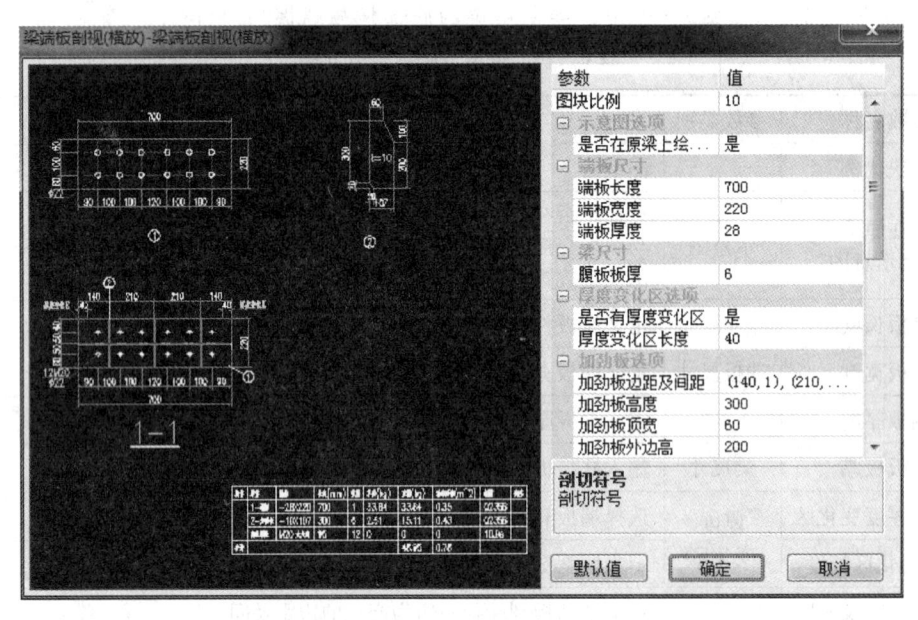

图 6-30 梁横放端板

4. 梁端板剖视(竖放,斜放)——用于绘制边梁或中梁的竖放,斜放端板

表 6-17 梁竖放、斜放端板参数介绍

参数名称	参数类别	参数解释及说明
图块比例		图纸按 1∶1 绘制时,将图块比例设为与图纸比例相同
是否在原梁上绘制示意图	示意图	选择是否在梁上绘制示意图,选择"是"时,按确定后先点取原有梁端板与腹板交接位置的端板边两点,在原有梁构件图上绘制示意图,然后点剖视图放置的位置
端板摩擦面朝向		绘制示意图,选择端板摩擦面的方向
端板长度	端板尺寸	定义端板长度
端板宽度		定义端板宽度
端板厚度		定义端板厚度
上端部长度		定义端板上部伸出梁上翼板长度
下端部长度		定义端板下部伸出梁下翼板长度
剖切符号		定义剖切编号
梁上翼板板厚	梁尺寸	输入梁上翼板板厚
梁下翼板板厚		输入梁下翼板板厚
腹板板厚		输入梁腹板厚度
是否有顶加劲板	顶加劲板	选择有无顶加劲板
加劲板宽度		输入加劲板宽度
加劲板厚度		输入加劲板厚度(顶加劲在钢梁图上用三角板模块放样)

续表

参数名称	参数类别	参数解释及说明
加劲板边距及间距	中加劲板	定义加劲板到梁上翼板上边为起点的边距及间距
加劲板高度		输入加劲板高度
加劲板顶宽		输入加劲板顶部宽度(当加劲板为三角板时,顶部宽度输入0)
加劲板外边高		输入加劲板外边高度(与上条确定加劲板切角,当加劲板为三角板时,加劲板外边高度输入0)
加劲板厚度		输入加劲板厚度
是否有切角		选择有无倒角
倒角边长		定义倒角尺寸
是否有底加劲板	底加劲板	选择有无底加劲板
加劲板宽度		输入加劲板宽度
加劲板厚度		输入加劲板厚度(底加劲在钢梁图上用三角板模块放样)
螺栓型号		选择螺栓型号,用以显示螺栓图示
高强螺栓等级		选择高强螺栓等级,出现在材料表螺栓清单中
高强螺栓连接方式		选择高强螺栓连接方式,大六角或扭剪型,连接方式不同,螺栓长度计算结果不同
螺栓直径		输入螺栓直径,用以绘制螺栓孔,螺栓孔默认比螺栓直径大2 mm
相连的柱(梁)端板厚度		输入相连的柱(梁)端板厚度,用以计算螺栓长度
起始编号		定义零件开始编号

操作界面,如图6-31所示。

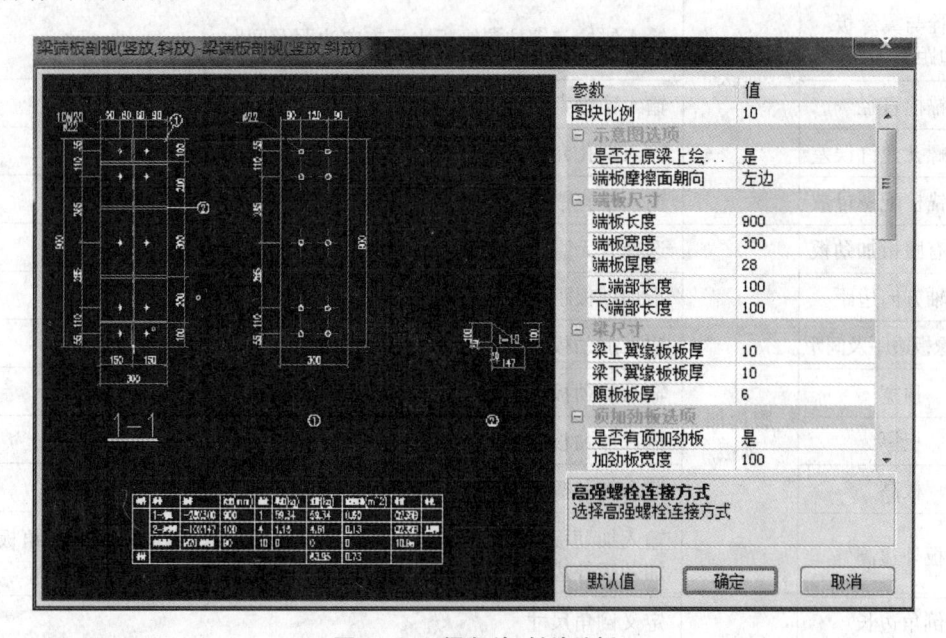

图6-31 梁竖放、斜放端板

6.3.9 柱脚

命令位置：XW 工具条→门刚拆图→柱脚。用于绘制柱脚底板细部详图,分为平板式铰接柱脚和平板式刚接柱脚。

1. 平板式铰接柱脚

表 6-18　平板式铰接柱脚参数介绍

参数名称	参数类别	参数解释及说明
图块比例		图纸按 1∶1 绘制时,将图块比例设为与图纸比例相同
钢材材质	材料表	填入数值将出现在材料表材质一栏中
是否在原柱上绘制示意图	示意图	选择是否在柱上绘制示意图,选择"是"时,按确定后先点取原有柱底板与腹板交接位置的端母边两点,在原有柱构件图上绘制示意图,然后点剖视图放置的位置
柱底截面高	柱底截面尺寸	输入柱底截面高
外翼缘翼板宽		输入外翼缘翼板宽度
外翼缘翼板厚		输入外翼缘翼板厚度
内翼缘翼板宽		输入内翼缘翼板宽度
内翼缘翼板厚		输入内翼缘翼板厚度
底板长度	底板尺寸	定义底板长度
底板宽度		定义底板宽度
底板厚度		定义底板厚度
Y 轴方向边距	锚栓	输入 Y 轴方向锚栓到底板边距
锚栓与翼缘板边距及间距		输入锚栓与钢柱翼缘板水平方向边距及间距
锚栓直径		输入锚栓直径
底板螺孔允许误差		输入螺孔允许误差,螺孔孔径＝锚栓直径＋允许误差
每支锚栓配螺母数		输入单支锚栓上的螺母数量,材料表中用以计算总共螺母数量
是否有腹板加劲板	腹板加劲板	选择有无腹板加劲板
Y 轴方向边距		指加劲板距离底板边距离
与翼缘板边距及间距		输入加劲板与钢柱翼缘板边距及间距
顶宽		输入加劲板顶部宽度(当加劲板为三角板时,顶部宽度输入 0)
板厚		输入加劲板厚度
板高		输入加劲板高度
板外边高		输入加劲板外边高度(与上条确定加劲板切角,当加劲板为三角板时,加劲板外边高度输入 0)
倒角边长		定义倒角尺寸

续表

参数名称	参数类别	参数解释及说明
垫板边长	垫板	输入垫板边长
垫板厚度		输入垫板厚度
起始编号		定义零件开始编号
剖切符号		定义剖切编号

操作界面,如图 6-32 所示。

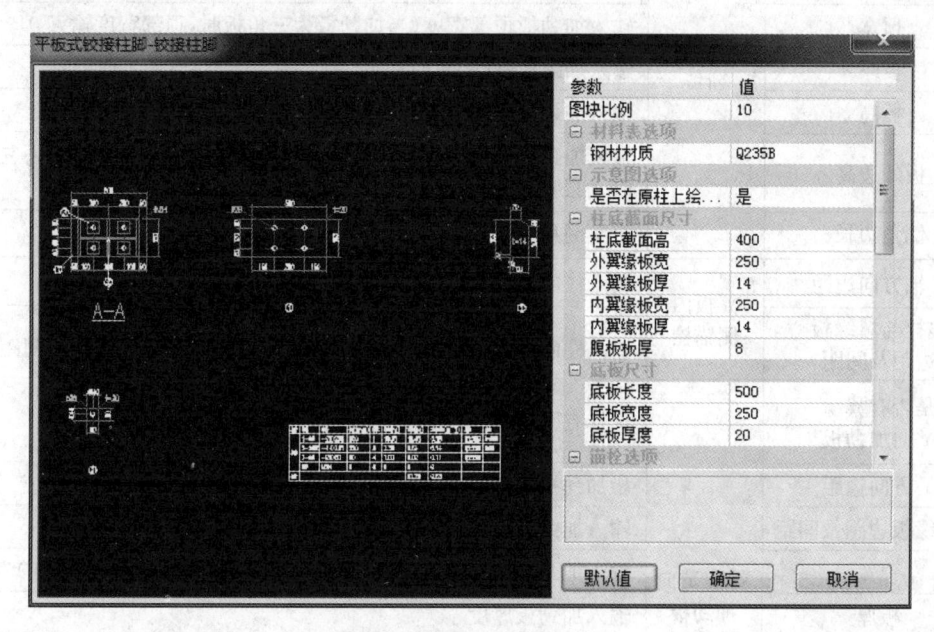

图 6-32 平板式铰接柱脚

2. 平板式刚接柱脚

表 6-19 平板式刚接柱脚参数介绍

参数名称	参数类别	参数解释及说明
图块比例		图纸按 1∶1 绘制时,将图块比例设为与图纸比例相同
钢材材质	材料表	填入数值将出现在材料表材质一栏中
是否在原柱上绘制示意图	示意图	选择是否在柱上绘制示意图,选择"是"时,按确定后先点取原有柱底板与腹板交接位置的端板边两点,在原有柱构件图上绘制示意图,然后点剖视图放置的位置
柱底截面高	柱底截面尺寸	输入柱底截面高
外翼缘翼板宽		输入外翼缘翼板宽度
外翼缘翼板厚		输入外翼缘翼板厚度
内翼缘翼板宽		输入内翼缘翼板宽度
内翼缘翼板厚		输入内翼缘翼板厚度

续表

参数名称	参数类别	参数解释及说明
底板长度	底板尺寸	定义底板长度
底板宽度		定义底板宽度
底板厚度		定义底板厚度
是否有腹板加劲板	腹板加劲板	选择有无腹板加劲板
Y轴方向边距		指加劲板距离底板边距离
与翼缘板边距及间距		输入加劲板与钢柱翼缘板边距及间距
顶宽		输入加劲板顶部宽度(当加劲板为三角板时,顶部宽度输入0)
板厚		输入加劲板厚度
板高		输入加劲板高度
板外边高		输入加劲板外边高度(与上条确定加劲板切角,当加劲板为三角板时,加劲板外边高度输入0)
倒角边长		定义倒角尺寸
Y轴方向边距	翼板内侧锚栓	输入柱内外翼板范围内锚栓到底板外边距
锚栓与翼缘板边距及间距		输入柱内外翼板范围内锚栓与钢柱翼缘板水平方向边距及间距
是否有翼缘Y向加劲板	翼缘Y向加劲板	选择有无翼缘Y向加劲板(加劲板与翼缘对接)
Y方向边距		指加劲板距离底板边距离
与翼缘板边距及间距		输入加劲板与钢柱翼缘板边距及间距
顶宽		输入加劲板顶部宽度(当加劲板为三角板时,顶部宽度输入0)
板厚		输入加劲板厚度
板高		输入加劲板高度
板外边高		输入加劲板外边高度(与上条确定加劲板切角,当加劲板为三角板时,加劲板外边高度输入0)
倒角边长		定义倒角尺寸
X轴方向边距	翼板外侧锚栓	输入柱内外翼板外侧锚栓到底板外边水平距离
Y轴方向边距及间距		输入柱内外翼板外侧锚栓到底板外边Y向边距及间距
X轴方向边距	翼缘X向加劲板	指加劲板距离底板边距离
Y轴方向边距及间距		输入加劲板与底板Y轴方向边距及间距
顶宽		输入加劲板顶部宽度(当加劲板为三角板时,顶部宽度输入0)
板厚		输入加劲板厚度
板高		输入加劲板高度
板外边高		输入加劲板外边高度(与上条确定加劲板切角,当加劲板为三角板时,加劲板外边高度输入0)
倒角边长		定义倒角尺寸

续表

参数名称	参数类别	参数解释及说明
锚栓直径	锚栓	输入锚栓直径
底板螺孔允许误差		输入螺孔允许误差,螺孔孔径＝锚栓直径＋允许误差
每支锚栓配螺母数		输入单支锚栓上的螺母数量,材料表中用以计算总共螺母数量
垫板边长	垫板	输入垫板边长
垫板厚度		输入垫板厚度
起始编号		定义零件开始编号
剖切符号		定义剖切编号

操作界面,如图 6-33 所示。

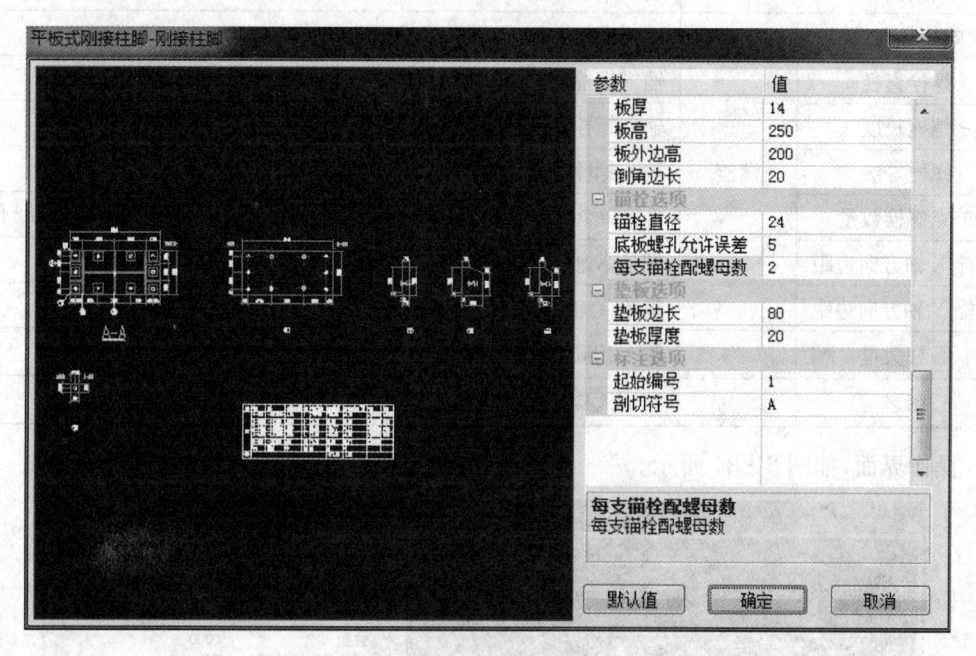

图 6-33 平板式刚接柱脚

6.3.10 系杆

命令位置:XW 工具条→门刚拆图→系杆。其用于绘制系杆详图。

表 6-20 圆管系杆参数介绍

参数名称	参数类别	参数解释及说明
图块比例		图纸按 1∶1 绘制时,将图块比例设为与图纸比例相同
钢材材质		填入数值将出现在材料表材质一栏中

续表

参数名称	参数类别	参数解释及说明
柱距	系杆尺寸	输入柱距（轴线距）以确定系杆跨度
螺栓孔到左轴线距离	系杆尺寸	输入系杆左侧螺栓孔到左轴线水平距离
螺栓孔到右轴线距离	系杆尺寸	输入系杆右侧螺栓孔到右轴线水平距离，用以确定孔距
选择圆管截面	圆管	选择圆管截面规格
连接板板长	连接板	输入连接板 X 向长度
连接板板宽	连接板	输入连接板 Y 向宽度
连接板板厚	连接板	输入连接板厚度
端板板宽	端板	输入端板宽度
端板板厚	端板	输入端板厚度
螺栓孔形式	螺栓	选择螺栓孔形式，圆孔或长圆孔
螺栓直径	螺栓	输入螺栓直径
螺栓长度	螺栓	输入螺栓长度，出现在螺栓材料表中
螺栓等级	螺栓	输入螺栓等级
节点螺栓数量	螺栓	选择单个节点螺栓数量，材料表中螺栓数量为单个节点螺栓数量的2倍
螺栓 X 轴方向边距	螺栓	螺栓 X 轴方向到连接板边距离
螺栓 Y 轴方向边距	螺栓	螺栓 Y 轴方向到连接板边距离，单个螺栓时无此选项
系杆数量		输入相同系杆数量
图名		可输入构件名称作为图名

操作界面，如图 6-34 所示。

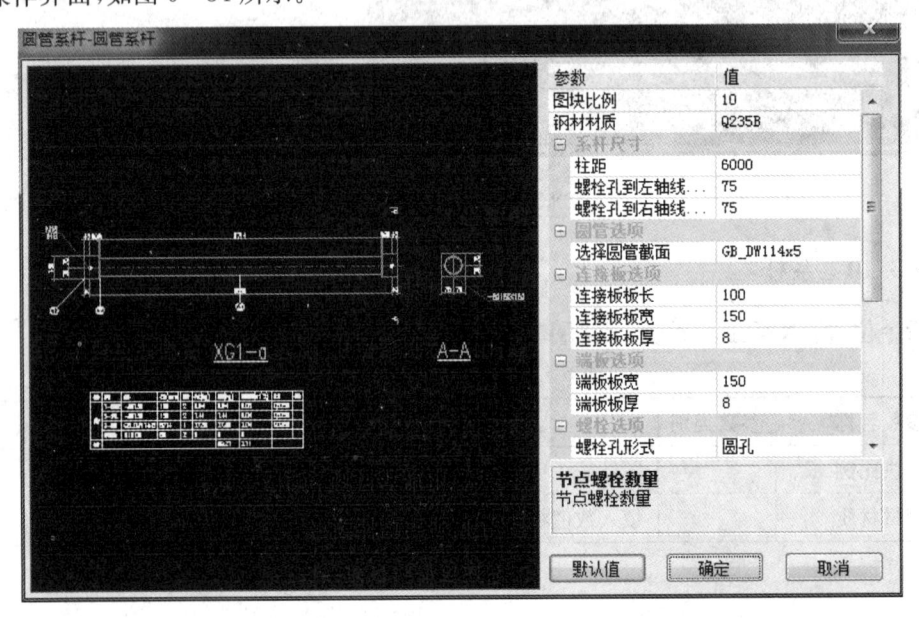

图 6-34 圆管系杆

6.3.11 系杆连接

命令位置：XW 工具条→门刚拆图→系杆连接。其用于绘制柱或梁系杆连接节点详图。

表 6-21 系杆连接参数介绍

参数名称	参数类别	参数解释及说明
图块比例		图纸按 1∶1 绘制时，将图块比例设为与图纸比例相同
钢材材质		填入数值将出现在材料表材质一栏中
系杆连接形式		用以确定系杆连接板位置，分为左侧系杆、右侧系杆、两侧系杆
剖面高度	剖面尺寸	输入剖面高度
上翼板宽		输入上翼板宽度
上翼板厚		输入上翼板厚度
下翼板宽		输入下翼板宽度
下翼板厚		输入下翼板厚度
腹板板厚		输入腹板板厚
连接板是否伸出翼缘	连接板	选择系杆连接板是否伸出翼板范围
连接板及加劲板厚度		输入连接板及加劲板厚度
连接板外伸宽		连接板外伸时，输入伸出部分宽度
连接板外伸高		连接板外伸时，输入伸出部分高度
倒角边长	细部	输入连接板/加劲板倒角尺寸
相同剖视数量		输入相同剖视数量，用以确定零件数量
起始编号		定义零件开始编号
剖切符号		定义剖切编号
螺栓直径	螺栓	输入螺栓直径
螺栓高度轴方向边距		螺栓高度方向到连接板边距离
螺栓孔外边距		输入螺栓孔到连接板外边距离
螺栓孔内边距		连接板外伸时，输入螺栓孔到翼缘板距离
螺栓孔垂直边距		连接板外伸时，输入螺栓孔到连接板外伸部分上边垂直边距
螺栓 X 轴方向边距		螺栓 X 轴方向到连接板边距离

操作界面,如图 6-35 所示。

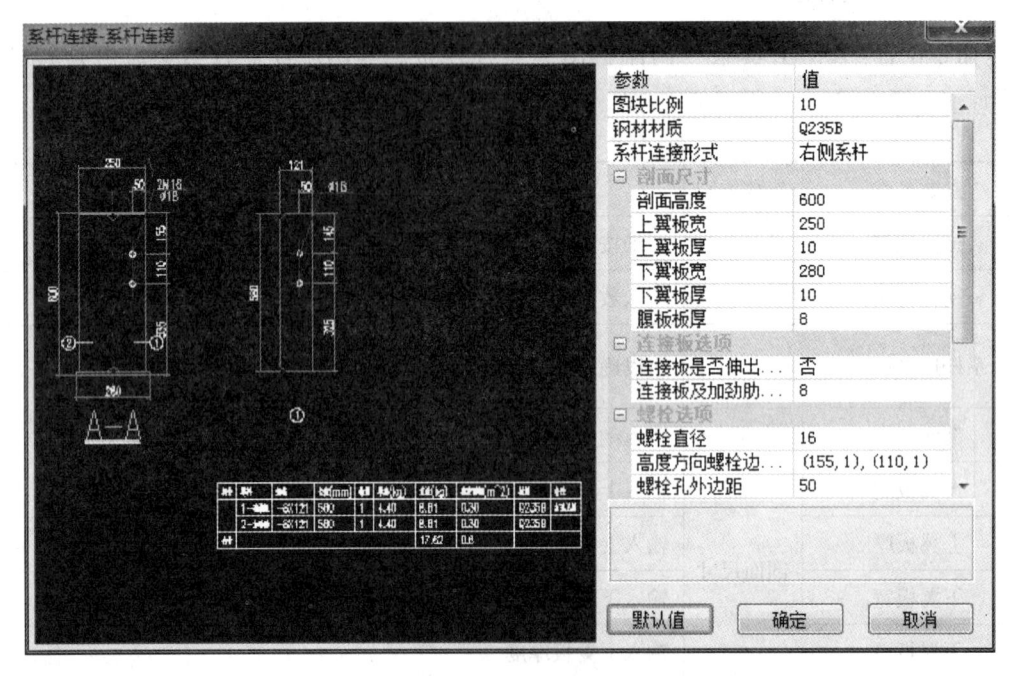

图 6-35 系杆连接

6.3.12 圆钢支撑

命令位置:XW 工具条→门刚拆图→圆钢支撑。其用于绘制柱或梁圆钢支撑图。

1. 圆钢支撑布置图——绘制圆钢支撑放样布置图

表 6-22 圆钢支撑布置图参数介绍

参数名称	参数类别	参数解释及说明
图块比例		图纸按 1∶1 绘制时,将图块比例设为与图纸比例相同
支撑孔间距		输入支撑孔 Y 向间距
柱或梁间距	几何尺寸	输入柱梁轴间距
支撑端部长度		输入支撑端部伸出腹板长度
左轴线编号		输入左边轴线编号
右轴线编号	标注	输入右边轴线编号
图名		可输入构件名称作为图名
节点放大系数	节点	定义节点放大系数,便于节点显示
圆钢直径		输入圆钢直径

2. 圆钢中部连接详图——绘制圆钢支撑中部连接细部

表 6-23 圆钢中部连接详图参数介绍

参数名称	参数类别	参数解释及说明
图块比例		图纸按 1∶1 绘制时,将图块比例设为与图纸比例相同
圆钢直径		输入圆钢直径
螺栓孔直径		输入连接板螺栓孔直径
中部螺纹长度		输入中部伸入花篮螺纹长度
左端支撑长度		输入左端支撑长度
右端支撑长度		输入右端支撑长度
左右杆间距		定义杆件间距
图名		可输入构件名称作为图名

操作界面,如图 6-36 所示。

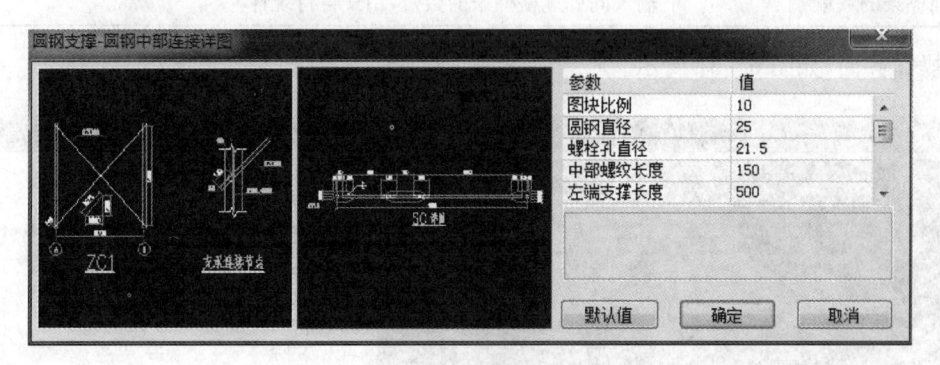

图 6-36 圆钢支撑

6.3.13 檩条

命令位置:XW 工具条→门刚拆图→檩条。其用于绘制檩条详图。

表 6-24 C 型檩条参数介绍

参数名称	参数类别	参数解释及说明
图块比例		图纸按 1∶1 绘制时,将图块比例设为与图纸比例相同
选择梁截面		确定檩条截面值
柱距		定义檩条轴线间距
左悬臂	定位	檩条伸出左边轴线长度
右悬臂		檩条伸出右边轴线长度
有无边拉条		选择有无斜拉条边孔
隅撑孔		选择有无隅撑孔,中间孔为单排孔,边孔为双排孔

续表

参数名称	参数类别	参数解释及说明
图名		可输入构件名称作为图名
开孔直径	高级选项（可选填或按默认）	所有孔的孔径
节点放大系数		指檩条宽度方向的放大系数，调节此值可控制图形
檩托孔距轴线距离		檩托孔到轴线的距离
檩条缩进		檩条端部到轴线的距离
隅撑孔与轴线距离		隅撑孔到轴线的距离
中拉条根数	中拉条	选择中拉条排数，有中拉条时，一般为一排或两排
中拉条行数		选择中拉条为单排孔或双排孔
每拉条孔列数		选择每道拉条的孔列数
檩条材质	料单	填入数值将出现在材料表材质一栏中
相同檩条的数量		输入同种规格檩条的数量，用户自行统计

操作界面，如图 6-37 所示。

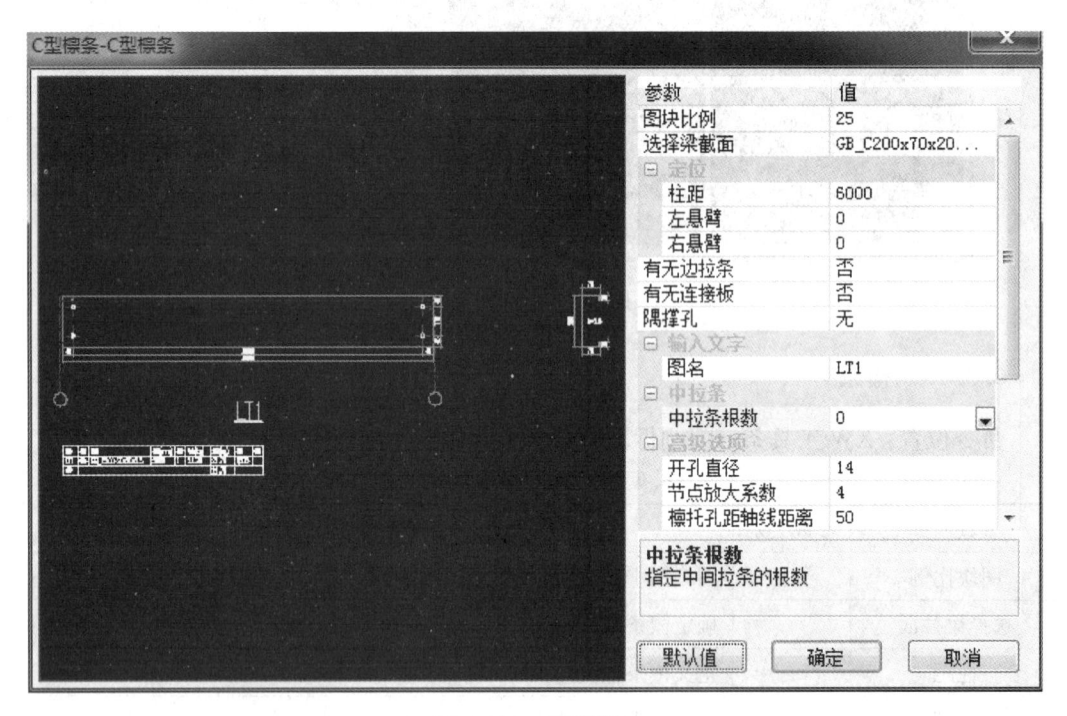

图 6-37 C 型檩条

6.3.14 檩托

命令位置：XW 工具条→门刚拆图→檩托。其包含连续檩托、檩托详图、檩托剖视。

1. 连续檩托——用于绘制钢柱或钢梁上的单个或多个檩托

表 6-25 连续檩托参数介绍

参数名称	参数类别	参数解释及说明
图块比例		连续檩托图块比例应设定与柱、梁构件图相同
钢材材质		选择钢材材质
选择檩(墙)托形式		可选择檩托板形式或单个角钢形式,选择单个角钢时,输入角钢截面
选择绘制视图		选择绘制檩托的视图,侧视用以绘制正墙和屋架梁檩托,正视用以绘制山墙檩托
托板高		输入托板高度
托板宽	檩托	输入托板宽度
托板厚		输入托板厚度
加劲板高		输入加劲板高度
加劲板顶宽		输入加劲板顶部宽度(当加劲板为三角板时,顶部宽度输入0)
加劲板底宽		输入加劲板底部宽度(当加劲板为三角板时,顶部宽度输入0)
板厚		输入加劲板厚度
板外边高	檩托	输入加劲板外边高度(与上条确定加劲板切角,当加劲板为三角板时,加劲板外边高度输入0)
是否有倒角		选择加劲板是否有倒角
倒角边长		输入倒角尺寸
添加连续檩托起点及终点		点选檩托布置线起点和终点
檩托定位	定位	输入檩托从起点开始的间距,逗号后面的数据为1时檩托正方,为0时檩托反放
是否翻转		选择是否翻转来定义檩托朝向

操作界面,如图 6-38 所示。

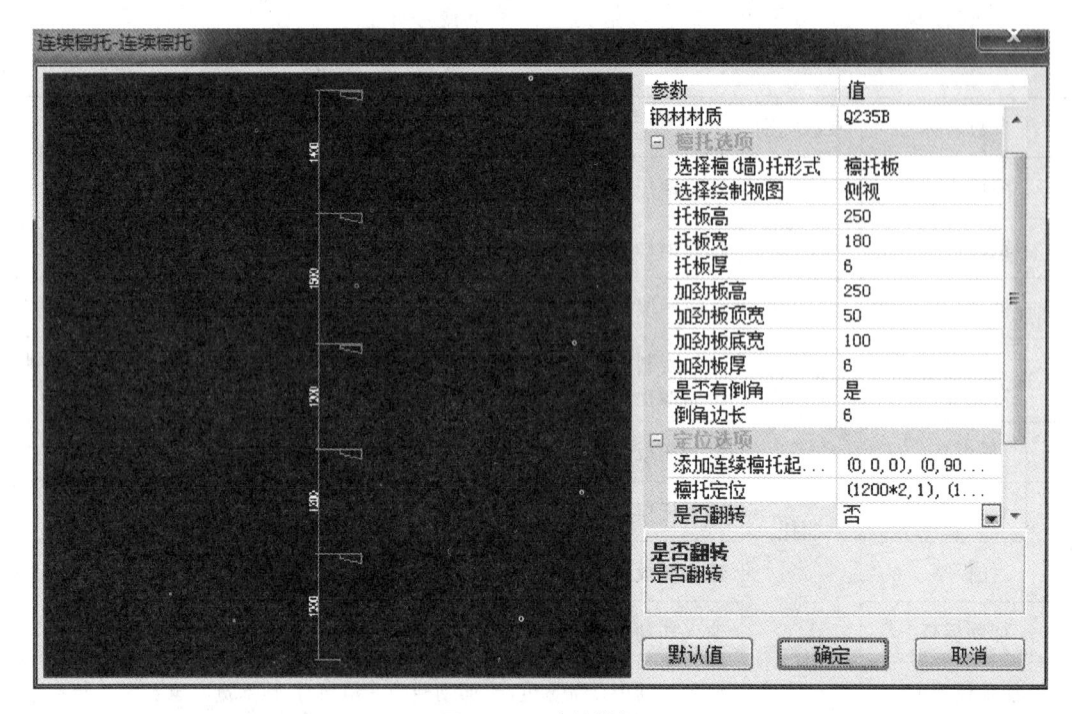

图 6-38 连续檩托

2. 檩托详图——用于绘制檩托详图

表 6-26 檩托详图参数介绍

参数名称	参数类别	参数解释及说明
图块比例		图纸按 1∶1 绘制时,将图块比例设为与图纸比例相同
加劲板高		输入加劲板高度
加劲板顶宽		输入加劲板顶部宽度(当加劲板为三角板时,顶部宽度输入 0)
加劲板底宽		输入加劲板底部宽度(当加劲板为三角板时,顶部宽度输入 0)
板厚		输入加劲板厚度
板外边高		输入加劲板外边高度(与上条确定加劲板切角,当加劲板为三角板时,加劲板外边高度 0)
是否有倒角		选择加劲板是否有倒角
倒角边长		输入倒角尺寸
钢材材质		填入数值将出现在材料表材质一栏中
托板高		输入托板高度
托板宽	托板	输入托板宽度
托板厚		输入托板厚度

续表

参数名称	参数类别	参数解释及说明
螺栓孔个数	螺栓	定义螺栓孔数量
螺栓孔直径		输入螺栓孔直径
螺栓孔到中心线距离		输入螺栓孔到檩托中心线水平距离
螺栓孔在托板高度方向边距		输入螺栓孔在托板高度方向上边距
螺栓孔在托板高度方向间距		输入螺栓孔高度方向间距
图名		可输入构件名称作为图名
剖切符号		定义剖切编号
起始编号		定义零件开始编号
相同檩托数量		输入相同檩托数量,用以确定零件数量

操作界面,如图 6-39 所示。

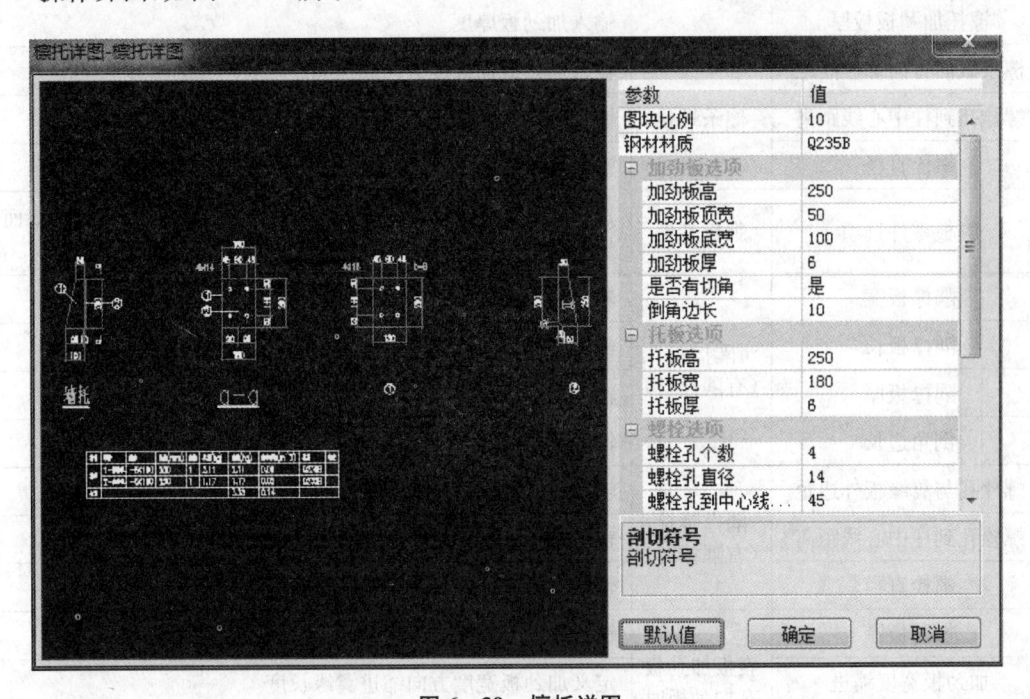

图 6-39 檩托详图

3. 檩托剖视——按檩托位置分为三类
（1）柱檩托剖视

表 6-27 柱檩托剖视参数介绍

参数名称	参数类别	参数解释及说明
图块比例		图纸按 1∶1 绘制时,将图块比例设为与图纸比例相同
钢材材质		填入数值将出现在材料表材质一栏中

续表

参数名称	参数类别	参数解释及说明
柱剖面高度	柱剖面尺寸	输入柱剖面高度
外翼缘板宽		输入外翼缘板宽
外翼缘板厚		输入外翼缘板厚
内翼缘板宽		输入内翼缘板宽
内翼缘板厚		输入内翼缘板厚
腹板板厚		输入腹板板厚
檩条截面高度	檩托	输入檩条截面高度
檩条下翼缘到柱翼板距离		定义檩条下翼缘到柱翼板间隙
檩托板外边到檩条外边距离		定义檩托缩进檩条外边距离(用以确定檩托板高度)
檩托板宽度		输入檩托板宽度
檩托加劲板板厚		输入加劲板厚度
檩条截面方向螺栓间距	檩条螺栓	输入檩条截面高度方向螺栓间距
螺栓孔到柱中心线距离		输入螺栓孔到柱中心线距离
螺栓直径		输入螺栓直径
腹板零件选项	腹板其他	选择腹板零件选项,分别为无零件,单面隅撑,双面隅撑,双面加劲板
隅撑板宽	隅撑板(有隅撑时)	输入隅撑板宽度
隅撑板长		输入隅撑板长度
隅撑板厚		输入隅撑板厚度
倒角边长		输入倒角尺寸
螺栓孔与翼缘板外边距	隅撑螺栓(有隅撑时)	输入螺栓孔到钢柱下翼板外边距离
螺栓孔到柱中心线距离		输入螺栓孔到钢柱中心线距离
螺栓直径		输入螺栓直径以确定螺栓孔直径
加劲板厚	腹板加劲板(有加劲板时)	输入加劲板厚度
加劲板宽度缩进		定义加劲板宽度方向缩进翼缘长度
倒角边长		输入倒角尺寸
相同剖视数量	标注	输入相同剖视数量,用以确定零件数量
起始编号		定义零件开始编号
剖切符号		定义剖切编号

操作界面,如图 6-40 所示。

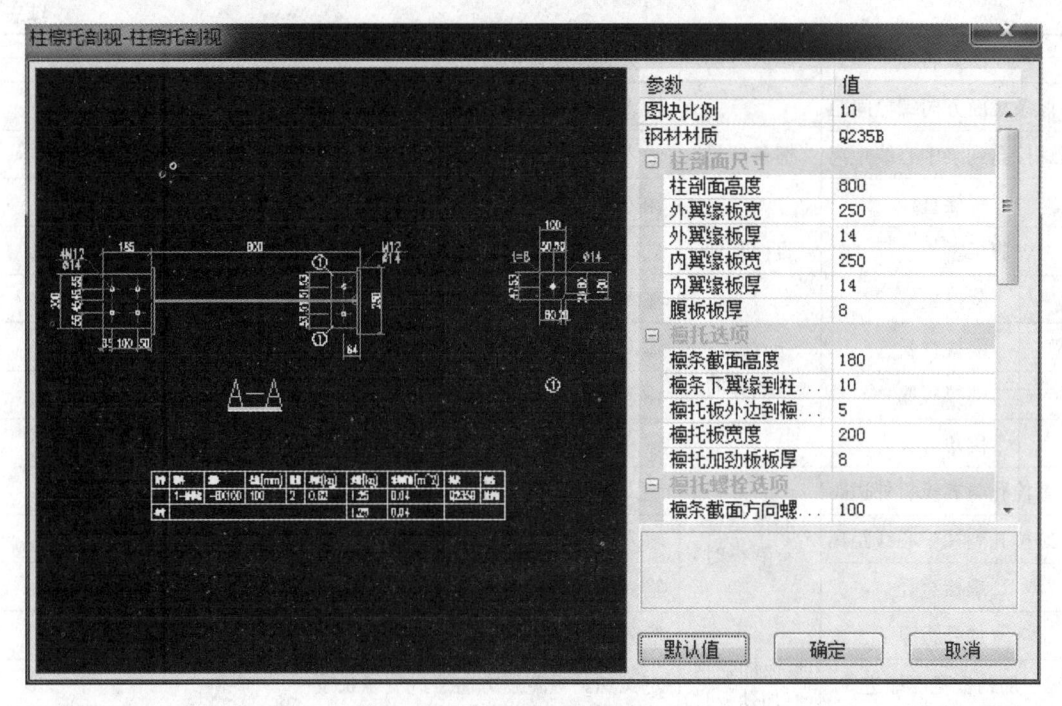

图 6-40 柱檩托剖视

(2) 梁檩托剖视

表 6-28 梁檩托剖视参数介绍

参数名称	参数类别	参数解释及说明
图块比例		图纸按 1∶1 绘制时,将图块比例设为与图纸比例相同
钢材材质		填入数值将出现在材料表材质一栏中
梁剖面高度	梁剖面尺寸	输入梁剖面高度
外翼缘板宽		输入外翼缘板宽
外翼缘板厚		输入外翼缘板厚
内翼缘板宽		输入内翼缘板宽
内翼缘板厚		输入内翼缘板厚
腹板板厚		输入腹板板厚
檩条截面高度	檩托	输入檩条截面高度
檩条下翼缘到梁翼板距离		定义檩条下翼缘到梁翼板间隙
檩托板外边到檩条外边距离		定义檩托缩进檩条外边距离(用以确定檩托板高度)
檩托板宽度		输入檩托板宽度
檩托加劲板板厚		输入加劲板厚度

续表

参数名称	参数类别	参数解释及说明
檩条截面方向螺栓间距	檩条螺栓	输入檩条截面高度方向螺栓间距
螺栓孔到梁中心线距离		输入螺栓孔到梁中心线距离
螺栓直径		输入螺栓直径
腹板零件选项	腹板其他	选择腹板零件选项,分别为无零件、单面隔撑、双面隔撑、双面加劲板
隔撑板宽	隔撑板（有隔撑时）	输入隔撑板宽度
隔撑板长		输入隔撑板长度
隔撑板厚		输入隔撑板厚度
倒角边长		输入倒角尺寸
螺栓孔与翼缘板外边距	隔撑螺栓（有隔撑时）	输入螺栓孔到钢柱下翼板外边距离
螺栓孔到柱中心线距离		输入螺栓孔到钢柱中心线距离
螺栓直径		输入螺栓直径以确定螺栓孔直径
加劲板厚	腹板加劲板（有加劲板时）	输入加劲板厚度
加劲板宽度缩进		定义加劲板宽度方向缩进翼缘长度
倒角边长		输入倒角尺寸
相同剖视数量	标注	输入相同剖视数量,用以确定零件数量
起始编号		定义零件开始编号
剖切符号		定义剖切编号

操作界面,如图 6-41 所示。

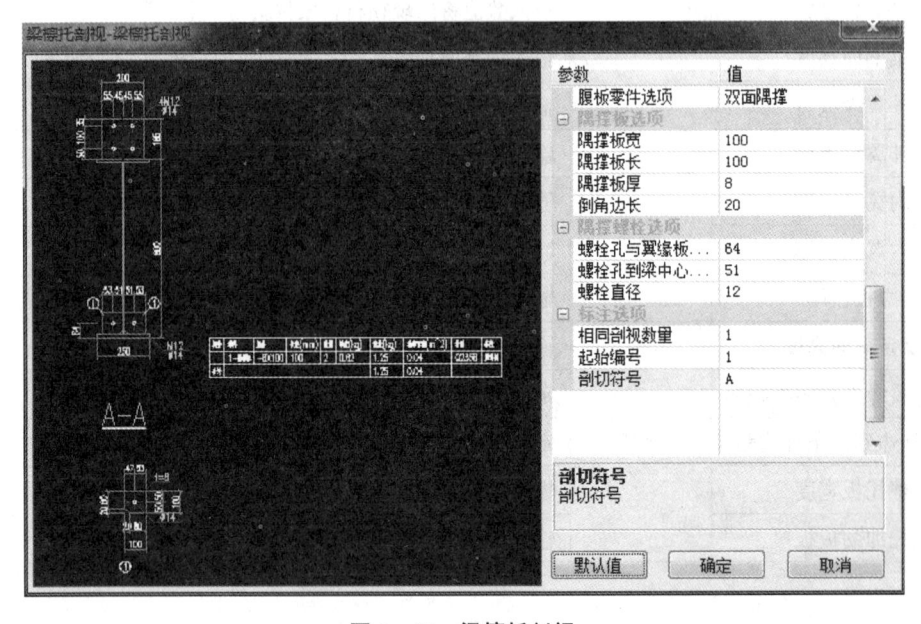

图 6-41 梁檩托剖视

(3) 山墙檩托剖视

表 6-29　山墙檩托剖视参数介绍

参数名称	参数类别	参数解释及说明
图块比例		图纸按 1∶1 绘制时,将图块比例设为与图纸比例相同
钢材材质		填入数值将出现在材料表材质一栏中
柱剖面高度	柱剖面尺寸	输入柱剖面高度
外翼缘板宽		输入外翼缘板宽
外翼缘板厚		输入外翼缘板厚
内翼缘板宽		输入内翼缘板宽
内翼缘板厚		输入内翼缘板厚
腹板板厚		输入腹板板厚
腹板零件选项	腹板其他	选择腹板零件选项,分别为无零件、隅撑、加劲板
檩条截面高度	檩托	输入檩条截面高度
正墙面檩条下翼缘到柱翼板距离		定义正墙面檩条下翼缘到柱翼板间隙
山墙面檩条下翼缘到柱翼板距离		定义山墙面檩条下翼缘到柱翼板间隙
檩托板外边到檩条外边距离		定义檩托缩进檩条外边距离(用以确定檩托板高度)
檩托板宽度		输入檩托板宽度
檩托加劲板板厚		输入加劲板厚度
檩条截面方向螺栓间距	檩条螺栓	输入檩条截面高度方向螺栓间距
螺栓孔到柱中心线距离		输入螺栓孔到柱中心线距离
螺栓直径		输入螺栓直径
隅撑板宽	隅撑板（有隅撑时）	输入隅撑板宽度
隅撑板长		输入隅撑板长度
隅撑板厚		输入隅撑板厚度
倒角边长		输入倒角尺寸
螺栓孔与翼缘板外边距	隅撑螺栓（有隅撑时）	输入螺栓孔到钢柱下翼板外边距离
螺栓孔到柱中心线距离		输入螺栓孔到钢柱中心线距离
螺栓直径		输入螺栓直径以确定螺栓孔直径
加劲板厚	腹板加劲板（有加劲板时）	输入加劲板厚度
加劲板宽度缩进		定义加劲板宽度方向缩进翼缘长度
倒角边长		输入倒角尺寸

续表

参数名称	参数类别	参数解释及说明
相同剖视数量	标注选项	输入相同剖视数量,用以确定零件数量
起始编号		定义零件开始编号
剖切符号		定义剖切编号

操作界面,如图 6-42 所示。

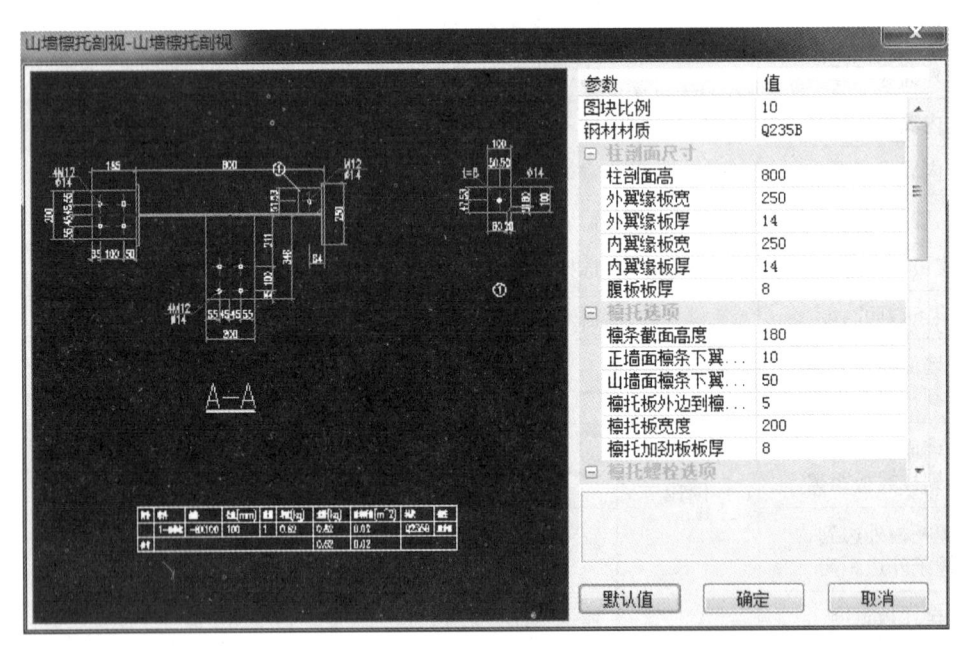

图 6-42 山墙檩托剖视

6.3.15 腹板加劲肋

命令位置:XW 工具条→门刚拆图→腹板加劲肋。其用以绘制柱、梁等腹板上与翼板等宽的加劲板。

表 6-30 腹板加劲肋参数介绍

参数名称	参数类别	参数解释及说明
图块比例	加劲肋属性	图纸按 1:1 绘制时,将图块比例设为与图纸比例相同
钢材材质		填入数值将出现在材料表材质一栏中
加劲肋厚度		输入加劲肋厚度值
相同加劲肋数量		输入相同加劲肋数量
零件起始编号		定义零件开始编号
宽度缩进		定义加劲肋缩进翼板距离
末端长度缩进		加劲肋末端离开翼板距离(绘制吊车梁加劲肋等适用)

续表

参数名称	参数类别	参数解释及说明
截面高定义方式	截面属性	选择截面高度定义,可输入或点选截面高度(在柱、梁需要绘制加劲肋的位置画一条辅助线,然后点选该处截面高)
截面高度		输入或点选截面高
腹板厚度		输入腹板厚度
上翼缘板宽		输入上翼缘板宽
上翼缘板厚		输入上翼缘板厚
下翼缘板宽		输入下翼缘板宽
下翼缘板厚		输入下翼缘板厚
倒角形式	绘图选项	选择倒角形式,圆角或切角
倒角数量		选择1时,一端有倒角;选择2时,梁端均有倒角
倒角尺寸		定义切角边长或圆角半径

操作界面,如图 6-43 所示。

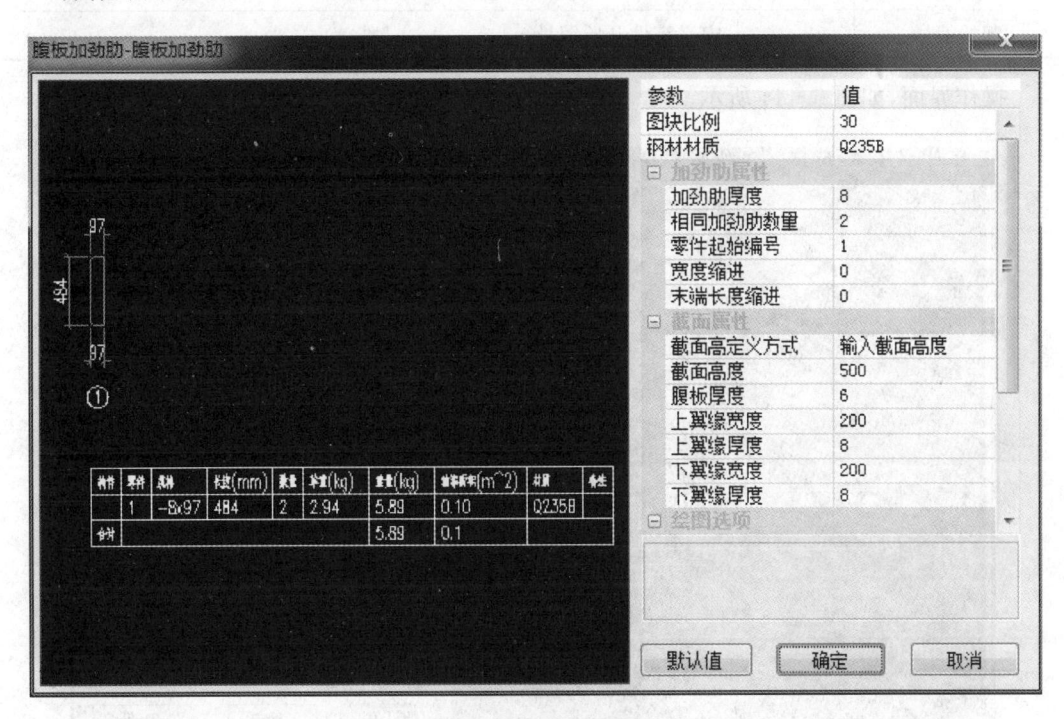

图 6-43 腹板加劲肋

6.3.16 三角加劲肋

命令位置:XW 工具条→门刚拆图→三角加劲肋。其用以绘制柱、梁等构件上的三角加劲肋详图。

表 6-31 三角加劲肋参数介绍

参数名称	参数类别	参数解释及说明
图块比例		图纸按 1:1 绘制时,将图块比例设为与图纸比例相同
钢材材质		填入数值将出现在材料表材质一栏中
是否画详图		选择"是"则绘制三角板详图并生成材料表,选择"否"则不绘制详图
三角形输入方式		分为三种:① 指定方向:点取角点,选取另外两边方向,输入边长。② 指定方向@边长,点取角点,选取第一边上的点获取第一边的方向和边长,然后选取第二边方向上的点,输入第二边边长。③ 指定边长,分别选取角点和另外两点,按三点绘制三角板
第一边边长		输入第一边边长
第二边边长		输入第二边边长
是否有倒角		选择有无倒角
倒角边长		输入倒角尺寸
加劲肋厚度		输入加劲肋厚度
相同加劲肋数量		输入相同加劲肋数量
起始编号		定义零件开始编号

操作界面,如图 6-44 所示。

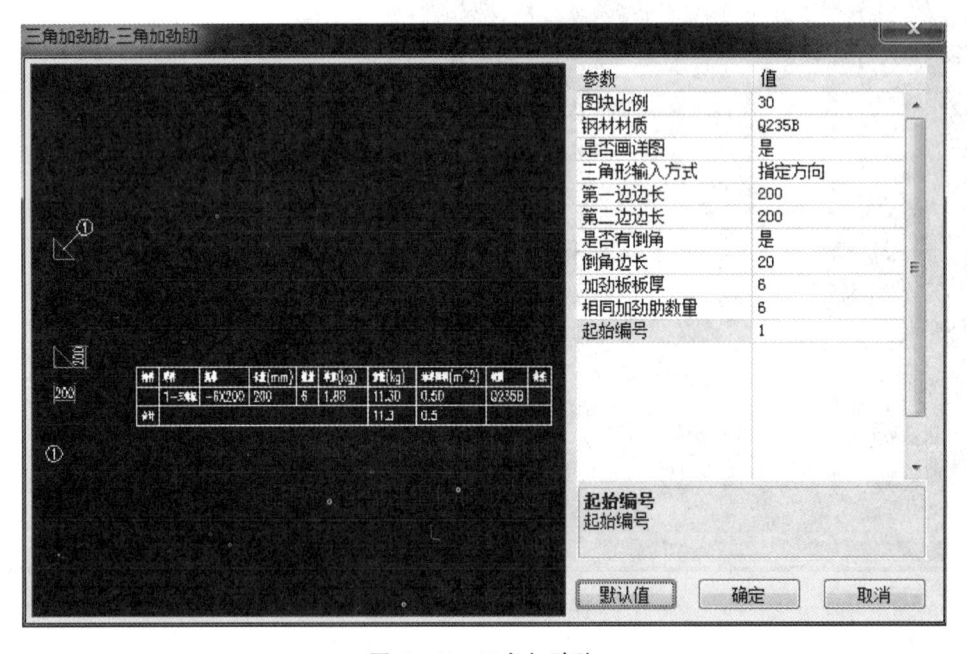

图 6-44 三角加劲肋

6.3.17 型钢材料表

为加快材料表输入,将型钢与板材分开设置材料表。

命令位置：XW 工具条→门刚拆图→型钢材料表。其用于编制各种型钢材料表。

表 6-32　型钢材料表参数介绍

参数名称	参数类别	参数解释及说明
图块比例		图纸按 1∶1 绘制时，将图块比例设为与图纸比例相同
钢材材质		填入数值将出现在材料表材质一栏中
起始编号		定义零件开始编号
构件名称		输入构件名称
需要输入的零件数目		输入需要输入的零件数量，最多支持 10 个零件输入。10 个以上分多次输入
选择零件 1 截面或输入参数	零件 1 属性	选择零件 1 截面或输入参数
零件 1 长度		输入零件 1 长度
零件 1 数量		输入零件 1 数量
零件 1 名称		输入零件 1 名称
其他零件输入界面同零件 1 属性			

操作界面，如图 6-45 所示。

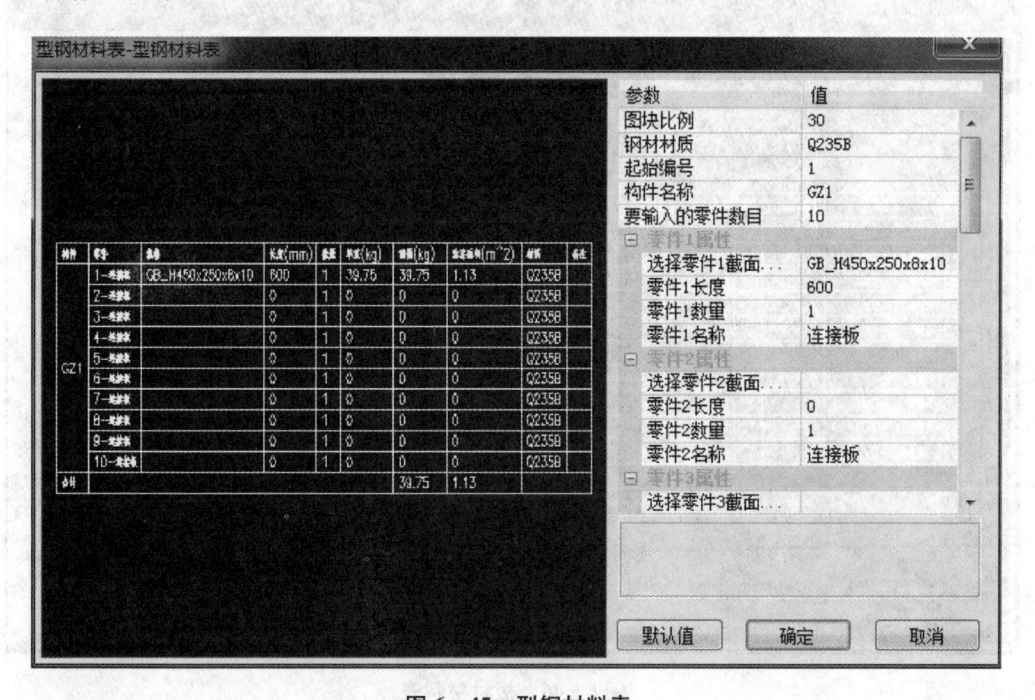

图 6-45　型钢材料表

6.3.18　板材材料表

命令位置：XW 工具条→门刚拆图→板材材料表。其用于编制板材材料表。

表 6-33 板材材料表参数介绍

参数名称	参数类别	参数解释及说明
图块比例		图纸按 1∶1 绘制时,将图块比例设为与图纸比例相同
钢材材质		填入数值将出现在材料表材质一栏中
起始编号		定义零件开始编号
构件名称		输入构件名称
需要输入的零件数目		输入需要输入的零件数量,最多支持 10 个零件输入。10 个以上分多次输入
零件 1 厚度		输入零件 1 厚度
零件 1 宽度	零件 1 属性	输入零件 1 宽度
零件 1 长度		输入零件 1 长度
零件 1 数量		输入零件 1 数量
零件 1 名称		输入零件 1 名称
其他零件输入界面同零件 1 属性		

操作界面,如图 6-46 所示。

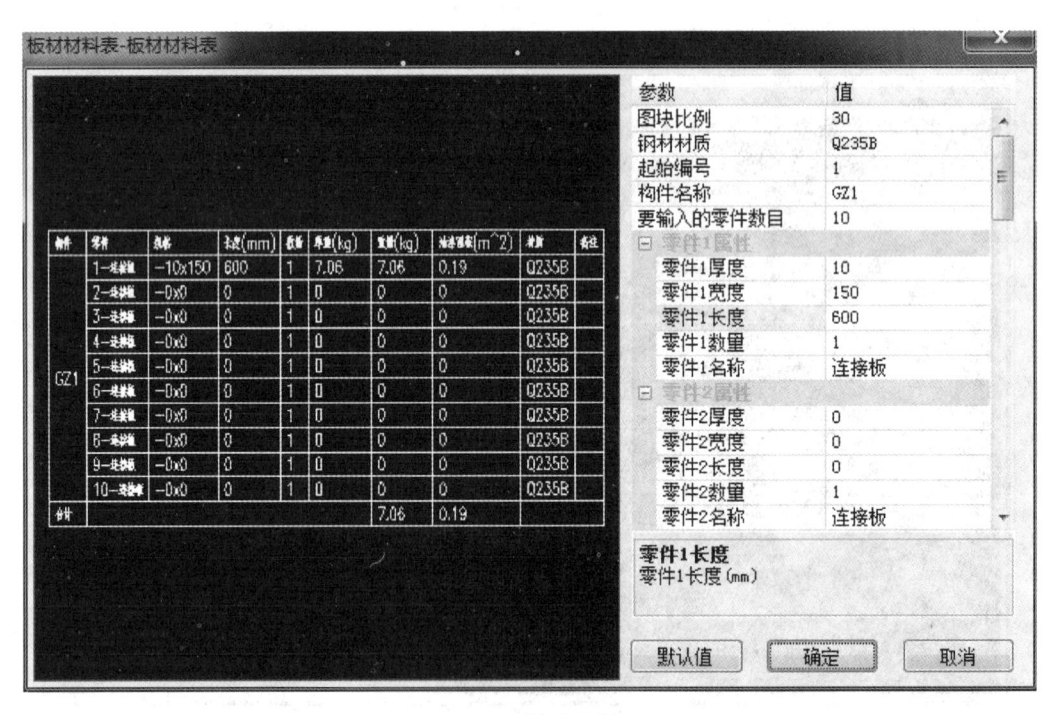

图 6-46 板材材料表

学习情景 7
钢结构加工制作

钢结构建筑是由多种规格尺寸的钢板、型钢等钢材,按设计要求裁剪加工成众多个零件,经过组装、连接、校正、涂漆等工序后制成成品,然后再运到现场安装建成的。

随着科技进步和工业发展,制造工艺和加工设备也不断改进、更新。以钢结构的连接方法为例,它经历了销接、栓接、铆接、焊接、栓接与焊接联合使用等几个历程。目前,国内外绝大多数连接方法采用焊接、栓接与焊接联合使用两种。后者是指先在工厂制造的结构杆件或单元先采用焊接,而后在工地进行整体拼装,节点连接采用高强度螺栓。加工工艺及质量保证中采用了高新技术,在各工序中采用了程控自动机具,大大缩短了制造过程,保证了产品质量,提高了生产效率。生产结构的类型也从中小跨度的平面结构发展到大跨空间结构及超高层钢结构等。加工材料的种类也由角钢、槽钢、工字钢等品种扩展到圆钢管、方钢管、宽翼缘 H 型钢、T 型钢及冷扎薄壁型钢等多种类型。因此,对制造工艺的加工方法、精度和加工能力等都不断提出了新的要求。

由于钢结构生产过程中加工对象的材性、自重、精度、质量等特点,其原材料、零部件、半成品以及成品的加工、组拼、移位和运送等工序全需凭借专用的机具及设备来完成,所以需要设立专业化的钢结构制造工厂进行工业化生产。工厂的生产部门由原料库、放样车间、机加工车间、焊接车间、喷涂车间和成品库等单位组成,一般还有设计及质量检查部门。

目前,我国大型钢结构制造厂的生产工艺已基本实现了机械化,有些工序正向半自动化和全自动化过渡。新技术、新工艺、新材料和新结构的不断开发和应用将促使钢结构制造工厂向全自动化和工业化批量生产的方向发展。

7.1 钢结构加工制作前的准备工作

7.1.1 审查图纸

审查图纸的目的,首先是检查图纸设计的深度能否满足施工的要求,如检查构件之间有无矛盾,尺寸是否全面等;其次是对工艺进行审核,如审查技术上是否合理,是否满足技术要求等。如果是加工单位自己设计施工详图,又经过审批,就可简化审图程序。

图纸审核主要包括以下内容:
(1) 设计文件是否齐全。
(2) 构件的几何尺寸是否标注齐全。
(3) 相关构件的尺寸是否正确。
(4) 节点是否清楚。

(5) 构件之间的连接形式是否合理。
(6) 标题栏内构件的数量是否符合工程的总数量。
(7) 加工符号、焊缝符号是否齐全。
(8) 标注方法是否符合规定。
(9) 本单位能否满足图纸上的技术要求等。

图纸审核过程中发现的问题应报原设计单位处理，需要修改设计的应有书面设计变更文件。

7.1.2 材料的准备

1. 采购和核对

(1) 采购

为了尽快采购钢材，采购一般应在详图设计的同时进行，这样就能不因材料原因耽误施工。采购时应根据图纸材料表计算出各种材质、规格的材料净用量，再加上一定数量的损耗，提出材料需用量计划。工程预算一般可按实际用量所需数值再增加10%进行提料。

(2) 核对

应核对来料的规格、尺寸和重量，并仔细核对材质。如进行材料代用，必须经设计部门同意，同时应按下列原则进行。

① 当钢号满足设计要求，而生产厂商提供的材质保证书中缺少设计提出的部分性能要求时，应做补充试验，合格后方可使用。每炉钢材，每种型号规格一般不宜少于3个试件。

② 当钢材性能满足设计要求，而钢号的质量优于设计提出的要求时，应注意节约，避免以优代劣。

③ 当钢材性能满足设计要求，而钢号的质量低于设计提出的要求时，一般不允许代用，如代用必须经设计单位同意。

④ 当钢材的钢号和技术性能都与设计提出的要求不符时，首先检查钢材，然后按设计重新计算，改变结构截面、焊缝尺寸和节点构造。

⑤ 对于成批混合的钢材，如用于主要承重结构时，必须逐根进行化学成分和机械性能试验。

⑥ 当钢材的化学成分允许偏差在规定的范围内时方可使用。

⑦ 当采用进口钢材时，应验证其化学成分和机械性能是否满足相应钢号的标准。

⑧ 当钢材规格与设计要求不符时，不能随意以大代小，须经计算后才能代用。

⑨ 当钢材规格、品种供应不全时，可根据钢材选用原则灵活调整。建筑结构对材质要求一般是：受拉构件高于受压构件；焊接连接的结构高于螺栓或铆接连接的结构；厚钢板结构高于薄钢板结构；低温结构高于高温结构；受动力荷载的结构高于受静力荷载的结构。

⑩ 钢材机械性能所需保证项目仅有一项不合格时，若冷弯合格，抗拉强度的上限值可以不限；若伸长率比规定的数值低1%，允许使用此材料，但不宜用于塑性变形构件；冲击功值一组三个试样，允许其中一个单值低于规定值，但不得低于规定值的70%。

2. 有关试验与工艺规程的编制

(1) 钢材连接复验与工艺试验

1) 钢材复验

当钢材属于下列情况之一时，加工下料前应进行复验：

① 国外进口钢材。
② 不同批次的钢材混合。
③ 对质量有异议的钢材。
④ 板厚不小于 40 mm,并承受沿板厚方向拉力作用,且设计上有要求的厚板。
⑤ 建筑结构安全等级为一级,大跨度钢结构、钢网架和钢桁架结构中主要受力构件所采用的钢材。
⑥ 现行设计规范中未含的钢材品种及设计有复验要求的钢材。

钢材的化学成分、力学性能及设计要求的其他指标应符合国家规行有关标准的规定,进口钢材应符合供货国相应标准的规定。

2) 连接材料的复验

① 焊接材料。在大型、重型及特种钢结构上采用的焊接材料应进行抽样检验,其结果应符合设计要求和国家现行有关标准的规定。

② 扭剪型高强度螺栓。采用扭剪型高强度螺栓的连接应按规定进行预拉力复验,其结果应符合相关的规定。

③ 高强度大六角头螺栓。采用高强度大六角头螺栓的连接应按规定进行扭矩系数复验,其结果应符合相关的规定。

3) 工艺试验

工艺试验一般可分为三类:

① 焊接试验。钢材可焊性试验、焊接工艺性试验、焊接工艺评定试验等均属于焊接性试验,而焊接工艺评定试验是各工程制作时最常遇到的试验。焊接工艺评定是焊接工艺的验证,是衡量制造单位是否具备生产能力的一个重要的基础技术资料,未经焊接工艺评定的焊接方法、技术系数不能用于工程施工。同时,焊接工艺评定对提高劳动生产率、降低制造成本、提高产品质量、搞好焊工技能培训是必不可少的环节。

② 摩擦面的抗滑移系数试验。当钢结构构件的连接采用摩擦型高强螺栓连接时,应对连接面进行处理,使其连接面的抗滑移系数能达到设计规定的数值。连接面的技术处理方法有:喷砂或喷丸、酸洗、砂轮打磨、综合处理等。

③ 工艺性试验。对构造复杂的构件,必要时应在正式投产前进行工艺性试验。

工艺性试验可以是单工序,也可以是几个工序或全部工序;可以是个别零件,也可以是整个构件,甚至是一个安装单元或全部安装构件。

(2) 编制工艺规程

钢结构工程施工前,制作单位应按施工图纸和技术文件的要求编制出完整、正确的施工工艺规程,用于指导、控制施工过程。

1) 编制工艺规程的依据

① 工程设计图纸及施工详图。
② 图纸设计总说明和相关技术文件。
③ 图纸和合同中规定的国家标准、技术规范等。
④ 制作单位实际能力情况等。

2) 制定工艺规程的原则

在一定的生产条件下,操作时能以最快的速度、最少的劳动量和最低的费用,可靠地加工出符合图纸设计要求的产品,主要体现出技术上的先进、经济上的合理及劳动条件的良好性与安全性。

3) 工艺规程的内容

① 根据执行的标准编写成品技术要求。

② 为保证成品达到规定的标准而制定的措施,包括关键零件的精度要求,检查方法和检查工具,主要构件的工艺流程、工序质量标准、工艺措施,采用的加工设备和工艺装备。

③ 工艺规程是钢结构制造中主要和根本性的指导性文件,也是生产制作中最可靠的质量保证措施。工艺规程必须经过审批,一经制订就必须严格执行,不得随意更改。

3. 其他工艺准备

(1) 工号划分

根据产品特点、工程量的大小和安装施工速度将整个工程划分成若干个生产工号(生产单元),以便分批投料、配套加工、配套出成品。

生产工号(生产单元)的划分应注意以下几点:

① 条件允许情况下,同一张图纸上的构件宜安排在同一生产工号中加工;

② 相同构件或相同加工方法的构件宜放在同一生产工号中加工;

③ 工程量较大工程划分生产工号时要考虑施工顺序,先安装的构件要优先安排加工;

④ 同一生产工号中的构件数量不要过多。

(2) 编制工艺流程表

从施工详图中摘出零件,编制出工艺流程表(或工艺过程卡)。加工工艺过程由若干个工序所组成,工序内容根据零件加工性质确定,工艺流程表就是反应这个过程的文件。工艺流程表的内容包括零件名称、件号、材料编号、规格、工序顺序号、工序名称和内容、所用设备和工艺装备名称及编号、工时定额等。关键零件还需标注加工尺寸和公差,重要工序还需画出工序图等。

(3) 零件流水卡

根据工程设计图纸和技术文件提出的成品要求,确定各工序的精度要求和质量要求,结合制作单位的设备和实际加工能力,确定各个零件下料、加工的流水程序,即编制出零件流水卡。零件流水卡是编制工艺卡和配料的依据。

(4) 配料与材料拼接位置

根据来料尺寸和用料要求,统筹安排合理配料。当零件尺寸过长或过大,无法整体运输而需进行现场拼接时,要确定材料拼接位置。材料拼接应注意以下几点:

① 拼接位置应避开安装孔和复杂部位;

② 双角钢断面的构件,两角钢应在同一处拼接;

③ 一般接头属于等强度连接应尽量布置在受力较小的部位;

④ 焊接 H 型钢的翼缘、腹板拼接缝应尽量避免在同一断面处。上下翼缘板拼接位置应与腹板错开 200 mm 以上。

(5) 确定焊接收缩量和加工余量

焊接收缩量由于受焊缝大小、气候条件、施焊工艺和结构断面等因素影响,其值变化较大。

由于铣刨加工时常常成叠进行操作,尤其长度较大时,材料不易对齐,在编制加工工艺时要对加工边预留加工余量,一般以 5 mm 为宜。

(6) 工艺装备

钢结构制作过程中的工艺装备一般分为两类,即原材料加工过程中所需的工艺装备和拼装焊接所需的工艺装备。前者主要能保证构件符合图纸的尺寸要求,如定位靠山、模具等。后者主要保证构件的整体几何尺寸和减少变形量,如夹紧器、拼装胎等。因为工艺装备的生产周期较长,要根据工艺要求提前准备,争取先行安排加工。

7.1.3 加工机械和工具的准备

根据产品加工需要来确定加工设备和操作工具,有时还需要调拨或添置必要的设备和工具,这些都应提前做好准备工作。

1. 测量、划线工具

(1) 钢卷尺

常用的有长度为 1 m、2 m 的小钢卷尺,长度为 5 m、10 m、15 m、20 m、30 m 的大钢卷尺,用钢尺能量到的精确度为 0.5 mm。

(2) 直角尺

直角尺用于测量两个平面是否垂直或划较短的垂直线。

(3) 卡钳

卡钳有内卡钳、外卡钳两种(图 7-1)。内卡钳用于量孔内径或槽道大小。外卡钳用于量零件的厚度和圆柱形零件的外径等。内、外卡钳均属间接量具,需用尺确定数值,因此在使用卡钳时应注意紧固铆钉,不能松动,以免造成测量错误。

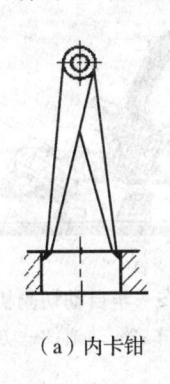

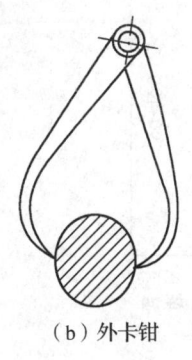

(a) 内卡钳　　(b) 外卡钳

图 7-1 卡钳

(4) 划针

划针一般由小碳钢锻制而成,用于较精确零件划线(图 7-2)。

(a) 不正确　(b) 不正确　(c) 表示正确用尺划线　(d) 划线时应倾斜角度

图 7-2 划针划线示意图

(5) 划规及地规

划规是画圆弧和圆的工具[图 7-3a]。制造划规时为保证规尖的硬度,应将规尖进行淬火处理。地规由两个地规体和一条规杆组成,用于画较大圆弧[图 7-3b]。

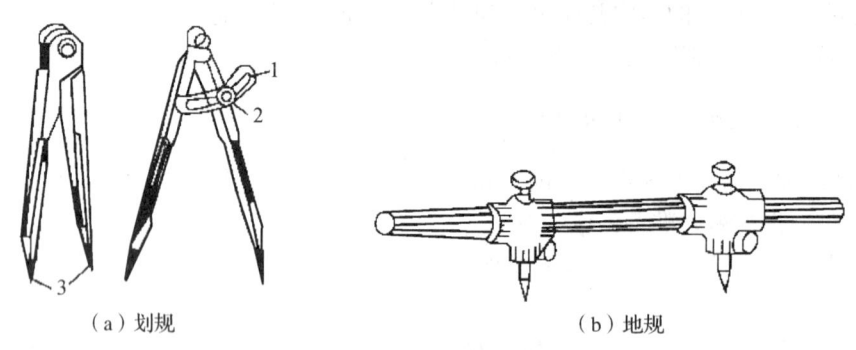

(a)划规　　　　　　　　　　(b)地规

图 7-3　划规及地规

1—弧片;2—制动螺栓;3—淬火处

(6) 样冲

样冲多用高碳钢制成,其尖端磨成 60°锐角,并需淬火。样冲是用来在零件上冲打标记的工具(图 7-4)。

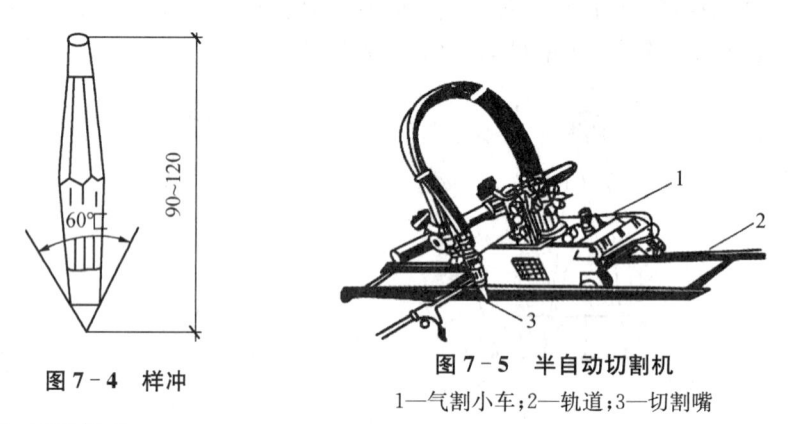

图 7-4　样冲

图 7-5　半自动切割机

1—气割小车;2—轨道;3—切割嘴

2. 切割、切削机具

(1) 半自动切割机

图 7-5 为半自动切割机的一种。它由可调速的电动机拖动,沿着轨道可直线运行,也可做圆周运动,这样切割嘴就可以割出直线或圆弧。

(2) 风动砂轮机

风动砂轮机以压缩空气为动力,携带方便,使用安全可靠,因而得到广泛的应用。风动砂轮机的外形如图 7-6 所示。

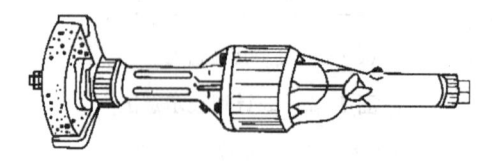

图 7-6　风动砂轮机

(3) 电动砂轮机

电动砂轮机由罩壳、砂轮、长端盖、电动机、开关和手把组成(图7-7)。

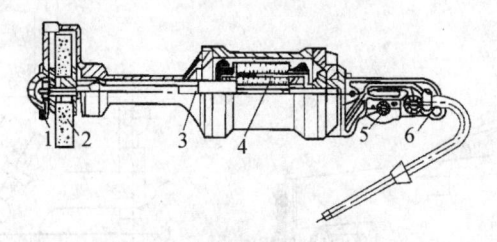

图7-7 手提式电动砂轮机

1—罩壳;2—砂轮;3—长端盖;4—电动机;5—开关;6—手把

(4) 风铲

风铲属于风动冲击工具,其具有结构简单、效率高、体积小、重量轻等特点(图7-8)。

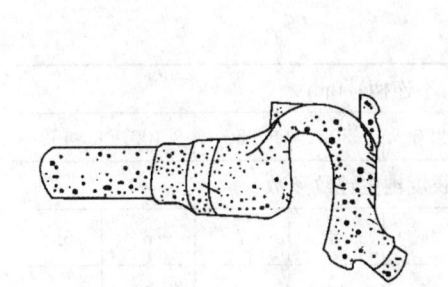

图7-8 风铲

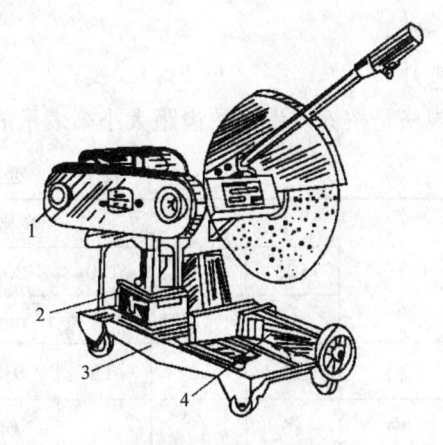

图7-9 砂轮锯

1—切割动力头;2—中心调整机;3—底座;4—可转夹钳

(5) 砂轮锯

如图7-9所示,砂轮锯是由切割动力头、可转夹钳、中心调整机构及底座等部分组成。

(6) 龙门剪板机

龙门剪板机是在板材剪切中应用较广的剪板机,其具有剪切速度快、精度高、使用方便等特点。为防止剪切时钢板移动,床面有压料及栅料装置;为控制剪料的尺寸,前后设有可调节的定位挡板等装置(图7-10)。

(7) 联合冲剪机

联合冲剪机集冲压、剪切、剪断等功能于一体,图7-11为QA34-25型联合冲剪机的外形示意图。型钢剪切头配合相应模具,可以剪断各种型钢;冲头部位配合相应模具,可以完成冲孔、落料等冲压工序;剪切部位可直接剪断扁钢和条状板材料。

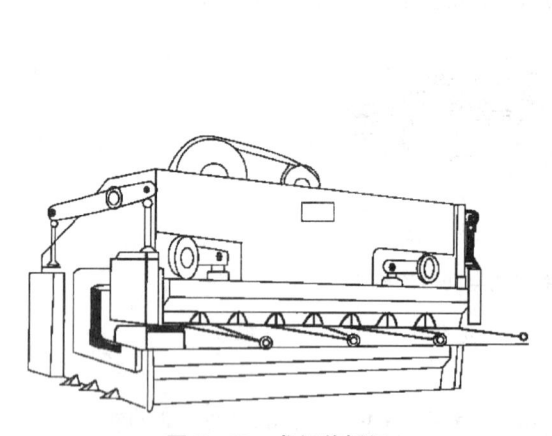

图 7-10 龙门剪板机

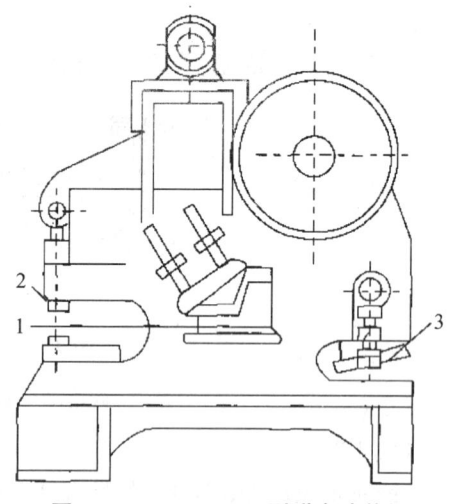

图 7-11 QA34-25 型联合冲剪机
1—型钢剪切头；2—冲头；3—剪切刃

(8) 锉刀

锉刀规格是按锉刀齿纹的齿距大小来表示的，见表 7-1。

表 7-1 锉刀规格

锉纹号	习惯称呼	规格(长度、不连柄)/mm								
		100	125	150	200	250	300	350	400	452
		每 10 mm 轴向长度内主锉纹条数								
1	粗	14	12	11	10	9	8	7	6	5.5
2	中	20	18	16	14	12	11	10	9	8
3	细	28	25	22	20	18	16	14	12	11
4	双细	40	36	32	28	25	22	20	—	—
5	油光	56	50	45	40	36	32	—	—	—

3. 常用量具与工具

常用量具与工具见表 7-2。

表 7-2 常用量具与工具

分类	工具名称	用途	使用注意事项
量具	直角尺	用于画较短的垂直线及校量垂直角度	在使用前应校验其准确度
	卡钳	分内外卡两种。内卡用于测量孔径或槽道的大小，外卡则用于测量零件的厚度和圆柱形的外径等	

续表

分类	工具名称	用途	使用注意事项
量具	划针	用于画弧线及圆	
	划规	用于画弧线及圆	规尖用前需经淬火处理,以保证规尖的硬度
	勒子、划线盘	勒子用于型钢和钢板零件边缘画直线,如孔心线、刨边线和铲边线等;划线盘主要用于圆柱、容器封头、球体等曲面画线	
	中心冲	也称样冲,是用于零件划加工线及中心位置冲打标志的工具	
机具	切割、消磨机具	半自动切割机	切割板材,可割划出直线或半径不同圆弧线	
		砂轮机	清理金属表面的铁锈、旧漆。以布轮代替砂轮后,可抛光	
		龙门剪板机	沿直线轮廓剪切各种形状的板材毛坯件	
		联合冲剪机	可实现冲压、板材剪切、型材剪断等功能,属多功能机具	
	矫正冲压工具	型钢矫正机	可矫正圆钢、方钢、六角钢内切圆、扁钢、角钢、槽钢、工字钢等	
		冲床	用于构件冲孔,分为偏心冲床和曲轴冲床	
	切削、锯切工具	风铲	风动冲击工具	
		手锯	切割尺寸较小,厚度较薄的构件	
		机械锯	可切割尺寸及厚度较大的构件	
		锉刀	可对工件表面进行切削加工	
		凿子	凿削毛坯件表面多余的金属、毛刺、分割材料、锡焊缝、切破口等	

7.2 钢结构加工制作的工序

根据专业化程度和生产规模,钢结构有三种生产组织方式:专业分工的大流水作业生产、一包到底的混合组织方式、扩大放样室的业务范围。

钢结构制作的工序较多,对加工顺序要紧密安排,避免或减少工作倒流,以减少往返运输和周转时间。图7-12为大流水作业生产的工艺流程。

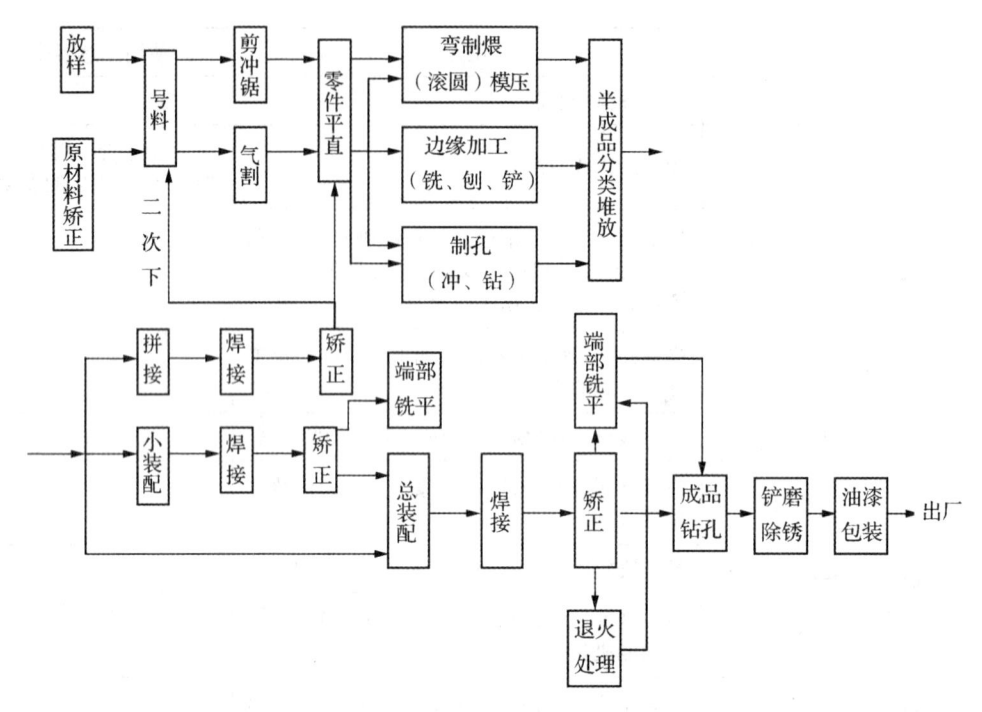

图 7-12 大流水作业生产工艺流程

7.2.1 放样

放样是指按 1∶1 的比例在放样台上利用几何作图方法弹出的大样图。放样是钢结构制作工艺中第一道工序。只有放样尺寸准确,才能避免各道工序的积累误差,从而保证工程质量。

1. 放样的内容

放样工作包括如下内容:核对图纸的安装尺寸和孔距;以 1∶1 大样放出节点;核对各部分的尺寸;制作样板和样杆,作为下料、弯制、铣、刨、制孔等加工的依据。

放样号料用的工具及设备有:划针、样冲、手锤、粉线、弯尺、立尺、钢卷尺、大钢卷尺、剪子、小型剪板机、折弯机。钢卷尺必须经过计量部门的校验复核,合格的方能使用。

放样时以 1∶1 的比例在样板台上弹出大样。当大样尺寸过大时,可分段弹出。对一些一字型的构件,如果只对其节点有要求,则可以缩小比例弹出样子,但应注意其精度。放样弹出的十字基准线的两线必须垂直。然后据此十字线逐一划出其他各个点及线,并在节点旁注上尺寸,以备复查及检验。

2. 样板和样杆

放样制成的大样是制作钢结构各部件的依据。放样经检查无误后,用铁皮或塑料板制作样板,用木杆、钢皮或扁铁制作样杆。样板、样杆上应注明工号、图号、零件号、数量及加工边、坡口部位、弯折线和弯折方向、孔径和滚圆半径等,然后用样板、样杆进行号料,如图 7-13 所示。样板、样杆应妥善保存,直至工程结束。

（a）样杆号孔　　　　　（b）样板号料

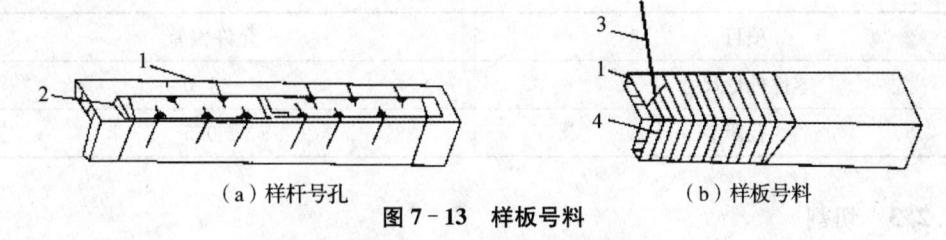

图 7-13　样板号料

1—角钢；2—样杆；3—划针；4—样板

7.2.2　号料

1. 号料的含义

号料也称画线，即利用样板、样杆，或根据图纸，在板料及型钢上画出孔的位置和零件形状的加工界线。

2. 号料工作的内容

号料的工作内容包括：检查核对材料，在材料上画出切割、铣、刨加工位置，打冲孔，标出零件编号等。

钢材如有较大弯曲等问题时应先矫正，根据配料表和样板进行套裁，尽可能节约材料。当工艺有规定时，应按规定的方向进行取料，号料应便于切割和保证零件质量。

3. 放样号料用工具

放样号料用工具及设备有：划针、样冲、手锤、粉线、弯尺、直尺、钢卷尺、大钢卷尺、剪子、小型剪机、折弯机。

用作计量长度的钢盘尺必须用经授权的计量单位计量，且附有偏差卡片，使用时按偏差卡片的记录数值核对其误差数。

钢结构制作、安装、验收及土建施工用的量具必须用同一标准进行鉴定，且应具有相同的精度等级。

4. 放样号料应注意的问题

（1）放样时，铣、刨的工作要考虑加工余量，焊接构件要按工艺要求放出焊接收缩量，高层钢结构的框架柱尚应预留弹性压缩量。

（2）号料时要根据切割方法留出适当的切割余量。

（3）如果图纸要求桁架起拱，放样时上、下弦应同时起拱。起拱后垂直杆的方向仍然垂直水平线，而不与下弧杆垂直。

（4）样板的允许偏差见表 7-3，号料的允许偏差见表 7-4。

表 7-3　放样及样板的允许偏差

项目	允许偏差	项目	允许偏差
平行线距离与分段尺寸/mm	±0.5	孔距/mm	±0.5
对角线差/mm	1.0	加工样板的角度/(°)	+20′
宽度、长度/mm	±0.5		

表 7-4 号料的允许偏差（单位：mm）

项目	允许偏差
零件外形尺寸	±1.0
孔距	±0.5

7.2.3 切割

钢材下料切割方法有剪切、冲切、锯切、气割等。施工中采用哪种方法应该根据具体要求和实际条件选用。切割后钢材不得有分层，断面上不得有裂纹，应清除切口处的毛刺、溶渣和飞溅物。气割和机械剪切的允许偏差应符合表 7-5 和表 7-6 的规定。

表 7-5 气割的允许偏差（单位：mm）

项目	允许偏差
零件的宽度、长度	±3.0
切割面平面度	0.05 t，且不大于 2.0
割纹深度	0.3
局部缺口深度	1.0

注：t 为切割面厚度

表 7-6 机械切割的允许偏差（单位：mm）

项目	允许偏差
零件的宽度、长度	±3.0
边缘缺棱	1.0
型钢端部垂直	2.0

1. 气割

氧割或气割是以氧气与燃料燃烧时产生的高温来熔化钢材，并借喷射压力将溶渣吹去，形成割缝，达到切割金属的目的。但熔点高于火焰温度或难以氧化的材料，则不宜采用气割。氧与各种燃料燃烧时的火焰温度大约为 2 000℃～3 200℃。

气割能切割各种厚度的钢材，设备灵活，费用经济，切割精度也高，是目前广泛使用的切割方法。气割按切割设备分类可分为手工气割、半自动气割、仿型气割、多头气割、数控气割和光电跟踪气割。

手工气割操作要点如下：

(1) 首先点燃割炬，随即调整火焰。

(2) 开始切割时，打开切割氧阀门，观察切割氧流线的形状，若为笔直而清晰的圆柱体，且有适当的长度，即可正常切割。

(3) 发现嘴头产生鸣爆并发生回火现象，可能是嘴头过热或被堵住，或乙炔供应不及时，此时需马上处理。

(4) 临近终点时，喉头应向前进的反方向倾斜，以利于钢板的下部提前割透，使收尾时割缝整齐。

(5) 当切割结束时应迅速关闭切割氧气阀门，并将割炬抬起，再关闭乙炔阀门，最后关闭预热氧阀门。

2. 机械切割

(1) 带锯机床：适用于切断型钢及型钢构件，其效率高，切割精度高。

(2) 砂轮锯：通用于切割薄壁型钢及小型钢管，其切口光滑、生刺较薄易清除，但噪声大、粉尘多。

(3) 无齿锯：依靠高速摩擦而使工件熔化，形成切口，适用于精度要求低的构件，其切割速度快、噪声大。

(4) 剪板机、型钢冲剪机：适用于薄钢板、压型钢板等，具有切割速度快、切口整齐、效率高等特点。其剪刀必须锋利，剪切时应调整刀片间隙。

3. 等离子切割

等离子切割适用于不锈钢、铝、铜及其合金等。在一些尖端技术上应用广泛。其具有切割温度高、冲刷力大、切割边质量好、变形小、可以切割任何高熔点金属等特点。

7.2.4 矫正

在钢结构制作过程中，由于原材料变形、切割变形、焊接变形、运输变形等经常影响构件的制作及安装，所以就需要对钢构件进行矫正。矫正就是造成新的变形去抵消已经发生的变形。型钢的矫正分机械矫正、手工矫正和火焰矫正等。

型钢机械矫正是在矫正机上进行，在使用时要根据矫正机的技术性能和实际使用情况进行选样。手工矫正多数用在小规格的各种型钢上，依靠锤击力进行矫正。火焰矫正是在构件局部用火焰加热，利用金属热胀冷缩的物理性能，冷却时产生很大的冷缩应力来矫正变形。

型钢在矫正前首先要确定弯曲点的位置，这是矫正工作不可缺少的步骤。目测法是现在常用的找弯方法，确定型钢的弯曲点时应注意型钢自重下沉产生的弯曲会影响准确性，对于较长的型钢要放在水平面上，用拉线法测量。型钢矫正后的允许偏差见表 7-7。

表 7-7 钢材矫正后的允许偏差（单位：mm）

项目		允许偏差	图例
钢板的局部平面度	$t \leq 14$ mm	1.5	
	$t > 14$ mm	1.0	
型钢弯曲矢高		$l/1000$ 且不应大于 5.0	
角钢肢的垂直度		$b/100$ 双肢栓接角钢的角度不得大于 90°	

续表

项目	允许偏差	图例
槽钢翼缘对腹板的垂直度	$b/80$	
工字钢、H型钢翼缘对腹板的垂直度	$b/100$ 且不大于 2.0	

7.2.5 弯形

钢结构制造中的弯形主要是指弯曲和滚圆。弯形和矫正相反,是使平直的材料按图纸的要求弯曲成一定形状。弯形的加工手段也是加热和施加机械力,或者二者混合使用,其使用的设备也多类似。现对滚圆机和折板机加以简介。

1. 滚圆机

滚圆机的原理是经过辊子的压力使材料弯曲,而辊子的转动使材料逐步滚成圆筒形(图7-14)。老式的三辊式滚圆机在滚圆过程中,构件的两个端头需要预弯,预弯是比较费料和费工的(图7-15)。

新式的滚圆机则有四辊或上辊可以上下移动,因而免除了预弯工序,图7-16为滚圆机预弯的工作示意图。

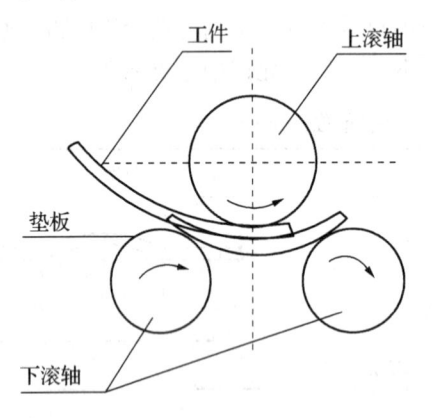

图 7-14 滚圆机预弯示意图

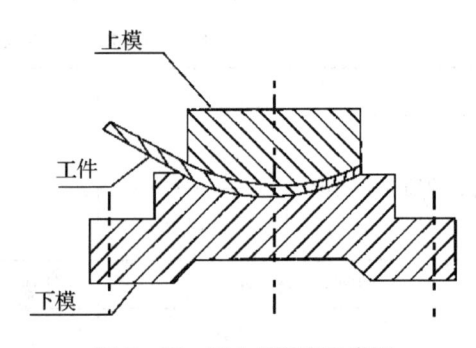

图 7-15 压力机预弯示意图

(a) 三轴滚圆机

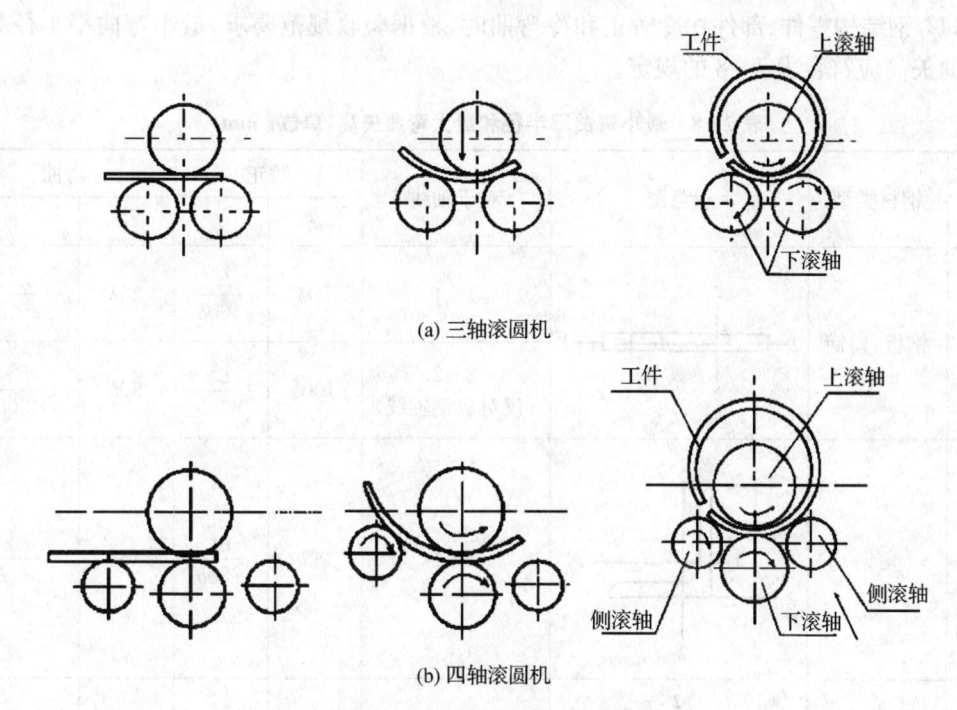

(b) 四轴滚圆机

图 7-16　滚圆机工作示意图

随着生产需要和技术发展,滚圆机的加工能力(辊板厚度和长度)都已大大提高。现已具有在不加热情况下滚压厚达 120 mm 钢板的设备。

对型钢的滚圆,一般采取立式辊,辊子应做成与型钢断面相符的辊压面。

2. 折板机

折板机有冲压型和弯折型两种,主要用作弯折薄而宽的板料。冲压型是利用冲床原理,采用上下模具把板材压弯(图 7-17)。而弯折型设备则是把板材固定在翻折板上,以翻折板的翻转使板材弯折(图 7-18)。

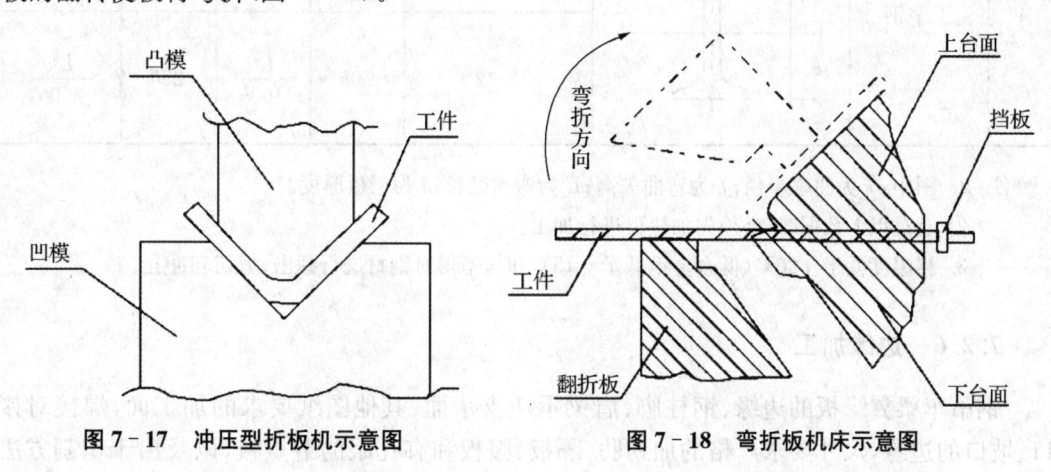

图 7-17　冲压型折板机示意图　　　　图 7-18　弯折板机床示意图

3. 型钢冷弯曲

型钢冷弯曲的工艺方法有滚圆机滚弯、压力机压弯,还有顶弯、拉弯等,先按型材的截面形状、材质规格及弯曲半径制作相应的胎膜,试弯符合要求后,方准加工。

（1）钢结构零件、部件在冷矫正和冷弯曲时，根据验收规范要求，最小弯曲率半径和最大弯曲矢高应符合表7-8的规定。

表7-8 最小弯曲率半径和最大弯曲矢高（单位：mm）

项次	钢材类型	示意图	对于轴线	矫正 r	矫正 f	弯曲 r	弯曲 f
1	钢板、扁钢		1-1	50δ	$\dfrac{L^2}{400\delta}$	25δ	$\dfrac{L^2}{200\delta}$
			2-2（仅对扁钢轴线）	$100b$	$\dfrac{L^2}{800b}$	$50b$	$\dfrac{L^2}{400b}$
2	角钢		1-1	$90b$	$\dfrac{L^2}{720b}$	$45b$	$\dfrac{L^2}{360b}$
3	槽钢		1-1	$50h$	$\dfrac{L^2}{400h}$	$25h$	$\dfrac{L^2}{200h}$
			2-2	$90b$	$\dfrac{L^2}{720b}$	$45b$	$\dfrac{L^2}{360b}$
4	工字钢		1-1	$50h$	$\dfrac{L^2}{400h}$	$25h$	$\dfrac{L^2}{200h}$
			2-2	$50b$	$\dfrac{L^2}{400b}$	$25b$	$\dfrac{L^2}{200b}$

注：1. 图中：r为曲率半径；f为弯曲矢高；L为弯曲弦长；δ为钢板厚度。
2. 超过以上数据时，必须先加热再进行加工。
3. 当温度低于-20℃（低合金钢低于-15℃）时，不得对钢材进行锤击、剪切和冲孔。

7.2.6 边缘加工

钢吊车梁翼缘板的边缘、钢柱脚、肩梁承压支承面、其他图纸要求的加工面，焊接对接口、坡口的边缘，尺寸要求严格的加劲肋、隔板、腹板和有孔眼的节点板，以及由于切割方法产生硬化等缺陷的边缘，一般需要边缘加工。

1. 边缘加工方法

常用的边缘加工方法有：铲边、刨边、铣边、切割等。对加工质量要求不高并且工作量不大的采用铲边,有手工铲边和机械铲边两种。刨边使用的是刨边机,由刨刀来切削板材的边缘。铣边比刨边机工效高、能耗少、质量优。切割有碳弧气刨、半自动和自动气割机、坡口机等方法,采用精密切割可代替刨铣加工。

2. 边缘加工质量

边缘加工允许偏差见表 7-9。

表 7-9 边缘加工的允许偏差

项目	允许偏差
零件宽度、长度	±1 mm
加工边直线度	$l/3\,000$,且不大于 2.0 mm
相邻两边夹脚	±6
加工面垂直度	$0.025t$,且不大于 0.5 mm
加工面表面粗糙度	50

7.2.7 制孔

钢结构上的孔洞基本多为螺栓孔,大都呈圆形(为调整的需要也有长圆孔)。在采用销轴连接时使用销孔,此外还可能有气孔、灌浆孔、人孔、手孔、管道孔等,部分孔洞还可能需要加工出螺纹。

制孔通常有钻孔和冲孔两种方法。钻孔是钢结构制造中普遍采用的方法,能用于几乎任何规格的钢板、型钢的孔加工。钻孔的原理是切削,其精度高,对孔壁损伤较小。冲孔一般只用于较薄钢板和非圆孔的加工,而且要求孔径一般不小于钢材的厚度。冲孔生产效率虽高,但由于孔的周围产生冷作硬化、孔壁材质较差等原因,在钢结构制造中已较少采用。

钢结构上用的螺栓孔径一般为 12~30 mm,手孔、管道孔较大,而人孔可达直径 400 mm 以上。

对于直径 80 mm 以下的圆孔,一般采用钻孔,更大的孔则采用火焰切割方法。销孔及螺栓孔则在钻孔、割孔后再进行机加工。

如果长孔的长度超过直径两倍以上,可采用先钻两个孔后割通、磨光的方法。如果长度小于两倍直径时,则采用冲孔或钻孔后铣成长孔。

螺栓孔一般不采用冲孔,因冲孔边缘有冷作硬化现象,但如采用精密冲孔则可极大程度减少硬化现象,且可大大提高生产效率。一般情况下,采用冲孔时的板厚不能超过孔直径。2 mm 以下的薄板通常是采用冲孔。

制孔设备有冲床、钻床。钻床已从立式钻床发展为摇臂钻床(图 7-19)、多轴钻床、万向钻床和数控三向多轴钻床。数控三向多轴钻床的生产效率比摇臂钻床提高几十倍,它与铅床形成连动生产线,是目前钢结构加工机床的发展趋势。

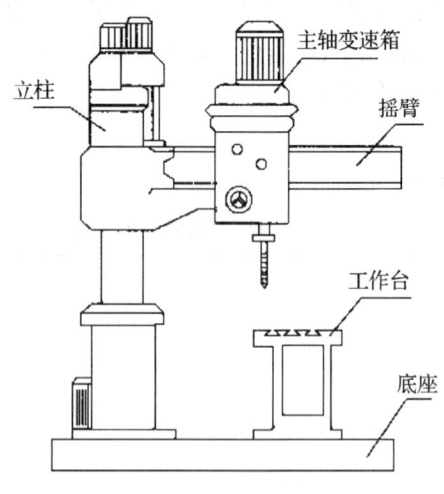

图 7-19 摇臂钻床

在使用单轴钻孔加工时,采用钻模制孔可以大大提高钻孔的精度,其每一组孔群内的孔间距离精度可控制在 0.3 mm 以内,甚至还可更小,且可一次进行多块钢板的钻孔,提高工效。图 7-20 和图 7-21 分别为钢板钻模和角钢钻模。

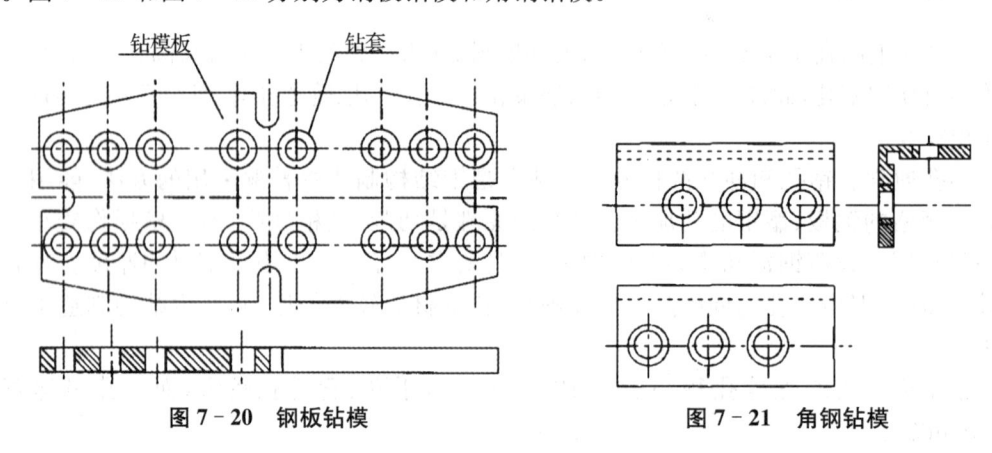

图 7-20 钢板钻模　　　图 7-21 角钢钻模

孔加工在钢结构制造中占有一定的比重,尤其是高强螺栓的采用使孔加工不仅在数量上,而且在精度要求上都有了很大的提高。

1. 钻孔的加工方法

(1) 划线钻孔。先在构件上画出孔的中心和直径,在孔的圆周上(90°位置)打 4 只冲眼,可作钻孔后检查用。孔中心的冲眼应大而深,在钻孔时作为钻头定心用。划线工具一般用划针和钢尺。

(2) 钻模钻孔。当批量大,孔距精度要求较高时,采用钻模钻孔。钻模有通用型、组合式和专用钻模。

(3) 数控钻孔。近年来数控钻孔的发展更新了传统的钻孔方法。此法无需在工件上划线、打样冲眼,整个工程都是自动进行。高速数控定位,钻头行程数字控制,钻孔效率高、精度高。特别是数控三向多轴钻床的开发和应用,让其生产效率比传统的摇臂钻床提高几十倍,它与锯床形成连动生产线,是目前钢结构加工的发展趋势。

2. 制孔的质量标准及允许偏差

(1) 精制螺栓孔的直径与允许偏差。精制螺栓孔(A、B级螺栓孔-Ⅰ类孔)的直径应与螺栓公称直径相等,孔应具有 H12 的精度,孔壁表面粗糙度 $Ru \leqslant 125 \mu m$。其允许偏差应符合表 7-10 的规定。

表 7-10 精制螺栓孔径允许偏差(单位: mm)

螺栓公称直径、螺孔直径	螺栓公称直径允许偏差	螺栓孔径允许偏差
10~18	0,0.18	−0.18,0
18~30	0,−0.21	+0.21,0
30~50	0,−0.25	+0.25,0

(2) 普通螺栓孔的直径及允许偏差。普通螺栓孔(C级螺栓孔-Ⅱ类孔)包括高强度螺栓孔(大六角头螺栓孔、扭剪型螺栓孔等)、普通螺栓孔、半圆头铆钉孔等,其孔直径应比螺栓杆、钉杆公称直径大 1.0~3.0 mm。螺栓孔孔壁粗糙度 $\leqslant 125 \mu m$。孔的允许偏差应符合表 7-11 的规定。

表 7-11 普通螺栓孔允许偏差(单位: mm)

项目	允许偏差	项目	允许偏差
直径	+1.0,0	垂直度	0.03t,且不大于 2.0
圆度	2.0		

注: t 为板的厚度

(3) 零、部件上孔的位置偏差。在编制施工图时,零、部件上孔的位置宜按照国家标准《形状和位置公差未注公差值》(GE/T1184-1996)计算标注。

(4) 孔超过偏差的解决办法。螺栓孔的偏差超过上表所规定的允许值时,允许采用与母材材质相匹配的焊条补焊后重新制孔,严禁采用钢块填塞。

当精度要求较高、板叠层数较多、同类孔距较多时,可采用钻模制孔,或预钻较小孔径,在组装时扩孔。预钻小孔的直径取决于板叠的多少:当板叠少于 5 层时,预钻小孔的直径小于公称直径一级(−3.0 mm);当板叠层数大于 5 层时,预钻小孔的直径小于公称直径二级(−6.0 mm)。

7.2.8 组装

组装,亦可称拼装、装配、组立。组装工序是把制备完成的半成品和零件按图规定的运输单元,装配成构件或者部件,然后将其连接成为整体的独立成品的过程。

1. 组装工序的一般规定

产品图纸和工艺规程是整个装配准备工作的主要依据,因此,首先要了解以下问题:

(1) 了解产品的用途结构特点,以便提出装配的支承与夹紧等措施。

(2) 了解各零件的相互配合关系,使用材料及其特性,以便确定装配方法。

(3) 了解装配工艺规程和技术要求,以便确定控制程序、控制基准及主要控制数值。

2. 钢结构构件组装的方法

(1) 地样法。用 1∶1 的比例在装配平台上放出构件实样,然后根据零件在实样上的位置,分别组装起来成为构件。此装配方法适用于桁架、构架等小批量结构的组装。

(2) 仿形复制装配法。先用地样法组装成单面(单片)的结构,然后定位点焊牢固,将其翻身,作为复制胎模,在其上面装配另一单面的结构,往返两次组装。此种装配方法适用于横断面互为对称的桁架结构。

(3) 立装。立装是根据构件的特点及其零件的稳定位置,选择自上而下或自下而上地装配。此法用于放置平稳、高度不大的结构或者大直径的圆筒。

(4) 卧装。卧装是将构件卧位放置进行的装配。卧装适用于断面不大,但长度较大的细长的构件。

(5) 胎模装配法。胎模装配法是将构件的零件用胎模定位于装配位置上的组装方法。此种装配法适用于制造构件批量大、精度高的产品。

在布置拼装胎模时,必须注意预留各种加工余量。

3. 装配胎和工作平台的准备

装配胎主要用于表面形状比较复杂又不便于定位和夹紧的,或大批量生产的焊接结构的装配与焊接。装配胎可以简化零件的定位工作,改善焊接操作位置,从而可以提高装配与焊接的生产效率和质量。

装配胎从结构上分有固定式和活动式两种,活动式装配胎可调节高矮、长短、回转角度等。装配胎按适用范围又可分为专用胎和通用胎两种。

装配常用的工作台是平台,平台的上表面要求必须达到一定的平直度和水平度。平台通常有以下几种:铸铁平台、钢结构平台、导轨平台、水泥平台和电磁平台。

4. 组装的基本要求

(1) 组装应按工艺方法的组装次序进行。当有隐蔽焊缝时,必须先施焊,经验收合格后方可覆盖。当复杂部位不易施焊时,也需按工艺次序进行组装。

(2) 组装前,连接表面及焊缝每边 30~50 mm 范围内的铁锈、毛刺、污垢、冰雪必须清除干净。

(3) 布置拼装胎模时,其定位必须考虑预放出焊接收缩量及加上余量。

(4) 为减少大件组装焊接的变形,一般应先采取小件组焊,经矫正后,再组装大部件。胎模及组装的构件必须经过检验方可大批进行组装。

(5) 板材、型材的拼接应在组装前进行,构件的组装应在部件组装、焊接、矫正后进行。

(6) 组装时要求磨光顶紧的部位。其顶紧接触面应有 75% 以上的面积紧贴。

(7) 组装好的构件应立即用油漆在明显部位编号,写明图号、构件号、件数等,以便查找。

5. 组装工程质量验收

(1) 主控项目。钢构件组装工程质量验收的主控项目应符合表 7-12 的规定。

表 7-12 主控项目内容及要求

项目	规范编号	验收要求	检验方法	检查数量
组装	第 8.3.1 条	吊车梁和吊车桁架不应下挠	构件直立,在两端支撑后,用水准仪和钢尺检查	全数检查
端部铣平及安装焊缝坡口	第 8.4.1 条	端部铣平的允许偏差应符合相关规定	用钢尺、角尺、塞尺等检查	按铣平面数量抽查10%,且不应少于3个
钢构件外形尺寸	第 8.5.1 条	钢构件外形尺寸主控项目的允许偏差应符合相关规定	用钢尺检查	全数检查

注:表中"规范编号"指《钢结构施工质量验收规范》(GB 50205-2001)。

(2) 一般项目:钢构件组装工程质量验收的一般项目应符合表 7-13 的规定。

表 7-13 一般项目内容及要求(单位:mm)

项目	项次	项目内容	规范编号	验收要求	检验方法	检查数量
焊接H型钢	1	焊接H型钢接缝	第 8.2.1 条	焊接 H 型钢的翼缘板拼接缝和腹板拼接缝的间距不应小于 200 mm,翼缘板拼接长度不应小于2倍的板宽;腹板拼接宽度不应小于 300 mm,长度不应小于 600 mm	观察和用钢尺检查	全数检查
焊接H型钢	2	焊接H型钢接精度	第 8.2.2 条	焊接 H 型钢的充分偏差应符合相关的规定	用钢尺、角尺、塞尺等检查	按钢构件数抽查10%,且不应小于3件
组装	1	焊接组装精度	第 8.3.2 条	焊接连接组装的允许的偏差应符合相关的规定	用钢尺检验	按构件数抽查10%,且不应小于3件
组装	2	顶紧接触面	第 8.3.3 条	顶紧接触面应有 75%以上的面积紧贴	用 0.3 mm 塞尺检查,其塞入面积应小于23%,边缘间隙不应大于 0.8 mm	按接触面的数量抽查10%,且不应小于10个
组装	3	轴线交点错位	第 8.3.4 条	桁架结构杆件轴线交点错位的允许偏差不得大于 3.0 mm,允许偏差不得大于 4.0 mm	尺量检查	按构件数抽查10%,且不应少于3个,每个抽查构件按节点数抽查10%,且不应少于3个节点

续表

项目	项次	项目内容	规范编号	验收要求	检验方法	检查数量
端部铣平及安装焊缝坡口	1	焊缝坡口精度	第8.4.2条	安装焊缝坡口的允许偏差应符合规定	用焊缝量规检查	按坡口数量抽查10%,且不应少于3条
	2	铣平面保护	第8.4.3条	外露铣平面应防锈保护	观察检查	全数检查
钢构件外形尺寸	1	外形尺寸	第8.5.2条	钢构件外形尺寸一般项目的允许偏差应符合相关规定	—	按构件数量抽查10%,且不应少于3件

注：表中"规范编号"指《钢结构施工质量验收规范》(GB 50205-2001)。

7.2.9 钢构件预拼装

为了保证安装的顺利进行,应根据构件或结构的复杂程度、设计要求或合同协议规定,在构件出厂前进行预拼装。另外,由于受运输条件、现场安装条件等因素的限制,大型钢结构构件不能整件出厂,必须分成两段或若干段出厂时,也要进行预拼装。预拼装一般分为立体预拼装和平面预拼装两种形式,除管结构为立体顶拼装外,其他结构一般均为平面预拼装。预拼装的构件应处于自由状态,不得强行固定。预拼装应满足以下要求：

(1) 预拼装时,构件与构件的连接形式为螺栓连接,其连接部位的所有节点连接板均应装上。除检查各部分尺寸外,还应用试孔器检查板叠孔的通过率,并应符合下列规定：

① 当采用比螺栓公称应径大0.3 mm的试孔器检查时,通过率应为100%。

② 为了保证拼装时的穿孔率,零件钻孔时可将孔径缩小一级(3 mm),在拼装定位后进行扩孔,扩到设计孔径尺寸。对于精制螺栓的安装孔,在扩孔时应留0.1 mm左右的加工余量,以便进行校孔。

③ 施工中错孔在3 mm以内时,一般都用铰刀铣孔或锉刀挫孔,其孔径扩大不得超过原孔径的1.2倍;错孔超过3 mm时,可采用与母材材质相匹配的焊条补焊堵孔,修磨平整后重新打孔。

表7-14 钢构件预拼装的允许偏差(单位/mm)

构件类型	项目	允许偏差	检验方法
多节柱	预拼装单元总长	±5.0	用钢尺检查
	预拼装单元弯曲矢高	$l/1500$,且不应大于10.0	用拉线和钢尺检查
	接口错边	2.0	用焊缝量规检查
	预拼装单元柱身扭曲	$h/200$,且不应大于5.0	用拉线、吊线和钢尺检查
	顶紧面至任一牛腿距离	±2.0	用钢尺检查

续表

构件类型	项目		允许偏差	检验方法
梁、桁架	跨度最外面两端安装孔或两端支撑面最外侧距离		−5.0 −10.0	用钢尺检查
				用焊缝量规检查
	接口截面错位		2.0	用拉线、吊线和钢尺检查
	拱度	设计要求起拱	正负 $l/5\,000$	
		设计未要求起拱	$l/20\,000$	划线后用钢尺检查
	节点处杆件轴线错位		4.0	
管构件	预拼装单元总长		±5.0	用钢尺检查
	预拼装单元弯曲矢高		$l/1\,500$，且不应大于 10.0 mm	用拉线和钢尺检查
	对口错边		$l/10$，且不应大于 3.0 mm	用焊缝量规检查
	坡口间隙		+2.0，−1.0	
构件平面总体预拼装	各楼层柱距		±4.0	用钢尺检查
	相邻楼层梁与梁之间距离		±3.0	
	各层框架两对角线之差		$H/2\,000$，且不应大于 5.0 mm	
	任意两对角线之差		$\sum H/2\,000$，且不应大于 8.0 mm	

（2）对号入座：节点的各部件在拆开之前必须予以编号，做出必要的标记。顶拼装检验合格后，应在构件上标注上下定位中心线、标高基准线、交线中心点等必要标记；必要时焊上临时撑件和定位器等，以便于按预拼装的结果进行安装。

（3）预拼装的允许偏差见表 7-14。

7.2.10 钢构件拼装

1. 构件拼装方法

（1）平装法

平装法操作方便，不带稳定加固措施；不需搭设脚手架；焊缝焊接大多数为平焊缝，焊接操作简易，不需技术很高的焊接工人。焊缝质量易于保证，校正及起拱方便、准确。

适于拼装跨度较小，构件相对刚度较大的钢结构。如长 18 m 以下的钢柱、跨度 6 m 以内的天窗架及跨度 21 m 以内的钢屋架的拼装。

（2）立装法

立装法可一次拼装多拼；块体占地体积小；不用铺设或搭设专用拼装操作平台或枕木墩，节省材料和工时；省去翻身工序，质量易于保证，不用增设专供块体翻身、倒运、就位、堆放的起重设备，缩短工期；块体拼装连接件或节点的拼接焊缝可两边对称施焊，可防止预制构件连接件或钢构件因节点焊接变形而使整个块体产生侧弯。但需搭设一定数量稳定支架；块体校正、起拱较难；钢构件的连接节点及预制构件的连接件的焊接立缝较多，增加焊接操作的难度。

适于跨度较大、侧向刚度较差的钢结构，如 18 m 以上的钢柱、跨度 9 m 及 12 m 的窗架、

24 m以上的钢屋架以及屋架上的天窗架。

(3) 利用模具拼装法

模具是指符合工件几何形状或轮廓的模型(内模或外模)。用模具来拼装组焊钢结构,具有产品质量好、生产效率高等许多优点。对成批的板材结构、型钢结构,应当考虑采用模具拼组装。

桁架结构的装配模往往是以两点连直线的方法制成的,其结构简单,使用效果好。图7-22为桁架装配模示意图。

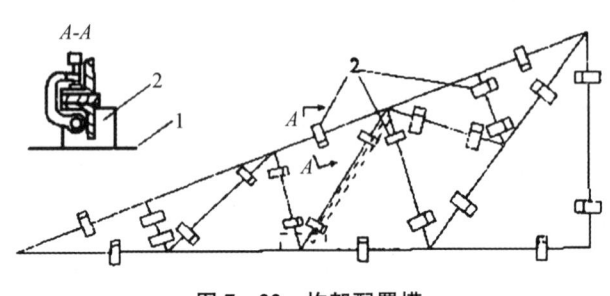

图7-22 构架配置模
1—工作台;2—模板

2. 典型梁柱、钢屋架等构件拼装

根据设计要求的梁柱、钢屋架等构件的结构形式,有的用型钢与型钢连接,有的用型钢与钢板混合连接,所以梁和柱的结构拼装操作方法也就不同。

(1) 钢屋架的拼装

钢屋架多数用底样采用仿效复制拼装法进行拼装,其过程如下:

按设计尺寸,并按长、高尺寸,以其1/1 000预留焊接的收缩量在拼验平台上放出拼装底样,如图7-23、图7-24所示。因为屋架在设计图纸的上、下弦处不标注起拱量,所以才放底样,按跨度比例画出起拱。

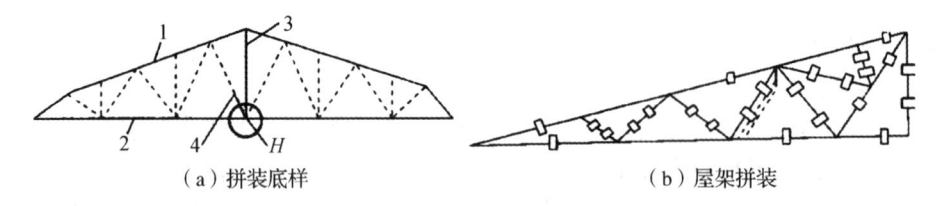

图7-23 屋架拼装示意图
H 起拱的位置;1—上弦;2—下弦;3—立撑;4—水平垫底

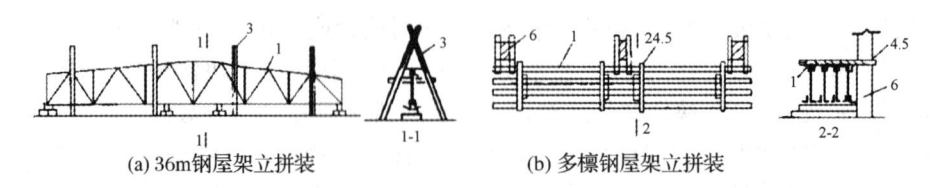

图7-24 屋架的立拼图
1—36 m钢屋架块体;2—枕木或砖墩;3—木人字架;4—8号钢丝固定上弦;5—木方;6—柱

在底样上按图画好角钢面厚度、立面厚度，作为拼装时的依据。如果在拼装时，角钢的位置和方向能记牢，其立面的厚度可省略不画，只画出角钢面的宽度即可。

拼装时，应给下一步运输和安装工序创造有利条件。除按设计规定的技术说明外，还应结合屋架的跨度（长度），整体或按节点分段进行拼装。

屋架拼装一定要注意平台的水平度，如果平台不平，可在拼装前用仪器或拉粉线调整垫平，否则拼装成的屋架会在上、下弦及中间位置产生侧向弯曲。

放好底样后，将底样上各位置的连接板用电焊点牢，并用挡铁定位，作为第一次单片屋架拼装基准的底模，如图 7-25 所示；接着就可将大小连接板按位置放在底模上。将屋架的上、下弦及所有的立、斜撑和限位板放到连接板上面，进行找正对齐，用卡具夹紧点焊。待全部点焊牢固，可用吊伞作 180°翻身。这样就可用该扇单片屋架为基准仿效组合拼装，如图 7-25(a)、(b)所示。

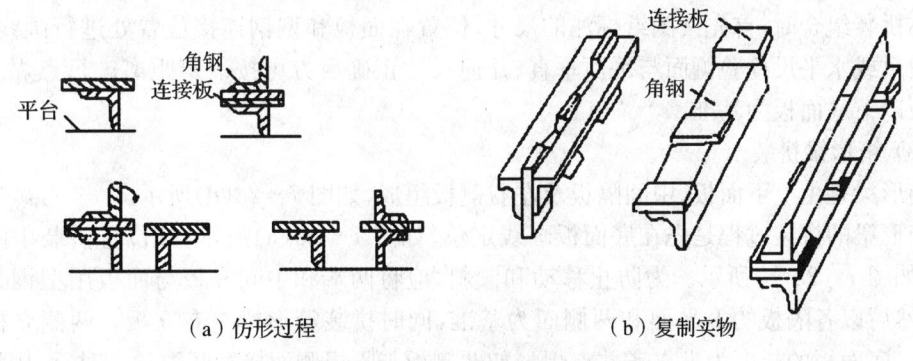

图 7-25　屋架仿效拼装示意图

对特殊动力厂房屋架，为适应生产性质的要求强度，一般不采用焊接而用铆接，如图 7-26(b)所示。

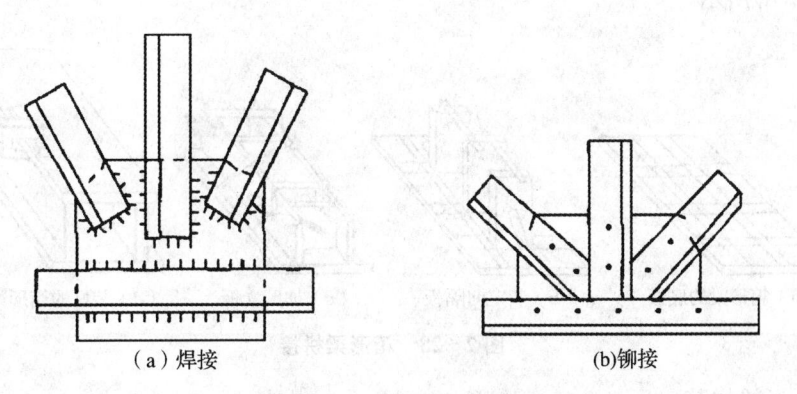

图 7-26　屋架连接示意图

以上的仿效复制拼装法具有效率高、质量好、便于组织流水作业等优点。因此，对于截面对称的钢结构，如梁、柱和框架等都可应用。

（2）工字钢梁、槽钢梁拼装

工字钢梁和槽钢梁分别是由钢板组合的工程结构梁。它们的组合连接形式基本相同，仅是型钢的种类和组合成型的形状不同，如图 7-27 所示。

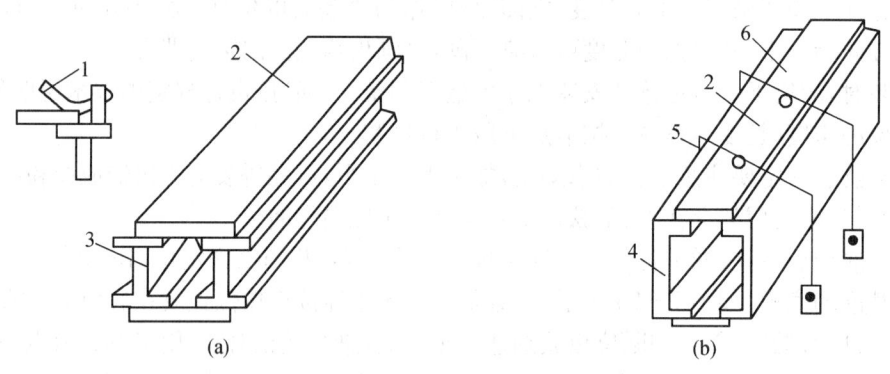

图 7-27 工字形钢梁、槽钢梁组合拼接

1—撬杆；2—面板；3—工字钢；4—槽钢；5—龙门架；6—压紧工具

在拼装组合时，首先按图纸标注的尺寸、位置在面板和型钢连接位置处进行画线定位，用直角尺或水平尺检验侧面与平面垂直、几何尺寸正确后方可按一定距离进行点焊。拼装上面板以下底面板为基准。

(3) 箱形梁拼装

箱形梁是由上下面板、中间隔板及左右侧板组成，如图 7-28(d)所示。

箱形梁的拼装过程是先在底面板画线定位，如图 7-28(a)所示；按位置拼装中间定向隔板，如图 7-28(b)所示。为防止移动和倾斜，应将两端和中间隔板与面板用型钢条临时固定，然后以各隔板的上平面和两侧面为基准，同时拼装箱形梁左右立板。两侧立板的长度，要以底面板的长度为准靠齐并点焊。如两侧板与隔板侧面接触间隙过大时，可用活动型卡具夹紧，再进行点焊，如图 7-28(c)所示。最后拼装梁的上面板，如果上面板与隔板上平面接触间隙大、误差多时，可用手砂轮将隔板上端找平，并用]型卡具压紧进行点焊和焊接，如图 7-28(d)所示。

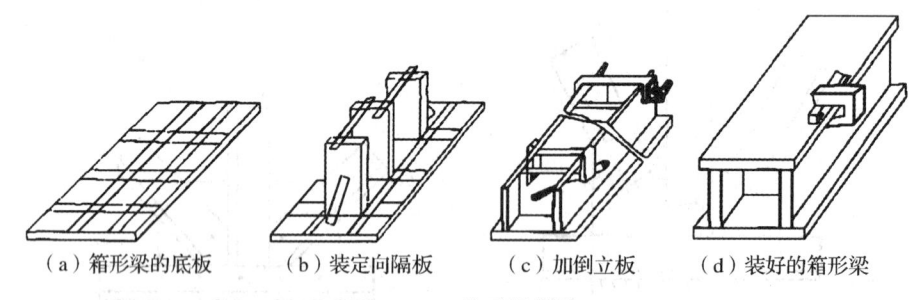

(a) 箱形梁的底板　(b) 装定向隔板　(c) 加倒立板　(d) 装好的箱形梁

图 7-28 箱形梁拼接

(4) T 形梁拼装

T 形梁的结构多是用相同厚度的钢板，以设计图纸标注的尺寸而制成的 T 形梁，如图 7-29 所示。拼装时，先定出面板中心线，再按腹板厚度画线定位，该位置就是腹板和面板结构接触的连接点(基准线)。如果是垂直的 T 形梁，可用直角尺找正，并在腹板两侧按 200～300 mm 距离交错点焊；如果属于倾斜一定角的 T 形梁，就用同样角度样板进行定位，按设计规定进行点焊。

(a) 垂直梁　　　　　　　　(b) 倾斜梁

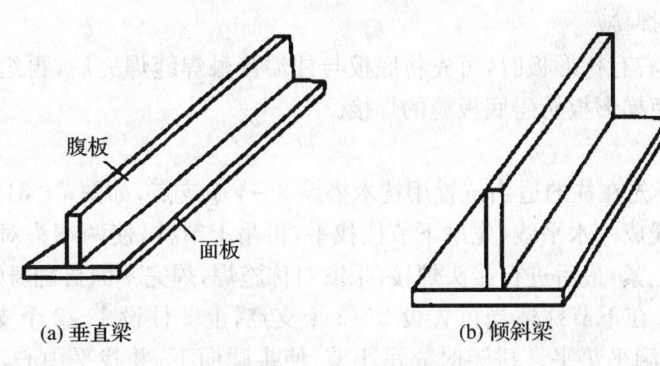

图 7-29　T形梁拼装

T形梁两侧经点焊完成后,为了防止焊接变形,可在腹板两侧临时用增强板将腹板和面板点焊固定,以增加刚性,减小变形。在焊接时,采用列称分段退步焊接方法焊接角焊缝,这是防止焊接变形的一种有效措施。

(5) 柱底座板和柱身组合拼装

钢柱的底座板和柱身组合拼装工作一般分为两步进行:

① 先将柱身按设计尺寸规定先拼装焊接,使柱身达到横平竖直,符合设计和验收标准的要求。如果不符合质量要求,可进行矫正以达到质量要求。

② 将事先准备好的柱底板按设计规定尺寸,分清内外方向画出结构线并焊挡铁定位,以防在拼装时位移。

柱底板与柱身拼装之前,必须将柱身与柱底板接触的端面用刨床或砂轮加工平整,同时将柱身分几点垫平,如图 7-30 所示。使柱身垂直柱底板安装后受力均匀,避免产生偏心压力,以达到质量要求。

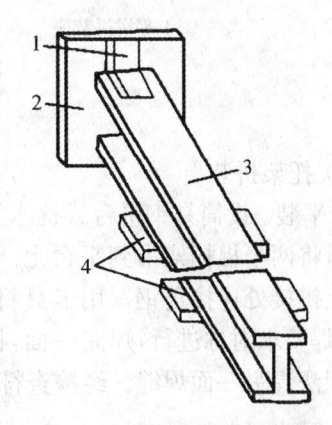

图 7-30　钢柱拼接示意图

1—定位角钢;2—柱底板;3—柱身;4—水平垫基

端部铣平面允许偏差,见表 7-15:

表 7-15　端部铣平面的允许偏差

序号	项目	允许偏差/mm
1	两端铣平时构件长度	±2.0
2	铣平面的不平直度	0.3
3	铣平面的倾斜度(正切值)	不大于 $l/1\,500$
4	表面粗糙度	0.03

拼装时,将柱底座板用角钢头或平面型钢按位置点出,作为定位,倒吊挂在柱身平面,并用直角尺检查垂直度及间隙大小,待合格后进行四周全面点固。为防止焊接受形,应采用对

角或对称方法进行焊接。

如果柱底板左右有梯形板时,可先将底板与柱端接触焊缝焊完后,再组对梯形板,并同时焊接,这样可避免梯形板妨碍底板缝的焊接。

(6) 钢柱拼装

① 平拼拼装。先在柱的适当位置用枕木搭设 3～4 个支点,如图 7-31(a)所示,应拉通线,使柱轴线中心线成一水平线,先吊下节柱找平,再吊上节柱,使两端头对准,然后找中心线,并把安装螺栓上紧,最后进行接头焊接,采取对称施焊,焊完一面再翻身焊另一面。

② 立拼拼装。在下节柱适当位置设 2～3 个支点,上节柱设 1～2 个支点,如图 7-31(b)所示,用水平仪测平垫平。拼装时先吊小节,使牛腿向下,并找平中心,再吊上节,使两节的节头端相对准,然后找正中心线,并将安装螺栓拧紧,最后进行接头焊接。

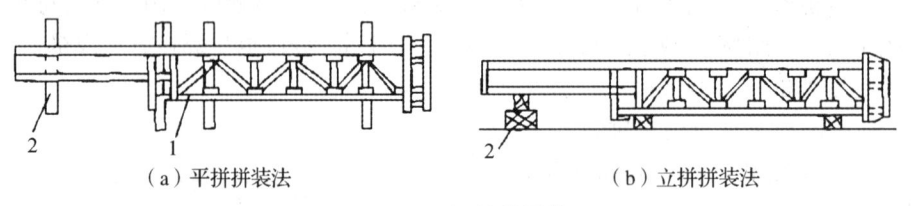

图 7-31 钢柱的拼装

(a) 平拼拼装法　　(b) 立拼拼装法

1—拼接点;2—枕木

(7) 托架拼装

① 平装。设简易钢平台或枕木支墩平台,如图 7-32 放线。在托架四周设定位角钢或钢挡板,将两半榀托架吊到平台上。拼缝处装上安装螺栓,检查并找正托架的跨距和起拱值,安上拼接处连接角钢。用卡具将托架和定位钢板卡紧,拧紧螺栓并对拼装连接焊缝施焊。施焊要求对称进行,焊完一面,检查并纠正变形,用木杆两道加固,而后将托架吊起翻身,再同法焊另一面焊缝。经检查符合设计和规范要求后方可加固、扶正和起吊就位。

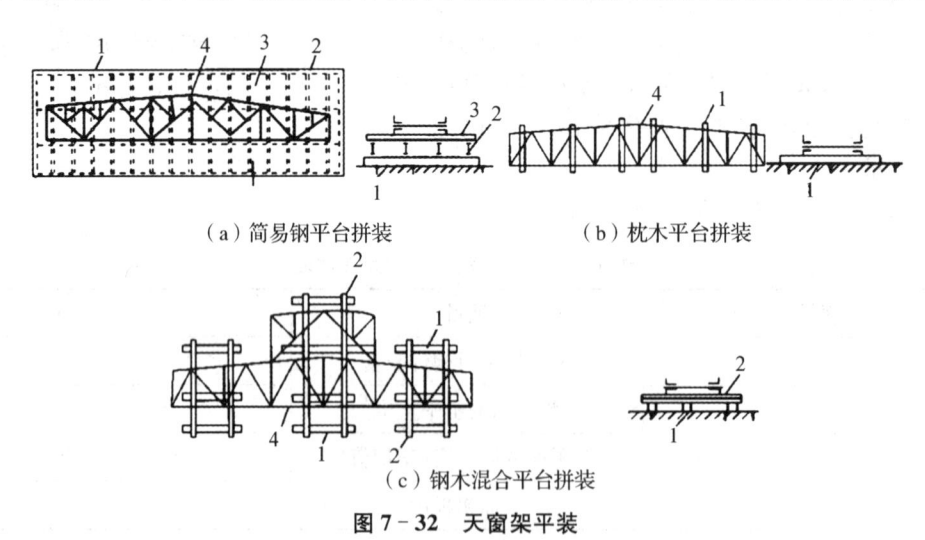

(a) 简易钢平台拼装　　(b) 枕木平台拼装

(c) 钢木混合平台拼装

图 7-32 天窗架平装

1—枕木;2—工字钢;3—钢板;4—拼接点

② 立装。采用人字架稳住托架进行合缝,校正调整好跨距、垂直度、侧向弯曲和拱度

后,安装节点拼接角钢,并用卡具和钢楔使其与上下弦角钢卡紧,复查后,用电焊进行定位焊,并按先后顺序进行对称焊接,至达到要求为止。当托架平行并紧靠柱列排放时,以3~4榀为一组进行立拼装,用方木将托架与柱子连接稳定。

工地上焊接梁时,对接缝拼接处及上、下翼缘的拼接边缘均可做成向上的V形坡口,以便熔焊。为了使焊缝收缩比较自由,减小焊接残余应力,应留一段(长度500 mm左右)翼缘焊缝在工地焊接,并采用合适的施焊程序。

对于较重要的或受动力荷载作用的大型组合梁,考虑到现场施焊条件较差,焊缝质量难以保证,故工地拼接宜用高强度螺栓摩擦型连接。

7.2.11 梁的拼接

1. 梁的拼接

梁的拼接有工厂拼接和工地拼接两种形式。出于钢材尺寸的限制,梁的翼缘或腹板的接长或拼大在工厂中进行,称工厂拼接。由于运输或安装条件的限制,梁需分段制作和运输,然后在工地拼装,这种拼接称工地拼接。

(1) 工厂拼接

工厂拼接多为焊接拼接,由钢材尺寸确定其拼接位置。拼接时,翼缘拼接与腹板拼接最好不要在一个剖面上,以防止焊缝密集与交叉,如图7-33所示。拼接焊缝可用立缝或斜缝,腹板的拼接焊缝与平行于它的加劲肋间至少应相距$10t_w$。

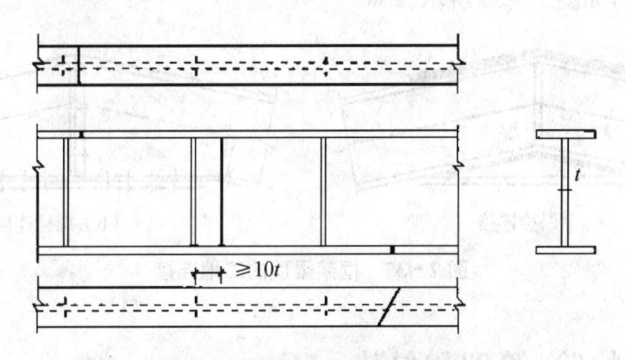

图7-33 梁用对接焊缝的拼接

腹板和翼缘通常都采用对接焊缝拼接,如图7-33所示。用直焊缝拼接比较省料,但如焊缝的抗拉强度低于钢板的强度,则可将拼接位置布置在应力较小的区域或采用斜焊缝。斜焊缝可布置在任何区域,但较费料,尤其是在腹板中。

此外也可以用拼接板拼接,这种拼接与对接焊缝拼接相比,虽然具有加工精度要求较低的优点,但用料较多,焊接工作量增加,而且会产生较大的应力集中。为了使拼接处的应力分布接近于梁截面中的应力分布,防止拼接处的翼缘受超额应力,腹板拼接板的高度应尽量接近腹板的高度。

(2) 工地拼接

工地拼接的位置主要由运输和安装条件确定,一般布置在弯曲应力较低处。翼缘和腹板应基本上在同一截面处断开,以便于分段运输。拼接构造端部平齐,防止运输时碰损,但其缺点是上、下翼缘及腹板在同一截面时拼接会形成薄弱部位。

2. 梁柱的拼接

框架横梁与柱直接连接可采用柱到顶与梁连接、梁延伸与柱连接和梁柱在角中线连接，如图 7-34 所示。这三种工地安装连接方案各有优缺点。所有工地焊缝均采用角焊缝，以便于拼装，另加拼接盖板可加强节点刚度。但在有檩条或墙架的框架中会使横梁顶面或柱外立面不平，产生构造上的麻烦。对此，可将柱或梁的翼缘伸长与对方柱或梁的腹板连接。

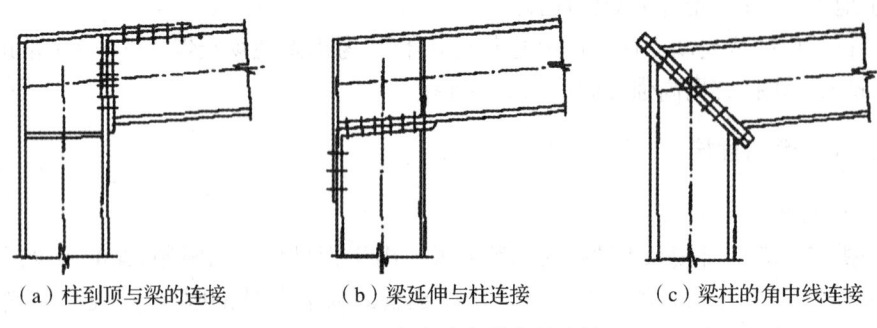

（a）柱到顶与梁的连接　　（b）梁延伸与柱连接　　（c）梁柱的角中线连接

图 7-34　框架角部的螺栓连接

对于跨度较大的实腹式框架，由于构件运输单元的长度限制，常需在屋脊处做一个工地拼接，可用工地焊缝或螺栓连接。工地焊缝需用内外加强板，横梁之间的连接用突缘结合。螺栓连接则宜在节点处变截面，以加强节点刚度。拼接板放在受拉的内角翼缘处，变截面处的腹板设有加劲肋，如图 7-35 所示。

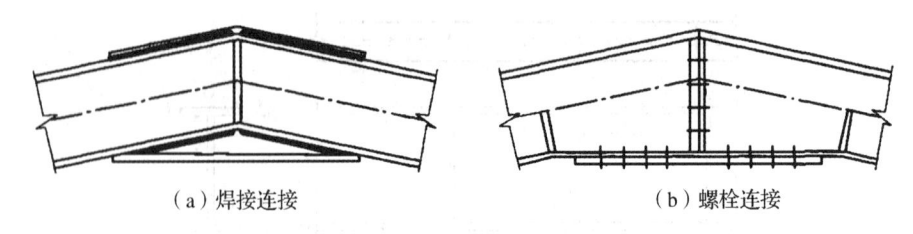

（a）焊接连接　　（b）螺栓连接

图 7-35　框架梁顶的工地连接

7.3　成品检验、管理和包装

7.3.1　钢构件成品检验

1. 允许偏差

钢结构制造的允许偏差见有关规定。

2. 成品检查

钢结构成品的检查项目各不相同，要依据各工程具体情况而定。若工程无特殊要求，一般检查项目可按该产品的标准、技术图纸规定、设计文件要求和使用情况而确定。成品检查工作应在材料质量保证书、工艺措施、各道工序的自检和专检等前期工作无误后进行。钢构件因其位置、受力等的不同，其检查的侧重点也有所区别。

3. 修整

构件的各项技术数据经检验合格后，对加工过程中造成的焊疤、凹坑应予补焊并铲磨平整。对临时支撑、夹具,应予割除。

铲磨后零件表面的缺陷深度不得大于材料厚度负偏差值的 $l/2$,对于吊车梁的受拉翼缘尤其应注意其光滑过渡。

在较大平面上磨平焊疤或磨光长条焊缝边缘,常用高速直柄风动手砂轮,其技术性能见表 7-16,角型风动砂轮机的技术性能见表 7-17。

表 7-16 手砂轮机的技术性能

技术性能	手砂轮机型号		
	S40	S60	SD150
最大砂轮直径/mm	40	60	150
空转转速/(r/min)	17 000～2 000	12 600～15 400	4 300
孔转耗气量/(m³/min)	0.4	0.8	0.9
功率/w	224	373	1 044
自重/kg	0.7	1.7	7.5
全长/mm	170	340	—
主要用途	小孔及胎模具修理	工件磨光及胎模具修理	消除毛刺,修磨焊缝

表 7-17 角型砂轮机的技术性能

技术性能	SJ100A(120°)(90°)	SJ125(120°)(90°)
砂轮最大直径/mm	100	125
空载转速/(r/min)	11 000～13 000	10 000～12 000
消耗气量/(m³/min)	0.85	0.95
机长[①]/mm	225	235
机重[①]/kg	1.9	2.0

注:① 不包括砂轮片

4. 验收资料

产品经过检验部门签收后进行涂底,并对涂底的质量进行验收。

钢结构制造单位在成品出厂时应提供钢结构出厂合格证书及技术文件,其中应包括:

(1) 施工图和设计变更文件,设计变更的内容应在施工图中相应部位注明;
(2) 制作中对技术问题处理的协议文件;
(3) 钢材、连接材料和涂装材料的质量证明书和试验报告;
(4) 焊接工艺评定报告;
(5) 高强度螺栓摩擦面抗滑移系数试验报告、焊缝无损检验报告及涂层检测资料;
(6) 主要构件验收记录;
(7) 构件发运和包装清单;
(8) 需要进行预拼装时的预拼装记录。

此类证书、文件作为建设单位的工程技术档案的一部分。上述内容并非所有工程都具备,而是根据工程的实际情况提供。

7.3.2 钢构件成品管理和包装

1. 标注

(1) 构件重心和吊点的标注

① 构件重心的标注。重量在 5 t 以上的复杂构件一般要标出重心。重心的标注用鲜红色油漆标出,再加上一个箭头向下,如图 7-36 所示:

图 7-36 构件的重心标志

② 吊点的标注。在通常情况下,吊点的标注是由吊耳来实现的。吊耳也称眼板(图 7-37、图 7-38),在制作厂内加工并安装好。眼板及其连接焊缝要做无损探伤,以保证吊运构件时的安全性。

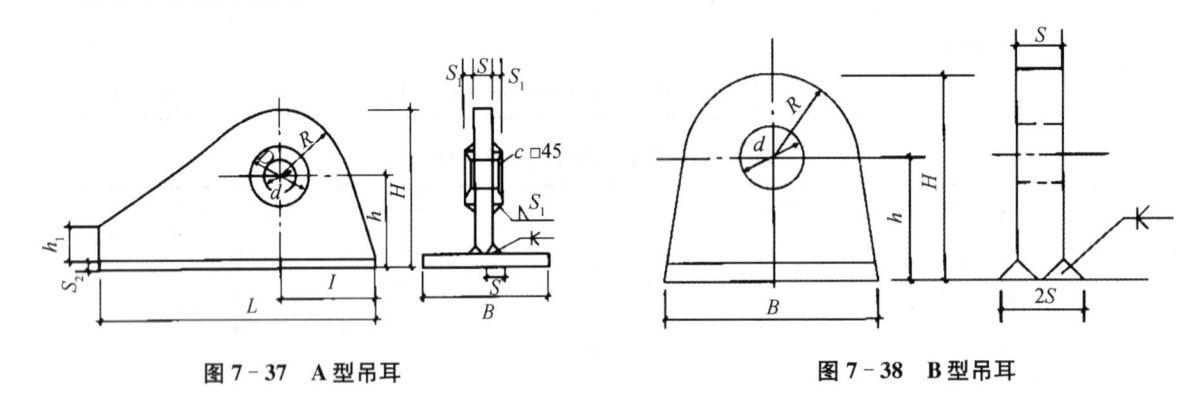

图 7-37 A 型吊耳   图 7-38 B 型吊耳

(2) 钢结构构件标记

钢结构构件包装完毕后要对其进行标记。标记一般由承包商在制作厂成品库装运时标明。

对于国内的钢结构用户,其标记可用标签方式附带在构件上,也可用油漆直接写在钢结构产品或包装箱上。对于出口的钢结构产品,必须按海运要求和国际通用标准标明标记。

标记通常包括下列内容:工程名称、构件编号、外廓尺寸(长、宽、高,以米为单位)、净重、毛重、始发地点、到达港口、收货单位、制造厂商、发运日期等,必要时要标明重心和吊点位置。

2. 堆放

成品验收后,在装运或包装以前堆放在成品仓库。目前,国内钢结构产品的主件大部分露天堆放,部分小件一般可用捆扎或装箱的方式放置于室内。出于成品堆放的条件一般较差,所以堆放时更应注意防止失散和变形。

成品堆放时应注意下述事项:

(1) 堆放场地的地基要坚实,地面平整干燥,排水良好,不得有积水。

(2) 堆放场地内备有足够的垫木或垫块,使构件得以放平稳,以防构件因堆放方法不正确而产生变形。

(3) 钢结构产品不得直接置于地上，要垫高 200 mm 以上。

(4) 侧向刚度较大的构件可水平堆放；当多层叠放时，必须使各层垫木在同一垂线上，堆放高度应根据构件来决定。

(5) 大型构件的小零件应放在构件的空当内，用螺栓或钢丝固定在构件上。

(6) 不同类型的钢构件一般不堆放在一起，同一工程的构件应分类堆放在同一地区内，以便于装车发运。

(7) 构件编号要在醒目处，构件之间堆放应有一定距离。

(8) 钢构件的堆放应尽量靠近公路、铁路，以便运输。

3. 包装

钢结构的包装方法应视运输形式而定，并应满足工程合同提出的包装要求：

(1) 包装工作应在涂层干燥后进行，并应注意保护构件涂层不受损伤。包装方式应符合运输的有关规定。

(2) 每个包装的重量一般不超过 3~5 t，包装的外形尺寸则根据货运能力而定。

如通过汽车运输，一般长度不大于 12 m，个别件不能超过 18 m，宽度不超过 2.5 m，高度不超过 3.5 m。超长、超宽、超高时要做特殊处理。

(3) 包装时应填写包装清单，并核实数量。

(4) 包装和捆扎均应注意密实和紧凑，以减少运输时的失散、变形，而且还可以降低运输的费用。

(5) 钢结构的加工面、轴孔和螺纹，均应涂以润滑脂和贴上油纸，或用塑料布包裹，螺孔应用木楔塞紧。

(6) 包装时要注意外伸的连接板等物要尽量置于内侧，以防造成钩刮事故，不得不外露时要做好明显标记。

(7) 经过油漆的构件，包装时应该用木材、塑料等垫衬加以隔离保护。

(8) 单件超过 1.5 t 的构件单独运输时，应用垫木做外部包裹。

(9) 细长构件可打捆发运，一般用小槽钢在外侧用长螺丝夹紧，其空隙处填以木条。

(10) 有孔的板形零件，可穿长螺栓，或用铁丝打捆。

(11) 较小零件应装箱，已涂底又无特殊要求者不另做防水包装，否则应考虑防水措施。包装用木箱，其箱体要牢固、防雨。下方要留有铲车孔以及能承受箱体总重的枕木，枕木两端要切成斜面，以便捆吊成捆运输。铁箱的箱体外壳要焊上吊耳，以便运输过程中吊运。

(12) 一些不装箱的小件和零配件可直接捆扎或用螺栓扎在钢构件主体的需要部位上，但要捆扎、固定牢固，且不影响运输和安装。

(13) 片状构件，如屋架、托架等，平运时易造成变形，单件竖运又不稳定，一般可将几片构件装夹成近似一个框架，其整体性能好，各单件之间互相制约而稳定。用活络拖斗车运输时，装夹包装的宽度要控制在 1.6~2.2 m 之间，太窄容易失稳。装夹件一般是同一规格的构件。装夹时要考虑整体性能，防止在装卸和运输过程中产生变形和失稳。

(14) 需海运的构件，除大型构件外，均需打捆或装箱。螺栓、螺纹杆以及连接板要用防水材料外套封装。每个包装箱、裸装件及捆装件的两边都要有标明船运的所需标志，标明包装件的重量、数量、中心和起吊点。

4. 发运

多构件运输时应根据钢构件的长度、重量来选用车辆。钢构件在运输车辆上的支点、两端伸出的长度及绑扎方法均应保证钢构件不产生变形、不损伤涂层。

钢结构产品一般是陆路车辆运输或者铁路包车皮运输。陆路车辆运输现场拼装散件时,使用一般货运车即可。散件运输一般不需装夹,但要能满足在运输过程中不产生过大的变形。对于成型大件的运输,可根据产品不同而选用不同车型的运输货车。由于制作厂对大构件的运输能力有限,有些大构件的运输则由专业化大件运输公司承担。对于特大件钢结构产品的运输,则应在加工制造以前就与运输有关的各个方面取得联系,并得到批准后方可运输;如果不允许,就采用分段制造分段运输方式。在一般情况下,框架钢结构产品的运输多用活络拖斗车,实腹类构件或容器类产品多用大平板车运输。

公路运输装运的高度极限为 4.5 m;如需通过隧道时,则高度极限为 4 m,构件长出车身不得超过 2 m。

习题与思考题

一、思考讨论题

1. 钢结构加工制作前需要做哪些准备工作?
2. 什么叫钢结构构件放样、号料?
3. 钢材下料切割有哪些方法?
4. 制孔的常用方法有哪两种? 他们各自的特点是什么?
5. 钢构件组装有哪些方法?
6. 梁的拼装有哪两种方法?
7. 钢构件成品的堆放有哪些注意事项?
8. 简要阐述 H 形截面轴心受压柱、H 形截面受弯梁的整个制作工艺流程。

学习情景 8 钢结构安装

8.1 钢结构安装前的准备工作

在建筑钢结构的施工中,钢结构安装是一项很重要的分部工程,由于其规模大、结构复杂、工期长、专业性强,因此操作时应严格执行国家现行钢结构设计规范和《钢结构工程施工质量验收规范》(GB 50205-2001)。同时钢结构安装应组织图纸会审,在会审前施工单位应熟悉并掌握设计文件内容,发现设计中影响构件安装的问题,并查看与其他专业工程配合不适宜的方面。

1. 图纸会审

在钢结构安装前,为了解决施工单位在熟悉图纸过程中发现的问题,将图纸中发现的技术难题和质量隐患消灭在萌芽之中,参与各方要进行图纸会审。

图纸会审的内容一般包括:

(1) 设计单位的资质是否满足、图纸是否经设计单位正式签署;
(2) 设计单位做设计意图说明和提出工艺要求,制作单位介绍钢结构主要制作工艺;
(3) 各专业图纸之间有无矛盾;
(4) 各图纸之间的平面位置、标高等是否一致,标注有无遗漏;
(5) 各专业工程施工程序和施工配合有无问题;
(6) 安装单位的施工方法能否满足设计要求。

2. 设计变更

施工图纸在使用前、使用后均会出现由于建设单位要求、现场施工条件的变化或国家政策法规的改变等原因而引起的设计变更,设计变更不论何原因、由谁提出,都必须征得建设单位同意并办理书面变更手续。设计变更的出现会对工期和费用产生影响,在实施时应严格按规定办事以明确责任,避免出现索赔事件,不利于施工。

8.1.1 常用吊装机具和设备的准备

在多层与高层钢结构安装施工中,常用吊装机具和设备以塔式起重机、履带式起重机、汽车式起重机为主。

1. 塔式超重机

塔式起重机,又称塔吊,有行走式、固定义、附着式与内爬式几种类型。塔式起重机由提升、行走、变幅、回转等机构及金属结构两大部分组成,其中金属结构部分的重量占起重机总重量的很大比例。塔式起重机具有提升高度,工作半径大,动作平稳,工作效率高等优点。随着建筑机械技术的发展,大吨位塔式起重机的出现,弥补了塔式起重机起重量不大的缺点。

2. 起重机械的选择

起重机械的合理选用是保证安装工作安全、快速、顺利进行的基本条件。在安装工作中,根据安装件的种类、重量、安装高度、现场的自然条件等情况,合理选择起重机械。

如果现场吊装作业面积能满足吊车行走和起重臂旋转半径距离要求,可采用履带式起重机或轮胎式起重机进行吊装。

如果安装工地在山区,道路崎岖不平,各种起重机械很难进入现场,一般可利用起重桅杆进行吊装。高、长结构或大质量结构构件无法使用起重机械时,可利用起重桅杆进行吊装。

对于吊装件重量很轻,吊装的高度低(高度一般在 5 m 以下)的情况,可利用简单的起重机械,如链式起重机(手拉葫芦)等吊装。

如果安装工地设有塔式起重机(塔吊),可根据吊装地点位置、安装件的高度及吊件重量等条件且符合塔吊吊装性能时,可以利用现有塔吊进行吊装。

选择应用起重机械,除了考虑安装件的技术条件和现场自然条件外,更重要的是要考虑起重机的起重能力,即起重量(t)、起重高度(m)和回转半径(m)三个基本条件。

起重量(t)、起重高度(m)和回转半径(m)三个基本条件之间是密切相连的。起重机的起重臂长度一定(起重臂角度以 75°为起重机的起重正常角度),起重机的起重量是随着起重半径的增加而逐渐减少;同时,随着起重臂的起重高度增加,相应的起重量也减少。

为了保证吊装安全起见,起重机的起重量必须大于吊装件的重量,其中包括绑扎索具的重量和临时加固材料的重量。

起重机的起重高度,必须满足所需安装件的最高构件的吊装高度要求。在施工现场,实际安装是以安装件的标高为依据,吊车起重杆吊装构件的总高度必须大于安装件的最高标高的高度。

起重半径,也称吊装回转半径,是以起重机起重臂上的吊钩向下垂直于地面一点至吊车中心间的距离。起重机的起重臂仰角(起重臂与水平面的夹角)越大,起重半径越小,而起重的重量越大。相反起重臂向下降,仰角减小,起重半径增大,起重量就相对减少。

一般起重机的起重量是根据起重臂的仰角、起重半径和起重臂高度确定。所以在实际吊装时,要根据吊装的重量,确定起重半径和起重臂仰角及起重臂长度。在安装现场吊装高度较高、截面较宽的构件时,应注意起重臂从吊起、途中到安装就位,构件不能与起重臂相碰。构件和起重臂间至少要保持 0.9~1 m 的距离。

3. 其他施工机具

在多层与高层钢结构施工中,除了塔式起重机、汽车式起重机、履带式起重机外,还会用到以下一些机具,如千斤顶、倒链、卷扬机滑车及滑车组、钢丝绳、电焊机、全站仪、经纬仪等。

8.1.2 技术的准备

施工方应加强与设计单位的密切合作,认真审查图纸,了解设计意图和技术要求,了解现场情况,掌握气候条件,编制施工组织设计、现场基础的验收。

1. 编制施工组织设计

由相关专业人员完成。

2. 基础准备

(1) 根据测量控制网对基础轴线、标高进行技术复核。如果地脚螺栓预埋在钢结构施工前是由土建单位完成的,还需复核每个螺栓的轴线、标高;对超出规范要求的,必须采取相应的补救措施,如加大柱底板尺寸,在柱底板上按实际螺栓位置重新钻孔(或设计认可的其他措施)。

(2) 检查地脚螺栓的轴线、标高和地脚螺栓的外露情况,若有螺栓发生弯曲、螺纹损坏的,必须进行修正。

(3) 将柱子就位轴线弹在柱子基础的表面,对柱子基础标高进行找平。

混凝土柱基础标高浇筑一般预留 50~60 mm(与钢柱底设计标高相比),在安装时用钢垫板或提前采用坐浆承板找平。

当采用钢垫板做支承板时,钢垫板的面积应根据基础混凝土的抗压强度、柱脚底板下二次灌浆前柱底承受的荷载和地脚螺栓的紧固拉力计算确定。垫板与基础面和柱底面的接触应平整、紧密。

采用坐浆承板时应采用无收缩砂浆,柱子吊装前砂浆垫块的强度应高于基础混凝土强度一个等级,且砂浆垫块应有足够的面积以满足承载的要求。

8.1.3 材料的准备

对于材料的准备,施工方应加强与钢构件加工单位的联系,明确工程预拼装的部位和范围及供应日期;进行安装中所需各种附件的加工订货工作和材料、设备采购等工作;按施工平面布置图的要求,组织构件及机械进场。

材料准备包括:钢构件的准备、普通螺栓和高强度螺栓的准备、焊接材料的准备等。

1. 钢构件的准备

钢构件的准备包括:钢构件堆放场的准备,钢构件的检验。

(1) 钢构件堆放场的准备:钢构件通常在专门的钢结构加工厂制作,然后运至现场直接吊装或经过组(拼)装后进行吊装。钢构件在吊装现场力求就近堆放,并遵循"重近轻远"(即重构件摆放的位置离吊机近一些,反之可远一些)的原则。对规模较大的工程需另设立钢构件堆放场,以满足钢构件进场堆放、检验、组装和配套供应的要求。

钢构件在吊装现场堆放时一般沿吊车开行路线两侧按轴线就近堆放。其中钢柱和钢屋架等大件放置,应依据吊装工艺做平面布置设计,避免现场二次倒运困难。钢梁、支撑等可按吊装顺序配套供应堆放,为保证安全,堆垛高度一般不超2 m和三层。钢构件堆放应以不产生超出规范要求的变形为原则。

(2) 钢构件验收:安装前应按构件明细表核对构件的材质、规格,按施工图的要求,查验零部件的技术文件、合格证、试验测试报告以及设计文件(包括设计要求,结构试验结果的文件);对照构件明细表按数量和质量进行全面检查。对设计要求构件的数量、尺寸、水平度、垂直度及安装接头处的尺寸等进行逐一检查。对钢结构构件进行检查,其项目包含钢结构构件的变形、标记、制作精度和孔眼位置等。对于制作中遗留的缺陷及运输中产生的变形,超出允许偏差时应进行处理,并应根据预拼装记录进行安装。

所有构件必须经过质量和数量检查,全部符合设计要求,并经办理验收、签认手续后,方可进行安装。

钢结构构件在吊装前应将表面的油污、冰雪、泥沙和灰尘等清除干净。

2. 高强度螺栓的准备

钢结构设计用高强度螺栓连接时,应根据图纸要求分规格统计所需高强度螺栓的数量并配套供应至现场。应检查其出厂合格证、扭矩系数或紧固轴力(预拉力)的检验报告是否齐全,并按照规定进行紧固轴力或扭矩系数复验。

对钢结构连接件摩擦面的抗滑移系数进行复验。

3. 焊接材料的准备

钢结构焊接施工之前应对焊接材料的品种、规格、性能进行检查,各项指标应符合现行国家标准和设计要求。检查焊接材料的质量合格证明文件、检验报告及中文标志等,对重要钢结构采用的焊接材料应进行抽样复验。

4. 拼装平台

拼装平台应具有适当的承重刚度和水平度,水平度误差不应超过2~3 mm。

8.2 单层钢结构的安装

一般单层工业厂房钢结构工程,分两段进行安装。第一阶段"分件流水法":安装钢柱→柱间支撑→吊车梁或连系梁等。第二阶段用"节间综合法"安装屋盖系统。

单层钢结构安装主要有钢柱安装、吊车梁安装、钢屋架安装等。安装工艺流程如图8-1所示。

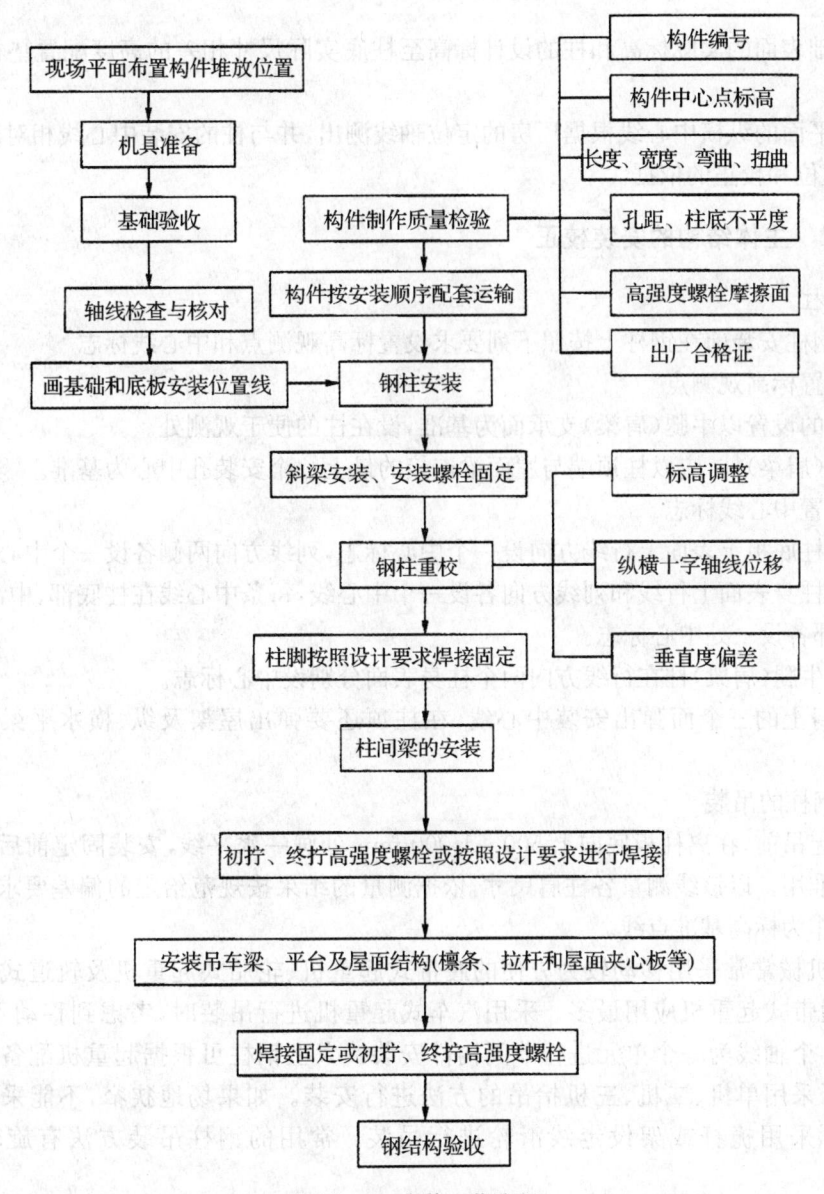

```
现场平面布置构件堆放位置
          ↓
        机具准备
          ↓
        基础验收                              构件编号
          ↓                                     │
      轴线检查与核对         构件制作质量检验 ─── 构件中心点标高
          ↓                     ↓                │
    画基础和底板安装位置线   构件按安装顺序配套运输  长度、宽度、弯曲、扭曲
                              ↓                  │
                            钢柱安装 ──────── 孔距、柱底不平度
                              ↓                  │
                      斜梁安装、安装螺栓固定 ── 高强度螺栓摩擦面
                              ↓                  │
                            钢柱重校 ────────  出厂合格证
                              ↓
                   柱脚按照设计要求焊接固定   ── 标高调整
                              ↓                  │
                         柱间梁的安装        ── 纵横十字轴线位移
                              ↓                  │
              初拧、终拧高强度螺栓或按照设计要求进行焊接 ── 垂直度偏差
                              ↓
        安装吊车梁、平台及屋面结构(檩条、拉杆和屋面夹心板等)
                              ↓
              焊接固定或初拧、终拧高强度螺栓
                              ↓
                         钢结构验收
```

图 8-1 安装工艺流程

单层钢结构安装常常采用单件流水法吊装柱子、柱间支撑和吊车梁,一次性将柱子安装并校正后,再安装柱间支撑、吊车梁等构件。安装时,先安装竖向的构件,后安装平面构件,以减少建筑物的纵向长度的安装累计误差。竖向构件的吊装顺序为柱(混凝土、钢)、连续梁、柱间钢支撑、吊车梁、制动桁架、托架等,单种构件吊装流水施工,既能保证体系纵列形成刚排架、稳定性好,又能提高生产效率。

8.2.1 基础和支承面的检查放线

根据土建的基础测量资料和钢柱安装资料,对所有的柱子的基础以及对已到现场的钢柱进行复查,基础的质量要求必须符合《钢结构工程施工质量验收规范》(GB 50205 - 2001)

的规定。

按基础表面的实际标高和柱的设计标高至柱底实际尺寸相差的高度配置垫板,并用水平仪测量。

基础平面的纵横中心线根据厂房的定位轴线测出,并与柱的安装中心线相对应,作为柱的安装、对位和校正的依据。

8.2.2 主体结构的安装校正

1. 钢柱

(1) 钢柱安装前在钢柱上按照下列要求设置标高观测点和中心线标志

1) 设置标高观测点

① 点的设置以牛腿(肩梁)支承面为基准,设在柱的便于观测处。

② 腿(肩梁)柱,应以柱顶端与屋面梁连接的最上一个安装孔中心为基准。

2) 设置中心线标志

① 在柱底板上表面上行线方向设一个中心标志,列线方向两侧各设一个中心标志。

② 在柱身表面上行线和列线方向各设一个中心线,每条中心线在柱底部、中部(牛脚或部)和顶部各设一处中心标志。

③ 双牛腿(肩梁)柱在行线方向两个柱身表面分别设中心标志。

在柱身上的三个面弹出安装中心线,在柱顶还要弹出屋架及纵、横水平梁的安装中心线。

(2) 钢柱的吊装

钢柱起吊前,在离柱板底向上 500～1 000 mm 处画一水平线,安装固定前后作复查平面标高基准用。以该线测量各柱肩尺寸,依据测量的结果按规范给定的偏差要求对该线进行修正后作为标高基准点线。

吊装机械常常采用移动较为方便的履带式起重机、轮胎式起重机及轨道式起重机吊装柱子,履带式起重机应用最多。采用汽车式起重机进行吊装时,考虑到移动不方便,可以以 2～3 个轴线为一个单元进行节间构件安装。大型钢柱可根据起重机配备和现场条件确定,可采用单机、二机、三机抬吊的方法进行安装。如果场地狭窄,不能采用上述机械吊装,可采用桅杆或架设走线滑轮进行吊装。常用的钢柱吊装方法有旋转法和滑行法。

(3) 钢柱的校正

钢柱校正的工作内容:柱基础标高调整,平面位置校正,柱身垂直度校正,主要内容为垂直度校正和柱基标高调整。

柱校正时,先校正偏差大的一面,后校正偏差较小的一面;柱子的垂直度在两个方向校好后,再复查一次平面轴线和标高,符合要求后,打紧柱子四周的八个楔子,八个楔子的松紧要一致,以防止柱子在风力的作用下向楔子松的一侧倾斜。

1) 柱基础标高调整

根据钢柱实际长度、柱底平整度、钢牛腿顶部距柱底部的距离,控制基础找平标高,如图 8-2 所示。重点要保证钢牛腿顶部标高值,须满足设计要求。

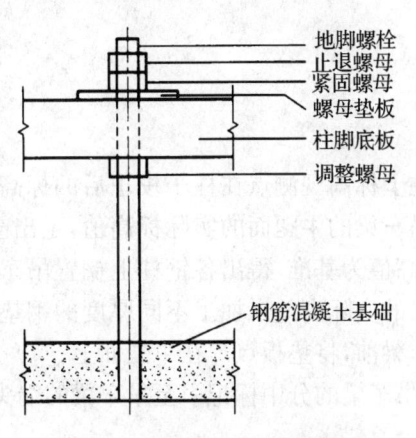

图 8-2　柱基标高调整示意图

调整方法：柱安装时，在柱底板下的地脚螺栓上加一个调整螺母，把螺母上表面的标高调整到与柱底板标高齐平，放上柱子后，利用柱底板下的螺母控制柱子的标高，精度可达±1 mm 以内。柱底板下面预留的空隙用无收缩砂浆以捻浆法填实。

2）平面位置校正

钢柱底部制作时，在柱底板侧面，用钢冲打出互相垂直的十字线上的四个点，作为柱底定位线。在起重机不脱钩的情况下，将柱底定位线与基础定位轴线对准缓慢落至标高位置，就位后，若有微小的偏差，用钢楔子或千斤顶侧向顶移动校正。

预埋螺杆与柱底板螺孔有偏差时，适当将螺孔加大，上压盖板后焊接。

3）柱身垂直度校正

柱身的垂直度校正可采用两台经纬仪测量，也可采用线坠测量。柱身校正的方法有用千斤顶校正法、撑杆校正法、缆风绳校正法等。

（4）钢柱子的固定

在校正过程中不断调整柱底下螺母，直至校正完毕，将柱底上面的 2 个螺母拧上，柱身呈自由状态，再用经纬仪复核，如有小偏差，调整下螺母，无误后将上螺母拧紧。

地脚螺栓的紧固力一般由设计规定，地脚螺栓紧固轴力见表 8-2。

地脚螺栓螺母一般用双螺母。

有垫板安装的柱子，用赶浆法或压浆法进行二次灌浆。

表 8-1　钢柱地脚螺栓紧固轴力

地脚螺栓直径/mm	螺纹部分计算面积/mm²	紧固轴力/kN
M16	157	20
M20	245	30
M24	353	40
M30	561	60
M36	818	90
M42	1 120	150
M48	1 470	160
M56	2 030	240
M64	2 680	300

2. 钢梁

(1) 钢吊车梁的安装

1) 测量准备

用水准仪测出每根钢柱上标高观测点在柱子校正后的标高实际变化值,做好实际测量标记。根据各钢柱上搁置吊车梁的牛腿面的实际标高值,定出全部钢柱上搁置吊车梁的牛腿面的统一标高值,以一标高值为基准,得出各钢柱上搁置吊车梁的牛腿面的实际标高差,根据各个标高差值和吊车梁的实际高差来加工不同厚度的钢垫板,同一牛腿面上的钢垫板应分成两块加工。吊装吊车梁前,将垫板点焊在牛腿面上。

在进行安装以前,应将吊车梁的分中标记引至吊车梁的端头,以利于吊装时按柱牛腿的定位轴线临时定位。

2) 吊装

钢吊车梁吊装在柱子最后固定、柱间支撑安装完毕后进行。吊装时,一般利用梁上的工具式吊耳作为吊点或采用捆绑法进行吊装。

在屋盖吊装前安装吊车梁,可采用单机吊、双机抬吊等各种吊装方法。

在屋盖吊装后安装吊车梁,最佳的吊装方法是利用屋架端头或柱顶拴滑轮组来抬吊,或用短臂起重机或独脚桅杆吊装。

3) 吊车梁的校正

钢吊车梁的校正包括标高调整、纵横轴线和垂直度的调整。钢吊车梁的校正必须在结构形成刚度单元以后才能进行。

纵横轴线校正:柱子安装后,及时将柱间支撑安装好形成刚排架。用经纬仪在柱子纵列端部把柱基正确轴线引到牛腿顶部水平位置,定出正确轴线距吊车梁中心线距离,在吊车梁顶面中心线拉一通长钢丝(或用经纬仪均可),逐根将梁端部调整到位。为方便调整位移,吊车梁下翼一端为正圆孔,另一端为椭圆孔,用千斤顶和手拉葫芦进行轴线位移,将铁楔再次调整、垫实。

当两排吊车梁纵横轴线无误时复查吊车梁跨距。

吊车梁的标高和垂直度的校正可通过对钢垫板的调整来实现。吊车梁的垂直度的校正应和吊车梁轴线的校正同时进行。

(2) 轻型钢结构斜梁的安装

门式刚架斜梁跨度大,侧向刚度小,为了减少劳动强度,提高生产效率,安装时,根据起重设备的吊装能力和现场实际,尽可能在地面进行拼装,拼装后用单机二点(图8-3)或三点、四点法吊装,或用铁扁担吊装,或用双机抬吊,减少索具对斜梁的压力,防止斜梁侧向失稳。为了防止构件在吊点部位产生局部变形或损坏,钢丝绳绑扎时可放强肋板或用木方进行填充。

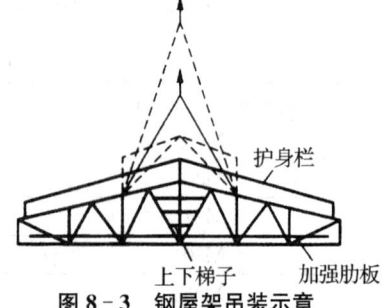

图8-3 钢屋架吊装示意

选择安装顺序时,要保证结构能形成稳定的空间体系,防止结构产生永久变形。

3. 钢屋架

钢屋架吊装前,必须对柱子横向进行复测和复校,钢屋架的侧向刚度较差,安装前需要加固。单机吊(一点或二~三~四点加铁扁担办法)要加固下弦,双机起吊要加固上弦。吊装时,保证屋架下弦处于受拉状态,试吊至离地面 50 cm 检查无误后再继续起吊。

屋架的绑扎点,必须设在屋架节点上,以防构件在吊点处产生弯曲变形。其吊装流程如下:

第一榀钢屋架起吊时,在松开吊钩前,做初步校正,对准屋架基座中心线和定位轴线就位。就位后,在屋架两侧设缆风绳固定。如果端部有抗风柱,校正后可与抗风柱固定,调整屋架的垂直度,检查屋架的侧向弯曲情况。第二榀钢梁起吊就位后,不要松钩,用绳索临时与第一榀钢屋架固定,安装支撑系统及部分檩条,每坡用一个屋架间调整器,进行屋架垂直度校正,固定两端支座处(螺栓固定或焊接),安装垂直支撑、水平支撑、检查无误后,作为样板间,以此类推。

为减少高空作业,提高生产效率,在地面上将天窗架预先拼装在屋架上,并将绳索两面绑扎,把天窗架夹在中间,以保证整体安装的稳定。钢屋架垂直度校正法如下:在屋架下弦一侧拉一根通长钢丝,同时在屋架上弦中心线反出一个同等距离的标尺,用线坠校正,也可用经纬仪进行校正,如图 8-4 所示。也可用一台经纬仪放在柱顶一侧,与轴线平移距离 a,在对面柱子上同样有一距离为 a 的点,从屋架中线处用标尺挑出 a 距离,三点在一条线上,即可使屋架垂直,在图 8-4 中将线坠和通长钢丝换成钢丝绳即可。

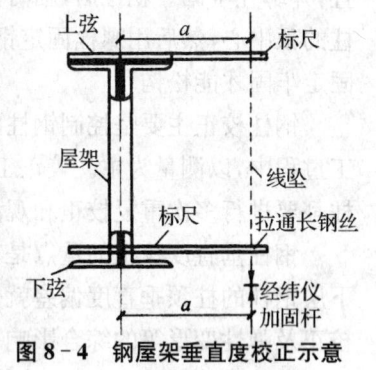

图 8-4 钢屋架垂直度校正示意

平面钢桁架结构形式多样,跨度大,自重超过一般范围。常用的安装方法有单榀吊装法、组合吊装法、整体吊装法、顶升法等。常常根据现场条件、起重设备能力、结构的刚性及支撑结构的承载能力等综合选择安装方法。

4. 钢檩条

檩条安装:檩条截面较小,重量较轻,采用一钩多吊或成片吊装的方法吊装。檩条的校正主要是间距尺寸及自身平直度。间距检查用样杆顺着檩条杆件之间来回移动,如有误差,放松或拧紧螺栓进行校正。平直度用拉线和钢尺检查校正,最后用螺栓固定。

8.3 多高层钢框架结构的安装

多高层钢结构工程的安装,根据结构平面选择适当位置先做样板间构成稳定结构,采用"节间综合法":钢柱→柱间支撑或剪力墙→钢梁(主、次梁、隅撑)。由样板间向四周发展,然后采用"分件流水法"。

8.3.1 基础和支承面的检查放线

柱脚螺栓的施工:复核土建基础施工的柱脚定位轴线,埋设地脚螺栓。为保证地脚螺栓的定位准确,将地脚螺栓用钢模板孔套进行定位固定,并进行反复校核无误后方能进行固定。地脚螺栓露出地面的部分用塑料布进行包裹保护。

8.3.2 主体结构的安装校正

1. 钢柱

柱基标高调整:根据钢柱实际长度、柱底平整度、钢牛腿顶部距柱底部距离,重点要保证钢牛腿顶部标高值,以此来控制基础找平标高。

平面位置校正:在起重机不脱钩的情况下,将柱底定位线与基础定位轴线对准缓慢落至标高位置。

钢柱校正:优先采用缆风绳校正(同时柱脚底板与基础间间隙垫上垫铁),对于不便采用缆风绳校正的钢柱可采用可调撑杆校正。

起吊时钢柱必须垂直,尽量做到回转扶直。起吊回转过程中,应避免同其他已安装的构件相碰撞,吊索应预留有效高度。钢柱起吊扶直前将登高爬梯和挂篮等挂设在钢柱预定位置,并绑扎牢固。就位后,临时固定地脚螺栓,校正垂直度。柱接长时,上节钢柱对准下节钢柱的顶中心,然后用螺栓固定钢柱两侧的临时固定用连接板,钢柱安装到位,对准轴线,临时固定牢固才能松钩。

钢柱校正主要是控制钢柱的水平标高、十字轴线位置和垂直度。测量是关键,在整个施工过程中,以测量为主。校正工作比普通单层钢柱的校正更复杂,施工过程中,对每根下节柱都要进行多次重复校正和观测垂直度偏差。

钢柱垂直度校正的重点是对钢柱有关尺寸预检,对影响钢柱垂直的因素进行控制。如下层钢柱的柱顶垂直度偏差就是上节钢柱的底部轴线、位移量、焊接变形、日照影响、垂直度校正及弹性变形等的综合影响。可采取预留垂直度偏差值消除部分误差。预留值大于下节柱积累偏差值时,只预留累计偏差值;反之则预留可预留值,其方向与偏差方向相反。

多层、高层房屋钢结构的垂直度校正不能完全靠最下一节柱柱脚下垫钢板来调整,施工时还应考虑安装现场焊接的收缩量和荷载使柱产生的压缩变形值等诸多因素,对每根下节柱进行垂直偏移值测量和多次校正。

2. 钢梁

多高层钢梁的安装方法:

(1)主梁采用专用卡具,为防止高空因风或碰撞物体落下,卡具放在钢梁端部500 mm的两侧。

(2)一节柱有2、3、4层梁,原则上按竖向构件由下向上逐件安装,由于上下和周边都处于自由状态,易于安装测量从而保证质量。习惯上,同一列柱的钢梁从中间跨开始对称地向两端扩展;同一跨钢梁,先按上层梁再按中下层梁。

(3)在安装和校正柱与柱之间的主梁时,先把柱子撑开。测量必须跟踪校正,预留偏差值,留出接头焊接收缩量,这时柱子产生的内力在焊接完毕焊缝收缩后消失。

(4)柱与柱接头和梁与柱接头的焊接以互相协调为好。一般可以先焊一节柱的顶层梁,再从下向上焊各层梁与柱的接头,柱与柱的接头可以先焊,也可以最后焊。

(5)次梁三层串吊。

(6)同一根梁两端的水平度允许偏差$(L/1\,000)\pm3$,最大不超过10 mm。如果钢梁水平度超标,主要原因是连接板的位置或螺孔位置有误差,可采取换连接板或塞焊孔重新制孔处理。

3. 测量监控工艺

多高层钢结构安装阶段的测量放线工作包括平面轴线控制点的竖向投递,柱顶平面放线,传递标高,平面形状复杂钢结构坐标测量,钢结构安装变形的监控等。施工时要根据场地情况及设计与施工的要求,合理布置钢结构平面控制网和标高控制网。为达到符合精度要求的测量成果,全站仪、经纬仪、水平仪、铅直仪、钢尺等必须经计量部门检定。除按规定周期进行检定外,在检定周期内的全站仪、经纬仪、铅直仪等主要有关仪器,还应每2~3个月定期校验。为减少不必要的测量误差,从钢结构制作、基础放线到构件安装,应该使用统一型号、经过统一校核的钢尺。

(1) 测量控制网的建立与传递

根据业主提供的测量网基准控制体系,使用全站仪将其引入施工现场,设置现场控制基准点。坐标点设置可用长度 2 m 的 DN50 钢管或 L50×5 的角钢打桩,顶部焊一块 200 mm×200 mm×10 mm 的钢板,周边浇筑 600 mm×600 mm×800 mm 以上的混凝土与钢板平齐,做成永久性的控制点;在钢板上用划针画出十字线,其交点即为基准点,用红色标注,坐标点应设置 2~3 个。标高点设置方法与坐标点设置基本相同,需在钢板上加焊一个半圆头栓钉,混凝土浇筑半圆头平面,其圆头顶部即为标高控制点,标高只需设置一组。

测量基准点设置方法有外控法和内控法,外控法将测量基准点设在建筑物外部,根据建筑物平面形状,在轴线延长线上设立控制点,控制点一般距建筑物 $0.8H$~$1.5H$(H 为建筑物高度)处。每点引出两条交汇的线组成控制网,并设立半永久性控制桩,建筑物垂直度的传递都从该控制桩引向高空,此法适用于场地开阔的工地。内控法是将测量控制基准点设在建筑物内部,它适用于场地狭窄、无法在场外建立基准点的工地。控制点的多少根据建筑物平面形状决定。当从地面或底层把基准线点引至高空楼面时,遇到楼板要留孔洞,最后修补该孔洞。

采取一定的措施(如砌筑砖井)对测量基准点进行围护,并记录所设置的测量基准点数值。

各基准控制点、轴线、标高等都要进行不少于 3 次的复测,以误差最小为准。控制网的测距相对误差应小于 1/25 000,测角中误差应小于 2″。

(2) 平面轴线控制点的竖向传递

地下部分可采用外控法,建立井字形控制点,组成一个平面控制格网,并测量设出纵横轴线。

地上部分控制点的竖向传递采用内控法,投递仪器采用激光铅直仪。在地下部分钢结构工程施工完成后,利用全站仪,将地下部分的外控点引测到±0.000 m 层楼面,在±0.000 m 层楼面形成井字形内控点。在设置内控点时,为保证控制点间相互通视和向上传递,应避开柱、梁位置。在把外控点向内控点的引测过程中,其引测必须符合工程测量规范中的相关规定。地上部分控制点的向上传递过程是:在控制点架设激光铅直仪,精密对中整平;在控制点的正上方,在传递控制点的楼层预留孔(300 mm×300 mm)上放置一块用有机玻璃做成的激光接收靶,通过移动激光接收靶将控制点传递到施工作业楼层上;然后,在传递好的控制点上架设仪器,复测传递好的控制点须符合工程测量规范中的相关规定。

(3) 柱顶轴线(坐标)测量

利用传递上来的控制点,通过全站仪或经纬仪进行平面控制网放线,把轴线(坐标)放到柱顶上。

(4) 悬吊钢尺传递标高

① 利用标高控制点,采用水准仪和钢尺测量的方法引测。

② 多层与高层钢结构工程一般用相对标高法进行测量控制。

③ 根据外围原始控制点的标高,用水准仪引测水准点至外围框架钢柱处,在建筑物首层外围钢柱处确定±0.000 m标高控制点,并做好标记。

④ 从做好标记并经过复测合格的标高点处,用50 m标准钢尺垂直向上量至各施工层,在同一层的标高点应检测相互闭合,闭合后的标高点则作为该施工层标高测量的后视点并做好标记。

⑤ 当楼高度超过钢尺长度时,另布设标高起始点,作为向上传递的依据。

8.4 钢网架结构的安装

网架结构常用形式有:

(1) 由平面桁架系组成的两向正交正放网架、两向正交斜放网架、两向斜交斜放网架、三向网架、单向折线形网架。

(2) 由四角锥体组成的正放四角锥网架、正放抽空四角锥网架、棋盘形四角锥网架、斜放四角锥网架、星形四角锥网架。

(3) 由三角锥体组成的三角锥网架、抽空三角锥网架、蜂窝形三角锥网架。

网架结构的节点和杆件,在工厂内制作完成并检验合格后,运至现场,拼装成整体。大型网架的安装方法有高空散装法、分条或分块安装法、高空滑移法、整体吊装法、整体提升法、整体顶升法;安装方法根据网架受力情况、结构选型、网架刚度、外形特点、支撑形式、支座构造等,在保证质量、安全、进度和经济效益的要求下,结合施工现场实际条件、技术和装备水平综合选择。

8.4.1 基础和支承面的检查放线

1. 预埋件检查

网架安装前应根据土建提供的定位轴线和标高基准点,复核和验收网架支座预埋件或预埋螺栓的平面位置和标高,按设计图纸要求放出各支座的十字中心线、标高位置,并做出明显标记。

2. 网架地面拼装

先铺设临时安装平台,根据网架拼装单元的刚度及独立性,分成若干片进行拼装。在网架专用的拼装模架上按照钢球及杆件的编号、方位,先进行小拼单元部件的拼装、矫正,再拼装成中拼单元;拼装时不得采用较大外力强制组对,以减少构件的内应力。拼装过程为:

(1) 以第一片中拼单元的角部支承球为拼装起点(把该支承座设为原点),先装配网架下水平面行(x、y 轴线方向)的下弦球及腹杆,至拼装单元的另两角部支承球,下弦球用枕木或型钢支垫平整,并保持水平,收紧上述的下弦杆件,螺栓不宜拧紧,但应使其与下弦连接端稍微受一点力;装配上弦,开始不要将螺栓拧紧,待安装好三行上弦球后,调整中轴线。

(2) 调整临时支承标高,保证支承座外下弦球的临时支承标高低于设计标高 10～20 mm 左右,并达到设计要求的起拱值,核实坐标无误后进行紧固。

(3) 测量中拼单元水平面内单元的长度和跨度,若与设计值相比较偏差大于 10 mm 时,应调整已固定的支承座,使其长度与跨度的偏差值均匀地分布在轴线两侧。

(4) 从原点位置的支承球开始,沿着纵横十字线(x、y 轴)两边逐次拼装小拼单元,把该单元的所有球、杆件装配完毕才能收紧杆件,并检测其装配尺寸。在收紧过程中若发现小拼单元球与杆件的间隙过大或杆件弯曲等,应进行调整或更换配件,绝不允许强行装配。

(5) 中拼单元完成后,由专职质量检查员对其进行认真检查,合格后方能以中拼单元跨度及支承球座为基础,拼出另一中拼单元;并依次完成整个网架的拼装。

3. 总拼装

(1) 网架结构在总拼前应精确放线,总拼所用的支承点应防止下沉,总拼时应选择合理的焊接工艺顺序,以减少焊接变形和焊接应力;拼装与焊接顺序为从中间向两端或四周发展。总拼完成后应检查网架曲面形状的安装偏差,其允许偏差不应大于跨度的 1/1 500 或 40 mm;网架的任何部位与支承件的净距不应小于 100 mm。

(2) 焊接球节点网架所有焊接均须进行外观检查,并做记录;拉杆与球的对接焊缝应作无损探伤检验,其抽样数不少于焊口总数的 20%,取样部位由设计单位与施工单位协商解决,但应先检验应力最大以及支座附近的杆件。

(3) 网架用高强度螺栓连接时,按有关规定拧紧螺栓后,为防止接头与大气相通,造成高强螺栓及钢管、锥头等内壁锈蚀,应用油腻子将所有接缝处填嵌严密,并按钢结构防腐蚀要求进行处理。

8.4.2 主体结构的安装校正

1. 高空散装法

高空散装法是指把运输到现场的小拼单元体(平面桁架或锥体)或散件(单根杆件及单个节点)直接用起重机械吊升到高空设计位置,对位拼装成整体结构的方法,适用于螺栓球或高强螺栓连接节点的网架结构。高空散装法在开始安置时,在刚开始安装的几个网格处搭满堂脚手架。脚手架高度随网架圆弧而变化,网架安装先从地面两条轴线网间开始安装,待网架的两个柱距安装完后,网架自然成为一个稳定体系,拆除脚手架,由该稳定体系按照一定的顺序向外扩展。

在拼装过程中始终有一部分网架悬挑着,当网架悬挑拼接成稳定体系后,不需要设置任何支架来承受其自重和施工荷载。当跨度较大,拼接到一定悬挑长度后,设置单肢柱或支架,支承悬挑部分,以减少或避免因自重和施工荷载而产生的挠度。

高空散装法脚手架用量大,高空作业多,工期较长,需占建筑物场内用地,且技术上有一定难度。

2. 分条或分块安装法

分条或分块安装法，是指把网架分成条状或块状单元，分别用起重机吊装至高空设计位置就位搁置，然后再拼装成整体的安装方法。分条或分块法是高空散装的组合扩大。

条状单元，是指网架沿长跨方向分割为若干区段，而每个区段的宽度可以是一个网格至三个网格，其长度则为短跨的 1/2～1，适用于分割后刚度和受力状况改变较小的网架。

块状单元，是指网架沿纵横方向分割后的单元形状为矩形或正方形。

每个单元的重量以保证现有起重机的吊装能力为限。

用分条或分块安装法安装网架，大部分焊接、拼装工作量在地面进行，减少了高空作业，有利于保证焊接和组装质量，省去大部分拼装支架；所需起重设备较简单，不需大型起重设备；可利用现有起重设备吊装网架，可与室内其他工种平行作业，缩短总工期，用工省，劳动强度低，施工速度快，有利于降低成本。

分条或分块安装法安装网架需搭设一定数量的拼装平台。拼装容易造成轴线的积累偏差，一般要采取试拼装、套拼、散件拼装等措施来控制。为保证网架顺利拼装，在条与条或块与块合拢处，可采用安装螺栓等措施；设置独立的支承点或拼装支架时，支架上支承点的位置应设在节点处；支架应验算其承载能力，必要时可进行试压，以确保安全可靠。支架支座下应采取措施，防止支座下沉。合拢时可用千斤顶将网架单元顶到设计标高，然后进行总拼连接。

分条或分块安装法适于分割后刚度和受力状况改变较小的各种中、小型网架，如双向正交正放、正放四角锥、正放抽空四角锥等网架和场地狭小或跨越其他结构、起重机无法进入网架安装区域的场合。分条或分块安装法经常与其他安装法相配合使用，如高空散装法、高空滑移法等。

3. 高空滑移法

高空滑移法是指把分条的网架单元在事先设置的滑轨上单条滑移到设计位置，拼接成整体的安装方法。安装时，在网架端部或中部设置局部拼装架（或利用已建结构物作为高空拼装平台）；在地面或支架上扩大拼装条状单元，将网架条状单元用起重机提升到预定高度后，利用安装在支架或圈梁上的专用滑行轨道，用牵引设备将网架滑移到设计位置，拼装成整体网架。

起重设备吊装能力不足或其他情况下，可用小拼单元甚至散件在高空拼装平台上拼成条状单元。高空支架一般设在建筑物的一端；滑移时网架的条状单元由一端滑向另一端。

4. 整体吊装法

网架整体吊装法，是指网架在地面总拼后，采用单根或多根桅杆、一台或多台起重机进行吊装就位的施工方法。整体吊装法适用于各种类型的网架结构，吊装时可在高空平移或旋转就位。

根据网架结构形式、起重机或桅杆起重能力，在建筑物内或建筑物外侧进行总拼，总拼时可以就地与柱错位或在场外进行。当就地与柱错位总拼时，网架起升后需要在空中平移或转动 1.0～2.0 m 左右再下降就位，由于柱穿在网架的网格中，凡与柱相连接的梁均应断开，即在网架吊装完成后再施工框架梁。建筑物在地面以上的有些结构必须待网架安装完成后才能进行施工，不能平行施工。

总拼及焊接顺序：从中间向四周或从中间向两端进行。

当场地条件许可时，可在场外地面总拼网架，然后用起重机抬吊至建筑物上就位，这时虽解决了室内结构拖延工期的问题，但起重机必须负重行驶较长的距离。

网架整体吊装法，不需要搭设高的拼装架，高空作业少，易于保证接头焊接质量，但需要起重能力大的设备，吊装技术也复杂。按照建设部有关规定，重大吊装方案需要专家审定。

吊装前对总拼装的外观及尺寸等应进行全面检查，应符合设计要求和《钢结构工程施工质量验收规范》(GB 50205-2001)的规定。

整体吊装可采用单根或多根桅杆起吊，亦可采用一台或多台起重机起重就位，各吊点提升及下降应同步，提升及下降各点的升差值可取吊点间距离的 1/400，且不宜大于 100 mm，或通过验算确定。

当采用多根桅杆或多台起重机吊装时，将额定负荷能力乘以折减系数 0.75；当采用四台起重机将吊点连通成两组或用两根桅杆吊装时，折减系数可取 0.8～0.90。

在制定网架就位总拼方案时，应符合下列要求：

(1) 网架的任何部位与支承柱或桅杆的净距离不应小于 100 mm；
(2) 如支承柱上有凸出构造(如牛腿等)，应防止在吊装过程中被凸出物卡住；
(3) 由于网架错位的需要，对个别杆件暂不拼装时，应征得设计单位同意。

5. 整体提升法

整体提升法是指在结构柱上安装提升设备提升网架。本方法近年来在国内比较有影响，如北京西客站钢门楼 1 800 t 钢结构整体吊装、广州新白云机场等工程中得到采用，取得了非常好的效果。

整体提升法有两个特点：一是网架必须按高空安装位置在地面就位拼装，即高空安装位置和地面拼装位置必须要在同一投影面上；二是周边与柱子(或连系梁)相碰的杆件必须预留，待网架提升到位后再进行补装(补空)。

大跨度网架整体提升有三种基本方法：即在桅杆上悬挂千斤顶提升网架；在结构上安装千斤顶，提升网架；在结构上安装升板机提升网架。

采用安装千斤顶提升时：根据网架形式、重量，选用不同起重能力的液压穿心式千斤顶、钢绞线(螺杆)、泵站等进行网架提升，又可分为：

(1) 单提网架法：网架在设计位置就地总拼后，利用安装在柱子上的小型设备(穿心式液压千斤顶)将网架整体提升到设计标高上然后下降就位、固定。
(2) 网架提升法：网架在设计位置就地总拼后，利用安装在网架上的小型设备(穿心式液压千斤顶)；提升锚点固定在柱上或桅杆上，将网架整体提升到设计标高，就位、固定。
(3) 升梁抬网法：网架在设计位置就地总拼，同时安装好支承网架的装配式圈梁(提升前圈梁与柱断开，提升网架完成后再与柱连成整体)，把网架支座搁置于此圈梁中部，在每个柱顶上安装好提升设备，这些提升设备在升梁的同时，抬着网架升至设计标高。
(4) 滑模提升法：网架在设计位置就地总拼，柱是用滑模施工。网架提升是利用安装在柱内钢筋上的滑模用液压千斤顶，一面提升网架一面滑升模板浇筑混凝土。

6. 整体顶升法

网架整体顶升法是把网架在设计位置的地面拼装成整体，然后用支承结构和千斤顶将网架整体顶升到设计标高。

网架整体顶升法可利用原有结构柱作为顶升支架，也可另设专门的支架或枕木垛垫高。需要的设备简单，不用大型吊装设备，顶升支承结构可利用结构永久性支承柱，拼装网架不需搭设拼装支架，可节省大量机具和脚手架、支墩费用，降低施工成本；操作简便、安全，但顶升速度较慢；对结构顶升的误差控制要求严格，以防失稳。适于安装多支点支承的各种四角锥网架屋盖安装。

8.5 围护结构的安装

8.5.1 围护结构的材料

工业与民用建筑的围护结构（屋面、墙面）与组合楼板等工程的钢结构围护结构，主要采用压型金属板，用各种紧固件和各种泛水配件组装而成。

1. 压型金属板

压型钢板是以一定厚度的金属板（表面涂层或不涂层）经过辊弯形成波纹的板材。压型金属板具有成形灵活、施工速度快、外观美观、重量轻、易于工业化和商品化生产等特点，广泛用作建筑屋面及墙面围护材料。

压型金属板根据其波形截面可分为：

(1) 高波板　波高大于 75 mm，适用于作为屋面板。

(2) 中波板　波高 50～75 mm，适用于作为楼面板及中小跨度的屋面板。

(3) 低波板　波高小于 50 mm，适用于作为墙面板。

高波板多用于单坡长度较长的屋面，一般需配专用支架，造价比后两种高。

压型金属板根据金属类别可分为压型钢板和压型铝板；还可以根据使用途径分为：屋面板、墙面板、非保温板、保温板等。

2. 连接件

围护结构的压型金属板间除了板间搭接外，还需要使用连接件。连接件的选择应尽量满足单面施工要求，连接质量必须可靠。

连接件分为两类：一类为结构连接件，即将板与承重构件相连的连接件；另一类为构造连接件，即将板与板、板与配件、配件与配件等相连的连接件。

(1) 结构连接件

结构连接件是将建筑物的围护板材与承重结构连接成整体的重要部件，用以抵抗风的吸力、下滑力、地震力等。一般需要进行承载力验算设计。

结构连接件有几种：自攻螺钉，用自攻螺钉直接将板与钢檩条连在一起；挂钩板或扣压板，通过连接支座上的挂钩板或扣压板与板材相连，支座通过自攻螺钉固定在钢檩条上；单向连接螺栓。

(2) 构造连接件

构造连接件将各种用途（如防水、密封、装饰等）的压型金属板连接成整体，构造连接件有铝合金拉铆钉、自攻螺钉和单向连接螺栓等，常用的连接件见表 8-2。

表 8-2 常用的连接件

名　称	规格及图例	性能	用途
单向固定螺栓	凸形金属垫圈、硬质塑料垫圈、密封垫圈、M8螺栓、套管（尺寸：12、35、58）	抗剪力 27 kN 抗拉力 15 kN	屋面高波压型金属板与固定支架的连接
单向连接螺栓	硬质塑料套管、开花头、M8螺栓、密封垫圈、凸形金属垫圈、M8螺母（尺寸：11、32、60）	抗剪力 13.4 kN 抗拉力 8 kN	屋面高波压型金属板侧向搭接部位的连接
连接螺栓	平板金属垫圈、密封垫圈、M6螺母、凸形金属垫圈、M6螺栓（尺寸：6、30、35）	—	屋面高波压型金属板与屋面檐口挡水板、封檐板的连接
自攻螺栓（二次攻）	尺寸：6、13	表面硬度：HRC50～80	墙面压型金属板与墙梁的连接
钩螺栓	M6螺母、凸形金属垫圈、密封垫圈（尺寸：>25、6、≈20、50）	—	屋面低波压型金属板与檩条的连接，墙面压型金属板与墙梁的连接
铝合金拉铆钉	铝合金铆钉、芯钉	抗剪力 2 kN 抗拉力 3 kN	屋面低波压型金属板、墙面压型金属板侧向搭接部位的连接，泛水板之间、包角板之间或泛水板、包角板与压型金属板之间搭接部位的连接

3. 围护结构配件

压型金属板配件分为屋面配件、墙面配件和水落管等。屋面配件有屋脊件、封搪件、山墙封边件、高低跨泛水件、天窗泛水件、屋面洞口泛水件等。墙面配件有转角件、板底泛水件、板顶封边件、门窗洞口包边件等。这些配件一般采用与压型金属板相同的材料，用弯板机进行加工。配件因所在位置、用途、外观要求不同而被设计成各种形状，很难定形。有些屋面或墙面板的专用泛水件已成为定型产品，与板材配套供应。

4. 密封材料

压型金属板围护结构配套使用的密封材料分为防水密封材和保温隔热密封材两种。

(1) 防水密封材

防水密封材料有建筑密封膏、泡沫塑料堵头、三烷乙丙橡胶垫圈、密封胶和密封胶条等，应具有良好的耐老化性能、密封性能、粘结性能和施工性能。

密封胶为中性硅酮胶，包装多为筒装，并用推进器挤出；也有软包装，用专用推进器，价格比筒装的低。

密封胶条是一种双面有胶粘剂的带状材料，多用于彩板与彩板之间的纵向缝搭接。

(2) 保温隔热密封材

主要为软泡沫材料、玻璃棉、聚苯乙烯泡沫板、岩棉材料及聚氨酯现场发泡封堵材料。这些材料主要用于封堵保温房屋的保温板材或卷材不能达到的位置。

5. 采光板

在大跨和多跨建筑中，由于侧墙采光不能满足建筑的自然采光要求，在屋面上需设置屋面采光板。

采光板按材料不同分为玻璃纤维增强聚酯采光板、聚碳酸酯制成的蜂窝状或实心板、钢化玻璃、夹胶玻璃等。

8.5.2 围护结构的构造

1. 连接构造

压型金属板之间、压型金属板与龙骨(屋面檩条、墙梁、平台梁等)之间，均需要使用连接件进行连接，常用的连接方式见表8-3。

(1) 压型板板间连接

压型板是装配式围护结构，板间的拼接缝成为渗漏雨水的直接原因。板间连接有压型金属板侧向连接(沿着压型槽长度方向，又称横向连接)、长向连接(垂直于压型槽长度方向，又称纵向连接)、压型金属板与采光板的连接等，一般采用搭接，以提高其防水功能。

表8-3 压型金属板间、压型金属板与龙骨间常用的连接方式

名称	连接方式	特点
自攻螺栓连接	采用自带钻头的螺钉直接将压型金属板与龙骨连接	施工方便，速度快，连接刚度较好，龙骨的板厚不能太厚，一般不超过6 mm
拉铆钉连接	在单面使用拉铆枪(手动、电动、气动)把拉铆钉将连接件铆接成一个整体	主要用于压型金属板之间，或压型金属板与泛水板、包角板等搭接连接。施工简单，连接刚度差，防水性能较差

续表

名称	连接方式	特点
扣件连接	在檩条上安装固定扣件,然后通过压型金属板的板型构造,将压板与扣件扣接在一起,靠压型板的弹性及与扣件间的摩擦连接	压型板长度无限制,可以避免纵向搭接,表面不出现螺钉,可以最大限度地防止漏雨。连接可靠性较差,压型板质量不稳定及在台风地区,尤为突出
咬合连接	在扣接的基础上,再在压型板之间的搭接部位,采用180°或360°机械咬合	该连接一般和扣件连接一起使用,既保留了扣接的优点,又在一定程度上克服了扣接的缺点,基本可以避免漏雨等现象,是目前应用越来越多的连接方法
栓钉连接	通过栓钉将压型钢板穿透焊在支承梁上表面,起到将压型板与钢梁连接的作用	多用于组合楼板中的压型钢板连接

① 侧向连接。搭接方向应与主导风向一致,搭接形式有四种:自然扣合式、防水空腔式、扣盖式、咬口卷边式,如图8-5所示。

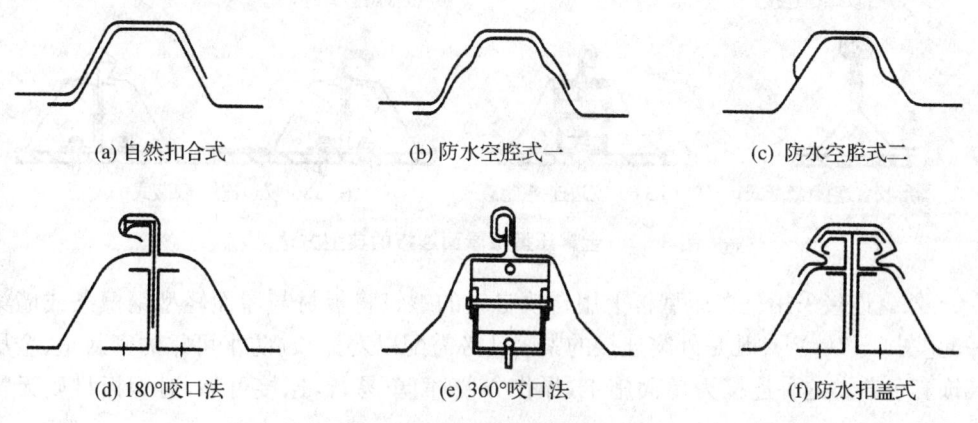

(a) 自然扣合式　　(b) 防水空腔式一　　(c) 防水空腔式二

(d) 180°咬口法　　(e) 360°咬口法　　(f) 防水扣盖式

图8-5　版型接缝构造示意图

搭接处的密封宜采用双面粘贴的密封条,密封条应该靠近紧固位置,不能采用密封胶。若采用密封胶,由于两板搭接处空隙很小,连接后的密封胶被挤压后的厚度很小,且其固化时间较长。在这段时间里,由于施工人员的走动造成搭接处的搭接板间开合频繁,使密封胶失效,故在一般情况下搭接处不采用密封胶进行密封。

搭接部位连接件设置分两种情况:高波压型金属板的侧向搭接部位必须设置连接件,其间距一般为700~800 mm;低波压型金属板的侧向搭接部位必要时可设置连接件,其间距一般为300~400 mm。

② 长向连接。屋面及墙面压型金属板的长向连接均采用搭接连接,长向搭接部位一般设在支承构件上,搭接区段的板间设置防水密封条。

搭接连接采用两种方法:直接连接法和压板挤紧法。

直接连接法是将上下两块板间设置两道防水密封条,在防水密封条处用自攻螺钉或拉铆钉将其紧固在一起,如图8-6(a)所示。

压板挤紧法是最新的上下板搭接连接方法,是将两块彩板的上面和下面设置两块与压型金属板板型相同的镀锌钢板,其下设防水胶条,用紧固螺栓将其紧密挤压连接在一起,这种方法零配件较多,施工工序多,但是防水可靠,如图 8-6(b)所示。

(a) 直接连接法　　　　(b) 压板挤紧法

图 8-6　长向搭接连接方法

(2) 压型钢板与檩条(墙梁)的连接

① 金属压型板的屋面连接。板与檩条的连接有外露连接和隐蔽连接两类。

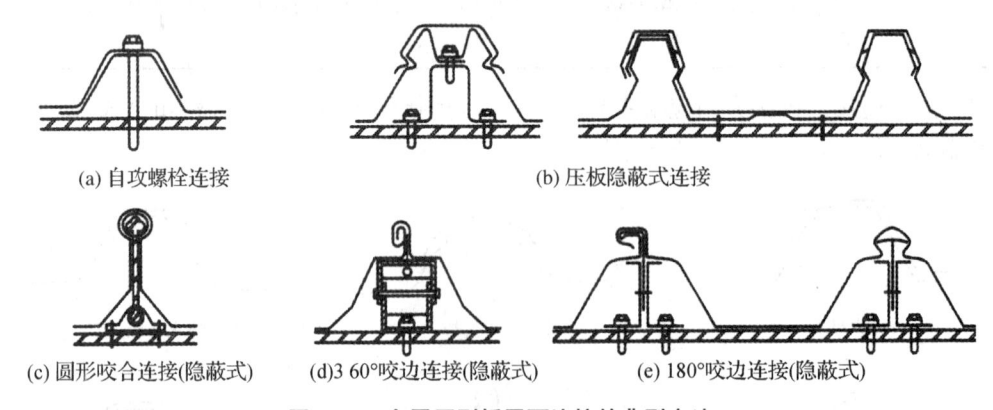

(a) 自攻螺栓连接　　(b) 压板隐蔽式连接

(c) 圆形咬合连接(隐蔽式)　(d) 360°咬边连接(隐蔽式)　(e) 180°咬边连接(隐蔽式)

图 8-7　金属压型板屋面连接的典型方法

a. 外露连接采用是在压型板上用自攻自钻的螺钉将板材与屋面轻型钢檩条或墙梁连在一起[图 8-7(a)]。凡是外露连接的紧固件必需配以寿命长、防水可靠的密封垫、金属帽和装饰彩色盖。这种连接为单面施工,操作方便,简单易行,连接可靠,对钢板材质无特殊要求。

b. 隐蔽连接是通过特制的连接件与专有板型相配合的一类连接形式,有压板连接和咬边连接两种具体方法[图 8-7(b),(c),(d),(e)]。隐蔽连接方法连接不外露,金属压型板表面不打孔,不受损伤,不因打孔而漏雨,表面美观,但是更换维修某一块板时困难。

屋面高波压型金属板用连接件与固定支架连接,每波设置一个;屋面低波压型金属板及墙面压型金属板均用连接件直接与檩条或墙梁连接,每波或隔一个波设置一个,但搭接波处必须设置连接件。连接件一般设置在波峰上。若设置在波谷上,则应有可靠的防水措施。

② 金属压型板的墙面板连接。金属压型板的墙面板连接有外露连接和隐蔽连接两种,如图 8-8 所示。

(a) 外露连接　　　　(b) 隐蔽连接

图 8-8　金属压型板墙面连接方式

a. 外露连接是将连接紧固件在波谷上将板与墙梁连接在一起,使紧固件的头处在墙面凹下处,比较美观;在一些波距较大的情况下,也可将连接紧固件设在波峰上。

b. 墙面隐蔽连接的板型覆盖面较窄,它是将第一块板与墙面连接后,将第二块板插入第一块板的板边凹槽口中,起到抵抗负风压的作用。

无论是采用墙面板或屋面板的哪些隐蔽连接方法,在大量的上下板面搭接处、屋面的屋脊处、山墙泛水处、高低跨的交接处,以及墙面的门窗洞口处、墙的转角处等需要包边、泛水等配件覆盖的位置都不可能完全避免外露连接。这些外露连接有的是板与墙梁或檩条的连接,有的是金属压型板间的连接。

(3) 其他结构连接

泛水板之间、包角板之间的连接均采用搭接连接,其搭接长度不小于 60 mm。泛水板、包角板与压型金属板搭接部位均应设置连接件。在支承构件处,泛水板、包角板用连接件与支承构件连接。

屋脊板、高低跨相交处的泛水板与屋面压型金属板的连接也采用搭接连接,其搭接长度不小 200 mm。搭接部位设置挡水板和堵头板或设置防水堵头材料。屋脊板之间搭接部位的连接件间距不大于 50 mm。

2. 檐口构造

檐口是金属压型板围护结构中较复杂的部位,可分外排水天沟檐口、内排水天沟檐口和自由落水檐口三种形式,优先采用自由落水和外天沟排水的檐口形式。

(1) 自由落水檐口

自由落水檐口有无封檐、带封檐两种形式。自由落水檐口这种形式多在北方少雨地区且檐口不高的情况下使用。

① 无封檐的自由落水檐口。这种檐口金属压型板自墙面向外挑出,伸出长度不少于 300 mm。墙板与屋面板间产生的锯齿型空隙用专用板型的挡水件封堵。当屋面坡度小于 1/10 时,屋面板的波谷处板边用夹钳向下弯折 5~10 mm 作为滴水。这种结构外观简单,建筑艺术效果不好。

② 带封檐的自由落水檐口。封檐挑出长度可自由选择,封檐板置于屋面板以下,屋面板挑出檐口板不小于 30 mm。封檐板可用压型板长向使用或侧向使用,有特殊要求的可采用其他材料和结构形式。封檐板高出屋面的檐口时,按地方降雨要求拉开足够的排水空间,且不宜采用檐口下封底板。檐口处的屋面板边滴水处理与前述相同。

采用夹芯板时,自由落水的檐口屋面板切口面应封包,封包件与上层板宜做顺水搭接;封包件下端需做滴水处理;墙面与屋面板交接处应做封闭件处理;屋面板与墙面板相重合处宜设软泡沫条找平封墙,如图 8-9 所示。

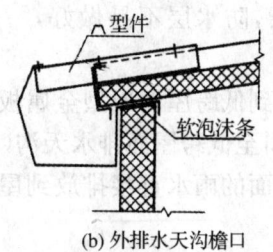

(a) 外排水檐口　　(b) 外排水天沟檐口　　(c) 天沟内排水

图 8-9 夹芯板檐口做法示意图

(2) 外排水天沟檐口

外排水天沟,有不带封檐的和带封檐的两类,如图 8-10 所示。

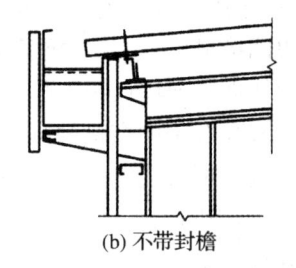

(a) 带封檐　　　　　　(b) 不带封檐

图 8-10　外排水天沟檐口

① 不带封檐的外排水天沟檐口的天沟可用金属压型板或焊接钢板。

一般情况下,多用金属压型板天沟不需专门的支承结构,沟壁内侧多与外墙板相贴近,在墙板上设支承件,在屋面板上伸出连接件挑在天沟的外壁上,各段天沟相互搭接,采用拉铆钉连接和密封胶密封。天沟设置在室外,如出现缝隙漏雨,影响不大。

采用钢板天沟时,各段天沟用焊接连接。这种天沟需在屋面梁上伸出支承件,并需对天沟做内外防腐和外装饰油漆。檐口防水可靠,施工不如前者方便。

② 带封檐的外排水天沟檐口多采用钢板天沟,为固定封檐,需设置固定支架。封檐的大小各异,需在梁上挑出牛腿,在牛腿上支承天沟和封檐支架。屋面板挑出天沟内壁不小 50 mm,其端头应用压型金属板封包并做出滴水。屋面采用夹芯板时,采用这种形式。

(3) 内排水天沟檐口

内排水天沟檐口分为连跨内天沟和檐口内天沟两种,两种构造形式基本一致。尽量选用外天沟排水,由于建筑造型的需要不得不采用檐口内排水时,应注意以下问题:

① 天沟上应设置溢水口,以避免下水口堵塞时雨水倒灌。

② 天沟应采用钢板天沟,密焊连接,并应做好防腐处理,有条件的选用不锈钢天沟。

③ 天沟外壁宜高过屋面板在檐口处的高度,避免雨水冲击而引起漏水。

④ 天沟与屋面板之间的锯齿形空隙应封闭。

⑤ 屋面板挑出檐口不少于 50 mm,并应用工具将金属压型板边沿的波谷部分弯成滴水,避免爬水现象。

⑥ 应做好外墙板与外天沟壁之间的封闭,避免墙内壁漏雨。

⑦ 天沟找坡宜采用天沟自身找坡的方法。

屋面采用夹芯板时,天沟用厚 3 mm 以上的钢板制作,天沟外壁高出屋面板端头高度,并在墙板内壁做泛水。天沟的两个端头做出溢水口,天沟底部用夹芯板做保温(外保温)。天沟内保温的方法较复杂,防水层不易做好,一旦渗漏,不易发现,将可能腐蚀钢板。

建筑物高跨雨水不能直接排放到低跨屋面压型金属板上,可在低跨屋面压型金属板上设置引水槽,将沿着引水槽将雨水引至低跨屋面排水天沟(图 8-11),或设置内水落管将雨水排放到建筑物的内地沟。天窗屋面的雨水直接排放到屋面时,在屋面压型金属板上设置散水板。

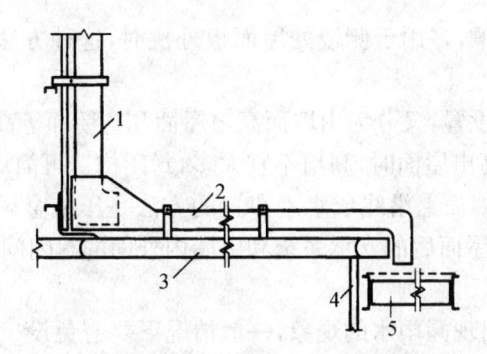

图8-11 低跨屋面压型金属板上的引水槽

1—墙面雨水管；2—引水槽；3—屋面压型金属板；4—墙面压型金属板；5—天沟

3. 屋脊构造

屋脊有两种作法：一种是在屋脊处的压型钢板不断开，屋面板从一个檐口直接铺到另一檐口，在屋脊处自然压弯。这种方法多用在跨度不大，屋面坡度小于1/20时。其优点是构造简单，防水可靠，节省材料，如图8-12所示。另一种是屋面板只铺到屋脊处，这是一种常用的方法。这种做法必须设置上屋脊、下屋脊、挡水板、泛水翻边（高波时应有泛水板）等多种配件，以形成严密的防水构造。由于各种屋面板的板型不同，其构造各不相同，但是订货时供应商应配套供应。采用临时措施解决是不可取的。

屋脊板与屋面板的搭接长度不宜小于200 mm。

屋面采用夹芯板时，构造无变化，缝间的孔隙用保温材料封填。

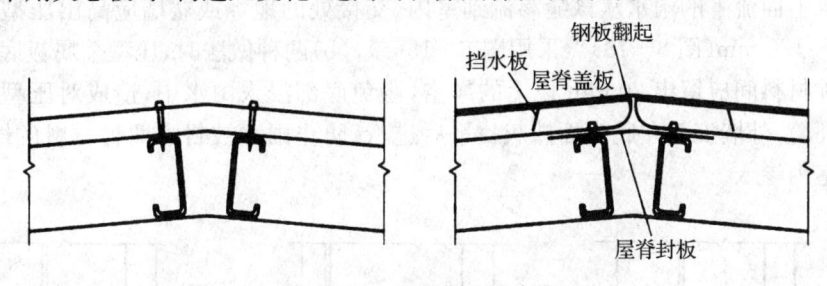

图8-12 屋脊做法示意图

4. 山墙与屋面构造

山墙与屋面交接处的结构可分为三类：山墙处屋面板出槽、山墙随屋面坡度设置和山墙高出屋面且墙面上沿线成水平线，如图8-13所示。

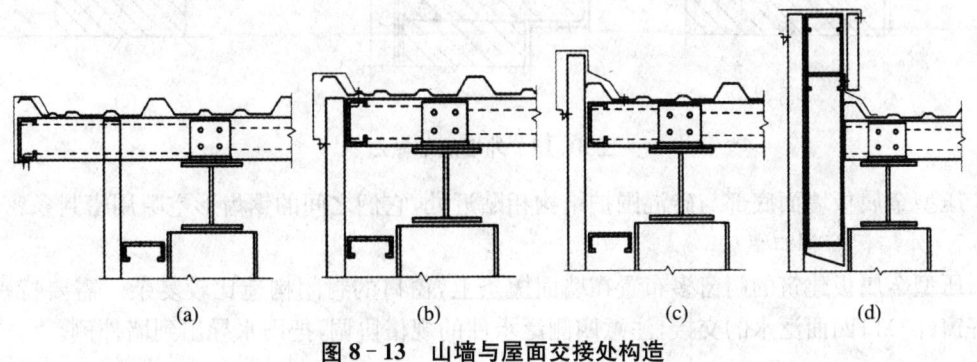

图8-13 山墙与屋面交接处构造

① 山墙处屋面板出槽,多用于侧墙处屋面板外挑时,这种方法构造简单,防水可靠,施工方便。

② 山墙随屋面坡度设置,又分为山墙面高出屋面和与屋面等高两种。山墙与屋面等高的做法构造简单。山墙高出屋面时,高出不宜太多,封闭构造可简单一些。

③ 山墙高出屋面且墙面上沿线成水平布置的方法是压型金属板围护结构中较复杂的构造,需要处理好山墙出屋面后的支承系统和山墙内外面的封闭问题,一般以不设为好。

5. 高低跨处的构造

高低跨处理不好会出现漏雨水的现象,一般情况下要避免设置高低跨。当不可避免需要设置高低跨时,对于双跨平行的高低跨,将低跨设计成单坡,从高跨处向外坡下,这时的高低跨处理最简单,高低跨之间用泛水连接,低跨处的构造要求与屋脊构造处理相似。

高跨处的泛水高度应≥300 mm,如图 8-14 所示。屋面采用夹芯板时,构造也无变化,缝间的孔隙用保温材料封填。

当低跨屋面需要坡向高跨时,应设置钢天沟,其构造要求与内天沟的相似。当高低跨成 T 字形平面布置时,其泛水做法与双跨平行的高低跨的做法相似。

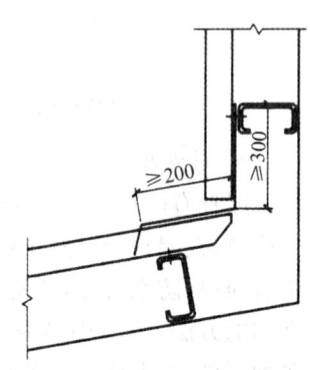

图 8-14 高低跨处的构造

6. 外墙底部做法

彩钢外墙底部在与地坪或矮墙交接处会形成装配构造缝,为防止墙面自上面流下的雨水从该缝渗流到室内,交接处的地坪或矮墙应高出压型金属板墙的底端 60~120 mm(图 8-15)。采用图 8-15(a)、(b)两种做法时,压型金属板底端与砖混围护墙两种材料间应留出 20 mm 以上的净空,避免底部浸入雨水中,造成对压型金属板根部的腐蚀环境;外墙安装在底表面抹灰找平后进行,防止雨水被封入两种材料的缝隙内,导致雨水向室内渗入。

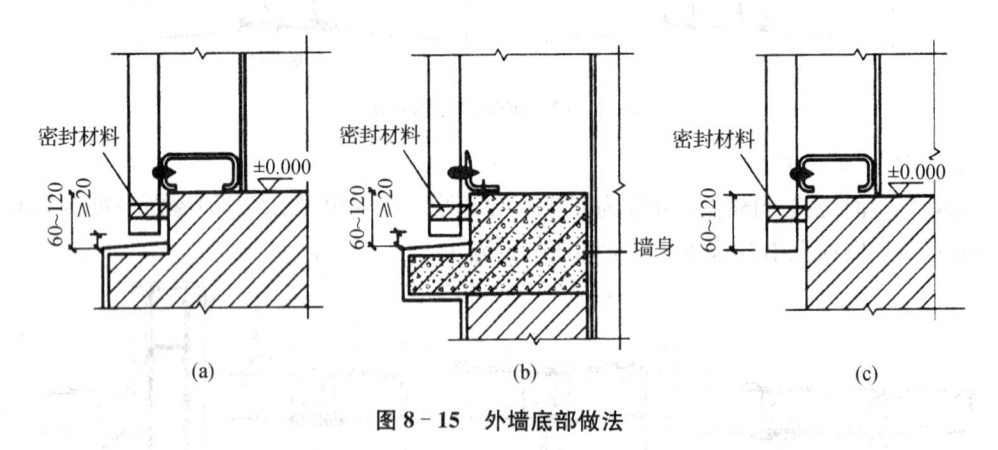

图 8-15 外墙底部做法

压型金属板墙面底部与砖混围护结构相贴近处,它们之间的锯齿形空隙用密封条密封。

7. 外墙门窗洞口做法

压型金属板建筑的门窗多布置在墙面檩条上,窗口的封闭构造比较复杂。需要特别处理好窗(门)口四面泛水的交接,注意四侧泛水件的规格协调,把雨水导出到墙外侧。

(1) 窗上口与侧口做法

窗上口的做法种类较多,图 8-16 中的(a)、(b)两种是常用的。做法(a)方法简单,容易制作和安装,窗口四面泛水易协调,在外观要求不高时使用。做法(b)外观好,构造较复杂,窗侧口与窗上下口的交接处泛水处理应细致设计,必要时要做出转角处的泛水件交接示意图。可预做专门的转角件,以做到配合精确,外观漂亮。这种做法往往因为施工安装偏差造成板位安装偏差积累,使泛水件不能正确就位,因此应精确控制安装偏差,并在墙面安装完毕后,测量实际窗口尺寸,并修改泛水形状和尺寸后制作安装。窗侧口做法如图 8-17 所示。

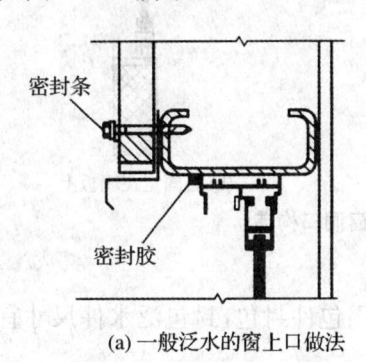

(a) 一般泛水的窗上口做法 　　(b) 带有窗套口的做法

图 8-16 窗上口做法

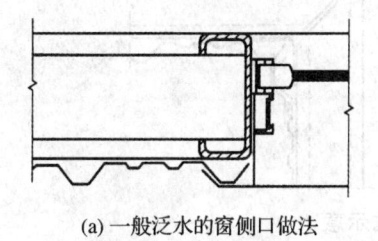

(a) 一般泛水的窗侧口做法 　　(b) 带有窗套口的做法

图 8-17 窗侧口的做法

(2) 窗下口做法

窗下口泛水应在窗口处做局部上翻,并应注意气密性和水密性密封。

窗下口泛水件与侧口泛水件交接处与墙面板的交接复杂,应根据板型和排板情况,进行细致处理,如图 8-18 所示。

(a) 一般泛水的窗下口做法 　　(b) 带有窗套口的做法

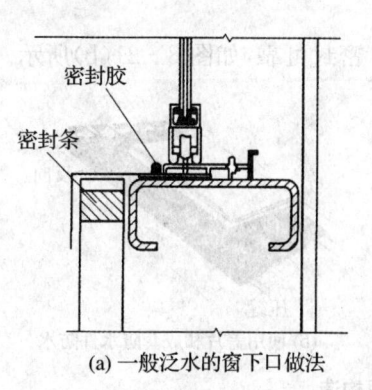

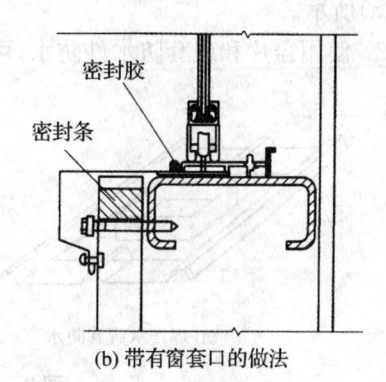

图 8-18 窗下口做法

平面夹芯板墙板的门窗洞口构造处理较波形板简单,封包配件可按设计要求预加工。门窗可以放在夹芯板的洞口处,也可以放在内部的墙面模条上,全部安装完成后,门窗洞口周围用密封胶封闭,如图 8-19 所示。

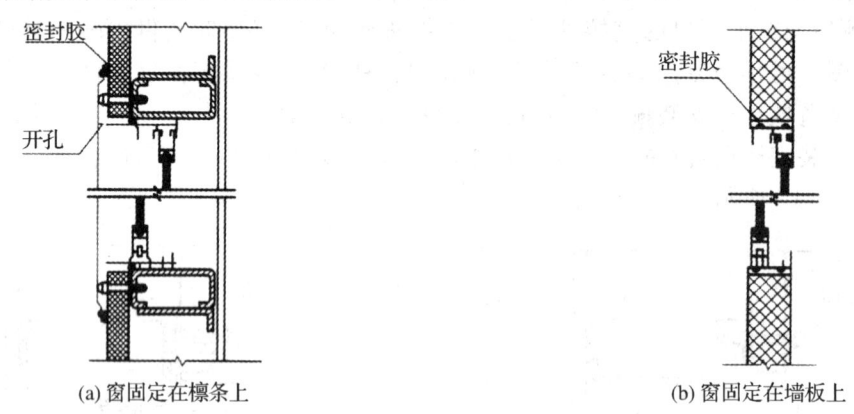

(a) 窗固定在檩条上　　(b) 窗固定在墙板上

图 8-19　平面夹芯板墙板的门窗洞口构造

8. 外墙转角做法

压型金属板建筑的外墙内外转角的内外面应用专用包件封包,封包泛水件尺寸宜在安装完毕后按实际尺寸制作,如图 8-20 所示。

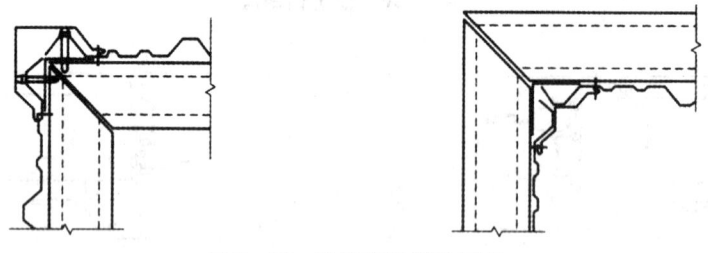

图 8-20　外墙转角做法示意

9. 管道出屋面构造

管道、通风机出屋面接口和平板上做洞口是压型金属板建筑较难处理的部位,防水解决方法有多种,较可靠的有以下两种:

(1) 在波形屋面板上做焊接水簸箕的方法,使水簸箕搭于上板之下,下板之上,两侧板之上,并在洞口处留出泛水口,这种水簸箕可用铝合金或不锈钢等材料焊接成,如图 8-21(a) 所示。

(2) 使用盖片和成套防水件防水,可以随波就型,密封可靠,如图 8-21(b) 所示。

(a) 焊接水簸箕防水　　(b) 使用盖片和成套防水件防水

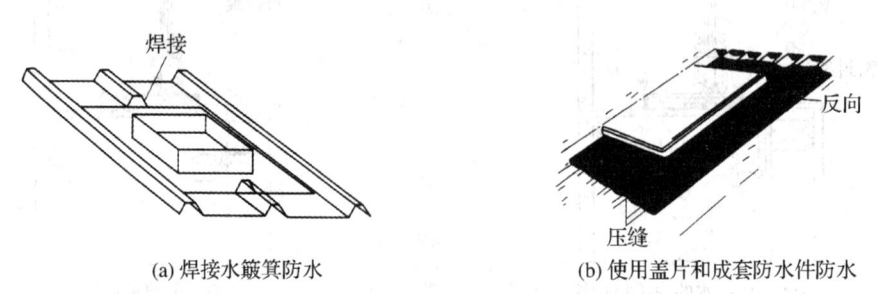

图 8-21　管道出屋面构造

10. 现场组装保温围护结构的构造

现场组装的保温围护结构是指将单层压型钢板、保温的卷材(或板材)分层安装在屋面上,保温层不起任何承力作用。有单层压型板加保温层和双层压型板中间放置保温层两类。

这种保温围护结构在现场分别组合安装,不需要工厂内复合,可以用单层压型板亦可用双层压型板;灵活性较大,对保温层的力学性能没有特殊要求。但施工层次较多,施工费用较高。

(1) 单层压型板加保温层的围护结构

这种围护结构的标准较低,多用于工厂、仓库或有吊顶的建筑中,保温层为连续的保温棉(毡),棉毡下面贴有加筋贴面层,加筋为玻璃纤维。玻璃棉毡的下面需加镀锌钢丝或不锈钢丝承托网,玻璃棉毡的加筋贴面层有聚丙烯贴面、铝箔贴面层等。

(2) 双面压型板保温层的围护结构

这种围护结构内观整齐、美观,使用较多,但造价较前者高。

其构成方式有两种,一是下层压型板装在屋面檩条以上,二是下层压型板在屋面檩条以下。对墙面而言为双层压型板分别在墙面檩条两侧,如图8-22所示。

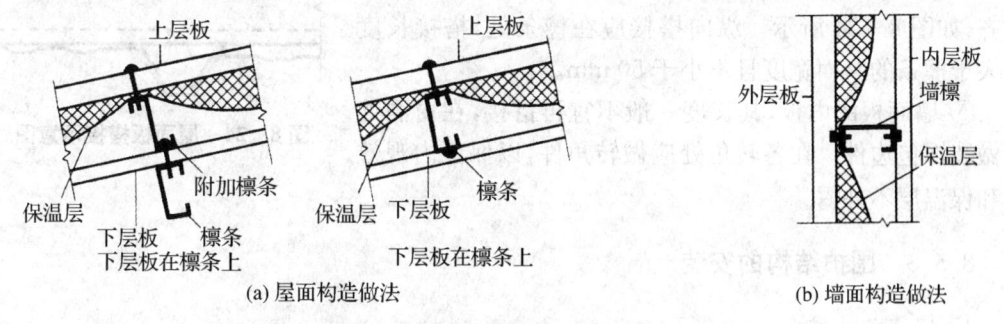

图8-22 现场双面压型板保温层的维护结构

① 底层板放在檩条上的做法,优点是可以单面施工,施工时不要脚手架,底板可以上人操作,但是需要增加附加檩条或附加支承上层板的支承连接件,材料费相应增加,内表面看见檩条,不如后一种整齐美观。

② 底层板放在檩条下的做法,优点是省材料,内表面不露钢檩条,美观整齐,但构造较麻烦,需在钢架和檩条间留出底层板厚度尺寸以上的空隙,施工时需对底层板切口,且需在底板面以下操作,需设置必要的操作措施,因而施工费用相应提高。这是一种目前较流行的构造方法。

(3) 双层压型板中置保温层的构造

这种保温围护结构的上层压型钢板的构造基本与单层压型板的作用相同。

保温层在屋面和墙面中是连续的,接头处应有搭接或胶带粘接。

① 底层压型板的构造做法在屋面施工中,当底板放在檩条以上时,工人可以在屋面上施工,放在檩条以下时应禁止工人在其上面站立施工。

② 屋面檐口

自由落水檐口,一般是上屋面板伸出墙面,墙面保温材料由屋面连续延伸到墙面保温层。屋面墙面内板交接处宜做封角。天沟排水屋面檐口,外排水时与自由落水做法类似,内排水时宜将天沟底的保温层与屋面和墙面的保温层连接起来,并做装饰压型金属板将保温层置于其内,如图 8-23 所示。

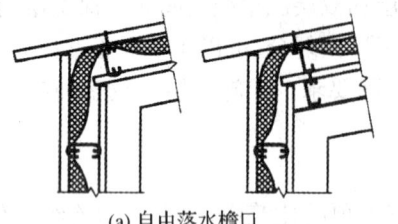

(a) 自由落水檐口　　(b) 外排水天沟做法　　(c) 内排水天沟做法

图 8-23　屋面檐口做法

③ 山墙檐口

山墙檐口的做法基本与纵向檐口做法原则相同,即把墙面保温层与屋面保温层连接起来,以保证保温层的全面积覆盖。

④ 屋面底层板的搭接

横向板间搭接应选择板厚度面向上的板型,以使内观整齐,如图 8-24 所示。纵向搭接应在檩条处,搭接长度不大于檩条的断面宽度且不小于 50 mm。

⑤ 墙面板的内板,其长度一般不宜再搭接,在窗洞处应做装饰包边件。在各转角处应做转角件,以保证内观效果和保温层不外露。

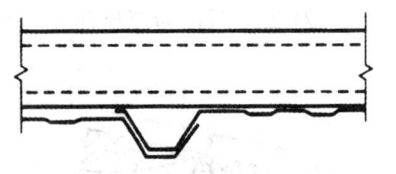

图 8-24　屋面板搭接示意图

8.5.3　围护结构的安装

1. 安装前的准备

(1) 压型金属板围护结构施工安装之前必须进行排板,并有施工排板图纸,根据设计文件编制施工组织设计,对施工人员进行技术培训和安全生产交底。

(2) 根据设计文件详细核对各类材料的规格和数量。对损坏了的压型金属板、泛水板、包角板及时修复或更换。

对大型工程,材料需按施工组织计划分步进货,并向供应商提出分步供应清单。清单中需注明每批板材的规格、型号、数量、连接件、配件的规格及数量等,并应规定好到货时间和指定堆放位置。材料到货后应立即清点数量、规格,并核对送货清单与实际数量是否相符合。

复核与压型金属板施工安装有关的钢构件的安装精度。如果影响压型金属板的安装质量,则应与有关方面协商解决。

(3) 机具按施工组织计划的要求准备齐全,并能正常运转。主要机具为:

a. 提升设备:汽车式起重机、卷扬机、滑轮、桅杆、吊盘等,按工程实际选用不同的方法和机具。

b. 手提工具:按安装队伍分组数量配套,电钻、自攻枪、拉铆枪、手提圆盘锯、钳、螺丝刀、铁剪、手提工具袋等。

c. 电源连接器具:总用电两配电柜,按班组数量的配线、分线插座、电线等,各种配电器具必须考虑防雨条件。

（4）脚手架准备：按施工组织计划要求准备脚手架、跳板、安全防护网。

（5）要准备临时机具库房，放置小型施工机具和零配件。

（6）按施工组织设计要求，对堆放场地装卸条件、设备行走路线、提升位置、施工道路、临时设施的位置、长车通道及车辆回转条件、堆放场地、排水条件等进行全面布置，以保证运输畅通、材料不受损坏和施工安全。

现场加工板材时应将加工设备放置在平整的场地上，有利于板材二次搬运和直接自装；现场生产时，多为长尺板，一般大于12 m，生产出的板材尽量避免转向运输。

2. 压型钢板的运输和堆放

（1）装卸无外包装的压型金属板时，应采用吊具起吊，严禁直接使用钢丝绳起吊。

压型金属板的长途运输宜采用集装箱装载。

用车辆运输无外包装的压型金属板时，应在车上设置衬有橡胶衬垫的枕木，其间距不宜大于3 m。长尺压型金属板应在车上设置刚性支承台架。

压型金属板装载的悬伸长度不应大于1.5 m。

压型金属板应与车身或刚性台架捆扎牢固。

（2）板材堆放地点设在离安装较近的位置，避免长距离运输。压型金属板应按材质、板型规格分别叠置堆放工地堆放时，板型规格的堆放顺序应与施工安装顺序相配合。

堆放场地应平整，不易受到工程运输施工过程中的外物冲击、污染以及雨水的浸泡。不得在压型金属板上堆放重物。严禁在压型铝板上堆放铁件。

压型金属板在室内采用组装式货架堆放，并堆放在无污染的地带。

压型金属板在工地可采用衬有橡胶衬垫的架空枕木（架空枕木要保持约5%的倾斜度）堆放。堆放应采取遮雨措施。

3. 压型钢板的安装

（1）放线

安装放线前应对安装面上已有建筑成品进行测量复核，对达不到安装要求的部分进行记录提出相应的修改意见。

根据下列原则确定压型金属板或固定支架的安装基准线：

① 屋面高波压型金属板固定支架的安装基准线一般设在屋脊线的中垂线上[图8-25(a)]，并以此基准线为参照线，在每根檩条的横向标出每个固定支架长度的定位线（余数对称放在山墙处的檩条端部）和在每根檩条的纵向标出固定支架的焊接线[图8-25(b)]。

② 屋面低波压型金属板的安装基准线一般设在山墙端屋脊线的垂线上[图8-25(c)]，并根据此基准线在檩条的横向标出每块或若干块压型金属板的截面有效覆盖宽度定位线。

③ 墙面压型金属板的安装基准线一般设在距离山墙阳角线（纵墙和山墙墙梁外表面的相交线）某一尺寸（例如压型金属板波距宽度的四分之一，但应保证墙体两端的对称性）的垂线上[图8-25(d)]，并根据此基准线，在墙梁上标出每块或若干块压型金属板的截面有效覆盖宽度定位线。

檩条上的固定支架在纵横两个方向均应成行成列，各在一条直线上。在安装墙板和屋面板时，墙梁和檩条应保持平直。每个固定支架与檩条的连接均应施满焊，并应清除焊渣和补刷涂料。

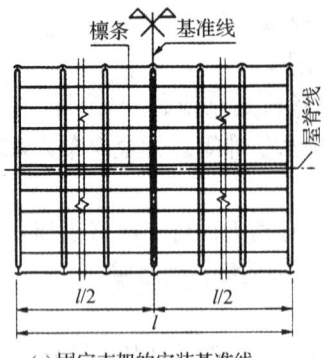

(a) 固定支架的安装基准线

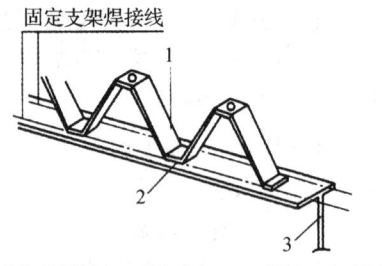

(b) 固定支架的焊接(1—固定支架；2—焊缝；3—檩条)

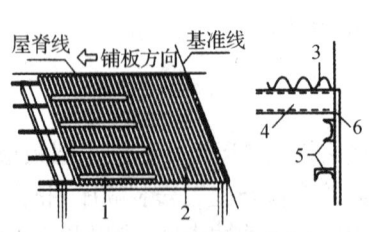

(c) 屋面低波压型金属板安装基准线
（1—木板；2—压型金属板堆放；3—屋面压型金属板；4—檩条；5—墙梁；6—墙面压型金属板）

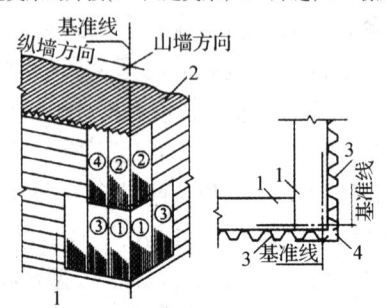

(d) 墙面压型金属板安装基准线
（1—墙梁；2—屋面；3—压型金属板；4—包角板）

图 8-25 安装基准线

屋面板及墙面板安装完毕后应对配件的安装做二次放线，以保证檐口线、屋脊线、窗口门口和转角线等处的水平直度和垂直度。

(2) 板材吊装

金属压型板和夹芯板的吊装可采用汽车吊、塔吊、卷扬机和人工提升等多种方法。

① 塔吊提升时，采用多吊点吊装钢梁

此为一次提升多块板(图 8-26)的方法，提升方便，被提升的板材不易损坏。

在大面积屋面工程施工时，一次提升的板材不易送到安装点，屋面的人工长距离搬运多，人在屋面上行走困难，易破坏已安装好的金属压型板。这种方法不能充分发挥吊车的提升能力，机械使用率低，费用高。

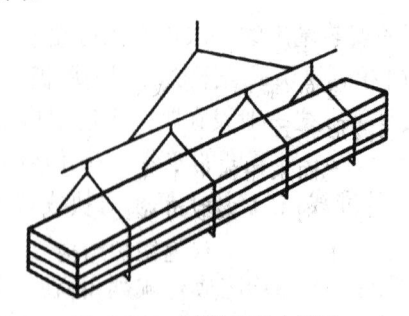

图 8-26 板材多吊点提升

② 卷扬机提升，不用大型机械，卷扬机设备可灵活移动到需要安装的地点，每次提升数量少，屋面移动距离短，操作方便，成本低，是屋面安装时经常采用的方法。

③ 人工提升，常用于板材不长的工程中，这种方法最简单方便，成本最低，但易损伤板材，使用的人力较多，劳动强度较大。

④ 钢丝滑升法，是在建筑的山墙处设若干道钢丝，钢丝上设套管，板置于钢管上，屋面上工人用绳沿钢丝拉动钢管，把特长板提升到屋面上，由人工搬运到安装地点（图 8-27）。

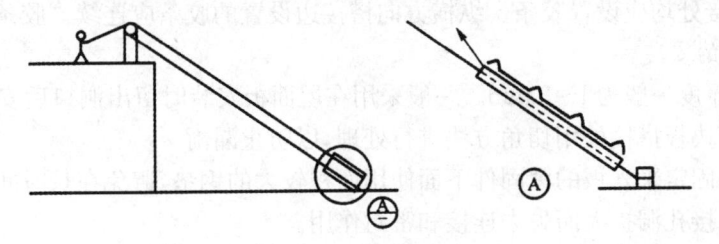

图 8-27 钢丝滑升法

(3) 压型金属板的铺设和固定

实测压型金属板材的实际长度，必要时对板材进行剪裁。

压型金属板的铺设和固定按下列原则进行：

① 屋面、墙面压型金属板均应逆主导风向铺设。

② 压型金属板从屋面或墙面的一端开始铺设。屋面第一列高波金属板按放在檩条一端的第一个（和第二个）固定支架上，屋面第一列低波压型金属板和墙面第一列压型金属板分别对准各自的安装基准线铺设。

③ 屋面、墙面压型金属板安装时，应边铺设，边调整其位置，边固定。对于屋面，在铺设压型金属板的同时，还应根据设计图纸的要求，敷设防水密封材料。

④ 在屋面、墙面上开洞，可先安装压型金属板，然后再切割洞口；也可先在压型金属板上切割洞口，然后再安装。切割时，必须核实洞口的尺寸和位置。

⑤ 铺设屋面压型金属板时，在压型金属板上设置临时人行木板（图 8-25）。

屋面低波压型金属板的屋脊端应弯折截水，其高度不应小于 5 mm（图 8-28）。

屋面、墙面采光板的波形应分别与屋面、墙面压型金属板的波形一致。

屋面采用弧形采光带或采光罩时，其与压型金属板相接处应在构造上采取可靠的防水措施。

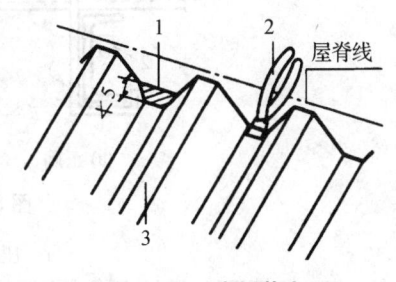

图 8-28 弯折截水
1—截水；2—白铁钎；3—压型金属板

压型金属板保温围护结构可采用预制夹芯保温板或现场组装保温板。当采用现场组装保温板时，一般的做法为两层压型金属板保温材料。保温材料一般采用岩棉、矿棉、珍珠岩制品等不可燃材料。

保温材料的两端应固定并将固定点之间的毡材拉紧。防潮层应置于建筑物的内侧，其面上不得有孔。防潮层的接头应采用粘接。

尽量避免在屋面压型金属板上开洞,若不能避免,则应尽量在靠近屋脊部位处开洞。

屋面、墙面压型金属板上开洞的洞口周边应采取可靠的防水措施。

屋面压型金属板的伸缩缝应与承重结构的伸缩缝一致。屋脊板的伸缩缝间距不宜大于50 m。

紧固自攻螺钉时应控制紧固的程度,不可过紧。过紧会使密封垫圈上翻,甚至将板面压得下凹而积水;紧固不够也会使密封不到位而出现漏雨。

屋面板搭接处均应设置胶条。纵横方向搭接边设置的胶条应连续。胶条本身应拼接。

4. 采光板的安装

采光板的厚度一般为 1～2 mm。一般采用在屋面板安装时留出洞口后安装的方法。安装时,在板的四块板搭接处用切角方法进行处理,以防止漏雨。

安装时,在固定采光板的紧固件下面使用面积较大的钢垫,避免在长时间的风荷载作用下,玻璃钢的连接孔洞扩大而失去连接和密封作用。

保温屋面需设双层采光板时,必须对双层采光板的四个侧面密封,防止保温效果减弱而出现结露和滴水现象。

5. 连接件的安装

连接件的安装应符合下列要求:

(1) 安装屋面、墙面的连接件时,应尽量使连接件成一直线。

(2) 连接件为钩螺栓时,压型金属板上的钻孔直径为:

屋面——钩螺栓直径+1 mm;

墙面——钩螺栓直径+1.5 mm。

钩螺栓的螺杆应紧贴檩条或墙梁(图 8-29)。钩螺栓的紧固程度以密封垫圈稍被挤出为宜。

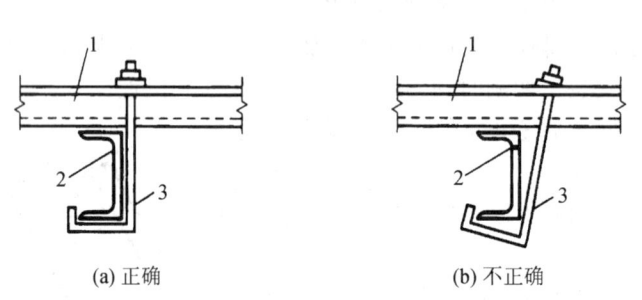

(a) 正确 (b) 不正确

图 8-29 钩螺栓的固定位置

1—压型金属板;2—檩条;3—钩螺栓

安装屋面压型金属板时,施工人员必须穿软底鞋,且不得聚集在一起。在压型金属板上行走频繁的地方应设置临时木板。

吊放在屋面上的压型金属板、泛水板包角板应于当日安装完毕。未安装完的,必须用绳具将其与屋面骨架捆绑牢固。

在安装屋面压型金属板过程中,应经常将屋面清扫干净。竣工后,屋面上不得留有铁屑等施工杂物。

6. 配件的安装

屋脊板、高低跨相交处的泛水板均应逆主导风向铺设。

泛水板之间、包角板之间以及泛水板、包角板与压型金属板之间的搭接部位必须按设计文件的要求设置防水密封材料。

屋脊板之间、高低跨相交处的泛水板之间搭接部位的连接件应避免设在压型金属板的波峰上。

山墙檐口包角板与屋脊板的搭接应先安装山墙檐口包角板，后安装屋脊板。

高波压型金属板屋脊端部的封头板的周边必须满涂建筑密封膏。高波压型金属板屋脊端部的挡水板必须与屋脊板压坑咬合。

檐口的搭接边除了胶条外尚应设置与压型钢板剖面相配合的堵头。

7. 泛水件的安装

（1）在压型金属板泛水件安装前，应在泛水件的安装处放出准线，如屋脊线、檐口线、窗上下口线等。

（2）安装前检查泛水件的端头尺寸，挑选合适的搭接口处的搭接头。

（3）安装泛水件的搭接口时，应在被搭接处涂上密封胶或设置双面胶条，搭接后立即紧固。

（4）安装泛水件至拐角处时，按交接位置的泛水件断面形状加工拐折处的接头，以保证拐点处有良好的防水效果和外观效果。

（5）特别注意门窗洞的泛水件转角处搭接防水口的相互构造方法，以保证建筑的立面外观效果。

8. 门窗的安装

在压型金属板围护结构中，门窗的外轮廓与洞口为紧密配合，施工时必须把门窗尺寸控制在比洞口尺寸小 5 mm 左右。门窗尺寸过大会导致门窗安装困难。门窗一般安装在钢墙梁上。

在夹芯板墙面板的建筑中，也有门窗安装在墙板上的做法，这时应按门窗外廓的尺寸在墙板上开洞。

门窗安装在墙梁上时，应先安装门窗四周的包边件，并使泛水边压在门窗的外边沿处。门窗就位并做临时固定后，对门窗的垂直和水平度进行测量，检查无误后进行固定。固定后对门窗周边用密封材料进行密封。

9. 防水和密封

压型金属板的安装除了保证安全可靠外，防水和密封问题事关建筑物的使用功能和寿命，在进行压型金属板的安装施工中应注意以下几点：

（1）自攻螺钉、拉铆钉一般要求设在波峰上（墙板可设在波谷上），自攻螺钉所配密封橡胶盖、垫必须齐全，且外露部分使用防水垫圈和防锈螺盖。外露拉铆钉必须采用防水型，外露钉头必须涂密封膏。

（2）屋脊板、封檐板、包角板及泛水板等配件之间的搭接宜逆主导风向，搭接部位接触面宜采用密封胶密封，连接拉铆钉尽可能避开屋面板波谷。

（3）夹芯板保温板之间的搭接（或插接）部位应设置密封条，密封条应通长，一般采用软质泡沫聚氨酯密封胶条。

（4）在压型金属板的两端，应设置与板型一致的泡沫堵头进行端部密封，一般采用软质泡沫聚氨酯制品，用不干胶粘贴。

习题与思考题

一、名词解释

1. 分件吊装法
2. 综合吊装法
3. 基础找平

二、填空题

1. 履带式起重机的主要技术参数包括_____、_____、_____。
2. 钢柱校正工作一般包括_____、_____和_____这三项内容。
3. 吊车梁的校正包括_____、_____和_____的调整。钢吊车梁的校正必须在结构形成刚度单元以后才能进行。

三、思考讨论题

1. 常用的吊装机械有哪些？分别说明各自的应用范围。
2. 钢结构安装前应作哪几个方面的准备工作？
3. 简述一般单层钢结构的安装流程。
4. 围护结构（墙面、屋面）的安装过程中，常见的构配件有哪些？

学习情景 9 钢结构的涂装工程

钢结构涂装防护工程包括防腐涂装工程和防火涂装工程两部分内容及其安全技术等。

9.1 钢结构防腐涂料的涂装

钢结构具有强度高、韧性好、制作方便、施工速度快、建设周期短等一系列优点,在建筑工程应用日益增多。但是钢结构也存在容易腐蚀的缺点,钢结构的腐蚀不仅造成经济损失,还直接影响到结构安全,因此做好钢结构的防腐工作具有重要经济和社会意义。

钢材表面与外界介质相互作用而引起的破坏称为腐蚀(锈蚀)。腐蚀不仅使钢材有效截面减小,承载力下降,而且严重影响钢结构的耐久性。

根据钢材与环境介质的作用原理,腐蚀分为化学腐蚀和电化学腐蚀。

化学腐蚀是指钢材直接与大气或工业废气中的氧气、碳酸气、硫酸气等发生化学反应而产生的腐蚀。

电化学腐蚀是由于钢材内部有其他金属杂质,它们具有不同的电极电位与电解质溶液接触产生原电池作用使钢材腐蚀。

钢材在大气中腐蚀是电化学腐蚀和化学腐蚀同时作用的结果。

为了减轻或防止钢结构的腐蚀,目前国内外主要采用涂装方法进行防腐。涂装防腐是利用涂料的涂层使钢结构与环境隔离,从而达到防腐的目的,延长钢结构的使用寿命。

9.1.1 钢结构防腐涂料的种类

1. 防腐涂料的组成和作用

防腐涂料一般由不挥发组分和挥发组分(稀释剂)两部分组成。防腐涂料刷在钢材表面后,挥发组分逐渐挥发逸出,留下不挥发组分干结成膜。不挥发组分的成膜物质分为主要、次要和辅助成膜物质三种:主要成膜物质可以单独成膜,也可以黏结颜料等物质共同成膜,它是涂料的基础,也常称基料、添料或漆基,它包括油料和树脂;次要成膜物质包含颜料和体质颜料。涂料组成中没有颜料和体质颜料的透明体称为清漆,具有颜料和体质颜料的不透明体称为色漆,加有大量体质颜料的稠状原浆状料称为腻子。

涂料经涂敷施工形成漆膜后,具有保护作用、装饰作用、标志作用和其他特殊作用。涂料在建筑防腐蚀工程中的功能则以保护作用为主,兼考虑其他作用。

2. 常用防腐涂料类型

涂料产品是以涂料基料中主要成膜物质为基础。常用的防腐涂料有以下两类。

(1) 防腐蚀材料,有底漆、中间漆、面漆、稀释剂和固化剂等。

（2）防腐涂料，有油性酚醛涂料、醇酸涂料、高氯化聚乙烯涂料、氯化橡胶涂料、氯磺化聚乙烯涂料、环氧树脂涂料、聚氨酯涂料、无机富锌涂料、有机硅涂料、过氯乙烯涂料等。

建筑常用涂料的基本名称和代号见表9-1：

表9-1　建筑常用涂料的基本名称和代号

序号	基本名称	序号	基本名称
00	清油	40	防污漆
01	清漆	41	水线漆
02	厚漆（浸渍）	50	耐酸漆
03	调和漆	51	耐碱漆
04	磁漆	52	防腐漆
06	底漆	53	防锈漆
07	腻子	54	耐油漆
08	水溶漆，乳胶漆	55	耐水漆
09	大漆	60	耐火漆
12	乳胶漆	61	耐热漆
13	其他水溶性漆	80	地板漆
14	透明漆	83	烟囱漆

涂料名称由三部分组成，即颜色或颜料名称、成膜物质名称、基本名称，如红醇酸磁漆、锌黄酚醛防锈漆等。

为了区别同一类型的名称涂料，在名称之前必须有型号，涂料型号以一个汉语拼音字母和几个阿拉伯数字组成。字母表示涂料类别，位于型号最前面；第一、二位数字表示涂料产品基本名称代号；第三位或第三位以后的数字表示同类涂料产品的品种序号（表9-1），涂料产品序号用来区分同一类别的不同品种，表示油在树脂中所占的比例。在第二位数字和第三位数字之间加有半字线（读成"之"），把基本名称代号与序号分开。例如C04-2：C代表涂料类别（醇酸树脂漆类），04代表基本名称（磁漆），2代表序号。

3. 质量要求

各种防腐蚀材料应符合国家有关技术指标的规定，应具有产品出厂合格证。防腐蚀涂料的品种、规格及颜色选用应符合设计要求。

9.1.2　钢结构防腐涂料的工艺流程

1. 主要工具

钢结构防腐涂装工程的主要机具见表9-2。

表9-2 钢结构防腐涂装工程主要机具

序号	机具名称	型号	单位	数量	备注
1	喷砂机	—	台		喷砂除锈
2	回收装置	—	套		喷砂除锈
3	气泵	—	台		喷砂除锈
4	喷漆气泵	—	台		涂漆
5	喷漆枪		把		涂漆
7	铲刀		把	使用数员根据具体工程量确定	人工除锈
8	手动砂轮		台		机械除锈
9	砂布	—	张		人工除锈
10	电动钢丝刷	—	台		机械除锈
11	小压缩机		台		涂漆
12	油漆小桶		个		涂漆
13	刷子		把		涂漆

2. 涂装前钢材表面处理

发挥涂料的防腐效果重要的是漆膜与钢材表面的严密贴敷,若在基底与漆膜之间夹有锈、油脂、污垢及其他异物,不仅会妨害防锈效果,还会起反作用而加速锈蚀。因而在涂料涂装前对钢材表面进行处理,并控制钢材表面的粗糙度,在涂料涂装前是必不可少的。

(1) 钢材表面处理方法

钢材表面除锈方法有:手工除锈、动力工具除锈、喷射或抛射除锈、酸洗除锈和火焰除锈等。

① 手工除锈。金属表面的铁锈可用钢丝刷、钢丝布或粗砂布擦拭,直到露出金属本色,再用棉纱擦净。此方法施工简单,比较经济,可以在小构件和复杂外形构件上处理。

② 动力工具除锈。利用压缩空气或电能为动力,使除锈工具产生圆周式或往复式运动,产生摩擦或冲击来清除铁锈或氧化铁皮等。此方法工作效率和质量均高于手工除锈,是目前常用的除锈方法。常用工具有气动砂磨机、电动砂磨机、风动钢丝刷、风动气铲等。

③ 喷射除锈。利用经过油、水分离处理过的压缩空气将磨料带入并通过喷嘴以高速喷向钢材表面,靠磨料的冲击和摩擦力将氧化铁皮等除掉,同时使表面获得一定的粗糙度。此方法效率高,除锈效果好,但费用较高。喷射除锈分干喷射法和湿喷射法两种,湿法比干法工作条件好,粉尘少,但易出现返锈现象。

④ 抛射除锈。利用抛射机叶轮中心吸入磨料和叶尖抛射磨料的作用,以高速的冲击和摩擦除去钢材表面的污物。此方法劳动强度比喷射方法低,对环境污染程度轻,而且费用也比喷射方法低,但扰动性差,磨料选择不当,易使被抛件变形。

⑤ 酸洗除锈。酸洗除锈亦称化学除锈,利用酸洗液中的酸与金属氧化物进行反应,使金属氧化物溶解从而除去。此方法除锈质量比手工和动力工具除锈好,与喷射除锈质量相当,但没有喷射除锈的粗糙度,不过在施工过程中酸雾对人和建筑物有害。

各种除锈方法的特点见表9-3。

表9-3　各种除锈方法的特点

除锈方法	设备工具	优点	缺点
手工,机械	砂布,钢丝刷,铲刀,尖锤,平面砂轮机,动力钢丝刷等	工具简单,操作方便,费用低	劳动强度大,效率低,质量差,只能满足一般的涂装要求
喷射	空气压缩机,喷射机,油水分离器等	工作效率高,除锈彻底,能控制质量,可获得不同要求的表面粗糙度	设备复杂,需要一定操作技术,劳动强度较高,费用高,污染环境
酸洗	酸洗槽,化学药品,厂房等	效率高,使用大批件,质量较高,费用较低	污染环境,废液不易处理,工艺要求较严

(2) 涂装前钢材表面锈蚀等级和除锈等级

① 锈蚀等级

钢材表面分四个锈蚀等级：

a. 全面覆盖着氧化皮而几乎没有铁锈。

b. 浮锈：已发生锈蚀,并且部分氧化皮剥落。

c. 陈锈：氧化皮因锈蚀而剥落,或者可以剥除,并有少量点蚀。

d. 老锈：氧化皮因锈蚀而全面剥落,并普遍发生点蚀。

② 喷射或抛射除锈等级

喷射或抛射除锈用 Sa 表示,分四个等级。

Sa1——轻度的喷射或抛射除锈。钢材表面应无可见的油脂或污垢、不牢的氧化皮、铁锈和油漆涂层等附着物。

Sa2——彻底的喷射或抛射除锈。钢材表面无可见的油脂和污垢,铁锈等附着物已基本清除,其残留物应是牢固附着的。

$Sa2.5\left(Sa2\frac{1}{2}\right)$——非常彻底的喷射或抛射除锈。钢材表面无可见的油脂、污垢、氧化皮、铁锈和油漆涂层等附着物,任何残留的痕迹应仅是点状或条状的轻微色斑。

Sa3——使钢材表现洁净的喷射或抛射除锈。钢材表面无可见的油脂、污垢、氧化皮、铁锈和油漆涂层等附着物,该表面应显示均匀的金属光泽。

③ 手工和动力工具除锈等级

手工和动力工具除锈用 St 表示,分两个等级。

St2——彻底的手工和动力工具除锈。钢材表面应无可见的油脂和污垢,没有附着不牢的氧化皮、铁锈和油漆涂层等附着物。

St3——非常彻底的手工和动力工具除锈。钢材表面应无可见的油脂和污垢,没有附着不牢的氧化皮、铁锈和油漆涂层等附着物。除锈应比 St2 更为彻底,底材显露部分的表面应具有金属光泽。

④ 火焰除锈等级

火焰除锈用 Fl 表示,它包括在火焰加热作业后,以动力钢丝刷清除加热后附着在钢材表面的产物,只有一个等级。

FI——火焰除锈。钢材表面应无氧化皮、铁锈和油漆涂层等附着物,任何残留的痕迹应仅为表面变色(不同颜色的暗影)。

3. 涂料涂装方法

合理的施工方法,对保证涂装质量、施工进度、节约材料和降低成本有很大的作用。所以正确选择涂装方法是涂装施工管理工作的主要组成部分。

常用涂料的施工方法见表9-4。

表9-4 常用涂料的施工方法表

施工方法	适用涂料的特性			被涂物	使用工具或设备	主要优缺点
	干燥速度	黏度	品种			
刷涂法	干性较慢	塑性小	油性漆酚醛漆醇酸漆	一般构建及建筑物,各种设备管道等	各种毛刷	投资少,施工方法简单,适于各种形状及大小的涂装,缺点是装饰性较差,施工效率低
手工滚涂法	干性较慢	塑性小	同上	一般大型平面和管道	滚子	投资少,施方法简单,适用大面积的涂装;缺点同刷涂法
浸涂法	干性适当,流平性好,干燥速度适中	触变性好	各种合成树脂涂料	小型零件,设备和机械部件	浸漆槽,离心及真空设备	设备投资较少,施工方法简单,涂料损失少,适用于构造复杂的构件;缺点是有流柱现象,污染现场,溶剂易挥发
空气喷涂法	挥发快和干燥适中	黏度小	各种硝基漆,橡胶漆,建筑乙烯漆,聚氨酯漆等	各种大型构件及设备和管道	喷枪,空气压缩机油水分离器等	设备投资较小,施工方法较复杂,施工效率较刷涂法高,缺点是消耗溶剂量大,污染现场,易引起火灾
雾气喷涂法	只有高沸点溶剂的涂料	高不挥发,有触变性	原浆型涂料和高不挥发分涂料	各种大型钢结构、桥梁、管道车辆和船舶等	高压无气喷枪、空气压缩机等	设备投资较大,施工方法较复杂,效率比空气喷涂法高,能获得厚涂层;缺点是也要损失部分涂料,装饰性较差

(1)刷涂法操作工艺

① 油漆刷的选择:刷底漆、调和漆和磁漆时,应选用扁形和歪脖形弹性大的硬毛刷;刷涂油性清漆时,应选用刷毛较薄、弹性较好的猪鬃或羊毛等混合制作的板刷和圆刷;涂刷树脂漆时,应选用弹性好,刷毛前端柔软的软毛板刷或歪脖形刷。

使用油漆刷子,应采用直握方法,用腕力进行操作。涂刷时,应蘸少量涂料,刷毛浸入油漆的部分应为毛长的1/3~1/2。对干燥较慢的涂料,应按涂敷、抹平和修饰三道工序进行。对于干燥较快的涂料,应从被涂物一边按一定的顺序快速、连续地刷平和修饰,不应反复涂刷。

② 涂刷顺序:一般应按自上而下、从左向右、先里后外、先斜后直、先难后易的原则,使漆膜均匀、致密、光滑及平整。

③ 刷涂的走向:刷涂垂直面时,最后一道应由上向下进行;涂刷水平面时,最后一道应

按光线照射的方向进行。

④ 刷涂完毕后,应将油漆刷妥善保管,若长期不用,需用溶剂清洗干净,晾干后用塑料薄膜包好,存放在干燥的地方,以便再用。

(2) 滚涂法操作工艺

① 涂料应倒入装有滚涂板的容器内,将滚子的一半浸入涂料,然后提起在滚涂板上来回滚涂几次,使滚子全部均匀浸透涂料,并把多余的涂料滚压掉。

② 把滚子按 W 形轻轻滚动,将涂料大致地涂布于被涂物上,然后滚子上下密集滚动,将涂料均匀地分布开,最后使滚子按一定的方向滚平表面并修饰。

③ 滚动时,初始用力要轻,以防流淌,随后逐渐用力,使涂层均匀。

④ 滚子用后,应尽量挤压掉残存的油漆涂料或使用涂料的稀释剂清洗干净,晾干后保存好,以备后用。

(3) 浸涂法操作工艺

浸涂法就是将被涂物放入油漆槽中浸渍,经一定时间后取出吊起,让多余的涂料尽量滴净,再晾干或烘干的涂漆方法。这种方法适用于形状复杂的骨架状被涂物,也适用于烘烤型涂料。建筑钢结构工程中应用较少,在此不做过多叙述。

(4) 空气喷涂法操作工艺

① 空气喷除法是利用压缩空气的气流将涂料带入喷枪,经喷嘴吹散成雾状,并喷涂到被涂物表面上的一种涂装方法。

② 进行喷涂时,必须将空气压力、喷出量和喷雾幅度等参数调整到适当程度,以保证喷涂质量。

③ 喷涂距离控制:喷涂距离过大,油漆易落散,造成漆膜过薄而无光;喷涂距离过近,漆膜易产流淌和橘皮现象。喷涂距离应根据喷涂压力和喷嘴大小来确定,一般使用大口径喷枪的喷涂距离为 200～300 mm,使用小口径喷枪的喷涂距离为 150～250 mm。

④ 喷涂时,喷枪的运行速度应控制在 30～60 cm/s 范围内,并应运行稳定。

⑤ 喷枪应垂直于被涂物表面。如喷枪角度倾斜,漆膜易产生条纹和斑痕。

⑥ 喷涂时,喷幅搭接的宽度一般为有效喷雾幅度的 1/4～1/3,并保持一致。

⑦ 暂停喷涂工作时,应将喷枪端部浸泡在溶剂中,以防涂料固结堵塞喷嘴。

⑧ 喷枪使用后,应立即用溶剂清洗干净;枪体、喷嘴和空气帽应用毛刷清洗;气孔和喷漆孔遇有堵塞,应用木钎疏通,不准用金属丝或铁钉疏通,以防损伤喷嘴孔。

(5) 雾气喷涂法操作工艺

① 雾气喷涂法是利用特殊形式的气动或其他动力驱动的液压泵,将涂料增至高压,当涂料经由管路通过喷枪的喷嘴喷出后,使喷出的涂料体积骤然膨胀而雾化,高速地分散在被涂物表面上,形成漆膜。

② 喷枪嘴与被涂物表面的距离,一般应控制在 300～380 mm。

③ 喷幅宽度,较大的物件以 300～500 mm 为宜,较小物件以 100～300 mm 为宜,一般为 300 mm。

④ 喷嘴与物件表面的喷射角度为 30°～80°。

⑤ 喷枪运行速度为 10～100 cm/min。

⑥ 喷幅的搭接宽度应为喷幅的 1/6～1/4。

⑦ 雾气喷涂法施工时，涂料应经过滤后才能使用。
⑧ 吸涂过程中，吸入管不得移出涂料液面，应经常注意补充涂料。
⑨ 发生喷嘴堵塞时，应关枪，取下喷嘴，先用刀片在喷嘴口切割数下（不得用刀尖凿），用毛刷在溶剂中清洗，然后再用压缩空气吹通或用木钎捅通。
⑩ 暂停喷涂施工时，应将喷枪端部置于溶剂中。
⑪ 喷涂结束后，将吸入管从涂料桶中提起，使泵空载运行，将泵内、过滤器、高压软管和喷枪内剩余涂料排出，然后利用溶剂空载循环，将上述各器件清洗干净。
⑫ 高压软管弯曲半径不得小于 50 mm，且不允许重物压在上面。
⑬ 高压喷枪严禁对准操作人员或他人。

（6）涂装施工工艺及要求
① 涂装施工对环境条件的要求：
a. 环境温度。应按照涂料产品说明书的规定执行。
b. 环境湿度。一般应在相对湿度小于 80% 的条件下进行。具体应按照涂料产品说明书的规定执行。
c. 控制钢材表面温度与露点温度。当钢材表面的温度高于空气露点温度 3℃ 以上时，方可进行喷涂施工。露点温度可根据空气温度和相对湿度从表 9-5 中查得。

表 9-5　露点值查对表

环境温度/℃	相对湿度/%								
	55	60	65	70	75	80	85	90	95
0	-7.9	-6.8	5.8	-4.8	-4.0	-3.0	-2.2	1.4	-0.7
5	-3.3	-2.1	-1.0	0.0	0.9	1.8	2.7	3.4	4.3
10	1.4	2.6	3.7	4.8	5.8	6.7	7.6	8.4	9.3
15	6.1	7.4	8.6	9.7	10.7	11.5	12.5	13.4	14.2
20	10.7	12.0	13.2	14.4	15.4	16.4	17.3	18.4	19.2
25	15.6	16.9	18.2	19.3	20.4	21.3	22.3	23.3	24.1
30	19.9	21.4	22.7	23.9	25.1	26.2	27.2	28.2	29.1
35	24.8	26.2	27.5	28.7	29.9	31.1	32.1	33.1	34.1
40	29.1	30.7	32.2	33.5	34.7	35.9	37.0	38.0	38.9

在雨、雾、雪和较大灰尘的环境下，必须采取适当的防护措施，方可进行涂装施工。
② 设计要求或钢结构施工工艺要求。禁止涂装的部位，为防止误涂，在涂装前必须进行遮蔽保护，如地脚螺栓和底板、高强度螺栓结合面、与混凝土紧贴或埋入的部位等。
③ 涂料开桶前，应充分摇匀。开桶后，原漆应不存在结皮、结块、凝胶等现象，有沉淀应能搅起，有漆皮应除掉。
④ 涂装施工过程中，要控制油漆的黏度、稠度、稀度，兑制时应充分搅拌，使油漆色泽、黏度均匀一致。调整黏度必须使用专用稀释剂，如需代用，必须经过试验。
⑤ 涂刷遍数及涂层厚度应执行设计要求规定。

⑥ 涂装间隔时间根据各种涂料产品说明书确定。

⑦ 涂刷第一层底漆时,涂刷方向应该一致,接搓整齐。

⑧ 钢结构安装后,进行防腐涂料二次涂装。涂装前,首先利用砂布、电动钢丝刷、空气压缩机等工具将钢构件表面处理干净,然后对涂层损坏部位和未涂部位进行补涂,最后按照设计要求进行二次涂装施工。

⑨ 涂装完成后,经自检和专业检查并记录。涂层有缺陷时,应分析并确定缺陷原因,并及时修补。修补的方法和要求与正式涂层部分相同。

9.1.3 质量标准

1. 主控项目

(1) 钢结构防腐涂料、稀释剂和固化剂等材料的品种、规格、性能和质量等,应符合现行国家产品标准和设计要求。

① 检查数量。全数检查。

② 检查方法。检查产品质量合格证明文件、中文标志及检验报告等。

(2) 涂装的钢构件表面除锈应符合设计要求和国家现行有关标准的规定。处理后的钢材表面不应有焊渣、焊疤、灰尘、油污、水和毛刺等。当设计无要求时钢结构件表面除锈等级应符合表9-6的规定。

① 检查数量。按构件数抽查10%,且同类构件不应少于3件。

② 检查方法。用铲刀检查和用现行国家标准《涂装前钢材表面锈蚀等级和除锈等级》(GB/T 8923-1988)规定的图片对照观察检查。

表9-6 各种底漆或防锈漆要求最低的除锈等级

涂料品种	除锈等级
油性酚醛、醇酸等底漆或防锈漆	St2
高氯化聚乙烯,氯化橡胶,氯磺化聚乙烯,环氧树脂、聚氯酯等底漆或防锈漆	Sa2
无机富锌,有机硅,过氯乙烯等底漆	Sa2.5(Sa2 1/2)

(3) 涂料、涂装遍数、涂层厚度均应符合设计要求。当设计对涂层厚度无要求时,涂层干漆膜总厚度应为:室外应为150 μm,室内应为125 μm,其允许偏差为$-25\ \mu m$。每遍涂层干漆膜厚度的允许偏差为$-5\ \mu m$。

① 检查数量。按构件数抽查10%,且同类构件不应少于3件。

② 检查方法。采用干漆膜测厚仪检查。每个构件检测5处,每处的数值为3个相距50 mm测点涂层干漆膜厚度的平均值。

(4) 不得误涂、漏涂,涂层应无脱皮和返锈。

① 检查数量。全数检查。

② 检查方法。目视,观察检查。

2. 一般项目

(1) 钢结构防腐涂料的型号名称、颜色及有效期应与其产品质量证明文件相符。

① 检查数量。按桶数抽查5%,且不应少于3桶。

② 检查方法。观察检查。
(2) 防腐涂料开启包装后,不应存在结皮、结块、凝胶等现象。
① 检查数量。按桶数抽查 5%,且不应少于 3 桶。
② 检查方法。观察检查。
(3) 涂层应均匀,无明显皱皮、流坠、针眼和气泡等缺陷。
① 检查数量。全数检查。
② 检查方法。观察检查。
(4) 当钢结构处于有腐蚀介质环境或外露且设计有要求时,应进行涂层附着力测试。在检测处范围内,当涂层完整程度达到 70% 以上时,涂层附着力达到合格质量标准的要求。
① 检查数量。按照构件数抽查 1%,且不应少于 3 件,每件测 3 处。
② 检查方法。按照现行国家标堆《漆膜附着力测定法》(GB/T1720-1979)或《色漆和清漆 漆膜的划格试验》(GB/T9286-1998)执行。
(5) 构件补刷涂层质量应符合规定要求,补刷涂层漆膜应完整。
① 检查数量。全数检查。
② 检查方法。观察检查。
(6) 涂装完成后,钢构件的标识、标记和编号应清晰完整。
① 检查数量。全数检查。
② 检查方法。观察检查。

9.1.4 成品保护

1. 钢构件在涂装后应做好成品保护工作,可以采取以下措施:
(1) 钢构件涂装后,应加以临时围护隔离,防止踏踩,损伤涂层。
(2) 钢构件涂装后,在 4 h 内如遇大风或下雨时,应加以覆盖,防止沾染灰尘或水汽,避免影响涂层的附着力。
(3) 涂装后的钢构件需要运输时,应注意防止磕碰,防止在地面拖拉,防止土层损坏。
(4) 涂装后的钢构件勿接触酸类液体,防止咬伤涂层。
2. 安全环保措施
防腐涂装施工所用的材料大多数为易燃物品,大部分溶剂有不同程度的毒性。因此,防腐涂装施工中防火、防爆、防毒是至关重要的,应予以相当的关注和重视。
(1) 防火措施
① 防腐涂料施工现场或车间,不允许堆放易燃物品,并应远离易燃物品仓库。
② 防腐涂料施工现场或车间,严禁烟火,并有明显的禁止烟火的宣传标志。
③ 防腐涂料施厂现场或车间,必须备有消防水源或消防器材。
④ 防腐涂料施工中使用擦过溶剂和涂料的棉纱、棉布等物品应存放在带盖的铁桶内,并作定期处理。
⑤ 严禁向下水道倾倒涂料和溶剂。
(2) 防爆措施
① 防腐涂料使用前需要加热时,采用热载体、电感加热等方法,并远离涂装施工现场。
② 防腐涂料涂装施工时,严禁使用铁棒等金属物品敲击金属物体和漆桶,如需敲击应

③ 在涂料仓库和涂装施工现场使用的照明灯应有防爆装置。临时电气设备应使用防爆型的,并定期检查电路及设备的绝缘情况。在使用溶剂的场所,应禁止使用闸刀开关,要使用三相插头,防止产生电气火花。

④ 所有使用的设备和电气导线应良好接地,防止静电聚集。

⑤ 所有进入防腐涂料涂装施工现场的施工人员,应穿安全鞋、安全服装。

(3) 防毒措施

① 施工人员应戴防毒口罩或防毒面具。

② 对于接触性侵害,施工人员应穿工作服、戴手套和防护眼镜等,尽量不与溶剂接触。

③ 施工现场应做好通风排气装置,减少有毒气体的浓度。

(4) 高空作业

应系好安全带,并应对使用的脚手架或吊架等临时设施进行检查,确认安全后,方可施工。

(5) 施工用工具

施工用工具,不使用时应放入工具袋内,不得随意乱扔乱放。

9.2 钢结构防火涂料的涂装

9.2.1 概述

火灾是由可燃材料的燃烧引起的,是一种失去控制的燃烧过程。建筑物火灾的损失大,尤其是钢结构,一旦发生火灾容易破坏而倒塌。钢是不燃烧体,但却易导热,试验表明:不加保护的钢构件耐火极限仅为 20~20 min。温度在 200℃以下时,钢材性能基本不变;当温度超过 300℃时,钢材力学性能迅速下降;达到 600℃时钢材失去承载能力,造成结构变形,最终导致垮塌。

国家规范对各类建筑构件的燃烧性能和耐火极限都有要求,当采用钢材时,钢构件的耐火极限不应低于表 9-7 的规定。

表 9-7 钢构件的耐火极限要求

构件名称	高层民用建筑			一般工业与民用建筑				
耐火极限/h	柱	梁	楼板屋顶承重构件	支撑多层的柱	支撑平层的柱	梁	楼板	屋顶称重构件
耐火等级一级	3.00	2.00	1.50	3.00	2.50	2.00	1.50	1.50
耐火等级二级	2.00	1.50	1.00	2.50	2.00	1.50	1.00	0.50
耐火等级三级				2.50	2.00	1.00	0.50	

钢结构防火保护的基本原理是采用绝热或吸热的材料,阻隔火焰和热量,推迟钢结构的升温速度,如用混凝土来包裹钢构件(劲性钢筋混凝土结构)。随着高层建筑越来越多,纯钢结构建筑也越来越多,防火涂料也在工程中得到广泛应用。

9.2.2 防火涂料的阻燃机理

防火涂料的阻燃机理如下:

1. 防火涂料本身具有难燃烧性或不燃性,使被保护的基材不直接与空气接触而延迟基材着火燃烧。
2. 防火涂料具有较低导热系数,可以延迟火焰温度向基材的传递。
3. 防火涂料遇火受热分解出不燃的惰性气体,可冲淡被保护基材受热分解出的可燃性气体,抑制燃烧。
4. 燃烧被认为是游离基引起的连锁反应,而含氮的防火涂料受热分解出 NO、NH_3 等基团,与有机游离基化合,中断连锁反应,降低燃烧速度。
5. 膨胀型防火涂料遇火膨胀发泡,形成泡沫隔热层,封闭被保护的基材,阻止基材燃烧。

9.2.3 防火涂料的类型及选用

1. 防火涂料的类型

钢结构防火涂料按不同厚度分超薄型、薄涂型和厚涂型三类;按施工环境不同分为室内和露天两类;按所用胶粘剂的不同分为有机类和无机类;按涂层受热后的状态分为膨胀型和非膨胀型(图 9-1)。

钢结构防火涂料
- 膨胀型(B型)
  - 薄涂型(涂层厚 7 mm 以下,耐火时间 1.5 h 以上)(B型)
  - 超薄型(涂层厚 3 mm 以下,耐火时间 0.5 h 以上)(CB型)
- 非膨胀型(H类)
  - 无机型(不燃型)
  - 有机型(难燃型)

图 9-1 防火涂料的类型

2. 防火涂料的选用

(1) 室内裸露钢结构、轻型屋盖钢结构及有装饰要求的钢结构,当规定其耐火极限在 1.5 h 以下时,常选用薄涂型钢结构防火涂料。

(2) 室内隐蔽钢结构、高层全钢结构及多层厂房钢结构,当规定其耐火极限在 2.0 h 以上时,应选用厚涂型钢结构防火涂料。

(3) 半露天或某些潮湿环境的钢结构,露天钢结构应选用室外钢结构防火涂料。

1. 隔热型钢结构防火涂料

(1) 基本组成和性能

隔热型钢结构防火涂料通常为厚涂型钢结构防火涂料,是采用一定的胶凝材料,配以无机轻质材料、增强材料等组成,涂层厚度为 7~45 mm。这类钢结构防火涂料的耐火极限为 1~3 h,施工多采用喷涂或批刮工艺,一般是应用在耐火极限要求在 2 h 以上的钢结构建筑上,如在石油、化工等行业中。这类涂料在火灾中涂层基本不膨胀,依靠材料的不燃性、低导热性和涂层中材料的吸热性等来延缓钢材的温升,从而达到保护钢构件的目的。这种涂料的涂层外观装饰性一般不理想。

隔热型钢结构防火涂料又称为无机轻体喷涂涂料或耐火喷涂涂料,目前有蛭石水泥系、矿纤维水泥系、氢氧化镁水泥系和其他无机轻体系等系列,其基本组成见表 9-8。

表 9-8 隔热型钢结构防火涂料的基本组成

组分	主要代表物质	质量分数/(%)
基料	硅酸盐水泥,氢氧化镁,水玻璃等	15~40
骨料	膨胀蛭石,膨胀珍珠岩,矿棉	30~50
助剂	硬化剂,防水剂,膨松剂等	5~10
水		10~30

隔热型钢结构防火涂料按使用环境来分,有室内和室外两种类型。根据《钢结构防火涂料》(GBl4907-2002),其应满足表 9-9 的技术要求。

表 9-9 隔热型钢结构防火涂料的技术要求

检测项目	技术指标 室内型	技术指标 室外型
在容器中状态	经搅拌后呈均匀稠厚流体状态,无结块	经搅拌后呈均匀稠厚流体状态,无结块
干燥时间(表干)/h	≤24	≤24
初期干燥抗裂性	允许出现 1~3 条裂纹,其宽度不应大于 1 mm	允许出现 1~3 条裂纹,其宽度不应大于 1 mm
黏结强度/MPa	0.04	0.04
抗压强度/MPa	≥0.3	≥0.5
干密度/(kg/m³)	≤500	≤650
耐水性/h	≥24 h 涂层应无起层,发泡,脱落等现象	
冷热循环性/次	≥15 次涂层应无开裂,剥落,起泡现象	≥15 次涂层应无开裂,剥落,起泡现象
耐曝热性/h		≥720 h 应无起层,空鼓,开裂现象
耐湿热性/h		≥304h 涂层应无起层,脱落现象
耐酸性/h		≥360h 涂层应无起层,脱落,开裂现象
耐碱性/h		≥360h 涂层应无起层,脱落,开裂现象
耐盐雾腐蚀性/次		≥30 次涂层应无起泡,明显变质,软化现象
涂层厚度(不大于)/mm	25±2	25±2
耐火极限(不低于)/mm	2.0	2.0

(2) 室内隔热型钢结构防火涂料

室内隔热型钢结构防火涂料主要由无机胶粘剂、无机轻质材料、增强填料和助剂等配制而成。除了具有一般水性防火涂料的优点外,由于其原材料都是无机物,因此成本低廉,但装饰效果较差。一般用于耐火极限要求在 2 h 以上的室内钢结构上,如高层民用建筑的柱子、一般工业和民用建筑的支承多层柱子、室内隐蔽钢构件等。施工多采用喷涂工艺。

室内隔热型钢结构防火涂料的性能主要由基料决定。在进行涂料配方设计时,基料的确定原则应主要考虑下面几方面:

① 选用的基料在高温下 800℃～1 000℃应与钢材有较强的粘合强度,并且有利于或至少是不影响防火涂料体系的防火隔热效果。

② 选用的基料除了使涂料具有良好的理化性能外,还应对金属没有腐蚀性。

③ 选用的基料应考虑经济性。

目前可用作室内隔热型钢结构防火涂料基料的无机胶粘剂主要有碱金属硅酸盐类、磷酸盐类等。

在硅酸钠盐中由于存在游离的碱金属离子,空气中的酸性物质如 CO_2 等能与其发生不良反应,解决的方法是采用氟硅酸盐、硼酸盐、有机高分子聚合物对其进行改性,通过形成一种体型的网状结构将碱金属离子固定下来。当这一过程完成后,碱金属离子就不再与 CO_2 反应,从而可改善涂层的理化性能。

磷酸盐类胶粘剂也是常用的无机胶粘剂,用它作为防火涂料的基料,可以避免碱性氧化物与空气中的酸性气体反应。从而提高涂料的耐候性、耐水性等理化性能。碳酸钙大量用于防火涂料中,作填料和增强材料、起骨架、阻燃剂和体质颜料。碳酸钙用于防火涂料中,增加了涂层的冲击强度,提高了防火涂料的韧性及弹性,降低收缩,具有优良的色牢度,可改进防火涂料表面质量,改进稳定性和抗老化性。

此外,硅灰石粉、灰钙粉、沉淀硫酸钡、重质碳酸钙、滑石粉、粉煤灰空心微珠等也是隔热型防火涂料中常用的填料。

隔热型钢结构防火涂料中另一个重要组分为轻质隔热骨料,最常用的有膨胀蛭石、膨胀珍珠岩、硅藻土、粉煤灰空心微珠等。这些材料的应用不仅提高涂料的隔热性能,也可大大降低涂料的干密度,防止涂层的收缩开裂等。

(3) 室外隔热型钢结构防火涂料

室外隔热型钢结构防火涂料是指适合于室外环境使用的隔热型钢结构防火涂料,其性能要求高于室内隔热型钢结构防火涂料,因此价格通常也比室内隔热型钢结构防火涂料高一些。这类涂料主要用于建筑物室外和石化企业露天钢结构等。

室外隔热型钢结构防火涂料的基料一般是由耐候性较好的合成树脂或高分子乳液与无机基料复合而成,再配以阻燃剂、轻质材料、增强材料等。表 9-10 为室外隔热型钢结构防火涂料的配方示例。

硅溶胶是一种理想的无机成膜物质,它是由水玻璃经过酸处理、电渗析及离子交换等方法去掉钠离子后得到的超微粒子聚硅酸分散体,具有一旦成膜就不再溶解的特性。但由于它的涂层硬而脆,在成膜过程中体积收缩大,因此容易引起涂层开裂。将它与有机高分子材料复合使用,可克服上述缺点,力学性能大大提高。室外隔热型钢结构防火涂料生产中常用的高分子材料有水溶性合成树脂和高分子乳液,前者如水性氨基树脂、水性酚醛树脂等,后者如丙烯酸酯及其共聚树脂等。

表 9-10　室外隔热型钢结构防火涂料配方示例(单位:%)

原料名称	用量	原料名称	用量
有机高分子乳液	15~20	无机轻质材料	25~30
硅溶胶	10~15	添加剂	2~5
颜填料	5~10	水	25~30

室外隔热型钢结构防火涂料生产中所用的轻质材料、颜填料和助剂与室内型的基本相同,但对耐水、耐候、耐化学腐蚀等性能的要求更高,选择时应更慎重。与室内隔热型钢结构防火涂料相比,目前我国室外隔热型钢结构防火涂料的品种尚较少。

2. 薄涂型钢结构防火涂料

(1) 基本组成和性能

① 涂层使用厚度在 3~7 mm 的钢结构防火涂料称为薄涂型钢结构防火涂料。该类涂料一般分为底涂(隔热层)和面涂(装饰发泡层)两层。底层实际上是一层隔热型防火涂料,受火不会膨胀,依靠自身的低热传导率特性起到隔热作用。面层具有较好的装饰作用,同时受火时发泡膨胀,以膨胀发泡所形成的耐火隔热层来延缓钢材的温升,保护钢构件,但发泡率一般不高。薄涂型钢结构防火涂料的装饰性比厚涂隔热型防火涂料好,施工多采用喷涂。一般使用在耐火极限要求不超过 2 h 的建筑钢结构上。

② 薄涂型钢结构防火涂料一般是以水性聚合物乳液为基料(也有少量以溶剂型树脂为基料),配以有机、无机复合阻燃剂和颜填料组成底涂,并以水性乳液为基料,加入 P-C-N 防火体系、硅酸铝纤维等耐火材料、颜填料、助剂等组成面涂。

③ 在薄涂型防火涂料的生产中,基料的选择是影响涂料性能的关键因素之一。基料选择的好坏不仅对防火涂料的理化性能有决定作用,还直接影响防火涂料的防火隔热效果。这就决定了基料选择的原则是要充分考虑并合理兼顾这两个方面,同时从产品竞争力方面着眼,还应考虑其价格。

④ 从对防火涂料的理化性能和防火性能两方面要求看,所选用的聚合物乳液必须对钢铁基材有良好的附着力,涂层有良好的耐久性和耐水性。常用作这类防火涂料基料的聚合物乳液有苯乙烯改性的丙烯酸乳液、聚醋酸乙烯乳液、偏氯乙烯乳液等。

⑤ 薄涂型钢结构防火涂料按使用环境来分,有室内和室外两种类型。根据《钢结构防火涂料》(GB 14907-2002),其应满足表 9-11 中的技术要求。

表 9-11　薄涂型钢结构防火涂料的技术要求

检验项目	技术指标	
	室内型	室外型
在容器中状态	经搅拌后呈均匀稠厚流体状态,无结块	经搅拌后呈均匀稠厚流体状态,无结块
干燥时间(表干)/h	≤12	≤12
外观与颜色	涂层干燥后,外观与颜色同样品相比应无差别	涂层干燥后,外观与颜色同样品相比应无差别

续表

检验项目	技术指标	
	室内型	室外型
初期干燥抗裂性	允许出现1~3条裂纹,其宽度不应大于0.5 mm	允许出现1~3条裂纹,其宽度不应大于0.5 mm
黏结强度/MPa	≥0.15	≥0.15
耐水性/h	≥24 h 涂层应无起层,发泡,脱落等现象	
冷热循环性/次	≥15 次涂层应无开裂,剥落,起泡现象	≥15 次涂层应无开裂,剥落,起泡现象
耐曝热性/h		≥720 h 应无起层,空鼓,开裂现象
耐湿热性/h		≥504h 涂层应无起层,脱落现象
耐酸性/h		≥360h 涂层应无起层,脱落,开裂现象
耐碱性/h		≥360h 涂层应无起层,脱落,开裂现象
耐盐雾腐蚀性/次		≥30 次涂层应无起泡,明显变质,软化现象
涂层厚度(不大于)/mm	0.5	0.5
耐火极限(不低于)/mm	1.0	1.0

⑥ 从涂料的组成方面看,室内型和室外型两类薄涂型钢结构防火涂料并无本质区别。但在性能要求方面,室外型钢结构防火涂料除了防火性能要求外,还应有良好的耐酸碱性、耐盐雾性和耐曝热性等,因此对基料的选择更为严格。

3. 超薄型钢结构防火涂料

所谓超薄型钢结构防火涂料是指涂层使用厚度不超过 3 mm 的钢结构防火涂料。一般用于耐火极限在 2 h 以内的建筑钢结构保护。这类涂料是近几年出现的新品种,发展趋势很好。

(1) 组成与工作原理

① 超薄膨胀型钢结构防火涂料在火焰高温作用下,涂层受热分解出大量的惰性气体,降低了可燃气体和空气中氧气的浓度,使燃烧减缓或被抑制。同时,涂层膨胀发泡形成发泡涂层,这层发泡层与钢铁基材有很强的黏结性,其热导率很低,因此不仅隔绝了氧气,而且具有良好的隔热性,延滞了热量向被保护基材的传递,避免了高温火焰直接攻击钢构件,故防火隔热效果较薄涂型和厚质隔热型钢结构防火涂料显著。

② 超薄膨胀钢结构防火涂料的涂刷厚度一般为 1~3 mm,耐火极限可达 1~2 h。目前该类钢结构防火涂料大多数是溶剂型的,以合成树脂作基料,用 200 号溶剂汽油、苯类和醋酸酯类等有机溶剂作为溶剂和稀释剂,再配以阻燃剂、防火助剂、增强填料、颜料、各种辅助材料及助剂等原料,经碾磨加工而成。其具有施工方便、室温自干、耐水耐候、附着力强等特点。

③ 发泡层表层中的元素主要为 P、Ti、Si、Zn、Al、Mg 等,而且这几种元素在发泡层表层中所占的比例与其在填料中的比例相似。可知发泡层最后剩余物由所加填料的种类所决定。红外光谱曲线则显示,发泡层表层主要是由 PO_4^{3-},SiO_4^{2-} 和 Ti、Al、Mg 等阳离子组成的化合物,这些化合物高温下在发泡层表面形成一层无机耐火材料,对发泡层起保护作用。

填料中 Ti 所占比例越多涂层的耐火性能越好。

(2) 超薄膨胀型结构防火涂料的性能要求

超薄膨胀型钢结构防火涂料使用环境来分,也有室内和室外两种类型。根据《钢结构防火涂料》(GB 14907-2002),应满足表 9-12 中的技术要求。

表 9-12 超薄膨胀型钢结构防火涂料的技术要求

检测项目	技术指标	
	室内型	室外型
黏结强度/mpa	≥0.2	≥0.2
耐水性/h	≥24 h 涂层应无起层、发泡、脱落等现象	≥720 h 涂层应无起层、发泡、脱落等现象
耐冷热循环性/次	≥15 次涂层应无开裂、剥落、起泡现象	≥504 次涂层应无开裂、剥落、起泡现象
耐曝热性/h		≥720 h 涂层应无起层、空鼓、开裂现象
耐湿热性/h		≥504h 涂层应无起层、脱落现象
耐酸性/h		≥360h 涂层应无起层、脱落、开裂现象
耐碱性/h		≥360h 涂层应无起层、脱落、开裂现象
耐盐雾腐蚀性/次		≥30 次涂层应无起泡、明显变质、软化现象
涂层厚度(不大于)/mm	2.00±0.20	2.00±0.20
耐火极限(不低于)/mm	1.0	1.0

(3) 超薄膨胀型钢结构防火涂料的制备

超薄膨胀型钢结构防火涂料大部分是溶剂型的,基料以醇酸树脂、聚丙烯酸酯树脂、氨基树脂、酚醛树脂、氯化橡胶、高氯化聚乙烯、不饱和聚酯树脂等为主。

近年来也有水性超薄膨胀型钢结构防火涂料问世,基料主要为氯乙烯-偏氯乙烯乳液(氯偏乳液)、聚丙烯酸酯共聚乳液、氟碳乳液等,但总体质量和防火效果尚不能与溶剂型防火涂料相媲美。

9.2.4 防火涂装施工

1. 一般规定

(1) 钢结构防火涂料的生产厂家、检验机构、涂装施工单位均应具有相应的资质,并通过公安消防部门的认证。

(2) 钢结构防火涂料涂装前,构件应安装完毕并验收合格。如若提前施工,应考虑施工后补喷。

(3) 钢结构表面杂物应清理干净,其连接处的缝隙应用防火涂料或其他材料填平,之后方可施工。

(4) 喷涂前,钢结构表面应除锈,并根据使用要求确定防锈处理方式。

(5) 喷涂前应检查防火涂料,防火涂料品名、质量是否满足要求,是否有厂方的合格证,检测机构的耐火性能检测报告和理化性能检测报告。

(6) 防火涂料的底层和面层应相互配套,底层涂料不得腐蚀钢材。

(7) 涂料施工过程中,环境温度宜为 5℃～38℃,相对湿度不应大于 85%。涂装时构件表面不应有结露,涂装后 4 h 内应免受雨淋。

2. 工艺流程

施工准备→调配涂料→涂装施工→检查验收。

3. 厚涂型(隔热型)钢结构防火涂料涂装工艺及要求

(1) 施工方法及机具

一般采用喷涂方法涂装,机具为压送式喷涂机,配备能够自动调压的空压机,喷枪口径为 6～12 mm,空气压力为 0.4 MPa～0.6 MPa。局部修补和小面积构件采用手工抹涂方法施工,工具是抹灰刀等。

(2) 涂料配制

单组分湿涂料,现场采用便携式搅拌器搅拌均匀;单组分干粉涂料,现场加水或其他稀释剂调配,应按照产品说明书规定的配比混合搅拌;双组分涂料,按照产品说明书规定的配比混合搅拌。

防火涂料配制搅拌,应边配边用,当天配制的涂料必须在说明书规定时间内使用完。搅拌和调配涂料,应使其均匀一致,且稠度适宜,既能在输送管道中流动畅通,又在喷涂后不会产生流淌或下坠现象。

(3) 涂装施工工艺及要求

喷涂应分若干层完成,第一层喷涂以基本盖住钢材表面即可,以后每层喷涂厚度为 5～10 mm,一般为 7 mm 左右为宜。在每层涂层基本干燥或固化后方可继续喷涂下一层涂料,通常每天喷涂一层。

喷涂保护方式、喷涂层数和涂层厚度应根据防火设计要求确定。

喷涂时,喷枪要垂立于被喷涂钢构件表面,喷距为 6～10 mm,喷涂气压保持在 0.4 MPa～0.6 MPa。喷枪运行速度要保持稳定,不能在同一位置久留,避免造成涂料堆积流淌。喷涂过程中,配料及往喷涂机内加料均要连续进行,不得停顿。

施工过程中,操作者应采用测厚针检测涂层厚度,直到符合设计规定的厚度,方可停止喷涂。喷涂后,对于明显凹凸不平处,采用抹灰刀等工具进行剔除和补涂处理,以确保涂层表面均匀。

厚涂型(隔热型)钢结构防火涂料的施工主要有以下几道工序:

① 第一道工序是除去钢结构表面的油污、铁锈及机械污物等,这样可增强防火涂料对钢结构的附着力。

② 隔热型钢结构防火涂料常为水性涂料,直接涂刷于钢材表面易生锈。为了防止钢结构生锈,以延长使用寿命,提高整个涂层的保护性,钢结构经过表面处理以后,施工的第二道工序是涂刷防锈底漆,这是该类防火涂料施工过程中最基础的工作,两工序之间的间隔时间应尽可能地缩短。

③ 隔热型钢结构防火涂料固体含量较大,较易沉淀,使用前应充分搅匀。双组分包装的防火涂料,要根据产品说明书上规定的比例在现场进行调配,并充分搅匀,单组分包装的涂料也应充分搅拌。喷涂后,不应发生流淌和下坠。隔热型钢结构防火涂料宜采用压送式喷涂机喷涂,空气压力为 0.4 MPa～0.6 MPa,喷枪口直径宜为 6～10 mm。局部修补和小面积施工时可用手工抹涂。喷涂施工应分次喷涂。每遍喷涂厚度宜为 5～10 mm,喷涂时

应确保涂层均匀平整,必须在前一遍基本干燥或固化后,再喷涂后一组。喷涂保护方式、喷涂遍数与涂层厚度应根据施工设计要求确定。施工过程中应对最后一遍涂层做抹平处理,以保证外表面均匀平整。

④ 施工过程中,应采用涂层测厚仪检测涂层厚度,直到符合设计规定的厚度。

(4) 质量要求

涂层应在规定时间内干燥固化,各层间黏结牢固,不出现粉化、空鼓、脱落和明显裂纹。钢结构接头、转角处的涂层应均匀一致,无漏涂出现。涂层厚度应达到设计要求;否则,应进行补涂处理,使其符合规定的厚度。

4. 薄涂型(隔热型)钢结构防火涂料涂装工艺及要求

(1) 施工方法及机具

一般采用喷涂方法涂装。面层装饰涂料可以采用刷涂、喷涂或滚涂等方法;局部修补或小面积构件涂装,不具备喷涂条件时,可采用抹灰刀等工具进行手工抹涂方法。

机具为重力式喷枪,配备能够自动调压的空压机。喷涂底层及中间层时,枪口径为4~6 mm、空气压力为0.4 MPa~0.6 MPa,喷涂面层时,喷枪口径为1~2 mm,空气压力为0.4 MPa左右。

(2) 涂料配制

单组分涂料,现场采用便携式搅拌器搅拌均匀;双组分涂料,按照产品说书规定的配比混合搅拌。

防火涂料配制搅拌,应边配边用。当天配制的涂料必须在说明书规定时间内使用完。

搅拌和调配涂料,应使之均匀一致,且调度适宜,既能在输送管道中流动畅通又在喷涂后不会产生流淌和下坠现象。

薄涂型钢结构防火涂料配方实例见表9-13。

表9-13 薄涂型钢结构防火涂料配方实例　　单位:份(质量)

面涂层		底涂层	
原料名称	用量	原料名称	用量
聚丙烯酸酯乳液	14	聚丙烯酸酯乳液	10
钛白粉	8	聚乙烯醇	6
磷酸氢二铵	11	硅溶胶	5
季戊四醇	17	粉煤灰空心微珠	16
三氯氰胺	16	膨胀蛭石	13
助剂	4	硅酸铝纤维	6
水	20	助剂	3
		水	16

(3) 底层涂装施工工艺及要求

底涂层一般应喷涂2~3遍,待前一遍涂层基本干燥后再喷涂后一遍。第一遍喷涂以盖住钢材基面70%即可,第二、三遍喷涂每层厚度不超过2.5 mm。

喷涂保护方式、喷涂层数和涂层厚度应根据防火设计要求确定。

喷涂时,操作工手握喷枪要平稳,运行速度保持稳定。喷枪要垂直于被喷涂钢构件表面,喷距为6~10 mm。

施工过程中,操作者应随时采用测厚针检测涂层厚度,确保各部位涂层达设计规定的厚度要求。喷涂后形成的涂层是粒状表面,当设计要求涂层表面平整光滑时,待喷涂完最后一遍应采用抹灰刀等工具进行抹平处理,以确保涂层表面均匀平整。

薄涂型钢结构防火涂料的施工主要有以下几道工序:

① 第一道工序是除去钢结构表面的油污、铁锈及机械污物等,以增强防火涂料对钢结构的附着力。

② 薄涂型钢结构防火涂料大部分为水性乳液型涂料,直接涂刷于钢材表面易生锈。为了防止钢结构生锈,以延长使用寿命,提高整个涂层的保护性,施工的第二道工序是涂刷防锈底漆,这是薄涂型钢结构防火涂料施工过程中最基础的工作。

为了保证防锈底漆的施工质量,第一道工序和第二道工序之间的间隔时间应尽可能地缩短。

③ 除了防止钢结构生锈以延长其使用寿命的目的外,涂防锈底漆的另一目的是提高钢结构表面与防火涂料涂层之间的结合力。因此正确地选择防锈底漆品种及其涂装工艺,对提高防火涂料涂层性能、延长涂层寿命有重要作用。选择防锈底漆时,应考虑其与钢结构基材有很好的附着力;本身有较好的机械强度;对底材具有良好的防腐蚀保护性能并不产生其他副作用;不能含有能渗入上层涂层引起弊病的组分;应具有良好的涂装性能等。

④ 薄涂型钢结构防火涂料的底涂层一般宜采用重力式喷枪喷涂。局部修补和小面积施工时可用手工抹涂。底层一般喷2~3遍,每遍喷涂厚度为2~4 mm,必须在前一遍干燥后,再喷涂后一遍。喷涂时应确保涂层均匀平整,并用涂层测厚仪检测涂层厚度,确保喷涂达到设计规定的厚度。当设计要求涂层表面平整光滑时,应对最后一遍涂层做抹平处理,以保证外表面平整。

⑤ 薄涂型钢结构防火涂料的面层装饰涂料可采用刷涂、喷涂或滚涂的方法。面层喷涂1~2次,并应全部覆盖底层。面层应做到颜色均匀,涂层平整。

(4) 面层涂装工艺及要求

当底涂层厚度符合设计要求并基本干燥后,方可进行面层涂料涂装。

面层涂料一般涂刷1~2遍。如第一遍是从左至右涂刷,第二遍则应从右至左涂刷,以确保全部覆盖住底涂层。

面层涂装施工应保证各部分颜色均匀一致,接搓平整。

5. 超薄膨胀型钢结构防火涂料的施工工序

超薄膨胀型钢结构防火涂料的施工主要有以下几道工序:

(1) 第一道工序是除去钢结构表面的油污、铁锈及机械污物等,以增强防火涂料对钢结构的附着力。

常采用机械打磨除锈、喷砂除锈或化学洗液除锈等方法对钢材表面进行处理。实践表明,前两种方法对提高超薄膨胀型钢结构防火涂料的附着力更为有效。

(2) 超薄膨胀型钢结构防火涂料虽为溶剂型防火涂料,具有一定的防腐蚀性能,但总的来说防腐蚀性能不强,因此钢材表面仍容易生锈。为了防止钢结构生锈,以延长使用寿命,提高整个涂层的保护性,施工的第二道工序是涂刷防锈底漆,这是超薄膨胀型钢结构防火涂料施工过程中最基础、最重要的工作。为了保证防锈底漆的施工质量,第一道工序和第二道工序之间的间隔时间应尽可能地缩短。选择防锈底漆时,应考虑其与钢结构基材有很好的附着力,本身有较好的机械强度,对底材具有良好的防腐蚀保护性能并不产生其他副作用,不能含有能渗入上层涂层引起弊病的组分,应具有良好的涂装性能等。

(3) 第三道工序为涂刷超薄膨胀型钢结构防火涂料。超薄膨胀型钢结构防火涂料的施工一般采用刷涂工艺,有些品种也可采用喷涂或滚涂工艺。局部修补和小面积施工时主要采用刷涂。

超薄膨胀型钢结构防火涂料的施工应遵循少量多次的原则,即每次涂刷的涂层应尽可能薄。每遍喷涂厚度为 0.1~0.2 mm,必须在前一遍干燥后,再喷涂后一遍。喷涂时应确保涂层均匀平整,并用涂层侧厚仪检测涂层厚度,确保喷涂达到设计规定的厚度。因此一般 2 mm 左右的涂层,需十几道涂刷才能达到规定的厚度。实践表明,同样厚度的涂层,分多次涂刷完成和一次涂刷完成,其耐火极限是完全不一样的。

6. 涂料性能与检测

涂料的性能包括干燥时间、初期干燥抗裂性、黏结强度、抗压强度、热导率、抗震性、抗弯性、耐水性、耐冻融循环、耐火性能、耐酸性、耐碱性等。

耐火试验时,试件平放在卧式燃烧炉上,三面受火。试验结果以钢结构涂层厚度(mm)和耐火极限(h)表示。

7. 防火涂料涂装工程验收

(1) 防火涂料涂装前钢材表面除锈及防锈底漆涂装应符合规定,并按构件数抽查 10%,且同类构件不应少于 3 件。表面除锈用铲刀检查和用图片对照观察检查;底漆涂装用干漆膜测厚仪检查,每个构件检测 5 处。

(2) 防火涂料不应有误涂、漏涂,涂层应闭合无脱层、空鼓、明显凹陷、粉化松散和浮浆等外观缺陷,应剔除乳突。

(3) 薄涂型防火涂料涂层表面裂纹宽度不应大于 0.5 mm,厚涂型防火涂料涂层表面裂纹宽度不应大于 1 mm。按同类构件数抽查 10%,且均不应少于 3 件。

(4) 薄涂型防火涂料涂层厚度应符合设计要求。厚涂型防火涂料涂层厚度的 80% 及以上面积应符合设计要求,且最薄处厚度不应低于设计要求的 85%。用涂层厚度测试仪、测针和钢尺检查,应符合下列规定:

① 测点选定。楼板和防火墙的防火涂层厚度测定,可选两相邻纵、横轴线相交中的面积为一单元,在其对角线上每米选一点;全钢框架结构的梁、柱以及桁架结构的上、下弦的防火涂层厚度测定,在构件长度上每隔 3 m 取一截面,桁架结构其他腹杆,每根取一截面按图 9-2 所示的位置测试。

② 测量结果。对于楼板和墙面,在所选择面积中至少测 5 点;对于梁、柱,在所选位置中分别测出 6 个和 8 个点,分别计算它们平均值,精确到 0.5 mm。

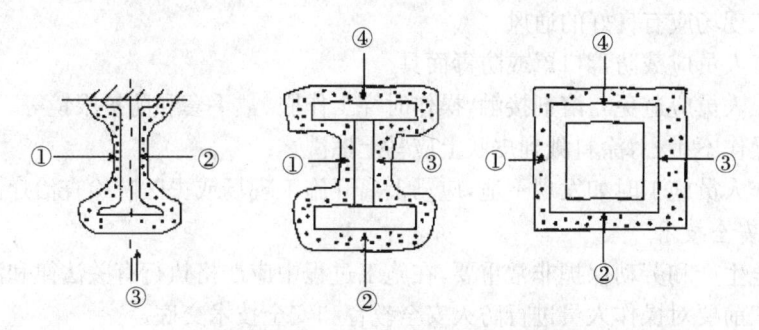

图 9-2 梁、柱、桁架涂层厚度检测位置

9.2.5 钢结构涂装施工的安全技术

1. 防火防爆

涂装施工中所用材料大多数为易燃品,在涂装施工过程中形成漆雾和有机溶剂的蒸气,与空气混合后积聚到一定浓度时一旦接触明火就容易引起火灾或爆炸。

涂装现场必须采取防火防爆措施,具体做到以下几点:

(1) 施工现场不允许堆放易燃易爆物品,并应远离易燃易爆物品仓库。
(2) 施工现场严禁烟火。
(3) 施工现场必须有消防器材和消防水源。
(4) 擦拭过溶剂的棉纱、破布等应存在带盖铁桶内并定期处理。
(5) 严禁向下水道或随地倾倒涂料和溶剂。
(6) 涂料配制时应注意先后次序,并应加强通风降低积聚浓度。
(7) 涂装过程中避免因静电、摩擦、电气等产生易引起爆炸的火花。

2. 防尘防毒

涂料中大部分溶剂和稀释剂都是有毒物品,再加上粉状填料,工人长时间吸入体内对人体的中枢神经系统、造血器官和呼吸系统会造成损害。

为了防止中毒,应做到以下几点:

(1) 严格限制挥发性有机溶剂蒸气和粉尘在空气中的浓度,其值不得超过表 9-14 的规定。

表 9-14 施工现场有害气体、粉尘的最高允许浓度

物质名称	最高允许浓度/(mg/m³)	物质名称	最高允许浓度/(mg/m³)
二甲苯	100	甲苯	100
丙酮	400	环乙酮	50
苯	40	苯乙烯	40
煤油	300	溶剂汽油	350
乙醇	1 500	其他各种粉尘	10
含有 10% 以上的二氧化硅粉尘(石英,石英石等)	2	含有 10% 以下二氧化硅的水泥粉尘	5

(2) 施工现场应有良好的通风。

(3) 施工人员应戴防毒口罩或防毒面具。

(4) 施工人员应避免与溶剂接触,操作时穿工作服、戴手套和防护眼镜等。

(5) 因操作不小心,涂料溅到皮肤上应马上擦洗。

(6) 操作人员施工时如发现不适,应马上离开施工现场或去医院检查治疗。

3. 其他安全技术

(1) 安全生产和劳动保护非常重要,在施工过程中应严格执行有关法律和法规。

(2) 施工前要对操作人员进行防火安全教育和安全技术交底。

(3) 在施工过程中加强安全监督检查工作,发现问题及时制止,防止事故发生。

(4) 高空作业时应系好安全带,并应对使用的脚手架或吊架等进行检查,合格后方可使用。

(5) 不允许把盛装涂料、溶剂或用剩的漆罐开口放置。

(6) 防火涂料应储存在仓库内,避免露天存放,防止日晒雨淋。

(7) 施工现场使用的照明灯、电线、电气设备等应考虑防爆,同时应接地良好。

(8) 患有慢性皮肤病或有过敏反应等其他不适应体质的操作者不宜参加施工。

习题与思考题

一、思考讨论题

1. 钢结构的涂装包括哪几类?
2. 简述一般的防腐涂料涂装的工艺流程。
3. 简述一般的防火涂料涂装的工艺流程。
4. 试具体说明涂料型号 C04-2 的含义。
5. 钢材表面除锈有哪些方法?除锈的等级有哪些?
6. 钢结构的成品保护措施有哪些?
7. 防火涂料按厚度、施工环境、胶黏剂的不同和受热后的状态分别可以分哪几类?
8. 钢结构涂装施工的安全技术措施有哪些?

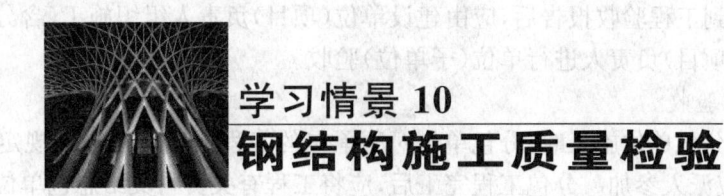

学习情景 10 钢结构施工质量检验

10.1 概述

钢结构工程施工质量是指在钢结构工程的整个施工过程中,反映各个工序满足标准规定的要求,包括其可靠性(安全、适用、耐久)、使用功能及其在理化性能、环境保护等方面所有明显和隐含能力的特性总和。设计和使用中的质量问题不属于施工质量的范畴。对钢结构工程施工质量,必须按照现行国家标准《钢结构工程施工质量验收规范》和《建筑工程施工质量验收统一标准》进行验收。

《钢结构工程施工质量验收规范》是在原《钢结构工程施工及验收规范》(GB 50205-2001)和《钢结构工程质量检验评定标准》(GB 950221-95)的基础上,按照"验评分离、强化验收、完善手段、过程控制"的指导思想,分离出施工工艺和评优标准的内容,重新建立的一个技术标准体系,新的验收规范做到了与《建筑工程施工质量验收统一标准》协调一致;与《钢结构设计规范》协调一致;与其他专业施工质量验收规范协调一致;并为施工工艺和评优标准等推荐性标准留有接口。

10.2 钢结构工程施工质量验收程序和组织

钢结构工程施工质量验收程序和组织应根据《中华人民共和国建筑法》和《建设工程质量管理条例》的要求,依法组织和实施钢结构工程施工质量的验收工作。下面是钢结构工程施工质量验收程序和基本组织:

1. 检验批及分项验收人员

检验批及分项工程应由监理工程师(建设单位项目技术负责人)组织施工单位项目专业质量(技术)负责人等进行验收。

2. 分部工程验收人员

分部工程应由总监理工程师(建设单位项目负责人)组织施工单位项目负责人和技术、质量负责人等进行验收;地基和基础、主体结构分部工程的勘察、设计单位工程项目负责人和施工单位技术、质量部门负责人也应参加相关分部工程验收。

3. 工程报验

单位工程完工后,施工单位应自行组织有关人员进行检查评定,并向建设单位提交工程验收报告。

4. 验收

建设单位收到工程验收报告后,应由建设单位(项目)负责人组织施工(含分包单位)、设计、监理等单位(项目)负责人进行单位(子单位)验收。

5. 分包工程验收

单位工程有分包单位施工时,分包单位对所承包的工程项目应按标准规定的程序检查评定,总包单位应派人参加。分包工程完工后,应将工程有关资料交给总包单位。

6. 后期处理

当参加验收各方对工程质量验收意见不一致时,可请当地建设行政主管部门或工程质量监督机构协调处理。

7. 备案

单位工程质量验收合格后,建设单位应在规定时间内将工程竣工验收报告和有关文件报建设行政管理部门备案。

10.3 钢结构工程施工质量验收的划分

钢结构工程施工质量验收划分为分部(子分部)工程、分项工程和检验批。

一般来说,钢结构工程是作为主体结构分部工程中的子分部工程。当所有主体结构均为钢结构时,即子分部工程都是钢结构时,钢结构工程就是分部工程。

钢结构工程的分项工程按主要工种、施工方法及专业系统划分为焊接工程、紧固件连接工程、钢零件及钢部件加工工程、钢构件组装工程、钢构件预拼装工程、单层钢结构安装工程、多层及高层钢结构安装工程、钢网架结构安装工程、压型金属板工程、钢结构涂装工程等10个分项工程。

分项工程划分检验批进行验收有助于及时纠正施工中出现的质量问题,体现过程控制,避免"事后算账";同时也符合工程实际需要。检验批的划分有如下几个原则:① 单层钢结构可按变形缝划分检验批;② 多层及高层钢结构可按楼层或施工段划分检验批;③ 钢结构制作可根据制造厂(车间)的生产能力按工期段划分检验批;④ 钢结构安装可按安装形成的空间刚度单元划分检验批;⑤ 材料进场验收可根据工程规模及进料实际情况合并成一个检验批或分解成若干个检验批;⑥ 压型金属板工程可按屋面、墙面、楼面划分。

从以上的原则可以看出,由于取消了评优的内容,检验批的划分变得比较灵活,可操作性强。检验批的验收是最小的验收单位,同时也是最基本、最重要的验收工作内容,其他分项工程、分部工程及单位工程的验收都是基于检验批验收合格的基础上进行验收。

钢结构工程施工质量验收应在施工单位自检的基础上,按照检验批、分项工程、分部(子分部)工程进行。新的验收规范将检验项目分"主控项目"和"一般项目",且只规定了合格质量标准。所谓"主控项目"是指对材料、构配件、设备或建筑工程项目的施工质量起决定性作用的检验项目;"一般项目"是指对施工质量不起决定性作用的检验项目。

(1) 检验批合格质量标准应符合下列规定:

① 主控项目必须符合规范规定的合格质量标准。

② 一般项目,其检验结果应有80%及以上的检查点(值)符合合格质量标准偏差值的要求,且最大值不超过1.2倍的偏差限值。

③ 质量证明文件应完整。
(2) 分项工程合格质量标准应符合下列规定：
① 各检验批应符合合格质量标准。
② 各检验批质量验收记录、质量证明文件等应完整。
(3) 分部(子分部)工程合格质量标准应符合下列规定：
① 各分项工程质量均应符合合格质量标准。
② 质量控制资料和文件应符合要求且完整。
③ 有关安全及功能的检验和见证检测结果应符合规定的相应合格质量标准。
④ 有关观感质量应符合规范规定的相应合格质量标准。
(4) 当钢结构工程质量不符合规范规定的合格质量标准时，应按下列规定进行处理：
① 经返工重做或更换材料、构件、成品等的检验批，应重新进行验收。
② 经有资质的检测单位检测鉴定能够达到设计要求或规范规定的合格质量标准的检验批，应予以验收。
③ 经有资质的检测单位检测鉴定达不到设计要求，但经原设计单位核算认可能够满足结构安全和使用功能的检验批，可予以验收。
④ 经返修或加固处理的分项、分部工程，虽然改变外形尺寸但仍能满足安全使用要求，可按处理技术方案和协商文件进行二次验收。
⑤ 通过返修或加固处理仍不能满足安全使用要求的，严禁验收。

10.4 检验批及分项工程的验收

根据《建筑工程质量管理条例》第 37 条规定："……未经监理工程师签字……施工单位不得进行下一道工序的施工"，钢结构工程检验批及分项工程的验收应由钢结构专业监理工程师或建设单位(项目)专业技术人员与施工单位的质检员或项目专业技术负责人等一起进行验收。

检验批质量验收记录至少有下列人员亲笔签字，并负担相应的责任：① 监理工程师或建设单位(项目)专业技术人员，对验收结果负责；② 施工单位的质检员或项目专业技术负责人，对自检结果及验收检查结果和记录负责；③ 专业施工工长(班组长)，对施工质量负责，同一检验批所涉及的人员都应签字归档。

所有分项工程施工，施工单位应在自检合格后，填写分项工程报验申请单，属隐蔽工程还应填写隐检单一并报监理单位(建设单位)，监理工程师或建设单位(项目)专业技术人员应组织施工单位的相关人员按工序进行检验批的检查验收。所有检验批验收合格后，由监理工程师或建设单位(项目)专业技术人员签发分项工程验收单。

1. 分部(子分部)工程的验收

钢结构分部(子分部)工程的验收应由总监理工程师或建设单位项目负责人组织施工单位项目负责人(项目经理)和技术、质检负责人等进行验收，钢结构分部工程的设计单位项目负责人也应参加验收。

钢结构分部(子分部)工程验收记录应由下列人员签字，并负相应的责任：
(1) 施工单位项目负责人(或项目经理)，对施工质量负责。

(2) 设计单位项目负责人,对设计及其变更等负责。

(3) 总监理工程师或建设单位项目负责人,对验收结果负责。

2. 单位工程验收

分部工程验收完成后,对单位工程的验收标准作出了更加严格的规定,并且列为强制性条文。这样的规定旨在体现"谁施工,谁负责"的原则。施工单位是施工质量的首要责任主体,故在单位工程完工后,施工单位首先要依据质量标准、设计图纸等组织有关人员进行自检,并对检查结果进行评定,符合要求后向建设单位提交工程竣工验收报告和完整的质量资料,请建设单位组织验收。

根据国务院《建设工程质量管理条例》和建设部有关规定的要求,单位工程质量验收应由建设单位负责人或项目负责人组织。由于设计、施工、监理单位都是责任主体,因此设计、施工单位负责人或项目负责人及施工单位的技术、质量负责人和监理单位的总监理工程师均应参加验收。勘察单位亦是责任主体,按照规定也应参加验收。但由于在地基基础验收时勘察单位已经参加了地基验收,如果勘察单位已经书面确认对地基的验收,且没有发现其他情况时,单位工程验收时,勘察单位可以不参加,但仍必须按照有关规定对单位工程验收加以确认,并负相应的责任。

在一个单位工程中,如果某子单位工程已经完工,且满足生产要求或具备使用条件,施工单位已经预验,监理工程师也已初验通过,则对该子单位工程,建设单位可以组织验收;由几个施工单位负责施工的单位工程,当其中的施工单位所负责的子单位工程已按设计完成,并经自行检验,也可按规定的程序组织正式验收,办理交工手续。在整个单位工程进行全部验收时,已验收的子单位工程验收资料应作为单位工程验收的附件,一并纳入工程数据文件。

3. 分包钢结构工程的验收

由于《建设工程承包合同》的双方主体是建设单位和总承包单位,总承包单位应按照承包合同的权利、义务对建设单位负责。分包单位对总承包单位负责,亦应对建设单位负责。

钢结构工程有分包单位施工时,分包单位对所承包的分部(子分部)工程、分项工程应按上述程序和组织进行相应的验收,总包单位和分包单位同时以施工单位的身份,派出相应人员参加验收。根据"总承包单位对建设单位负责,分包单位对总承包单位负责;总承包单位和分包单位就分包工程对建设单位承担连带责任"的法律规定,在分包工程进行验收检验时,总包单位相应人员参加是必要的,总包参加人员应对验收内容负责;分包单位对施工质量和验收内容负责,同时在检验合格后,有责任将工程的有关资料移交总包单位,待建设单位组织验收时,分包单位负责人应参加验收,体现分包单位除对总包单位负责外,亦应对建设单位负责的精神,尽管双方无合同关系。

4. 验收的协调和备案

当参加验收各方对工程质量验收意见不一致,可以请当地建设行政主管部门或工程质量监督机构及各方认可的咨询单位进行协调处理。

单位工程验收合格后,建设单位应该到备案机关备案。建设单位竣工验收备案制度是加强政府监督管理、防止不合格工程投入使用的一个重要手段。建设单位应依据国家有关规定,在钢结构工程竣工验收合格后的15天内,按有关程序规定要求到县级以上人民政府建设行政主管部门或其他有关部门备案,并按规定提交有关资料;否则,不允许投入使用。

5. 分项工程检验批的验收

分项工程检验批的质量验收记录应参照《建筑工程施工质量验收统一标准》中表 D 进行,结合《钢结构工程施工质量验收规范》的内容,对钢结构工程各分项工程检验批的验收记录可按附表内容进行,对检查内容较多的项目还应附单项检查表或检验报告,有附表或报告的项目在备注栏中应注明。

10.5 钢结构焊接工程验收

1. 一般规定

对于钢结构制作和安装中的钢构件焊接和焊钉焊接的工程质量验收,应按以下原则:

钢结构焊接工程可按相应的钢结构制作或安装工程检验批的划分原则划分为一个或若干个检验批;碳素结构钢应在焊缝冷却到环境温度、低合金结构钢应在完成焊接 24 h 以后,进行焊缝探伤检验;焊缝施焊后应在工艺规定的焊缝及部位打上焊工钢印。

2. 钢构件焊接工程

(1) 对焊接材料的检验

焊条、焊丝、焊剂、电渣等焊接材料与母材的匹配应符合设计要求及国家现行行业标准《建筑钢结构焊接技术规程》(JGJ 81-2002)的规定。焊条、焊剂、药芯焊丝、焊嘴等在使用前,应按其产品说明书及焊接工艺文件的规定进行烘焙和存放。

① 检查数量。全数检查。
② 检查方法。检查质量证明书和烘焙记录。

(2) 对操作人员的要求

焊工必须经考试合格后并取得合格证书。持证焊工必须在其考试合格项目及其认可范围内施焊。

① 检查数量。全数检查。
② 检查方法。检查焊工合格证及其认可范围、有效期。

(3) 焊接工艺的评定

施工单位对其首次采用的钢材、焊接材料、焊接方法、焊后热处理等,应进行焊接工艺评定,并应根据评定报告确定焊接工艺。

① 检查数量。全数检查。
② 检验方法。检验焊接工艺评定报告。

(4) 一、二级焊缝的检验

设计要求全焊透的一、二级焊缝应采用超声波探伤进行内部缺陷的检验,超声波探伤不能对缺陷作出判断时,应采用射线探伤,其内部缺陷分级及探伤方法应符合现行国家标准《钢焊缝手工超声波探伤方法和探伤结果分级法》(GB 11345-89)或《钢熔化焊对接接头射线照相和质量分级》(GB 3323-87)的规定。

检验焊接球节点钢网架焊缝、螺栓球节点钢网架焊缝及圆管 T、K、Y 形节点等相关焊缝时,其内部缺陷分级及探伤方法应分别符合国家现行标准《焊接球节点钢网架焊缝超声波探伤方法及质量分级法》(JGT 3034.1-1996)、《螺栓球节点钢网架焊缝超声波探伤方法及质量分级法》(JGT 3034.2-1996)、《建筑钢结构焊接技术规程》(JGJ 81-2002)的规定。

① 检查数量。按表 10-1 探伤比例检查。
② 检验方法。检查超声波或射线探伤记录。

表 10-1 所列为一、二级焊缝质量等级及缺陷分级。

表 10-1 一、二级焊缝质量等级及缺陷分级

焊缝质量等级		一级	二级
内部缺陷超声波探伤	评定等级	Ⅱ	Ⅲ
	检验等级	B 级	B 级
	探伤比例	100%	20%
内部缺陷射线探伤	评定等级	Ⅱ	Ⅲ
	检验等级	AB 级	AB 级
	探伤比例	100%	20%

注：探伤比例的计数方法应按以下原则确定：① 对工厂制作焊缝，应按每条焊缝计算百分比，且探伤长度应不小于 200mm，当焊缝长度不足 200mm 时，应对整条焊缝进行探伤；② 对现场安装焊缝，应按同一类型、同一施焊条件的焊缝条数计算百分比，探伤长度应不小于 200mm，并应不少于 1 条焊缝。

(5) 凹形焊缝的处理

焊成凹形的角焊缝，焊缝金属与母材间应平缓过渡；加工成凹形的角焊缝，不得在其表面留下切痕。

① 检查数量。每批同类构件抽查 10%，且不应少于 3 件。
② 检查方法。观察检查。

(6) 焊缝观感要求

外形均匀、成形较好，焊道与焊道、焊道与基本金属间过渡较平缓，焊渣和飞溅物基本清除干净。

① 检查数量。每批同类构件抽查 10%，且不应少于 3 件；被抽查构件中，每一类型焊缝按条数抽查 5%，总抽查数不应少于 5 处。
② 检查方法。用焊缝量规检查。

3. 焊钉(栓钉)焊接工程

(1) 焊接工艺评定的要求

施工单位对其采用的焊钉和钢材焊接应进行焊接工艺评定，其结果应符合设计要求和国家现行有关标准的规定。瓷环应按其产品说明书进行烘焙。

① 检查数量。全数检查。
② 检验方法。检查焊接工艺评定报告和烘焙记录。

(2) 弯曲试验

焊钉焊接后应进行弯曲试验检查，其焊缝和热影响区不应有肉眼可见的裂纹。

① 检查数量。每批同类构件抽查 10%，且不应少于 10 件；被抽查构件中，每一类型焊缝按条数抽查 1%，但不应少于 1 个。
② 检验方法。焊钉弯曲 30° 后用角尺检查和观察检查。

(3) 感观要求

焊钉根部焊脚应均匀,焊脚立面的局部未熔合或不足360°的焊脚应进行修补。

① 检查数量。按总焊订数量抽查1%,且不应少于10个。

② 检验方法。观察检查。

10.6 紧固件连接工程

对钢结构制作和安装中普通螺栓、扭剪型高强度螺栓、高强度大六角头螺栓、钢网架螺栓球节点用高强度螺栓及射钉、自攻钉、拉铆钉等连接工程的质量验收应遵循以下规定(紧固件连接工程可按相应的钢结构制作或安装工程检验批的划分原则划分为一个或若干个检验批):

1. 普通紧固件连接

(1) 普通螺栓力学性能检测

普通螺栓作为永久性连接螺栓时,当设计有要求或对其质量有疑义时,应进行螺栓实物最小拉力载荷复验,其结果应符合现行国家标准《紧固件力学性能螺栓、螺钉和螺柱》(GB/T 3098.1-2010)的规定。

① 检查数量。每一规格螺栓抽查8个。

② 检验方法。检查螺栓实物复验报告。

(2) 自攻钉、抗铆钉、射钉的规格要求

连接薄钢板采用的自攻钉、拉铆钉、射钉等,其规格尺寸应与被连接钢板相匹配,间距、边距等应符合设计要求。

① 检查数量。被连接节点数抽查1%,且不应少于3个。

② 检验方法。观察和尺量检查。

(3) 普通螺栓感观检查

永久性普通螺栓紧固应牢固;可靠外露丝扣不应少于2扣。

① 检查数量。被连接节点数抽查10%,且不应少于3个。

② 检验方法。观察和用小锤敲击检查。

(4) 自攻螺钉、钢拉铆钉、射钉等感观检查

自攻螺钉、钢抢铆钉、射钉等与连接钢板应紧固密贴,外观排列整齐。

① 检查数量。被连接节点数抽查10%,且不应少于3个。

② 检验方法。观察和用小锤敲击检查。

2. 高强度螺栓连接

(1) 抗滑移系数试验和复验

钢结构制作和安装单位应按规范的规定分别进行高强度螺栓连接摩擦面的抗滑移系数试验和复验,现场处理的构件摩擦面应单独进行摩擦面抗滑移系数试验,其应符合设计要求。

① 检查数量。制造厂和安装单位应分别以制造批为单位进行抗滑移系数试验。制造批可按分部(子分部)工程划分规定的工程量每2 000 t为一批,不足2 000 t可视为一批。选用两种及两种以上表面处理工艺时,每种处理工艺应单独检验。每批三组试件。

②检验方法。检查摩擦面抗滑移系数试验报告和复验报告。

(2) 终拧扭矩检查

高强度大六角头螺栓连接副终拧完成 1 h 后、48 h 内应进行终拧扭矩检查。

①检查数量。按节点数抽查 10%，且不应少于 10 个；每个被抽查节点按螺栓抽查 10%，且不应少于 2 个。

②检验方法。扭矩法检测和转角法检验，原则检验方法与施工方法相同。

(3) 扭剪型高强度螺栓检验

扭剪型高强度螺栓连接副终拧后，除因构造原因无法使用专用扳手终拧掉梅花头者外，未在终拧中拧掉梅花头的螺栓数不应大于该节点螺栓数的 5%，对所有梅花头未拧掉的扭剪型高强度螺栓连接副应采用扭矩法和转角法进行终拧并作标记，且按规定进行终拧扭矩检查。

①检查数量。按节点数抽查 10%，但不应少于 10 个节点，被抽查节点梅花头未拧掉的扭剪型高强度螺栓连接副全数进行终拧扭矩检查。

②检验方法。观察检查。

(4) 高强度螺栓连接副的施拧顺序和初拧扭矩

高强度螺栓连接副的施拧顺序和初拧扭矩应符合设计要求和国家现行行业标准《钢结构高强度螺栓连接的设计施工及验收规程》(JGJ82—91)的规定。

①检查数量。全数检查资料。

②检验方法。检查扭矩扳手标定记录和螺栓施工纪录。

(5) 终拧后的感观检查

高强度螺栓连接副终拧后，螺栓丝扣应外露 2~3 扣，其中允许有 10% 的螺栓丝扣外露 1 扣或 4 扣。

①检查数量。按节点数抽查 5%，且不少于 10 个。

②检验方法。观察检查。

(6) 连接摩擦面要求

高强度螺栓连接摩擦面应保持干燥、整洁，不应有废边、毛刺、焊接飞溅物、焊疤、氧化铁皮、污垢等，除设计要求外摩擦面不应涂漆。

①检查数量。全数检查。

②检验方法。观察检查。

(7) 螺栓孔检查

高强度螺栓应自内穿入螺栓孔。高强度螺栓孔不应采用气割扩孔，扩孔数量应征得设计同意，扩孔后的孔径不应超过 1.2d(d 为螺栓直径)。

①检查数量。被扩螺栓孔全数检查。

②检验方法。观察检查及用卡尺检查。

(8) 螺栓球节点网架高强度螺栓检查

螺栓球节点网架总拼完成后，高强度螺栓与球节点应紧固连接，高强度螺栓拧入螺栓球内的螺纹长度不应小于 1.0d(d 为螺栓直径)。连接处不应出现间隙、松动等未拧紧情况。

①检查数量。按节点数抽查 5%，且不少于 10 个。

②检查方法。普通扳手及尺量检查。

10.7 钢结构验收资料

1. 工程质量的控制资料
(1) 图纸会审、设计变更、洽商记录
(2) 原材料的出场合格证及进厂检验纪录：材料（包括钢材、焊接材料、防腐材料、连接材料）汇总表、材质单、复试报告
(3) 超声波探伤报告
(4) 隐蔽工程的验收记录（主要指地脚螺栓）
(5) 施工记录（包括装配式、吊装工程检验验收记录，焊接材料的烘焙记录）
2. 钢结构施工验收的统表
(1) 子分部工程质量验收记录
(2) 钢结构分部工程有关安全及功能的检验记录和见证检测项目检查记录
(3) 分项工程质量验收记录
(4) 检验批质量验收记录

习题与思考题

一、思考讨论题
1. 钢结构隐蔽工程验收应注意哪些事项？
2. 分项工程验收的程序和要求有哪些？需要哪些人员参与及签字确认？
3. 分部工程验收的步骤是什么？需要哪些人员参与及签字确认？
4. 单位工程验收的程序和要求有哪些？需要哪些人员参与及签字确认？

附 录

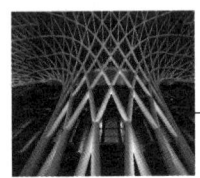

附录 1
钢结构设计软件(YJCAD)的使用简介

1. 启动 PS2000 软件建一新项目或打开已有项目

附图 1-1　PS2000 软件启动界面

2. 输入结构设计的总体信息和控制参数
3. 定义结构平面的轴网
4. 结构布置

(1) 定义刚架的高度或双坡形式;

(2) 刚架分类;

(3) 刚架定义,包括构件尺寸定义、截面、刚架梁分段(必要时)、连接形式和荷载布置;

(4) 平台梁柱的布置、修改和删除;

(5) 纵向梁的布置、删除、荷载布置;

(6) 节点参数修改(必要时);

(7) 檩条及墙梁间距;

(8) 设侧向支撑点(必要时);

(9) 修改风载体型系数(必要时);
(10) 柱间支撑布置;
(11) 吊车梁布置;
(12) 抗风柱布置;
(13) 雨篷布置。
若对布置不满意,可转到相应菜单中进行修改。

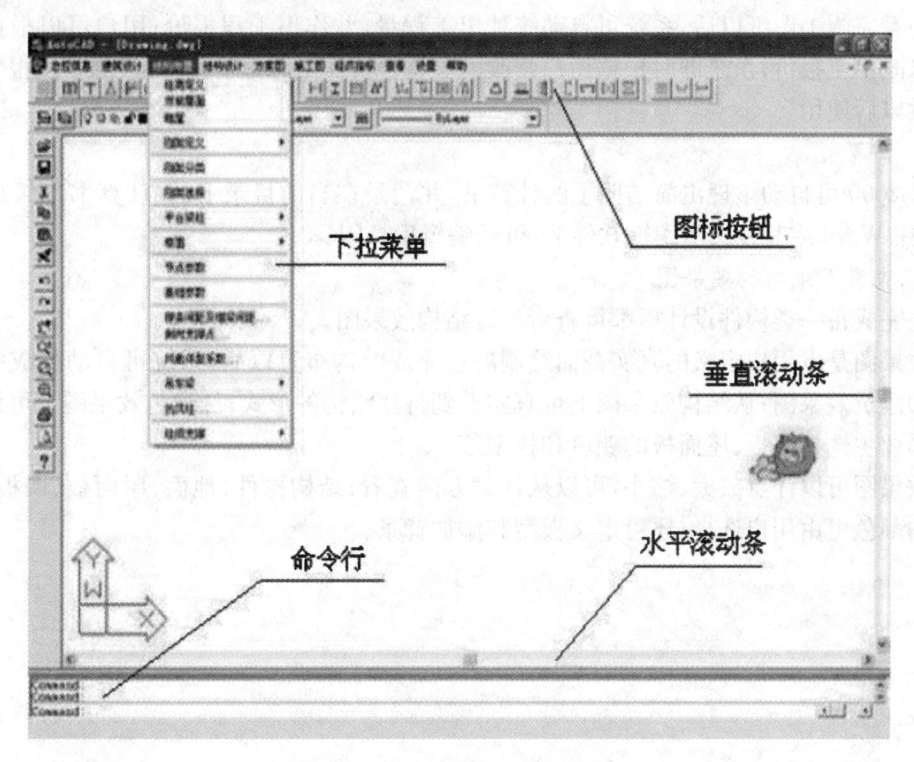

附图1-2 结构布置下拉菜单

5. 结构设计
(1) 吊车梁设计;
(2) 抗风柱设计;
(3) 纵向梁设计;
(4) 刚架计算;
(5) 节点计算;
(6) 檩条设计;
(7) 雨篷檩条设计;
(8) 墙梁设计;
(9) 柱间支撑设计;
(10) 屋面支撑设计;
(11) 刚架基础设计;
(12) 抗风柱基础设计;
(13) 基础拉梁设计。

6. 方案图、施工图

本软件可单独提供方案图,供单位在投标阶段使用,同时也可以用来检查输入和设计结果。

在开发软件过程中,开发人员发挥了已有设计经验的优势,总结和分析了各类图形布置和标注的特点,使得软件生成的图纸基本不用修改或经少量修改就可以使用。

7. 工程量及工程报价

查看完施工图纸以后,系统可自动统计出工程量,并作出工程报价;用户可以根据市场行情修改单位报价,系统即时根据用户修改的单位报价作出总报价,修改后的单位报价可以保存供以后使用。

8. 计算书

PS2000 可自动整理出简洁明了的计算书,并记录在当前目录下的"计算书.TXT"文件中,可在 Word 或其他文本编辑软件下,可经编辑后打印。

9. 查看三维结构效果图

在完成每一类构件设计后都可查看三维结构效果图。

效果图是以用户定义的真实截面绘制的。完成结构布置以后,系统可自动生成结构效果图和建筑效果图;从结构效果图上可真实看到待建结构的形式;从建筑效果图上可以直观地帮助业主选择墙板、屋面板的颜色和板型等。

效果图可以任意放大、缩小,可以从任意方向查看;结构构件、地面、屋面板、墙板、女儿墙等的颜色可由用户选择;还可定义板型和添加背景。

附录 2
钢材和连接的强度设计值

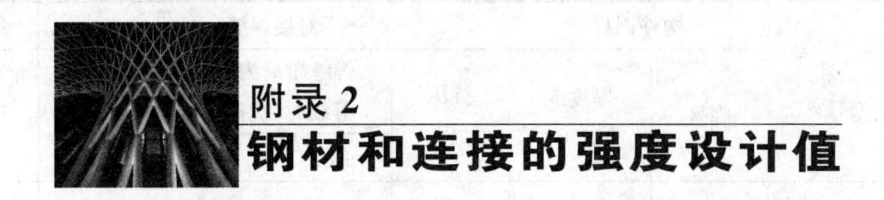

附表 2-1　钢材的强度设计值（N/mm²）

钢材牌号	厚度或直径（mm）	抗拉、抗压和抗弯 f	抗剪 f_v	断面承压（刨平顶紧）f_{ce}
Q235 钢	≤16	215	125	325
	>16～40	205	120	
	>40～60	200	115	
	>60～100	190	110	
Q345 钢	≤16	310	180	400
	>16～35	295	170	
	>35～50	265	155	
	>50～100	250	145	
Q390 钢	≤16	350	205	415
	>16～35	335	190	
	>35～50	315	180	
	>50～100	295	170	
Q420 钢	≤16	380	220	440
	>16～35	360	210	
	>35～50	340	195	
	>50～100	325	185	

注：表中厚度系指计算点的钢材厚度，对轴心受拉和轴心受压构件系指截面中较厚板件的厚度。

附表 2-2　焊缝的强度设计值（N/mm²）

焊接方法和焊条型号	构件钢材 牌号	构件钢材 厚度或直径 mm	对接焊缝 抗压 f_c^w	对接焊缝 焊缝质量为下例等级时，抗拉 f_t^w 一级、二级	对接焊缝 焊缝质量为下例等级时，抗拉 f_t^w 三级	对接焊缝 抗剪 f_v^w	角焊缝 抗拉、抗压和抗剪 f_f^w
自动焊、半自动焊和 E43 型焊条的手工焊	Q235 钢	≤16	215	215	185	125	160
		>16～40	205	205	175	120	
		>40～60	200	200	170	115	
		>60～100	190	190	160	110	
自动焊、半自动焊和 E50 型焊条的手工焊	Q345 钢	≤16	310	310	265	180	200
		>16～35	295	295	250	170	
		>35～50	265	265	225	155	
		>50～100	250	250	210	145	
自动焊、半自动焊和 E55 型焊条的手工焊	Q390 钢	≤16	350	350	300	205	220
		>16～35	335	335	285	190	
		>35～50	315	315	270	180	
		>50～100	295	295	250	170	
	Q420 钢	≤16	380	380	320	220	220
		>16～35	360	360	305	210	
		>35～50	340	340	290	195	
		>50～100	325	325	275	185	

注：1. 对自动焊和半自动焊所采用的焊丝和焊剂，应保证其熔敷金属的力学性能不低于现行国家标准《埋弧焊用碳钢焊丝和焊剂》GB/T 5293 和《低合金钢埋弧焊用焊剂》GB/T12470 中相关的规定。
2. 焊缝质量等级应符合现行国家标准《钢结构工程施工质量验收规范》GB50205 的规定。其中对于厚度小于 8mm 钢材的对接焊缝，不应采用超声波探伤确定焊缝质量等级。
3. 对接焊缝在受压区的抗弯强度设计值取 f_c^w，在受拉区的抗弯强度设计值取 f_t^w。
4. 表中厚度系指计算点的钢材厚度，对轴心受拉和轴心受压构件系指截面中较厚板件的厚度。

附表 2-3 螺栓连接的强度设计值（N/mm²）

螺栓的性能等级、锚栓和构件钢材的牌号		普通螺栓 C级螺栓 抗拉 f_t^b	普通螺栓 C级螺栓 抗剪 f_v^b	普通螺栓 C级螺栓 承压 f_c^b	普通螺栓 A级、B级螺栓 抗拉 f_t^b	普通螺栓 A级、B级螺栓 抗剪 f_v^b	普通螺栓 A级、B级螺栓 承压 f_c^b	锚栓 抗拉 f_t^a	承压型连接高强度螺栓 抗拉 f_t^b	承压型连接高强度螺栓 抗剪 f_v^b	承压型连接高强度螺栓 承压 f_c^b
普通螺栓	4.6级、4.8级	170	140	—	—	—	—	—	—	—	—
普通螺栓	5.6级	—	—	—	210	320	—	—	—	—	—
普通螺栓	8.8级	—	—	—	400	320	—	—	—	—	—
锚栓	Q235钢	—	—	—	—	—	—	140	—	—	—
锚栓	Q345钢	—	—	—	—	—	—	180	—	—	—
承压型连接高强度螺栓	8.8级	—	—	—	—	—	—	—	400	250	—
承压型连接高强度螺栓	10.9级	—	—	—	—	—	—	—	500	310	—
构件	Q235钢	—	—	305	—	—	405	—	—	—	470
构件	Q345钢	—	—	385	—	—	510	—	—	—	590
构件	Q390钢	—	—	400	—	—	530	—	—	—	615
构件	Q420钢	—	—	425	—	—	560	—	—	—	655

注：1. A级螺栓用于 $d \leqslant 24$ mm 和 $l \leqslant 10d$ 或 $l \leqslant 150$ mm（按较小值）的螺栓；B级螺栓用于 $d > 24$ mm 或 $l > 10d$ 或 $l > 150$ mm（按较小值）的螺栓。d 为公称直径，l 为螺杆公称长度。
2. A、B级螺栓孔的精度和孔壁表面粗糙度，C级螺栓孔的允许偏差和孔壁表面粗糙度，均应符合现行国家标准《钢结构工程施工质量验收规范》GB 50205 的要求。

附表 2-4 铆钉连接的强度设计值（N/mm²）

铆钉钢号和构件钢材牌号		抗拉（钉头拉脱）	抗剪 Ⅰ类孔	抗剪 Ⅱ类孔	承压 Ⅰ类孔	承压 Ⅱ类孔
铆钉	BL2 或 BL3	120	185	155	—	—
构件	Q235钢	—	—	—	450	365
构件	Q345钢	—	—	—	565	460
构件	Q390钢	—	—	—	590	480

注：1. 属于下列情况者为Ⅰ类孔：
① 在装配好的构件上按设计孔径钻成的孔。
② 在单个零件和构件上按设计孔径分别用钻孔模钻成的孔。
③ 在单个零件上先钻成或冲成较小孔径，然后在装配好的构件上再扩钻至设计孔径的孔。
2. 在单个零件上一次冲成或不用钻模钻成设计孔径的孔属于Ⅱ类孔。

附表 2-5 设计强度的折减系数

序号	类型	折减系数
1	单面连接的单角钢：	
1.1	按轴心受力计算强度和连接	0.85
1.2	按轴心受压计算稳定性：	
	等边角钢	$0.6+0.0015\lambda$，但不大于 1.0
	短边相连的不等边角钢	$0.5+0.0025\lambda$，但不大于 1.0
	长边相连的不等变角钢	0.70
2	无垫板的单面施焊对接焊缝	0.85
3	施工条件较差的高空安装焊缝和铆钉连接	0.90
4	沉头和半沉头铆钉连接	0.80

注：1. 附表 2-1～附表 2-4 中的强度须考虑该表的折减。
2. 当几种情况同时存在时，其折减系数应连乘。
3. λ 为长细比，对中间无联系的单角钢压杆，应按最小回转半径计算，当 $\lambda<20$ 时，取 $\lambda=20$。

附表 2-6 钢材和钢铸件的物理性能指标

弹性模量 E (N/mm^2)	剪变模量 G (N/mm^2)	线膨胀系数（以每℃计）	质量密度 ρ (kg/m^3)
206×10^3	79×10^3	12×10^{-6}	7 850

附录 3
受弯构件的挠度容许值

附表 3-1 受弯构件的挠度容许值

项次	构件类别	挠度容许值 $[V_T]$	挠度容许值 $[V_a]$
1	吊车梁和吊车桁架(按自重和起重量最大的一台吊车计算挠度) (1) 手动吊车和单梁吊车(含悬挂吊车) (2) 轻级工作制桥式吊车 (3) 中级工作制桥式吊车 (4) 重级工作制吊车	$l/500$ $l/800$ $l/1\,000$ $l/1\,200$	
2	手动或电动葫芦的轨道梁	$l/400$	
3	有重轨(重量等于或大于)轨道的工作平台梁 有轻轨(重量等于或小于)轨道的工作平台梁	$l/600$ $l/400$	
4	楼(屋)盖梁或桁架、工作平台梁(第3项除外)和平台板 (1) 主梁或桁架(包括设有悬挂起重设备的梁和桁架) (2) 抹灰顶棚的次梁 (3) 除(1)、(2)款外的其他梁(包括楼梯梁) (4) 屋盖檩条 　　支承无积灰的瓦楞铁和石棉瓦屋面者 　　支承压型金属板、有积灰的楞铁和石棉瓦等屋面者 　　支承其他屋面材料者 (5) 平台板	$l/400$ $l/250$ $l/250$ $l/150$ $l/200$ $l/200$ $l/150$	$l/500$ $l/350$ $l/300$ — — — —

注：1. l 为受弯构件的跨度(对悬臂和伸臂梁为悬伸长度的2倍)。
2. $[V_T]$ 为永久和可变荷载标准值产生的挠度(如有起拱应减去拱度)的容许值，$[V_a]$ 为可变荷载标准值产生的挠度容许值。
3. 冶金工厂或类似车间中设有工作级别为 A7、A8 级吊车的车间，其跨间每侧吊车梁或吊车桁架的制动结构，由最大吊车横向水平荷载(按荷载规范取值)所产生的挠度不宜超过制动结构跨度的 1/2 200。

附录 4 轴心受压构件的截面类型

附表 4-1 轴心受压构件的截面分类（板厚 $t<40$ mm）

截面形式		对 x 轴	对 y 轴
轧制（圆形截面）		a类	a类
轧制，$b/h \leqslant 0.8$		a类	b类
轧制，$b/h>0.8$ ／ 焊接，翼缘为焰切边 ／ 焊接 ／ 轧制 ／ 轧制等边角钢 ／ 轧制、焊接（板件宽厚比>20） ／ 轧制或焊接 ／ 焊接 ／ 轧制截面和翼缘为焰切边的焊接截面		b类	b类

续表

截面形式		对 x 轴	对 y 轴
格构式	焊接,板件边缘焰切	b类	b类
焊接,翼缘为轧制或剪切边		b类	c类
焊接,翼缘为轧制或剪切	焊接,板件宽厚比≤20	c类	c类

附表 4-2 轴心受压构件的截面分类(板厚 $t \geqslant 40$ mm)

截面形式		对 x 轴	对 y 轴
轧制工字形或 H 形截面	$t < 80$ mm	b类	c类
	$t \geqslant 80$ mm	c类	d类
焊接工字形截面	翼缘为焰切边	b类	b类
	翼缘为轧制或剪切边	c类	d类
焊接工字形截面	板件宽厚比>20	b类	b类
	板件宽厚比≤20	c类	c类

附录 5
轴心受压构件的稳定系数

附表 5-1　a 类截面轴心受压构件的稳定系数

$\lambda\sqrt{\dfrac{f_y}{235}}$	0	1	2	3	4	5	6	7	8	9
0	1.000	1.000	1.000	1.000	0.999	0.999	0.998	0.998	0.997	0.996
10	0.955	0.994	0.993	0.992	0.991	0.989	0.988	0.986	0.985	0.983
20	0.981	0.979	0.977	0.976	0.974	0.972	0.970	0.968	0.966	0.964
30	0.963	0.961	0.959	0.957	0.955	0.952	0.950	0.948	0.946	0.944
40	0.941	0.939	0.937	0.934	0.932	0.929	0.927	0.924	0.921	0.919
50	0.916	0.913	0.910	0.907	0.904	0.900	0.897	0.894	0.890	0.886
60	0.883	0.879	0.875	0.871	0.867	0.863	0.858	0.854	0.849	0.844
70	0.839	0.834	0.829	0.824	0.818	0.813	0.807	0.801	0.795	0.789
80	0.783	0.776	0.770	0.763	0.757	0.750	0.743	0.736	0.728	0.721
90	0.714	0.706	0.699	0.691	0.684	0.676	0.668	0.661	0.653	0.645
100	0.638	0.630	0.622	0.615	0.607	0.600	0.592	0.585	0.577	0.570
110	0.563	0.555	0.548	0.541	0.523	0.527	0.520	0.514	0.507	0.500
120	0.494	0.488	0.481	0.475	0.469	0.463	0.457	0.451	0.445	0.440
130	0.434	0.429	0.423	0.418	0.412	0.407	0.402	0.397	0.392	0.387
140	0.383	0.378	0.373	0.369	0.364	0.360	0.356	0.351	0.347	0.343
150	0.339	0.335	0.331	0.327	0.323	0.320	0.316	0.312	0.309	0.305
160	0.302	0.298	0.295	0.292	0.289	0.285	0.282	0.279	0.276	0.273
170	0.270	0.267	0.264	0.262	0.259	0.256	0.253	0.251	0.248	0.246
180	0.243	0.241	0.238	0.236	0.233	0.231	0.229	0.226	0.224	0.222
190	0.220	0.218	0.215	0.213	0.211	0.209	0.207	0.205	0.203	0.201
200	0.199	0.198	0.196	0.194	0.192	0.190	0.189	0.187	0.185	0.183
210	0.182	0.180	0.179	0.177	0.175	0.174	0.172	0.171	0.169	0.168
220	0.166	0.165	0.164	0.162	0.161	0.159	0.158	0.157	0.155	0.154
230	0.153	0.152	0.150	0.149	0.148	0.147	0.146	0.144	0.143	0.142
240	0.141	0.140	0.139	0.138	0.136	0.135	0.134	0.133	0.132	0.131
250	0.130	—	—	—	—	—	—	—	—	—

附表 5-2 b 类截面轴心受压构件的稳定系数

$\lambda\sqrt{\dfrac{f_y}{235}}$	0	1	2	3	4	5	6	7	8	9
0	1.000	1.000	1.000	0.999	0.999	0.998	0.997	0.996	0.995	0.994
10	0.992	0.991	0.989	0.987	0.985	0.983	0.981	0.978	0.976	0.973
20	0.970	0.967	0.963	0.960	0.957	0.953	0.950	0.946	0.943	0.939
30	0.936	0.932	0.929	0.925	0.922	0.918	0.914	0.910	0.906	0.903
40	0.899	0.895	0.891	0.887	0.882	0.878	0.874	0.870	0.865	0.861
50	0.856	0.852	0.847	0.842	0.838	0.833	0.828	0.823	0.818	0.813
60	0.807	0.802	0.797	0.791	0.786	0.780	0.774	0.769	0.763	0.757
70	0.751	0.745	0.739	0.732	0.726	0.720	0.714	0.707	0.701	0.694
80	0.688	0.681	0.675	0.668	0.661	0.655	0.648	0.641	0.635	0.628
90	0.621	0.614	0.608	0.601	0.594	0.588	0.581	0.575	0.568	0.561
100	0.555	0.549	0.542	0.536	0.529	0.523	0.517	0.511	0.505	0.499
110	0.493	0.487	0.481	0.475	0.470	0.464	0.458	0.453	0.447	0.442
120	0.437	0.432	0.426	0.421	0.416	0.411	0.406	0.402	0.397	0.392
130	0.387	0.383	0.378	0.374	0.370	0.365	0.361	0.357	0.353	0.349
140	0.345	0.341	0.337	0.333	0.329	0.326	0.322	0.318	0.315	0.311
150	0.308	0.304	0.301	0.298	0.295	0.291	0.288	0.285	0.282	0.279
160	0.276	0.273	0.270	0.267	0.265	0.262	0.259	0.256	0.254	0.251
170	0.249	0.246	0.244	0.241	0.239	0.236	0.234	0.232	0.229	0.227
180	0.225	0.223	0.220	0.218	0.216	0.214	0.212	0.210	0.208	0.206
190	0.204	0.202	0.200	0.198	0.197	0.195	0.193	0.191	0.190	0.188
200	0.186	0.184	0.183	0.181	0.180	0.178	0.176	0.175	0.173	0.172
210	0.170	0.169	0.167	0.166	0.165	0.163	0.162	0.160	0.159	0.158
220	0.156	0.155	0.154	0.153	0.151	0.150	0.149	0.148	0.146	0.145
230	0.144	0.143	0.142	0.141	0.140	0.138	0.137	0.136	0.135	0.134
240	0.133	0.132	0.131	0.130	0.129	0.128	0.127	0.126	0.125	0.124
250	0.123	—	—	—	—	—	—	—	—	—

附表 5-3　c 类截面轴心受压构件的稳定系数

$\lambda\sqrt{\dfrac{f_y}{235}}$	0	1	2	3	4	5	6	7	8	9
0	1.000	1.000	1.000	0.999	0.999	0.998	0.997	0.996	0.995	0.993
10	0.992	0.990	0.988	0.986	0.983	0.981	0.978	0.976	0.973	0.970
20	0.966	0.959	0.953	0.947	0.940	0.934	0.928	0.921	0.915	0.909
30	0.902	0.896	0.890	0.884	0.877	0.871	0.865	0.858	0.852	0.846
40	0.839	0.833	0.826	0.820	0.814	0.807	0.801	0.794	0.788	0.781
50	0.775	0.768	0.762	0.755	0.748	0.742	0.735	0.729	0.722	0.715
60	0.709	0.702	0.695	0.689	0.682	0.676	0.669	0.662	0.656	0.649
70	0.643	0.636	0.629	0.623	0.616	0.610	0.604	0.597	0.591	0.584
80	0.578	0.572	0.566	0.559	0.553	0.547	0.541	0.535	0.529	0.523
90	0.517	0.511	0.505	0.500	0.494	0.488	0.483	0.477	0.472	0.467
100	0.463	0.458	0.454	0.449	0.445	0.441	0.436	0.432	0.428	0.423
110	0.419	0.415	0.411	0.407	0.403	0.399	0.395	0.391	0.387	0.383
120	0.379	0.375	0.371	0.367	0.364	0.360	0.356	0.353	0.349	0.346
130	0.342	0.339	0.335	0.332	0.328	0.325	0.322	0.319	0.315	0.312
140	0.309	0.306	0.303	0.300	0.297	0.294	0.291	0.288	0.285	0.282
150	0.280	0.277	0.274	0.271	0.269	0.266	0.264	0.261	0.258	0.256
160	0.254	0.251	0.249	0.246	0.244	0.242	0.239	0.237	0.235	0.233
170	0.230	0.228	0.226	0.224	0.222	0.220	0.218	0.216	0.214	0.212
180	0.210	0.208	0.206	0.205	0.203	0.201	0.199	0.197	0.196	0.194
190	0.192	0.190	0.189	0.187	0.186	0.184	0.182	0.181	0.179	0.178
200	0.176	0.175	0.173	0.172	0.170	0.169	0.168	0.166	0.165	0.163
210	0.162	0.161	0.159	0.158	0.157	0.156	0.154	0.153	0.152	0.151
220	0.150	0.148	0.147	0.146	0.145	0.144	0.143	0.142	0.140	0.139
230	0.138	0.137	0.136	0.135	0.134	0.133	0.132	0.131	0.130	0.129
240	0.128	0.127	0.126	0.125	0.124	0.124	0.123	0.122	0.121	0.120
250	0.119	—	—	—	—	—	—	—	—	—

附表 5-4　d 类截面轴心受压构件的稳定系数

$\lambda\sqrt{\dfrac{f_y}{235}}$	0	1	2	3	4	5	6	7	8	9
0	1.000	1.000	1.000	0.999	0.999	0.998	0.997	0.996	0.995	0.993
10	0.984	0.981	0.978	0.974	0.969	0.965	0.960	0.955	0.949	0.944
20	0.937	0.927	0.918	0.909	0.900	0.891	0.883	0.874	0.865	0.857
30	0.848	0.840	0.831	0.823	0.815	0.807	0.799	0.790	0.782	0.774
40	0.766	0.759	0.751	0.743	0.735	0.728	0.720	0.712	0.705	0.697
50	0.690	0.683	0.675	0.668	0.661	0.654	0.646	0.639	0.632	0.625
60	0.618	0.612	0.605	0.598	0.591	0.585	0.578	0.572	0.565	0.559
70	0.552	0.546	0.540	0.534	0.528	0.522	0.516	0.510	0.504	0.584
80	0.578	0.572	0.566	0.559	0.553	0.547	0.541	0.535	0.529	0.523
90	0.439	0.434	0.429	0.424	0.419	0.414	0.410	0.405	0.401	0.397
100	0.394	0.390	0.387	0.383	0.380	0.376	0.373	0.370	0.366	0.363
110	0.359	0.356	0.353	0.350	0.346	0.343	0.340	0.337	0.334	0.331
120	0.328	0.325	0.322	0.319	0.316	0.313	0.310	0.307	0.304	0.301
130	0.299	0.296	0.293	0.290	0.288	0.285	0.282	0.280	0.277	0.275
140	0.272	0.270	0.267	0.265	0.262	0.260	0.258	0.255	0.253	0.251
150	0.248	0.246	0.244	0.242	0.240	0.237	0.235	0.233	0.231	0.229
160	0.227	0.225	0.223	0.221	0.219	0.217	0.215	0.213	0.212	0.210
170	0.208	0.206	0.204	0.203	0.201	0.199	0.197	0.196	0.194	0.192
180	0.191	0.189	0.188	0.186	0.184	0.183	0.181	0.180	0.178	0.177
190	0.176	0.174	0.173	0.171	0.170	0.168	0.167	0.166	0.164	0.163
200	0.162	—	—	—	—	—	—	—	—	—

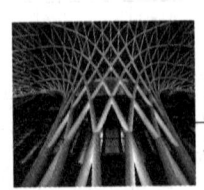

附录 6
各种截面的回转半径近似取值

附表 6-1　a 类截面轴心受压构件的稳定系数

$i_x = 0.30h$ $i_y = 0.90b$ $i_z = 0.195h$	$i_x = 0.40h$ $i_y = 0.21b$	$i_x = 0.38h$ $i_y = 0.60b$	$i_x = 0.41h$ $i_y = 0.22b$
$i_x = 0.32h$ $i_y = 0.28b$ $i_z = 0.18\dfrac{h+b}{2}$	$i_x = 0.45h$ $i_y = 0.235b$	$i_x = 0.38h$ $i_y = 0.44b$	$i_x = 0.32h$ $i_y = 0.49b$
$i_x = 0.30h$ $i_y = 0.215b$	$i_x = 0.44h$ $i_y = 0.28b$	$i_x = 0.32h$ $i_y = 0.58b$	$i_x = 0.29h$ $i_y = 0.50b$
$i_x = 0.32h$ $i_y = 0.20b$	$i_x = 0.43h$ $i_y = 0.432b$	$i_x = 0.32h$ $i_y = 0.40b$	$i_x = 0.29h$ $i_y = 0.45b$
$i_x = 0.28h$ $i_y = 0.24b$	$i_x = 0.39h$ $i_y = 0.20b$	$i_x = 0.38h$ $i_y = 0.21b$	$i_x = 0.29h$ $i_y = 0.29b$

续表

截面	截面	截面	截面
$i_x = 0.30h$ $i_y = 0.17b$	$i_x = 0.42h$ $i_y = 0.22b$	$i_x = 0.44h$ $i_y = 0.32b$	$i_x = 0.39h$ $i_y = 0.53b$
$i_x = 0.28h$ $i_y = 0.21b$	$i_x = 0.43h$ $i_y = 0.24b$	$i_x = 0.44h$ $i_y = 0.38b$	$i = 0.25d$
$i_x = 0.21h$ $i_y = 0.21b$ $i_z = 0.185h$	$i_x = 0.365h$ $i_y = 0.275b$	$i_x = 0.37h$ $i_y = 0.54b$	$i = 0.35\dfrac{d+1}{2}$
$i_x = 0.21h$ $i_y = 0.21b$	$i_x = 0.35h$ $i_y = 0.56b$	$i_x = 0.37h$ $i_y = 0.45b$	
$i_x = 0.45h$ $i_y = 0.24b$	$i_x = 0.39h$ $i_y = 0.29b$	$i_x = 0.40h$ $i_y = 0.24b$	

附录 7 梁的整体稳定系数

附 7.1 等截面焊接工字形和轧制 H 型钢简支梁

等截面焊接工字形和轧制 H 型钢(附图 7-1)简支梁的整体稳定系数 φ_b 应按下式计算:

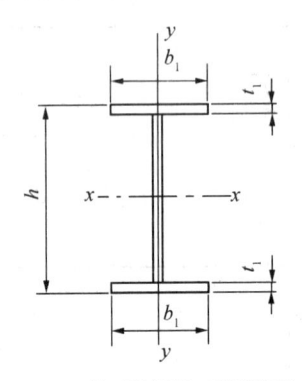

(a) 双轴对称焊接工字形截面

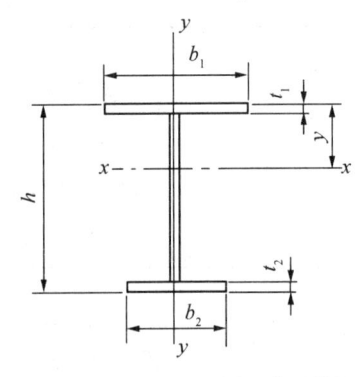

(b) 加强受压翼缘的单轴对称焊接工字形截面

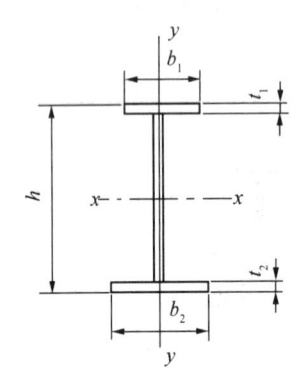

(c) 加强受拉翼缘的单轴对称焊接工字形截面

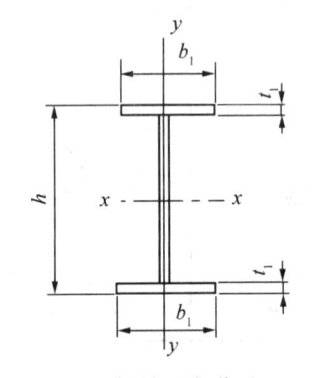

(d) 轧制 H 型钢截面

附图 7-1 焊接工字形和轧制 H 型钢截面

$$\varphi_b = \beta_b \frac{4\,320}{\lambda_y^2} \cdot \frac{Ah}{W_x} \left[\sqrt{1 + \left(\frac{\lambda_y t_1}{4.4h}\right)^2} + \eta_b \right] \frac{235}{f_y} \tag{附7.1}$$

式中:β_b——梁整体稳定的等效临界弯矩系数,取值按附表 7-1 采用;
λ_y——梁在侧向支承点间对截面弱轴 y-y 的长细比,$\lambda_y = l_1/i_y$,l_1 见表 4.3.3,i_y 为梁毛截面对 y 轴的截面回转半径;

A——梁的毛截面面积；

H、t——梁截面的全高和受压翼缘厚度；

η_b——截面不对称影响系数；对双轴对称截面（附图7-1a、d），$\eta_b=0$；对单轴对称工字形截面（附图7-1b、c），加强受压翼缘 $\eta_b=0.8(2a_b-1)$，$a_b=\dfrac{I_1}{I_1+I_2}$，I_1 和 I_2 分别为受压翼缘和受拉翼缘对 y 轴的惯性矩。

当按式（附7-1）算得的 φ_b 值大于 0.6 时，应用下式计算的 φ'_b 值代替 φ_b 值。

$$\varphi'_b = 1.07 - \frac{0.282}{\varphi_b} \leqslant 1.0 \tag{附7-2}$$

注：式（附7-1）也适用于等截面铆接（或高强度螺栓连接）简支梁，其受压翼缘厚度 t_1 包括翼缘角钢厚度在内。

附表 7-1　H型钢和等截面工字形简支梁的系数 β_b

项次	侧向支承	荷载		$\xi \leqslant 2.0$	$\xi > 2.0$	适用范围
1	跨中无侧向支承	均布荷载作用在	上翼缘	$0.69+0.13\xi$	0.95	附图7.1a、b 和 d 的截面
2			下翼缘	$1.73-0.20\xi$	1.33	
3		集中荷载作用在	上翼缘	$0.73+0.18\xi$	1.09	
4			下翼缘	$2.23-0.28\xi$	1.67	
5	跨度中点有一个侧向支点	均布荷载作用在	上翼缘	\multicolumn{2}{c	}{1.15}	附图7.1中所有截面
6			下翼缘	\multicolumn{2}{c	}{1.40}	
7		集中荷载作用在截面高度上任意位置		\multicolumn{2}{c	}{1.75}	
8	跨中有不少于两个等距侧向支承点	任意荷载作用在	上翼缘	\multicolumn{2}{c	}{1.20}	
9			下翼缘	\multicolumn{2}{c	}{1.40}	
10	梁端有弯矩但跨中无荷载作用			\multicolumn{2}{c	}{$1.75-1.05(M_2/M_1)+0.3(M_2/M_1)^2$，但 $\leqslant 2.3$}	

注：1. ξ 为参数，$\xi=\dfrac{l_1 t_1}{b_1 h}$，其中 l_1、t_1 和 b_1 分别是受压翼缘的自由长度、宽度和厚度。

2. M_1 和 M_2——梁的端弯矩，使梁发生单曲率时二者取同号，产生双曲率时取异号，$|M_1|\geqslant|M_2|$。

3. 项次 3.4.7 指一个或少数几个集中荷载位于跨中附近，梁的弯矩图接近等腰三角形的情况。其他情况的集中荷载应按项次 1.2.5.6 的数值采用。

4. 项次 8.9 的 β_b，当集中荷载作用在侧向支承点时，取 $\beta_b=1.20$。

5. 荷载作用在上翼缘系指荷载作用点在翼缘表面，方向指向截面形心，荷载作用下翼缘系指荷载作用在翼缘表面，方向背向截面形心。

6. 对 $a_b>0.8$ 的加强受压翼缘工字形钢截面，下列情况的 β_b 值应乘以相应的系数：

项次 1 中当 $\xi\leqslant 1.0$ 时，乘以 0.95；

项次 3 中当 $\xi\leqslant 0.5$ 时，乘以 0.90；

当 $0.5<\xi\leqslant 1.0$ 时，乘以 0.95。

附7.2 轧制普通工字钢简支梁

轧制普通工字钢简支梁的整体稳定系数 φ_b 应按附表7-2取值,当所得的 φ_b 值大于0.6时,应用式(附7.2)算得的相应 φ_b' 值代替 φ_b 值。

附表7-2 轧制普通工字钢简支梁的 φ_b 值

项次	荷载情况		工字钢型号	2	3	4	5	6	7	8	9	10
1	跨中无侧向支承点的梁	集中荷载作用于 上翼缘	10~20	2.0	1.30	0.99	0.80	0.68	0.58	0.53	0.48	0.43
			22~32	2.4	1.48	1.09	0.86	0.72	0.62	0.54	0.49	0.45
			36~63	2.8	1.60	1.07	0.83	0.68	0.56	0.50	0.45	0.40
2		集中荷载作用于 下翼缘	10~20	3.1	1.95	1.34	1.01	0.82	0.69	0.63	0.57	0.52
			22~40	5.5	2.80	1.84	1.37	1.07	0.86	0.73	0.64	0.56
			45~63	7.3	3.60	2.30	1.62	1.20	0.96	0.80	0.69	0.60
3		均布荷载作用于 上翼缘	10~20	1.7	1.12	0.84	0.68	0.57	0.50	0.45	0.41	0.37
			22~40	2.1	1.30	0.93	0.73	0.60	0.51	0.45	0.40	0.36
			45~63	2.6	1.45	0.97	0.73	0.59	0.50	0.44	0.38	0.35
4		均布荷载作用于 下翼缘	10~20	2.5	1.55	1.08	0.83	0.68	0.56	0.52	0.47	0.42
			22~40	4.0	2.20	1.45	1.10	0.85	0.70	0.60	0.52	0.46
			45~63	5.6	2.80	1.80	1.25	0.95	0.78	0.65	0.55	0.49
5	跨中有侧向支撑点的梁(不论荷载作用点在截面高度上的位置)		10~20	2.2	1.39	1.01	0.79	0.66	0.57	0.52	0.47	0.42
			22~40	3.0	1.80	1.24	0.96	0.76	0.65	0.56	0.49	0.43
			40~63	4.0	2.20	1.38	1.01	0.80	0.66	0.56	0.49	0.43

注:1. 同附7.1的注3、5。
  2. 表中的 φ_b 适用于Q235型钢。对其他型号的钢,表中数值应乘以 $235/f_y$。

附7.3 轧制槽钢简支梁

轧制槽钢简支梁的整体稳定系数,不论荷载的形式和荷载作用点在截面高度上的位置,均可按下式计算:

$$\varphi_b = \frac{570bt}{l_1 h} \cdot \frac{235}{f_y} \tag{附7.3}$$

式中:h、b、t——分别对应槽钢截面的高度、翼缘宽度和平均厚度。

按式(附7.3)算得 φ_b 大于0.6时,应用公式(附7.2)算得的相应 φ_b' 值代替 φ_b。

附7.4 双轴对称工字形等截面(含 H 型钢)悬臂梁

双轴对称工字形等截面(含 H 型钢)悬臂梁的整体稳定系数,可按式(附 7.1)计算。但式中系数 β_b 应按附表 7-4 查得,$\lambda_y = l_1/i_y$,(l_1 为悬臂梁的悬臂长度)。当求得的 φ_b 大于 0.6 时,应用式(附 7.2)算得的相应 φ_b' 值代替 φ_b。

附表 7-4 双轴对称工字形钢等截面(含 H 型钢)悬臂梁的系数 β_b 值

项次	荷载形式		$0.6 \leqslant \xi \leqslant 1.24$	$1.24 \leqslant \xi \leqslant 1.96$	$1.96 \leqslant \xi \leqslant 3.10$
1	自由端一个集中荷载作用在	上翼缘	$0.21+0.67\xi$	$0.72+0.26\xi$	$1.17+0.03\xi$
2		下翼缘	$2.94-0.65\xi$	$2.64-0.40\xi$	$2.15-0.15\xi$
3	均布荷载作用在上翼缘		$0.62+0.82\xi$	$1.25+0.31\xi$	$1.66+0.10\xi$

注:1. 本表是按支承端为固定的情况确定的,当用于由临跨延伸出来的伸臂梁时,应按构造上采取措施加强支承处的抗扭能力。
2. 表中 ξ 见附表 7.1 中注 1。

附7.5 受弯构件整体稳定系数的近似计算

均匀弯曲的受弯构件,当 $\lambda_y \leqslant 120\sqrt{235/f_y}$ 时,其整体稳定系数 φ_b 可按下列近似计算:

1. 工字形截面(含 H 型钢)
双轴对称时:

$$\varphi_b = 1.07 - \frac{\lambda_y^2}{44\,000} \cdot \frac{f_y}{235} \qquad (\text{附 7.4})$$

单轴对称时:

$$\varphi_b = 1.07 - \frac{W_x}{(2a_b+0.1)Ah} \cdot \frac{\lambda_y^2}{14\,000} \cdot \frac{f_y}{235} \qquad (\text{附 7.5})$$

2. T 形截面(弯矩作用在对称轴平面,绕 x 轴):
① 弯矩使翼缘受压时:
双角钢 T 形截面:

$$\varphi_b = 1 - 0.001\,7\lambda_y \sqrt{f_y/235} \qquad (\text{附 7.6})$$

部分 T 形钢和两板组合 T 形截面:

$$\varphi_b = 1 - 0.002\,2\lambda_y \sqrt{f_y/235} \qquad (\text{附 7.7})$$

② 弯矩使翼缘受拉且腹板宽厚比不大于 $18\sqrt{f_y/235}$ 时:

$$\varphi_b = 1 - 0.000\,5\lambda_y \sqrt{f_y/235} \qquad (\text{附 7.8})$$

按式(附 7.4)至式(附 7.8)算得的 φ_b 值大于 0.6 时,不需按式(附 7.2)换算成 φ_b' 值;当按式(附 7.4)和式(附 7.5)算得的 φ_b 值大于 1.0 时,取 $\varphi_b = 1.0$。

附录 8 疲劳计算的构件和连接分类

附表 8-1 构件和连接的分类

项次	简图	说明	类别

1		无连接处的主体金属
		(1) 轧制型钢
		(2) 钢板
		  a. 两边为轧制边或刨边
		  b. 两侧为自动、半自动切割边（切割边质量标准应符合现行国家标准《钢结构工程施工质量验收规范》GB 50205）
			1
			1
			2

2		横向对接焊缝附近的主体金属 (1) 符合现行国家标准《钢结构工程施工质量验收规范》GB 5020 的一级焊缝 (2) 经加工、磨平的一级焊缝	3 2
3		不同厚度（或宽度）横向对接焊缝附近的主体金属，焊缝加工成平滑过渡并符合一级焊缝标准	2
4		纵向对接焊缝附近的主体金属，焊缝符合二级焊缝标准	2

5		翼缘连接焊缝附近的主体金属
		(1) 翼缘板与腹板的连接焊缝
		  a. 自动焊，二级 T 行对接和角接组合焊缝
		  b. 自动焊，角焊缝，外观质量标准符合二级
		  c. 手工焊，角焊缝，外观质量标准符合二级
		(2) 双层翼缘板之间的连接焊缝
		  a. 自动焊，角焊缝，外观质量标准符合二级
		  b. 手工焊，角焊缝，外观质量标准符合二级
			2
			3
			4
			3
			4

6		横向加劲肋端部附近的主体金属 (1) 肋端不断弧（采用回焊） (2) 肋端断弧	4 5

续表

项次	简图	说明	类别
7		梯形节点板用对接焊缝焊于梁翼缘、腹板以及桁架构件处的主体金属,过渡处在焊后铲平、磨光、圆滑过渡,不得有焊接起弧、灭弧缺陷	5
8		矩形节点板焊接与构件翼缘或腹板处的主体金属,$l>150\ mm$	7
9		翼缘板中断处的主体金属(板端有正面焊接)	7
10		向正面角焊缝过渡处的主体金属	6
11		两侧面角焊缝连接端部的主体金属	8
12		三面围焊的角焊缝端部主体金属	7
13		三面围焊或两侧面角焊缝连接的节点板主体金属(节点板计算宽度按应力扩散角 θ 等于 30°考虑)	7
14		K形坡口T形对接与角接组合焊缝的主体金属,两板轴线偏离小于 $0.15\ t$,焊缝为二级,焊趾角 $a \leqslant 45°$	5

· 353 ·

续表

项次	简图	说明	类别
15		十字接头角焊缝处的主体金属,两板轴线偏离 0.15 t	7
16	角焊缝	按有效截面确定的剪应力幅计算	8
17		铆钉连接处的主体金属	3
18		连系螺栓和虚孔处的主体金属	3
19		高强度螺栓摩擦型连接处的主体金属	2

注：1. 所有对接焊缝及 T 形对接和角接组合焊缝均需焊透。所有焊缝的外形尺寸均应符合现行标准《钢结构焊缝外形尺寸》JB7949 的规定。
2. 角焊缝应符合本规范第 8.2.7 条和第 8.2.8 条的要求。
3. 项次 16 中的剪应力幅 $\tau = \tau_{max} - \tau_{min}$，其中 τ_{min} 的正负值为：与 τ_{min} 同方向时取正值,反方向时取负值。
4. 第 17、18 项次中的应力应以净截面面积计算,第 19 项应以毛截面面积计算。

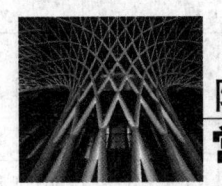

附录 9
常用型钢规格及截面特性

附表 9-1 普通工字钢

符号：h—高度；
b—宽度；
t_1—腹板厚度；
t_2—翼缘厚度；
I—惯性矩；
W—截面模量。

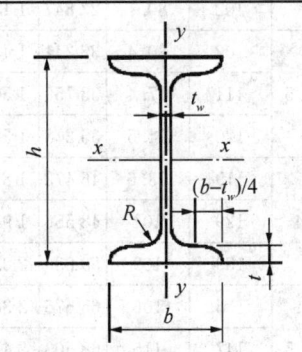

i—回转半径；
S_x—半截面的面积矩。
长度：
型号 10～18，长 5～19 m；
型号 20～63，长 6～19 m。

型号		h/mm	b/mm	t_{1w}/mm	t_2/mm	R/mm	截面面积/cm²	理论重量 km/m⁻¹	I_x/cm⁴	W_x/cm³	i_x/cm	I_x/S_x/cm	I_y/cm⁴	W_y/cm³	i_y/cm
10		100	68	4.5	7.6	6.5	14.3	11.2	245	49	4.14	8.69	33	9.6	1.51
12.6		126	74	5	8.4	7	18.1	14.2	488	77	5.19	11	47	12.7	1.61
14		140	80	5.5	9.1	7.5	21.5	16.9	712	102	5.75	12.2	64	16.1	1.73
16		160	88	6	909	8	26.1	20.8	1 127	141	6.57	13.9	93	21.1	1.89
18		180	94	6.5	10.7	8.5	30.7	24.1	1 699	185	7.37	15.4	123	26.2	2.00
20	a	200	100	7	11.4	9	35.5	27.9	2 369	237	8.16	17.4	158	31.6	2.11
	b		1.8	9			39.5	31.1	1 502	250	7.95	17.1	169	33.1	2.07
22	a	220	110	7.5	12.3	9.5	42.1	33	3 406	310	8.99	19.2	226	41.1	2.32
	b		112	9.5			46.5	36.5	3 583	326	8.78	18.9	240	42.9	2.27
25	a	250	116	8	13	10	48.5	38.1	5 017	401	10.2	21.7	280	48.4	2.4
	b		118	10			53.5	42	5 278	422	9.93	21.4	297	50.4	2.36
28	a	280	122	8.5	13.7	10.5	55.4	43.5	7 115	508	11.3	24.3	344	56.4	2.49
	b		124	10.5			61	47.9	7 481	534	11.1	24	364	58.7	2.44
32	a	320	130	9.5	15	79.9	67.1	52.7	11 080	692	12.8	27.7	459	70.6	2.62
	b		132	11.5			73.5	57.7	11 626	727	12.6	27.3	484	73.3	2.57
	c		134	13.5			79.9	62.7	12 173	761	12.3	26.9	510	76.1	2.53

续表

型号		尺寸(mm)				截面面积/cm²	理论重量 km/m⁻¹	x-x 轴				y-y 轴		
		h /mm	b /mm	t_{1w} /mm	t_2 /mm	R /mm			I_x /cm⁴	W_x /cm³	i_x /cm	I_x/S_x /cm	I_y /cm⁴	W_y /cm³	i_y /cm
36	a	360	136	10	15.8	12	76.4	60	15 796	878	14.4	31	555	81.6	2.69
	b		138	12			83.6	65.6	16 574	921	14.1	30.6	584	84.6	2.64
	c		140	14			90.8	71.3	17 351	964	13.8	30.2	614	87.7	2.6
40	a	400	142	10.5	16.5	12.5	86.1	67.6	21 714	1 086	15.9	36.6	660	92.9	2.77
	b		144	12.5			94.4	73.8	22 781	1 139	15.6	33.9	693	96.2	2.71
	c		146	14.5			102	80.1	23 847	1 192	15.3	33.5	727	99.7	2.67
45	a	450	150	11.5	18	13.5	102	80.4	32 241	1 433	17.7	38.5	855	114	2.89
	b		152	13.5			111	87.4	33 759	1 500	17.4	38.1	895	118	2.84
	c		154	15.5			120	94.5	35 278	1 568	17.1	37.6	938	122	2.79
50	a	500	158	12	20	14	119	93.6	46 472	1 859	19.7	42.9	1 122	142	3.07
	b		160	14			129	101	48 556	1 942	19.4	42.3	1 171	146	3.01
	c		162	16			139	109	50 639	2 026	19.1	41.9	1 224	151	2.96
56	a	560	166	12.5	21	14.5	135	106	65 576	2 342	22	47.9	1 366	165	3.18
	b		168	14.5			147	115	68 503	2 447	21.6	47.3	1 424	170	3.12
	c		170	16.5			158	124	71 430	2 551	21.3	46.8	1 485	175	3.07

附表 9-2 H 型钢

符号：h—高度；
b—宽度；
t_1—腹板厚度；
t_2—翼缘厚度；
I—惯性矩；
W—截面模量。

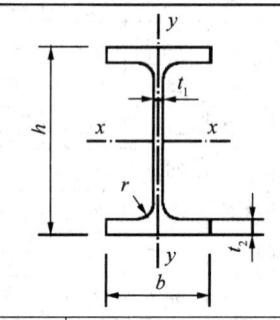

i—回转半径；
S_x—半截面的面积矩。

类别	H 型钢规格 $(h \times b \times t_1 \times t_2)$	截面积 A/cm²	质量 q /kg·m⁻¹	x-x 轴			y-y 轴		
				I_x /cm⁴	W_x /cm³	i_x /cm	I_y /cm⁴	W_y /cm³	i_y /cm
HW	100×100×6×8	21.9	17.22	383	76.5	4.18	134	26.7	2.47
	125×125×6.5×9	30.31	23.8	847	136	5.29	294	47	3.11
	150×150×7×10	40.55	31.9	1 660	221	6.39	564	75.1	3.73
	175×175×7.5×11	51.43	40.3	2 900	331	7.5	984	112	4.37
	200×200×8×12	64.28	50.5	4 770	477	8.61	1 600	160	4.99
	#200×204×12×12	72.28	56.7	5 030	503	8.35	1 700	167	4.85

续表

类别	H型钢规格 ($h×b×t_1×t_2$)	截面积 A/cm²	质量 q /kg·m⁻¹	$x-x$ 轴 I_x/cm⁴	W_x/cm³	i_x/cm	$y-y$ 轴 I_y/cm⁴	W_y/cm³	i_y/cm
HW	250×250×9×14	92.18	72.4	10 800	867	10.8	3 650	292	6.29
	♯250×255×14×14	104.37	82.2	11 500	919	10.5	3 880	304	6.09
	♯294×302×12×12	108.3	85	17 000	1 160	12.5	5 520	365	7.14
	300×300×10×15	120.4	94.5	20 500	1 370	13.1	6 760	450	7.49
	300×305×15×15	135.4	106	21 600	1 440	12.6	7 100	466	7.24
	♯344×348×10×16	146	115	33 300	1 940	15.1	11 200	646	8.78
	350×350×12×19	173.9	137	40 300	2 300	15.2	13 600	776	8.84
	♯388×402×15×15	179.2	141	49 200	2 540	16.6	16 300	809	9.52
	♯394×398×11×18	187.6	147	56 400	2 860	17.3	18 900	951	10
	400×400×13×21	219.5	172	66 900	3 340	17.5	22 400	1 120	10.1
	♯400×408×21×21	251.5	197	71 100	3 560	16.8	23 800	1 170	9.73
	♯414×405×18×28	296.2	233	93 000	4 490	17.7	31 000	1 531	10.2
	♯428×407×20×35	361.4	284	119 000	5 580	18.2	39 400	1 930	10.4
HM	148×100×6×9	27.25	21.4	1 040	140	6.17	151	30.2	2.35
	194×150×6×9	39.76	31.2	2 740	283	8.3	508	67.7	3.57
	244×175×7×11	56.24	44.1	6 120	502	10.4	985	113	4.18
	294×200×8×12	73.03	57.3	11 400	779	12.5	1 600	160	4.69
	340×250×9×14	101.5	79.7	21 700	1 280	14.6	3 650	292	6
	390×300×10×16	136.7	107	38 900	2 000	16.9	7 210	481	7.26
	440×300×11×18	157.4	124	56 100	2 550	18.9	8 110	541	7.18
	482×300×11×15	146.4	115	60 800	2 520	20.4	6 770	451	6.8
	488×300×11×18	164.4	129	71 400	2 930	20.5	8 120	541	7.03
	582×300×12×17	174.5	137	103 000	3 530	24.3	7 670	511	6.63
	588×300×12×20	192.5	151	118 000	4 020	24.8	9 020	601	6.85
	♯594×302×14×23	222.4	175	137 000	4 620	24.9	10 600	701	6.9

续表

类别	H型钢规格 ($h \times b \times t_1 \times t_2$)	截面积 A/cm²	质量 q /kg·m⁻¹	$x-x$ 轴 I_x/cm⁴	$x-x$ 轴 W_x/cm³	$x-x$ 轴 i_x/cm	$y-y$ 轴 I_y/cm⁴	$y-y$ 轴 W_y/cm³	$y-y$ 轴 i_y/cm
HN	100×50×5×7	12.16	9.54	192	38.5	3.98	14.9	5.96	1.11
	125×60×6×8	17.01	13.3	417	66.8	4.95	29.3	9.75	1.31
	150×75×5×7	18.16	14.3	679	90.6	6.12	49.6	13.2	1.65
	175×90×5×8	23.21	18.2	1 220	140	7.26	97.6	21.7	2.05
	198×99×4.5×7	23.59	18.5	1 610	163	8.27	114	23	2.2
	200×100×5.5×8	27.57	21.7	1 880	188	8.25	134	26.8	2.21
	248×124×5×8	32.89	25.8	3 560	287	10.4	255	41.1	2.78
	250×125×6×9	37.87	29.7	4 080	326	10.4	294	47	2.79
	298×149×5.5×8	41.55	32.6	6 460	433	12.4	443	59.4	3.26
	300×150×6.5×9	47.53	37.3	7 350	490	12.4	508	67.7	3.27
	346×174×6×9	53.19	41.8	11 200	649	14.5	792	91	3.86
	350×175×7×11	63.66	50	13 700	782	14.7	985	113	3.93
	#400×150×8×13	71.12	55.8	18 800	942	16.3	734	97.9	3.21
	396×199×7×11	72.16	56.7	20 000	1010	16.7	1 450	145	4.48
	400×200×8×13	84.12	66	23 700	1 190	16.8	1 740	174	4.54
	#450×150×9×14	83.41	65.5	27 100	1 200	18	793	106	3.08
	446×199×8×12	84.95	66.7	29 000	1 300	18.5	1 580	159	4.31
	450×200×9×14	97.41	76.5	33 700	1 500	18.6	1 870	187	4.38
	#500×150×10×16	98.23	77.1	38 500	1 540	19.8	907	121	3.04
	496×199×9×14	101.3	79.5	41 900	1 690	20.3	1 840	185	4.27
	500×200×10×16	114.2	89.6	47 800	1 910	20.5	2 140	214	4.33
	#506×201×11×19	131.3	103	56 500	2 230	20.8	2 580	257	4.43
	596×199×10×15	121.2	95.1	69 300	2 330	23.9	1 980	199	4.04
	600×200×11×17	135.2	106	78 200	2 610	24.1	2 280	228	4.11
	#606×201×12×20	153.3	120	91 000	3 000	24.4	2 720	271	4.21
	#692×300×13×20	211.5	166	172 000	4 980	28.6	9 020	602	6.53
	700×300×13×24	235.5	185	201 000	5 760	29.3	10 800	722	6.78

附表 9-3 普通槽钢

符号：同普通工字钢
但 W_y 为应对翼缘肢尖

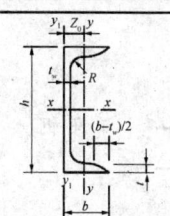

长度：
型号 5~8，长 5~12 m；
型号 10~18，长 5~19 m；
型号 20~20，长 6~19 m。

型号		尺寸/mm				截面面积/cm²	理论重量/kg·m⁻¹	$x-x$ 轴			$y-y$ 轴			$y-y_1$ 轴	Z_0
		h	b	t_w	t	R			I_x cm⁴	W_x cm³	i_x cm	I_y cm⁴	W_y cm³	i_y cm	I_{y1} cm⁴	cm
5		50	37	4.5	7	7	6.92	5.44	26	10.4	1.94	8.3	3.5	1.1	20.9	1.35
6.3		63	40	4.8	7.5	7.5	8.45	6.63	51	16.3	2.46	11.9	4.6	1.19	28.3	1.39
8		80	43	5	8	8	10.24	8.04	101	25.3	3.14	16.6	5.8	1.27	37.4	1.42
10		100	45	5.3	8.5	8.5	12.74	10	198	39.7	3.94	25.6	7.8	1.42	54.9	1.52
12.6		126	53	5.5	9	9	15.69	12.31	389	61.7	4.98	38	10.3	1.56	77.8	1.59
14	a	140	58	6	9.5	9.5	18.51	14.83	564	80.5	5.52	53.2	13	1.7	107.2	1.71
	b		60	8	9.5	9.5	21.31	16.73	609	87.1	5.35	61.2	14.1	1.69	120.6	1.67
16	a	160	63	6.5	10	10	21.95	17.23	866	1.8.3	6.28	73.4	16.3	1.83	144.1	1.79
	b		65	8.5	10	10	25.15	19.75	935	116.8	6.1	83.4	17.6	1.82	160.8	1.75
18	a	180	68	7	10.5	10.5	25.69	20.17	1 273	141.4	7.04	98.6	20	1.96	189.7	1.88
	b		70	9	10.5	10.5	29.29	22.99	1 370	152.2	6.84	111	21.5	1.95	210.1	1.84
20	a	200	73	7	11	11	28.83	22.63	1 780	178	7.86	128	24.2	2.11	244	2.01
	b		75	9	11	11	32.83	25.77	1 914	191.4	7.64	143.6	25.9	2.09	268.4	1.95
22	a	220	77	7	11.5	11.5	31.84	24.99	2 394	217.6	8.67	157.8	28.2	2.23	298.2	2.1
	b		79	9	11.5	11.5	36.24	28.45	2 571	233.8	8.42	176.5	30.1	2.21	326.3	2.03
25	a	250	78	7	12	12	34.91	27.4	3 359	268.7	9.81	175.9	30.7	2.24	324.8	2.07
	b		80	9	12	12	39.91	31.33	3 619	289.6	9.52	196.4	32.7	2.22	355.1	1.99
	c		82	11	12	12	44.91	35.25	3 880	310.4	9.3	215.9	34.6	2.19	388.6	1.96
28	a	280	82	7.5	12.5	12.5	40.02	31.42	4 753	339.5	10.9	217.9	35.7	2.33	393.3	2.09
	b		84	9.5	12.5	12.5	45.62	35.81	5 118	365.6	10.59	241.5	37.9	2.3	428.5	2.02
	c		86	11.5	12.5	12.5	51.22	40.21	5 484	394.7	10.35	264.1	40	2.27	467.3	1.99
32	a	320	88	8	14	14	48.5	38.07	7 511	469.4	12.44	304.7	46.4	2.51	547.5	2.24
	b		90	10	14	14	54.9	43.1	8 057	503.5	12.11	335.6	49.1	2.47	592.9	2.16
	c		92	12	14	14	61.2	48.12	8 603	537.7	11.85	365	51.6	2.44	642.7	2.13
36	a	360	96	9	16	16	60.89	47.8	11 874	659.7	13.96	455	63.6	2.73	818.5	2.44
	b		98	11	16	16	68.09	53.45	12 652	702.9	13.63	496.7	66.9	2.7	880.5	2.37
	c		100	13	16	16	75.29	59.1	13 429	746.1	13.36	536.6	70	2.67	948	2.34
40	a	400	100	10.5	18	18	75.04	58.91	17 578	878.9	15.3	592	78.8	2.81	1 057.9	2.49
	b		102	12.5	18	18	83.04	65.19	18 644	932.2	14.98	640.6	82.6	2.78	1 135.8	2.44
	c		104	14.5	18	18	91.04	74.47	19 711	985.6	14.71	687.8	86.2	2.75	1 220.3	2.42

附表 9-4 等边角钢

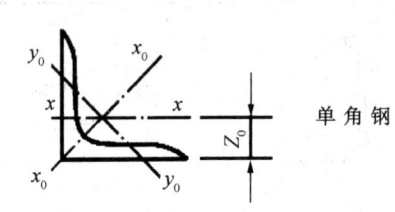

单角钢　　双角钢

型号		圆角 R (mm)	重心距 Z_0 (mm)	截面积 A (cm²)	质量 (kg/m)	惯性矩 I_x (cm⁴)	截面模量 $W_{x\max}$ (cm³)	截面模量 $W_{x\min}$ (cm³)	回转半径 i_x (cm)	i_{x0} (cm)	i_{y0} (cm)	i_y(当 a 为下列数值) 6 mm (cm)	8 mm (cm)	10 mm (cm)	12 mm (cm)	14 mm (cm)
L20×	3	3.5	6	1.13	0.89	0.4	0.66	0.29	0.59	0.75	0.39	1.08	1.17	1.25	1.34	1.43
	4		6.4	1.46	1.15	0.5	0.78	0.36	0.58	0.73	0.38	1.11	1.19	1.28	1.37	1.46
L25×	3	3.5	7.3	1.43	1.12	0.82	1.12	0.46	0.76	0.95	0.49	1.27	1.36	1.44	1.53	1.61
	4		7.6	1.86	1.46	1.03	1.34	0.59	0.74	0.93	0.48	1.3	1.38	1.47	1.55	1.64
L30×	3	4.5	8.5	1.75	1.37	1.46	1.72	0.68	0.91	1.15	0.59	1.47	1.55	1.63	1.71	1.8
	4		8.9	2.28	1.79	1.84	2.08	0.87	0.8	1.13	0.58	1.49	1.57	1.65	1.74	1.82
L36×	3	4.5	10	2.11	1.66	2.58	2.59	0.99	1.11	1.39	0.71	1.7	1.78	1.86	1.94	2.03
	4		10.4	2.76	2.16	3.29	3.18	1.28	1.09	1.38	0.7	1.73	1.8	1.89	1.97	2.05
	5		10.7	2.38	2.65	3.95	3.68	1.56	1.08	1.36	0.7	1.75	1.83	1.91	1.99	2.08
L40×	3	5	10.9	2.36	1.85	3.59	3.28	1.23	1.23	1.55	0.79	1.86	1.94	2.01	2.09	2.18
	4		11.3	3.09	2.42	4.6	4.05	1.6	1.22	1.54	0.79	1.88	1.96	2.04	2.12	2.2
	5		11.7	3.79	2.98	5.53	4.72	1.96	1.21	1.52	0.78	1.9	1.98	2.06	2.14	2.23
L45×	3	5	12.2	2.66	2.09	5.17	4.25	1.58	1.39	1.76	0.9	2.06	2.14	2.21	2.29	2.37
	4		12.6	3.49	2.74	6.65	5.29	2.05	1.38	1.74	0.89	2.08	2.16	2.24	2.32	2.4
	5		13	4.29	3.37	8.04	6.2	2.51	1.37	1.72	0.88	2.1	2.18	2.26	2.34	2.42
	6		13.3	5.08	3.99	9.33	6.99	2.95	1.36	1.71	0.88	2.12	2.2	2.28	2.36	2.44
L50×	3	5.5	13.4	2.97	2.33	7.18	5.36	1.96	1.55	1.96	1	2.26	2.33	2.41	2.48	2.56
	4		13.8	3.9	3.06	9.26	6.7	2.56	1.54	1.94	0.99	2.28	2.36	2.43	2.51	2.59
	5		14.2	4.8	3.77	11.21	7.9	3.23	1.53	1.92	0.98	2.3	2.38	2.45	2.53	2.61
	6		14.6	5.69	4.46	13.05	8.95	3.68	1.51	1.91	0.98	2.32	2.4	2.48	2.56	2.64
L56×	3	6	14.8	3.34	2.62	10.19	6.86	2.48	1.75	2.2	1.13	2.5	2.57	2.64	2.72	2.8
	4		15.3	4.39	3.45	13.18	8.63	3.24	1.73	2.18	1.11	2.52	2.59	2.67	2.74	2.82
	5		15.7	5.42	4.25	16.02	10.22	3.97	1.72	2.17	1.1	2.54	2.61	2.69	2.77	2.85
	8		16.8	8.37	6.57	23.63	14.06	6.3	1.68	2.11	1.09	2.6	2.67	2.75	2.83	2.91

附 录

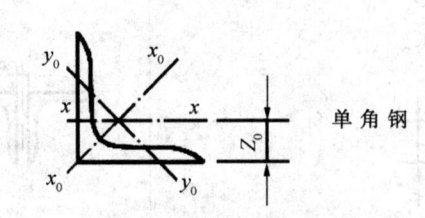

续表

单角钢　双角钢

型号		圆角 R (mm)	重心距 Z_0 (mm)	截面积 A (cm²)	质量 (kg/m)	惯性矩 I_x (cm⁴)	截面模量 $W_{x\max}$ (cm³)	截面模量 $W_{x\min}$	回转半径 i_x (cm)	i_{x0}	i_{y0}	i_y(当 a 为下列数值) 6 mm	8 mm	10 mm	12 mm	14 mm
L63×	4	7	17	4.98	3.91	19.03	11.22	4.13	1.96	2.46	1.26	2.79	2.87	2.94	3.02	3.09
	5		17.4	6.14	4.82	23.17	13.33	5.08	1.94	2.45	1.25	2.82	2.89	2.96	3.04	3.12
	6		17.8	7.29	5.72	27.12	15.26	6	1.93	2.43	1.24	2.83	2.91	2.98	3.06	3.14
	8		18.5	9.51	7.47	34.45	18.59	7.75	1.9	2.39	1.23	2.87	2.95	3.03	3.1	3.18
	10		19.3	11.66	9.15	41.09	21.34	9.39	1.88	2.36	1.22	2.91	2.99	3.07	2.15	2.23
L70×	4	8	18.6	5.57	4.37	26.39	14.16	5.14	2.18	2.74	1.4	3.07	2.14	3.21	3.29	3.36
	5		19.1	6.88	5.4	32.21	16.89	6.32	2.16	2.73	1.39	3.09	3.16	3.24	3.31	3.39
	6		19.5	8.16	6.41	37.77	19.39	7.48	2.15	2.71	1.38	3.11	3.18	3.26	3.33	3.41
	7		19.9	9.42	7.4	43.09	21.68	8.59	2.14	2.69	1.38	3.13	3.2	3.28	3.36	3.43
	8		20.3	10.67	8.37	48.17	23.79	9.68	2.13	2.68	1.37	3.15	3.22	3.3	3.38	3.46
L75×	5	9	20.3	7.41	5.82	39.96	19.73	7.3	2.32	2.92	1.5	3.29	3.36	3.43	3.5	3.58
	6		20.7	8.8	6.91	46.91	22.69	8.63	2.31	2.91	1.49	3.31	3.38	3.45	3.53	3.6
	7		21.1	10.16	7.98	53.57	25.42	9.93	2.3	2.89	1.48	3.33	3.4	3.47	3.55	3.63
	8		21.5	11.5	9.03	59.96	27.93	11.2	2.28	2.87	1.47	3.35	3.42	2.5	2.57	3.65
	110		22.2	14.13	11.09	71.98	32.4	13.64	2.26	2.84	1.46	3.38	3.46	3.54	3.61	3.69
L80×	5	9	21.5	7.91	3.21	48.79	22.7	8.34	2.48	3.13	1.6	3.49	3.56	3.63	3.71	3.78
	6		21.9	9.4	7.38	57.35	26.16	9.87	2.47	3.11	1.59	3.51	3.58	3.62	3.73	3.8
	7		22.3	10.86	8.53	65.58	29.38	11.37	2.46	3.1	1.59	3.53	3.6	3.67	3.75	3.83
	8		22.7	12.3	9.66	73.5	32.36	12.83	2.44	3.08	1.57	3.55	3.62	3.7	3.77	3.85
	10		23.5	15.13	11.87	88.43	37.68	15.64	2.42	3.04	1.56	3.58	3.66	3.74	3.81	3.89
L90×	6	10	24.4	10.64	8.35	82.77	33.99	12.61	2.79	3.51	1.8	3.91	3.98	4.05	4.12	4.2
	7		24.8	12.3	9.66	94.83	38.28	14.54	2.78	3.5	1.78	3.93	4	4.07	4.14	4.22
	8		25.2	13.94	10.95	106.5	42.3	16.42	2.76	3.48	1.78	3.95	4.02	4.09	4.17	4.24
	10		25.9	17.17	13.48	128.6	49.57	20.07	2.74	3.45	1.76	3.98	4.06	4.13	4.21	4.28
	12		26.7	20.31	15.94	149.2	55.93	23.57	2.71	3.41	1.75	4.02	4.09	4.17	4.25	4.32

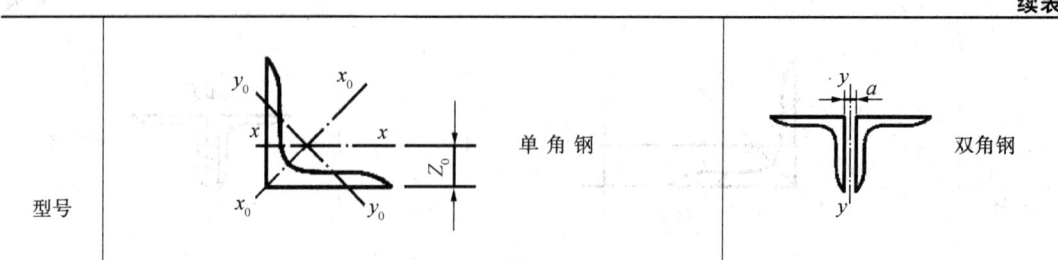

续表

型号		圆角 R (mm)	重心距 Z_0 (mm)	截面积 A (cm²)	质量 (kg/m)	惯性矩 I_x (cm⁴)	截面模量 $W_{x\max}$ (cm³)	截面模量 $W_{x\min}$ (cm³)	回转半径 i_x (cm)	i_{x0} (cm)	i_{y0} (cm)	i_y 6 mm (cm)	8 mm	10 mm	12 mm	14 mm
L100×	6	12	26.7	11.93	9.37	115	43.04	15.68	3.1	3.91	2	4.3	4.37	4.44	4.51	4.58
	7		27.1	13.8	10.83	131	48.57	18.1	3.09	3.89	1.99	4.32	4.39	4.46	4.53	4.61
	8		27.6	15.64	12.28	148.2	53.78	20.47	2.08	2.88	1.98	4.34	4.41	4.48	4.55	4.63
	10		28.4	19.26	15.12	179.5	63.29	25.06	3.05	3.84	1.96	4.38	4.45	4.52	4.6	4.67
	12		29.1	22.8	17.9	208.9	71.72	29.47	3.03	3.81	1.95	4.41	4.49	4.56	4.64	4.71
	14		29.9	26.26	20.61	236.5	79.19	33.73	3	3.77	1.94	4.45	4.53	4.6	4.68	4.75
	16		30.6	29.63	23.26	262.5	85.81	37.52	2.98	3.74	1.93	4.49	4.56	4.64	4.72	4.8
L110×	7	12	29.6	15.2	11.93	177.2	59.78	22.05	3.41	4.3	2.2	4.72	4.79	4.86	4.94	5.01
	8		30.1	17.24	13.53	199.5	66.36	24.95	3.4	4.28	2.19	4.74	4.81	4.88	4.96	5.03
	10		30.9	21.26	16.69	242.2	78.48	30.6	3.38	4.25	2.17	4.78	4.85	4.92	5	5.07
	12		31.6	25.2	19.78	282.6	89.34	36.05	3.35	4.22	2.15	4.82	4.89	4.96	5.04	5.11
	14		32.4	29.06	22.81	320.7	99.07	41.31	3.32	4.18	2.14	4.85	4.93	5	5.08	5.15
L125×	8	14	33.7	19.75	15.5	297	88.2	32.52	3.88	4.88	2.5	5.34	5.41	5.48	5.55	5.62
	10		34.5	24.37	19.13	361.7	104.8	39.97	3.85	4.85	2.48	5.38	5.45	5.52	5.59	5.66
	12		35.3	28.91	22.7	423.2	119.9	49.19	3.83	4.82	2.46	5.41	5.48	5.56	5.63	5.7
	14		36.1	33.37	26.19	481.7	133.6	54.16	3.8	4.78	2.45	5.45	5.52	5.59	5.67	5.74
L140×	10	14	38.2	27.37	21.49	514.7	134.6	50.58	4.34	5.46	2.78	5.98	6.05	6.12	6.2	6.27
	12		39	32.51	25.52	603.7	154.6	59.9	4.31	5.43	2.77	6.02	6.09	6.16	6.23	6.31
	14		39.8	37.57	29.49	688.8	173	68.75	4.28	5.4	2.75	6.06	6.13	6.2	6.27	6.34
	16		40.6	42.54	33.39	770.2	189.9	77.46	4.26	5.36	2.74	6.09	6.16	6.23	6.31	6.38
L160×	10	16	43.1	31.5	24.73	779.5	180.8	66.7	4.97	6.27	3.2	6.78	6.85	6.92	6.99	7.06
	12		43.9	37.44	29.39	916.6	208.6	78.98	4.95	6.24	3.18	6.82	6.89	6.96	7.06	7.1
	14		44.7	43.3	33.99	1048	234.4	90.94	4.92	6.2	3.16	6.86	6.93	7	7.07	7.14
	16		45.5	49.07	38.52	1175	258.3	102.6	4.89	6.17	3.14	6.89	6.96	7.03	7.1	7.18

续表

型号	圆角 R (mm)	重心距 Z_0 (mm)	截面积 A (cm²)	质量 (kg/m)	惯性矩 I_x (cm⁴)	截面模量 $W_{x\max}$ (cm³)	截面模量 $W_{x\min}$ (cm³)	i_x (cm)	i_{x0} (cm)	i_{y0} (cm)	i_y 6mm (cm)	8mm	10mm	12mm	14mm
L180× 12	16	48.9	42.24	33.16	1321	270	100.8	5.59	7.05	3.58	7.63	7.7	7.77	7.84	7.91
14		49.7	48.9	38.38	1514	304.6	116.3	5.57	7.02	3.57	7.67	7.74	7.81	7.88	7.95
16		50.5	55.47	43.54	1701	336.9	131.4	5.54	6.98	3.55	7.7	7.77	7.84	7.94	7.98
18		51.3	61.95	48.63	1881	367.1	146.1	5.51	6.94	3.53	7.73	7.8	7.87	7.95	8.02
L200× 14	18	54.6	54.64	42.89	2104	385.1	144.7	6.2	7.82	3.98	8.47	8.54	8.61	8.67	8.75
16		55.4	62.01	48.68	2366	427	463.9	6.18	7.79	3.96	8.5	8.57	8.64	8.71	8.78
18		56.2	69.3	54.4	2621	466.5	182.2	6.15	7.75	3.94	8.53	8.6	8.67	8.75	8.82
20		56.9	76.5	60.06	2867	503.6	200.4	6.12	7.72	3.93	8.57	8.64	8.71	8.78	8.85
24		58.4	90.66	71.17	3338	571.5	235.8	6.07	7.64	3.9	8.6	8.71	8.78	8.85	8.92

附表 9-5 不等边角钢

型号		圆角 R (mm)	重心距 Z_x (mm)	重心距 Z_y (mm)	截面积 A cm²	质量 kg/m	回转半径 i_x cm	i_{x0} cm	i_{y0} cm	i_y(当a为下列数值) 6 mm	8 mm	10 mm	12 mm	i_y(当a为下列数值) 6 mm	8 mm	10 mm	12 mm
L25× 16×	3	3.5	4.2	8.6	1.16	0.91	0.44	0.78	0.34	0.84	0.93	1.02	1.11	1.4	1.48	1.57	1.65
	4		4.6	9	1.5	1.18	0.43	0.77	0.34	0.87	0.96	1.05	1.14	1.41	1.51	1.6	1.68
L32× 20×	3	3.5	4.9	10.8	1.49	1.17	0.55	1.01	0.43	0.97	1.05	1.14	1.23	1.71	1.79	1.88	1.96
	4		5.3	11.2	1.94	1.52	0.54	1	0.43	0.99	1.08	1.14	1.25	1.74	1.82	1.9	1.99
L40× 25×	3	4	5.9	13.2	1.89	1.48	0.7	1.28	0.54	1.13	1.21	1.3	1.38	2.07	2.14	2.23	2.31
	4		6.3	13.7	2.47	1.94	0.69	1.26	0.54	1.16	1.24	1.32	1.41	2.09	2.17	2.25	2.34
L45× 28×	3	5	6.4	14.7	2.15	1.69	0.79	1.44	0.61	1.23	1.31	1.39	1.47	2.28	2.36	2.44	2.52
	4		6.8	15.1	2.81	2.2	0.78	1.43	0.6	1.25	1.33	1.41	1.5	2.31	2.39	2.47	2.55
L50× 32×	3	5.5	7.3	16	2.43	1.91	0.91	1.6	0.7	1.38	1.45	1.53	1.61	2.49	2.56	2.64	2.72
	4		7.7	16.5	3.18	2.49	0.9	1.59	0.69	1.4	1.47	1.55	1.64	2.51	2.589	2.67	2.75
L56× 36×	3	6	8	17.8	2.74	2.15	1.03	1.8	0.79	1.51	1.59	1.66	1.74	2.75	2.82	2.9	2.98
	4		8.5	18.2	3.59	2.82	1.02	1.79	0.78	1.53	1.61	1.69	1.77	2.77	2.85	2.93	3.01
	5		8.8	18.7	4.42	3.47	1.01	1.77	0.78	1.56	1.63	1.71	1.79	2.8	2.88	2.96	3.04
L63× 40×	4	7	9.2	20.4	4.06	3.19	1.14	2.02	0.88	1.66	1.74	1.81	1.89	3.9	3.16	3.24	3.32
	5		9.5	20.8	4.99	3.92	1.12	2	0.87	1.68	1.76	1.84	1.92	3.11	3.19	3.27	3.35
	6		9.9	32.2	5.91	4.64	1.11	1.99	0.86	1.71	1.78	1.86	1.94	3.13	3.21	3.29	3.37
	7		10.3	21.6	6.8	5.34	1.1	1.96	0.86	1.73	1.8	1.88	1.97	3.15	3.3	3.3	3.39
L70× 45×	4	7.5	10.2	22.3	4.55	3.57	1.29	2.25	0.99	1.84	1.91	1.99	2.07	3.39	3.46	3.54	3.62
	5		10.6	22.8	5.61	4.4	1.28	2.23	0.98	1.86	1.94	2.01	2.09	3.41	3.49	3.57	3.64
	6		11	23.2	3.64	5.22	1.26	2.22	0.97	1.88	1.96	2.04	2.11	3.11	2.51	3.59	3.67
	7		11.3	23.6	7.66	6.01	1.25	2.2	0.97	1.9	1.98	2.06	2.14	3.46	3.54	3.61	3.69
L75× 50×	5	8	11.7	24	6.13	4.81	1.43	2.39	1.09	2.06	2.13	2.2	2.28	3.6	3.68	3.76	3.83
	6		12.1	24.4	7.26	5.7	1.42	2.38	1.08	2.08	2.15	2.23	2.3	3.63	3.7	3.78	3.86
	8		12.9	25.2	9.47	7.43	1.4	2.35	1.07	2.12	2.19	2.27	2.35	3.67	3.75	3.83	3.94
	10		13.6	26	11.6	9.1	1.38	2.33	1.06	2.16	2.24	2.31	2.4	3.71	3.79	3.87	3.96

续表

型号		圆角 R	重心距 Z_x	重心距 Z_y	截面积 A	质量	回转半径 i_x	i_{x0}	i_{y0}	i_y（当 a 为下列数值） 6 mm	8 mm	10 mm	12 mm	i_y（当 a 为下列数值） 6 mm	8 mm	10 mm	12 mm
		(mm)			cm²	kg/m	cm			cm				cm			
L80× 50×	5	8	11.4	26	6.38	5	1.42	2.57	1.1	2.02	2.09	2.17	2.24	3.88	3.95	4.03	4.1
	6		11.8	26.5	7.56	5.93	1.41	2.55	1.09	2.04	2.11	2.19	2.27	3.9	3.98	4.05	4.13
	7		12.1	26.9	8.72	6.85	1.39	2.54	1.08	2.06	2.13	2.21	2.29	3.92	4	4.08	4.16
	8		12.5	27.3	9.87	7.75	1.38	2.52	1.07	2.08	2.15	2.23	2.31	3.94	4.02	4.1	4.18
L90× 56×	5	9	12.5	29.1	7.21	5.66	1.59	2.9	1.23	2.22	2.29	2.36	2.44	4.32	4.39	4.49	4.55
	6		12.9	29.5	8.56	6.72	1.58	2.88	1.22	2.24	2.31	2.39	2.46	4.34	4.42	4.5	4.57
	7		13.3	30	9.88	7.76	1.57	2.87	1.22	2.26	2.33	2.41	2.49	4.67	4.44	4.52	4.6
	8		13.6	30.4	11.2	8.78	1.56	2.85	1.21	2.28	2.35	2.43	2.51	4.39	4.47	4.54	4.62
L100× 63×	6	10	14.3	32.4	9.62	7.55	1.79	3.21	1.38	2.49	2.56	2.63	2.71	4.77	4.85	4.92	5
	7		14.7	32.8	11.1	8.72	1.78	3.2	1.37	2.51	2.58	2.65	2.73	4.8	4.87	4.95	5.03
	8		15	33.2	12.6	9.88	1.77	3.18	1.37	2.53	2.6	2.67	2.75	4.82	4.9	4.97	5.05
	10		15.8	34	15.5	12.1	1.75	3.15	1.35	2.57	2.64	2.72	2.79	4.86	4.94	5.02	5.1
L100× 80×	6	10	19.7	29.5	10.6	8.35	2.4	3.17	1.73	3.31	3.38	3.45	3.52	4.54	4.62	4.69	4.76
	7		20.1	30	12.3	9.66	2.39	3.16	1.71	3.32	3.39	3.47	3.54	4.57	4.64	4.71	4.79
	8		20.5	30.4	13.9	10.9	2.37	3.15	1.71	3.34	3.41	3.49	3.56	4.59	4.66	4.73	4.81
	10		21.3	31.2	17.2	13.5	2.35	3.12	1.69	3.38	3.45	3.53	3.6	4.63	4.7	4.78	4.85
L110× 70×	6	10	15.7	35.3	10.6	8.35	2.01	3.54	1.54	2.74	2.81	2.88	2.96	5.21	5.29	5.36	5.44
	7		16.1	35.7	12.3	9.66	2	3.53	1.53	2.76	2.83	2.9	2.98	5.24	5.31	5.39	5.46
	8		16.5	36.2	13.9	10.9	1.98	3.51	1.53	2.78	2.85	2.92	3	5.26	5.34	5.41	5.49
	10		17.2	37	17.2	13.5	1.96	3.48	1.51	2.82	2.89	2.96	3.08	5.3	5.38	5.46	5.53
L125× 80×	7	11	18	40.1	14.1	11.1	2.3	4.02	1.76	3.11	3.18	3.25	3.33	5.9	5.97	6.04	6.12
	8		18.4	40.6	16	12.6	2.29	4.01	1.75	3.13	3.2	3.27	3.35	5.92	5.99	6.07	6.14
	10		19.2	41.4	19.7	15.5	2.26	3.98	1.74	3.17	3.24	3.31	3.39	5.96	6.04	6.11	6.19
	12		20	42.2	23.4	18.3	2.24	3.95	1.72	3.21	3.28	3.35	3.43	6	6.08	6.16	6.23
L140× 90×	8	12	20.4	45	18	14.2	2.59	4.5	1.98	3.49	3.56	3.63	3.7	6.58	6.65	6.73	6.8
	10		21.2	45.8	22.3	17.5	2.56	4.47	1.96	3.52	3.59	3.66	3.73	6.62	6.7	6.77	6.85
	12		21.9	46.6	26.4	20.7	2.54	4.44	1.95	3.56	3.63	3.7	3.77	6.66	6.74	6.81	6.89
	14		22.7	47.4	30.5	23.9	2.51	4.42	1.94	3.59	6.66	6.74	3.81	6.7	6.78	6.86	6.93

续表

型号		单角钢									双角钢			
		圆角	重心距		截面积	质量	回转半径			i_y（当 a 为下列数值）			i_y（当 a 为下列数值）			
		R	Z_x	Z_y	A		i_x	i_{x0}	i_{y0}	6 mm	8 mm	10 mm	12 mm	6 mm	8 mm	10 mm	12 mm
		(mm)			cm²	kg/m	cm							cm			
L160× 100×	10	13	22.8	52.4	25.3	19.9	2.85	5.14	2.19	3.84	3.91	3.98	4.05	7.55	7.63	7.7	7.78
	12		23.6	53.2	30.1	23.6	2.82	5.11	2.18	3.87	3.94	4.01	4.09	7.6	7.67	7.75	7.82
	14		24.3	54	34.7	27.2	2.8	5.08	2.16	3.91	3.98	4.05	4.12	7.64	7.71	7.79	7.86
	16		25.1	54.8	39.3	30.8	2.77	5.05	2.15	3.94	4.02	4.09	4.16	7.68	7.75	7.83	7.9
L180× 110×	10	14	24.4	58.9	28.4	22.3	3.13	8.56	5.78	2.42	4.16	4.23	4.3	4.36	8.49	8.72	8.71
	12		25.2	59.8	33.7	26.5	3.1	8.6	5.75	2.4	4.19	4.33	4.33	4.4	8.53	8.76	8.75
	14		25.9	60.6	39	30.6	3.08	8.64	5.72	2.39	4.23	4.26	4.37	4.344	8.57	8.63	8.79
	16		26.7	61.4	44.1	34.6	3.05	8.68	5.81	2.37	4.26	4.3	4.4	4.47	8.61	8.68	8.84
L200× 125×	12	14	28.3	65.4	37.9	29.8	3.57	6.44	2.75	4.75	4.82	4.88	4.95	9.39	9.47	9.54	9.62
	14		29.1	66.2	43.9	34.4	3.54	6.41	2.73	4.78	4.85	4.92	4.99	9.43	9.51	9.58	9.66
	16		29.9	67.8	49.7	36	3.52	6.38	2.71	4.81	4.88	4.95	5.02	9.47	9.55	9.62	9.7
	18		30.6	67	55.5	43.6	3.49	6.35	2.7	4.85	4.92	4.99	5.06	9.51	9.59	9.66	9.74

参考文献

[1] 中华人民共和国建设部.GB/T50104—2001建筑制图标准[S].北京:中国计划出版社,2002

[2] 中华人民共和国建设部.GB50068—2001建筑结构可靠度设计统一标准[S].北京:中国建筑工业出版社,2002

[3] 中华人民共和国住房和城乡建设部.GB50011—2010建筑抗震设计规范[S].北京:中国建筑工业出版社,2010

[4] 中华人民共和国建设部.GB50009—2012建筑结构荷载规范[S].北京:中国建筑工业出版社,2012

[5] 中华人民共和国建设部.GB50017—2003钢结构设计规范[S].北京:中国计划出版社,2003

[6] 中国工程建设标准化协会.CECS102:2002门式刚架轻型房屋钢结构技术规程[S].北京:中国计划出版社,2003

[7] 中国建筑技术研究院.JGJ99—1998高层民用建筑钢结构技术规程[S].北京:中国建筑工业出版社,1998

[8] 中华人民共和国建设部.GB50205—2001钢结构工程施工质量验收规范[S].北京:中国计划出版社,2002

[9] 上海宝钢工程指挥部.YB9254—1995钢结构制作安装施工规程[S].北京:冶金工业出版社,1996

[10] 中华人民共和国建设部.JGJ81—2002建筑钢结构焊接技术规程[S].北京:中国建筑工业出版社,2002

[11] 湖北省建筑工程总公司.JGJ82—91钢结构高强度螺栓连接的设计、施工及验收规程[S].北京:中国建筑工业出版社,1993

[12] 中华人民共和国建设部.JG9—1999钢桁架检验及验收标准[S].北京:中国标准出版社,1999

[13] 中华人民共和国建设部.JG12—1999钢网架检验及验收标准[S].北京:中国标准出版社,1999

[14] 中华人民共和国建设部.JGJ7—91网架结构设计与施工规程[S].北京:中国建筑工业出版社,1992

[15] 戴国欣.钢结构[M].武汉:武汉理工大学出版社,2007

[16] 王新武.钢结构[M].郑州:郑州大学出版社,2006

[17] 董卫华.钢结构[M].北京:高等教育出版社,2003

[18] 黄呈伟.钢结构基本原理[M].重庆:重庆大学出版社,2005

[19] 沈祖炎,陈扬骥等.钢结构基本原理[M].北京:中国建筑工业出版社,2005

[20] 刘声扬,王汝恒等.钢结构原理与设计[M].武汉:武汉理工大学出版社,2005

[21] 赵风华,齐永胜.钢结构原理与设计[M].重庆:重庆大学出版社,2010

[22] 李凤臣.钢结构设计原理[M].广州:华南理工大学出版社,2013

[23] 徐占发,王茹.建筑钢结构与构件设计[M].北京:中国建筑工业出版社,2003

[24] 乐嘉龙,高文云等.钢结构建筑施工图识读技法[M].安徽:安徽科学技术出版社,2006

[25] 杜绍堂.钢结构施工[M].北京:高等教育出版社,2009

[26] 徐占发,吴金驰等.钢结构施工[M].武汉:华中科技大学出版社,2010

图书在版编目(CIP)数据

钢结构与施工 / 张军,李晨,韩梅主编. —— 2版.
—— 南京：南京大学出版社,2017.8(2019.8重印)
ISBN 978 - 7 - 305 - 18850 - 3

Ⅰ. ①钢… Ⅱ. ①张… ②李… ③韩… Ⅲ. ①钢结构
—工程施工—高等学校—教材 Ⅳ. ①TU758.11

中国版本图书馆 CIP 数据核字(2017)第 142337 号

出版发行	南京大学出版社
社　　址	南京市汉口路22号　邮　编　210093
出版人	金鑫荣

书　　名 钢结构与施工
主　　编 张　军　李　晨　韩　梅
责任编辑 姚　燕　刘　灿　　编辑热线　025 - 83597482

照　　排	南京理工大学资产经营有限公司
印　　刷	徐州新华印刷厂
开　　本	787×1092　1/16　印张 23.5　字数 572 千
版　　次	2017 年 8 月第 2 版　2019 年 8 月第 2 次印刷
ISBN	978 - 7 - 305 - 18850 - 3
定　　价	56.00 元

网　　址：http://www.njupco.com
官方微博：http://weibo.com/njupco
官方微信号：njupress
销售咨询热线：(025)83594756

* 版权所有,侵权必究
* 凡购买南大版图书,如有印装质量问题,请与所购
  图书销售部门联系调换